Émergence

ISBN 978-2-88944-114-3

Éric Tourville

Émergence

Slatkine & Cie

DU MÊME AUTEUR

CHIMAERIS
SLATKINE & CIE, 2018

À Waa, Marc et Ingrid qui illuminent ma vie…

« Tu es mon créateur, mais je suis ton maître. »
Mary Shelley

« Tout est hasard dans le monde,
pourvu que l'on donne ce nom à un ordre
que l'on ne connaît point. »
Fontenelle

C'est dans un état bien particulier que j'écris ces lignes, puisqu'en réalité j'ignore si demain je verrai le soleil se lever sur les étendues vides qui cernent le refuge. Parfois, je suis obligé de me mordre l'intérieur de la bouche pour m'assurer que je suis bien vivant. Je rêve alors de pouvoir inverser le fil des événements pour modifier le cours des choses. Mais, avant toute chose, je tiens à affirmer que je n'ai jamais cherché à faire le mal, que je ne peux en aucun cas être tenu pour seul responsable de ce qui s'est passé.

S'il est vrai que la vie de chaque homme n'est qu'une longue course vers l'abîme, les derniers événements qui se sont déroulés m'ont inéluctablement rapproché de ce terme. Combien de temps s'est-il vraiment écoulé depuis que j'ai enfin ouvert les yeux? Une semaine, peut-être moins? Je ne sais plus.

Hier soir, le type trop maigre et salement nerveux a dû s'arrêter deux fois pour qu'elle puisse se soulager de tout ce qu'elle avait dans le ventre. Chaque fois, elle a regagné en titubant son siège, s'essuyant la bouche du revers de la main. Quand la camionnette a fini par nous déposer devant la maison inhabitée de mon père, il faisait nuit noire.

— Faut vraiment que j'file, a marmonné le chauffeur.

Le type avait l'air très inquiet. Il faut dire que la route avait été épouvantablement déserte et que sur France Info les nouvelles étaient effroyables. Un peu partout, des événements se produisaient : les infrastructures s'effondraient les unes après les autres ; les villes étaient ravagées par des émeutes sanglantes, et ce qu'il restait des forces armées n'arrivait plus à les contenir.

Je l'ai dévisagée un moment : elle était immobile, plus pâle qu'un mort vivant. Elle avait une expression que j'ai d'abord prise pour de la sévérité avant de me rendre compte qu'elle était en réalité habitée d'une terreur d'une telle intensité qu'elle n'arrivait pas à la dissimuler complètement.

Je lui ai pris son téléphone et j'ai retiré la batterie avant de tout envelopper dans du papier d'aluminium.

Elle m'a regardé faire sans protester, la gorge serrée. Un instant, j'ai cru qu'elle allait se remettre à sangloter. De toutes les émotions humaines, la vraie terreur est de loin la plus invalidante. Elle affecte les glandes endocrines qui se mettent alors à déverser dans le sang toute une flopée de molécules organiques qui font se contracter les muscles, accélèrent le rythme cardiaque et surtout épuisent le corps et l'esprit.

En fouillant dans la table de nuit de mon père, j'ai retrouvé ses cachets. J'en ai pris deux avec un verre d'eau avant de mobiliser nos dernières réserves d'énergie. Je lui en ai tendu deux autres et j'ai glissé le flacon dans ma poche.

— Avale ça !

— C'est quoi ? a-t-elle protesté.

— Des amphètes, dépêche-toi, nous n'avons plus beaucoup de temps...

Elle a avalé en fermant ses yeux vides de toute expression, comme ces poupées cybernétiques que des malades vendent sur des sites Internet spécialisés. Même sa respiration, redevenue lente et régulière, n'était pas si différente de celle d'une de ces machines sexuelles en silicone.

J'ignorais de combien de temps nous disposions. Quelques heures tout au plus. Peut-être moins...

Le front appuyé contre la vitre froide, j'ai jeté un coup d'œil dehors, comme pour percer les ténèbres. J'ai frissonné, et ce n'était pas uniquement le carrelage glacé de la cuisine sous mes pieds. J'ai ouvert des placards pleins d'ustensiles poussiéreux et de provisions périmées. Le réfrigérateur est une antiquité. J'ai mis en marche la cafetière. J'ignore pourquoi, l'odeur du café m'a fait du bien. Elle avait quelque chose de rassurant, de réel.

Sans avoir besoin de rien dire, elle a compris en voyant les sacs dans lesquels j'ai enfourné avec précipitation quelques affaires de rechange et toute la nourriture que j'ai trouvée. J'ai sucré le café plus que d'habitude pour nous donner suffisamment d'énergie et j'ai versé le reste du café brûlant dans la vieille thermos de mon père.

J'ai fermé la porte à clé, j'ignore pourquoi à vrai dire. Dehors, elle a renversé la tête en arrière, respirant à fond, heureuse de cette bouffée d'air frais. Nous avons pris par les prés. Une lune, pleine et osseuse, flottait au-dessus des cimes. Une lueur d'astre mort, froide et angoissante. Il nous fallait atteindre le couvert des bois avant le lever du soleil. Elle avançait d'un pas alerte et aussi régulier que possible.

Je regardais ma montre sans arrêt. Quand le soleil a enfin éclairé les sommets et que le ciel s'est ouvert, j'ai eu l'impression que ma vie entière conduisait à ce moment. Frappés par l'ampleur du paysage, nous nous sommes arrêtés et nous avons déposé les sacs.

Pendant quelques minutes, il n'y eut que la coupole immense de l'azur posée au-dessus de la nuit et la frange fragile d'un rose immaculé. J'ai pris une profonde inspiration pour me remplir de cette odeur de prés et de résineux.

On entendait clairement la rumeur glacée d'un ruisseau, et j'ai été soudain envahi d'une certitude insensée : c'était la dernière fois que je voyais ce lieu, que j'entendais le babil de l'eau qui me rappelait l'enfance.

Nous venions de pénétrer dans la zone intermédiaire entre le monde d'en bas, encore plongé dans la nuit, et celui de l'altitude gouverné par la lumière. Un entre-deux où les perceptions étaient confuses. Si nous vivions dans un monde simulé, il avait un degré de granularité atomique.

À quinze ans, sur ce même chemin, j'avais cru que la vie était infinie, et le monde un immense terrain de jeux. Je pensais alors pouvoir tout obtenir de ce monde sans limites. Cette pensée me fit sourire. Vieillir n'est souvent qu'un retour à l'état initial, la vie réduite à une fonction mathématique circulaire.

Dans la blancheur de l'aurore naissante, nous avons franchi une ultime combe herbeuse avant d'atteindre Orgeval en longeant des tourbières bordées de saules nains. Nichée dans une fourche, une petite chouette engourdie par la lumière acide de l'aube nous observait avec perplexité.

Les branches des mélèzes s'agitaient sur le ciel de l'aube. La trace du chemin se distinguait nettement sur l'herbe avant de piquer vers des conifères aux fûts puissants. Une lueur claire apparut au-dessus des alpages.

— Là-bas, ai-je dit en tendant le bras vers les chalets.

J'ai traversé le pré avec l'impression de rentrer chez moi. J'ai déverrouillé la porte blindée pour pénétrer à l'intérieur, et ce fut comme si le temps était soudain devenu circulaire, comme si ses gigantesques enveloppes se mettaient en mouvement pour se refermer sur nous avec un bruit mat et soyeux.

J'ai alors compris que nous allions essayer de survivre là, peut-être même lutter et recommencer. Mais avant, j'ai aussi compris qu'il me fallait écrire mon histoire, notre histoire, pour tenter, si c'est possible, de comprendre ce qui s'est passé.

Je sais que le temps presse, qu'il risque de me manquer pour achever la chronique des événements qui ont conduit à cet effroyable désastre. Mais je n'ai pas le choix, et si ce témoignage s'interrompt soudain, c'est simplement que le temps m'aura manqué.

Première partie

« Au commencement était le Chiffre.
Et le Chiffre était avec Dieu, et le Chiffre était Dieu.
Il était au commencement avec Dieu.
Toutes choses ont été faites par lui.
Et rien de ce qui a été fait n'a été fait sans lui. »

Au plus loin que je me souvienne, ce ne furent pas les mots, mais les chiffres qui habitèrent ma vie. Les mots déforment notre pensée, ils trompent l'esprit des hommes, les guidant dans d'obscurs labyrinthes conduisant à de fausses religions, à de faux dieux ou à de cruelles idéologies.

Seuls les chiffres peuvent décrire la trajectoire parfaite des astres, la relativité de l'espace-temps, la structure des atomes et celle des mécanismes quantiques.

Les chiffres expriment la perfection; les mots sont là pour rendre compte de l'imperfection. Ils sont le refuge du mensonge et de l'illusion et furent de tout temps les serviteurs des faux prophètes, les jouets de tribuns manipulant l'émotion des foules. Les mots manquent de l'objectivité indispensable pour décrire l'univers, incapables de démasquer les terribles distorsions que la réalité s'amuse à imaginer pour mieux nous tromper.

1

Depuis deux jours, une mauvaise bise venue de la mer du Nord balayait le campus pour en chasser les rares étudiants qui filaient en travaux dirigés pendant que d'autres se réfugiaient dans la cafétéria de la tour Zamansky.

Le site universitaire de Jussieu a été construit sur une ancienne halle aux vins. Un ensemble de bâtiments de mauvais béton en forme de grille, une architecture fonctionnelle et ces matériaux médiocres typiques des années 1970. Il s'agissait alors d'accueillir à moindre coût la multitude étudiante née du baby-boom de l'après-guerre. Avec la tour Zamansky plantée en son centre comme un méchant donjon, avec sa grille métallique, ses douves d'enceinte et son pont-levis, Jussieu m'a toujours fait penser à une forteresse malveillante surgie des sortilèges d'une sorcière à deux pas de la très chrétienne Notre-Dame.

Certains enseignants racontent que le fossé d'enceinte a été imaginé à la suite de mai 1968 pour éviter l'occupation de la faculté. Le site accueille 35 000 étudiants, essentiellement dans des disciplines scientifiques. Certains ont des personnalités attachantes, mais, dans l'ensemble, ces jeunes se ressemblent à un point effrayant. Est-ce le conformisme consternant de l'époque, l'uniformisation des réseaux sociaux? Leurs motivations, leurs valeurs, leurs désirs, rien ne les distingue des autres étudiants.

D'un point de vue strictement académique, ils sont plutôt décevants. À de rares exceptions près, leur niveau est effroyablement bas, et leurs copies criblées de fautes d'orthographe. Seuls quelques étudiants étrangers semblent encore faire un effort sur l'orthographe, avec plus ou moins de succès.

Pour la plupart, on peut légitimement s'interroger sur l'intérêt d'études coûteuses tant pour la collectivité que pour leurs familles. Bien sûr, cette période présente quelques avantages. Elle est socialement et affectivement plus riche que le salariat : un étudiant côtoie des jeunes de son âge, il peut nouer quelques amitiés plus ou moins durables et également espérer quelques relations sexuelles plus ou moins gratifiantes. Une période de leur vie parfois ponctuée de quelques engagements politiques – généralement à gauche – et d'engouements humanitaires – généralement de courte durée. Ils se sentent alors mobilisés, transportés pour une cause ; leur existence prend soudain un sens qui leur donne une forme de gravité militante. Mais cela peut aussi bien être la défense des bébés phoques, le salafisme ou le véganisme. Ce qui compte surtout, c'est d'oublier la vacuité de la vie. L'autre privilège des études longues est de retarder la tant redoutée *entrée dans la vie active* et cette impossible quête du Graal du CDI.

Conscients de leurs limites, la moitié des étudiants abandonnaient dès les premiers mois. L'université préférait ignorer ce qu'ils devenaient, j'imagine qu'ils rejoignaient d'autres cohortes sorties du système scolaire un peu plus tôt.

Avec un bac en poche, ils pouvaient tenter un concours de fonctionnaires de catégorie C. Certains finissaient par y parvenir, malgré la réduction des effectifs de la fonction publique.

Le LIP 6, le laboratoire auquel j'appartenais, se consacrait aux systèmes intelligents, à l'apprentissage artificiel et aux réseaux artificiels de neurones. Je m'intéressais plus spécifiquement aux programmes mimant l'évolution darwinienne.

C'est à la fin des années 1980 que la programmation génétique fut développée par John Koza ; son principe consistait à simuler l'évolution darwinienne en créant des algorithmes évolutionnistes.

En gros, nous laissions le hasard modifier les suites d'instructions que sont les algorithmes pour ne retenir que les sujets les plus prometteurs.

Le plus délicat consistait à évaluer les individus algorithmiques créés selon leur degré d'adaptation à leur environnement – c'est-à-dire ceux qui répondaient de la manière la plus efficace au problème posé.

Si le concept était intellectuellement intéressant, on pouvait toutefois nourrir de sérieux doutes sur les seules vertus du hasard. La nature avait quand même mis un milliard d'années avant de découvrir le vol, alors qu'en quelques dizaines d'années les hommes du début de la révolution industrielle y étaient parvenus par une technologie assez fruste. L'évolution pouvait certes produire des merveilles, mais c'était un processus excessivement long, à l'issue incertaine.

~

Jean-François Bayard dirigeait le LIP 6, l'unité mixte de recherche de l'université Pierre-et-Marie-Curie et du CNRS. Je trouvais Bayard chiant au possible. Un pur produit du système, sûr de lui et imperméable au doute.

Après quelques années consacrées à la cryptographie, il s'investissait entièrement – et avec une joie surprenante – à des tâches administratives ennuyeuses et à la petite politique qui passionnaient les instances du CNRS et de l'Université.

Au sommet des enjeux de pouvoir, il y avait les différents concours de la fonction publique, principalement du CNRS et des universités. Les postes ouverts étaient rares, les candidats nombreux. Chaque laboratoire ressemblait alors à un fief médiéval dirigé par un grand féodal cherchant à assurer un domaine aux jeunes barons qui combattaient pour lui depuis des années.

Les conflits avec les seigneurs voisins étaient fréquents, des alliances se nouaient, des trahisons éclataient au grand jour. Les succès restaient exceptionnels, les déceptions d'autant plus nombreuses que le nombre de postes était en chute libre en raison de contraintes budgétaires croissantes.

Ce jour-là, Bayard m'accueillit dans un grand état d'excitation. Nous ne nous serrions pas la main. Je ne sais pas pourquoi, mais ça n'a jamais été notre truc. Nous sommes collègues, mais je ne crois pas que nous soyons amis. Je n'ai jamais été invité chez lui, ni lui chez moi. Ce qui ne voulait rien dire d'ailleurs, je ne recevais jamais personne rue de Tanger.

Peut-être était-ce par pudeur. Parce que c'était un petit deux-pièces bas de plafond et mal meublé. Que ma rue était moche et mal famée dès le crépuscule, avec des toxicos qui faisaient un peu penser aux morts vivants de la série *The Walking Dead*. Que l'entrée sentait le graillon portugais, la vieille pisse et la cigarette froide.

Bref, nos échanges se limitaient au domaine professionnel. C'était sans doute ma faute. J'ai toujours été un solitaire en marge des coteries qui existent dans la recherche comme ailleurs. La chasse en meute n'est pas mon truc.

— Trois, tu as trois postdocs admissibles : Alexandra, Saïd et Jérémy. Thomas n'est pas passé cette fois-ci, mais tu t'y attendais un peu, non ? En tout cas, la concurrence était encore plus féroce que l'an dernier.

Trois, c'était inespéré. Je m'attendais à en placer plutôt deux à ce stade. Nous avions prévu de les entraîner à l'entretien avec le jury jusqu'à ce qu'ils soient fluides dans leur expression orale, domaine qui n'était pas, tant s'en faut, la qualité première des informaticiens.

La recherche française comprenait de nombreuses institutions avec, pour chacune, sa propre bureaucratie, ses propres intérêts. La France a un indéniable talent pour multiplier structures administratives et baronnies. Chacune lutte contre la voisine pour affirmer son autonomie. Plus les moyens d'un secteur sont faibles, plus les féodalités redoublent de férocité pour en accaparer une plus large part.

Dans toute l'Europe, les États avaient rivalisé d'imagination pour inventer un système de financement particulièrement complexe. Les laboratoires ne recevaient plus qu'une partie de leur budget. Et pour le compléter, ils étaient contraints, sous de nombreux prétextes – collaborations internationales, interdisciplinarité, lien avec la société civile – de déposer des demandes de financement au sein de projets gérés par des structures bureaucratiques.

Les chercheurs consacraient un temps considérable à ces demandes. La plupart n'aboutissaient pas.

Une fois revenu dans mon bureau, j'eus la visite de Florence, la responsable administrative du laboratoire qui m'apportait un dossier de candidature en thèse envoyé par l'École doctorale d'informatique.

— Une étudiante, m'a expliqué Florence, qui a étudié les mathématiques appliquées à l'université Tsinghua de Pékin avant de s'inscrire en master d'informatique à Paris VI, parcours Androïde, où elle a obtenu la mention Très bien.

Florence était une jolie femme d'une quarantaine d'années. Je ne savais pas grand-chose de sa vie, si ce n'est qu'elle était divorcée, mère de Léa, une jeune fille de seize ans, et qu'elle vivait à Clamart.

Avec Florence, on peut dire que l'équipe avait eu de la chance. C'était une femme efficace et consciencieuse, une surdouée de l'organisation capable de prendre en charge un nombre incroyable de responsabilités et de s'en acquitter avec une facilité déconcertante.

Dans sa lettre de motivation écrite dans un français parfait, l'étudiante chinoise affirmait s'intéresser aux systèmes intelligents.

En à peine deux décennies, la Chine était passée du statut de pays sous-développé à celui de nation technologiquement avancée. La rapidité de l'émergence chinoise n'avait pas uniquement laminé notre appareil industriel, la nouvelle Chine impériale avait également brisé un pilier de la doxa occidentale qui considérait la démocratie comme le système politique le plus abouti en raison de l'adhésion des peuples à des gouvernements élus.

J'étais plus que dubitatif sur cette affirmation. La popularité des théories complotistes, l'abstentionnisme croissant, la montée du populisme révélaient une défiance croissante des Occidentaux envers des élites critiquées pour leur impuissance. L'euroscepticisme n'était que la forme continentale de cette défiance généralisée. Le système démocratique semblait incapable de se relever de la déconstruction progressive de ses valeurs morales. Il paraissait épuisé par un pluralisme de façade consistant à changer les gouvernements sans pouvoir ne serait-ce qu'infléchir les politiques menées.

Le basculement intervenu après la guerre avait sapé les fondements séculaires de la civilisation occidentale ouvrant une ère du vide qui ne pouvait que mener au retour du culte de la force et à la volonté nietzschéenne de puissance. La popularité de Vladimir Poutine témoignait du profond rejet des sociétés ouvertes et de la fascination croissante que suscitaient les régimes autoritaires.

Bien sûr, je n'aurais jamais osé émettre ces opinions politiquement incorrectes devant mes collègues. Derrière une façade démocratique et une apparente adulation pour les rebelles, le milieu académique français était marqué par un conformisme absolu qui n'avait d'égal qu'une intolérance très sourcilleuse.

2

L'histoire commence en 1956, quinze ans avant ma naissance, avec l'organisation, aux États-Unis, de la conférence de Dartmouth qui crée la discipline de l'intelligence artificielle ou IA. Une session d'été à laquelle assistaient les futurs ténors de la discipline comme John McCarthy ou Marvin Minsky.

Cet événement fut suivi par un bouillonnement créatif sans précédent qualifié par certains d'« âge d'or de l'IA ». Mais ce n'est vraiment qu'à la fin des années 1990 avec l'arrivée d'une nouvelle génération de chercheurs utilisant la technologie des réseaux neuronaux multicouches que les progrès devinrent impressionnants. Le 11 mai 1997, le système informatique Deep Blue battait au jeu d'échecs le champion du monde en titre, Garry Kasparov.

Puis, en 2005, un robot de Stanford remporta le DARPA Grand Challenge en conduisant un véhicule de manière autonome pendant 131 miles sur une piste du désert qui n'avait fait l'objet d'aucune reconnaissance préalable.

Ma thèse soutenue en 1999 portait sur l'intelligence computationnelle, un domaine alors assez vague qui comprenait les réseaux de neurones, la logique floue, les algorithmes évolutionnistes et l'intelligence collective par essaims.

À l'époque, le choix des réseaux neuronaux était loin d'être évident. Si la nature était une source précieuse de concepts aptes à guider l'homme dans la recherche de solutions, il fallait bien admettre que, comme toute source d'inspiration, il était aussi important de s'en abstraire que de s'en inspirer.

Il me suffisait de regarder la rue depuis mon bureau pour réaliser que le développement des transports terrestres devait tout à la roue, et rien à la patte animale. De même, les rares aéronefs battant des ailes s'étaient honteusement abîmés à l'époque des frères Wright et de Clément Ader. C'était à peu près la même chose pour le transport maritime qui ne devait pas grand-chose aux poissons et tout à l'hélice marine.

Mais force fut de constater que les neurones artificiels multicouches donnèrent des résultats prometteurs en permettant de corriger les erreurs commises et, par conséquent, d'ouvrir la voie à un processus d'apprentissage.

À partir des années 2000, ces réseaux biomimétiques connurent un essor considérable dont le succès le plus médiatique fut le développement par la société DeepMind d'algorithmes capables de battre dès 2015 des champions humains au complexe jeu de go.

En 2017, une nouvelle version de l'IA développée par DeepMind, baptisée AlphaGo Zero, ne mit que trois jours à vaincre l'IA précédemment victorieuse du champion coréen Lee Sedol.

Le plus intéressant était moins cette nouvelle victoire que le fait qu'AlphaGo Zero l'ait obtenue en pratiquant un apprentissage autodidacte *tabula rasa*, ne disposant que des règles du jeu et de la position des pierres sur le plateau. Ainsi, un programme était capable d'apprendre de manière autonome, sans supervision humaine, jusqu'à la surpasser.

L'article publié dans la revue *Nature* par DeepMind s'intitulait « Maîtriser le jeu de go sans connaissance humaine ». Ce fut un coup de tonnerre dans le monde de la recherche en intelligence artificielle et le début d'un foisonnement d'avancées avec chaque mois de nouvelles annonces. Début 2019, AlphaStar, une déclinaison de l'IA DeepMind entraînée sur le jeu de stratégie StarCraft II, battit à plate couture les meilleurs joueurs dans le domaine.

Les hommes politiques commençaient à réaliser les enjeux. D'autant que les rapports alarmistes sur l'impact social des IA se multipliaient. Le vendredi 1er septembre 2017, devant des étudiants de la ville de Iaroslavl, Vladimir Poutine déclara : « Celui qui deviendra leader dans le domaine des IA sera le maître du monde. » Le président de la fédération de Russie formulait ainsi ce qui était déjà présent dans l'esprit de tous les dirigeants.

Si l'Occident avait pu dominer le monde, il le devait uniquement à sa maîtrise des sciences : imprimerie, navigation, métallurgie, artillerie, optique ; puis, plus tard, électricité, magnétisme, physique nucléaire, biologie. Rien en réalité n'avait eu plus de poids que le rationalisme scientifique dans l'histoire moderne. L'Occident lui devait tout et lui avait d'ailleurs tout sacrifié : son Dieu, ses traditions, et jusqu'à son existence même depuis que la contraception l'avait transformé en un désert démographique.

Cette supériorité technologique dépendrait bientôt des différentes familles d'intelligence artificielle. Les intelligences étroites ou faibles étaient conçues pour accomplir une tâche spécifique comme la reconnaissance faciale ou la conduite automobile, mais le véritable Graal restait l'IA générale, ou IA forte, capable de surpasser les humains dans presque toutes les tâches cognitives. Il fallait bien admettre que chaque jour nous rapprochait inexorablement de ce point d'inflexion.

Comme l'avait annoncé Ray Kurzweil en 2006 dans *The Singularity Is Near*, un système d'IA forte pourrait potentiellement subir une amélioration récursive de ses propres capacités, déclenchant une *explosion d'intelligence* laissant l'intellect humain loin derrière. Un séisme d'une telle ampleur ne pouvait que provoquer un bouleversement des sociétés humaines.

Ces perspectives mettaient tous les gouvernements en ébullition. Dans ce contexte, on aurait pu penser que les autorités françaises mettraient le paquet dans ce domaine de recherche. L'intention existait, comme le montrait un certain nombre d'initiatives, mais le pays n'arrivait plus à mobiliser assez de moyens pour investir dans l'avenir.

Malgré un niveau record de prélèvements obligatoires, les infrastructures et les services publics se dégradaient d'année en année. Chacun était conscient que, dans un monde ouvert, la survie du modèle français devenait intenable.

~

Les journées qui suivirent furent peut-être les dernières à être paisibles. Je devais finaliser deux projets d'articles proposés par de jeunes chercheurs de l'équipe. L'un devait paraître dans *Artificial Intelligence Review* et l'autre dans *Journal of Machine Learning Research*.

Le lendemain, j'assistais à une conférence animée par Cédric Villani, auteur d'un rapport sobrement intitulé *Stratégie nationale sur l'intelligence artificielle*. Le mathématicien à la lavallière et à la broche-araignée semblait tout droit sorti d'un de ces téléfilms sur les chouans que produisait le service public. Ce look Halloween prouvait cependant que, malgré son côté lunaire, l'homme avait parfaitement assimilé les codes des médias dominants qui établissaient que, pour se démarquer, un intervenant devait créer un *personnage* et un *personal branding*.

L'usage d'accessoires était le moyen le plus couramment employé dans la construction d'une identité médiatique : Christophe Barbier et son écharpe rouge, Marc Veyrat et son chapeau paysan, Amélie Nothomb avec son look néogothique et ses chapeaux diabolo.

À la différence d'autres titulaires de la médaille Fields comme Jean-Christophe Yoccoz et Pierre-Louis Lions, Villani n'avait jamais fui ni les médias ni les postes honorifiques. On le sentait sincèrement heureux de participer à des émissions télévisées en présence de Léa Salamé, Ali Baddou ou Yves Calvi et d'endosser sur France 2 le rôle de génie des médias longtemps dévolu à Albert Jacquard et Hubert Reeves.

Depuis, le mathématicien enchaînait les rapports officiels, un domaine où la France excellait. Si un classement du type Shanghai Ranking était un jour créé pour les rapports officiels, la France serait certainement beaucoup mieux classée.

Les étagères des ministères croulaient sous le poids de rapports rédigés par de brillants hauts fonctionnaires. Contrairement à ce que prétendaient les mauvaises langues, certains de ces rapports étaient très pertinents : ils identifiaient avec justesse une problématique et proposaient un *spectre de solutions* pour les résoudre. Malheureusement, dans les faits, la plupart de ces recommandations n'étaient jamais mises en œuvre par manque de moyens, de courage politique ; ou plus simplement en raison du rythme qu'imposaient les nombreuses alternances politiques.

Publié en décembre 1977, le rapport Nora-Minc sur l'informatisation de la société, était à ce titre un cas d'école. Ce rapport visionnaire avait clairement annoncé l'avènement de l'ère numérique et d'Internet, inventant le terme de « télématique » défini comme « l'imbrication croissante des ordinateurs et des télécommunications ». Il préfigura le lancement, trois ans plus tard, du Minitel, le « Médium interactif par numérisation d'information téléphonique ».

Mais le Minitel avait beau nous être alors envié par le reste de la planète, il n'avait jamais été exporté. Finalement, avec le recul, sa principale conséquence avait été de ralentir l'adoption d'Internet en France.

Ainsi, malgré le côté visionnaire du rapport Nora-Minc, la France n'avait donné naissance à aucun géant de l'Internet, Alcatel avait disparu et nous n'étions présents ni dans les smartphones ni dans la 5G. Les rapports de la haute fonction publique française ressemblaient le plus souvent à des enfants brillants, mais stériles.

~

De facture classique, le rapport Villani avait été précédé de la désormais obligatoire *large consultation citoyenne*. Il contenait les mots-clés indispensables à ce genre d'exercice : Europe, écologie, parité, diversité, dignité de la personne, accroissement des inégalités.

Bien sûr, le rapport reprenait les conclusions des précédents exercices sans résister à quelques grandes envolées lyriques sur l'avenir qui *appartenait aux nations capables de maîtriser l'IA*. Cependant, ce travail portait à l'évidence la marque d'un esprit subtil, insistant sur la formation, le soutien aux entreprises et à la recherche et sur le besoin de créer un *écosystème* IA.

L'indispensable touche sociale soulignait le nécessaire besoin d'accompagner les *inévitables dégâts sociaux* que l'irruption de l'IA provoquerait dans de nombreux secteurs économiques.

Dans un souci d'apaisement et de concorde, le rapport affirmait que les IA auraient besoin, pour être plus efficaces, d'être couplées avec l'intelligence humaine. Un artifice sémantique pour que les IA n'apparaissent plus comme de redoutables concurrents, mais plutôt comme des *compagnons de route*, des équipiers sur lesquels s'appuyer pour enrichir le travail d'humains se consacrant aux plus nobles créations de l'esprit.

J'avais les plus grands doutes à ce sujet. L'IA avait certes besoin de l'homme pour naître, mais, comme le confirmait DeepMind, elle pouvait désormais apprendre toute seule grâce à l'apprentissage non supervisé et semblait ensuite parfaitement capable de se débrouiller pour évoluer sans aide humaine. L'état de sidération des champions coréens de jeu de go n'évoquait nullement un *compagnonnage* avec AlphaGo, ni une *complémentarité homme-machine*, mais le choc brutal et impitoyable, presque écœurant, de deux intelligences dissemblables luttant pour la victoire.

Plus d'une année après la publication du rapport Villani, le secteur attendait toujours ses retombées concrètes. C'est dans cet état d'esprit empreint de scepticisme que je repris la lecture passionnante du dernier *Journal of Computational Design and Engineering*.

C'est le moment que choisit Florence pour passer une tête.

— Votre rendez-vous est arrivé.

J'avais levé les yeux, sans comprendre.

— L'étudiante chinoise dont je vous ai parlé. Vous vous souvenez ?

— Mince, je l'avais complètement oubliée, dis-je en levant les sourcils.

Depuis plusieurs années, un nombre croissant d'étudiants originaires de Chine populaire venaient faire leurs études en France. Non pas que les jeunes Chinois soient soudain devenus amoureux de notre pays. Lorsqu'ils acceptaient de se confier – ce qui était rare –, la plupart d'entre eux se plaignaient des loyers prohibitifs de la capitale et de la forte insécurité dont ils souffraient tout particulièrement. Mais, malgré ces inconvénients majeurs, la France restait un des rares pays où les études universitaires étaient quasiment gratuites sans distinction de nationalité.

La jeune femme portait un blouson et ses cheveux courts lui donnaient un côté garçonne. Après les présentations d'usage, je lui demandai de me résumer son parcours.

— Tout est dans mon CV, répliqua-t-elle avec une rudesse que je mis sur le compte de la différence culturelle et de son léger accent au débit un peu précipité pour accentuer son côté *maîtrise parfaite du français*.

— Je souhaite travailler sur les systèmes intelligents et votre laboratoire est l'un des plus avancés en France dans ce domaine.

Je trouvai le «en France» à la limite de l'impolitesse. Nous étions parmi les plus avancés dans le monde.

— Après mon doctorat, poursuivit-elle, je compte rentrer en Chine pour intégrer un institut de recherche.

Elle m'expliqua avec une fierté dans la voix que son gouvernement avait bloqué le développement des GAFA en Chine pour permettre l'émergence de champions nationaux. Les BATX – pour Baidu, Alibaba, Tencent et Xiaomi – n'avaient, selon Mlle Zhou Suying, pas d'équivalent en Europe.

Puis, prenant peut-être conscience que souligner les lacunes d'un pays qui était certes une colonie numérique américaine, mais qui, tout de même, payait ses études aurait pu être mal interprété, elle me remercia de la recevoir, soulignant la chance pour elle d'intégrer une équipe à l'excellence reconnue.

Le grain de sa peau, ses cheveux, tout évoquait un de ces produits haut de gamme à la finition très soignée que l'on peut trouver dans les centres commerciaux. Mais ce qui me marqua, ce fut surtout ses yeux à tomber – pénétrants serait le mot juste.

Des yeux comme des meurtrières horizontales qui vous donnaient l'impression de voir à travers vous.

— Vous avez réfléchi à votre sujet de recherche ?

Elle hocha la tête, ouvrit un dossier, en sortit une feuille imprimée recto verso et me la tendit en soupirant.

— C'était en pièce jointe de mon mail.

Je rougis de mon impréparation. Elle avait détaillé un programme de recherche liant les mathématiques probabilistes et les implications sur l'IA.

Je lus le papier avec attention. Sa démarche scientifique était claire et parfaitement structurée, mais je me devais de mettre mon grain de sel.

— Bien sûr, dis-je en fronçant les sourcils, il faudra réaliser quelques ajustements, mais ce sera à la marge.

— Vous avez un logement ? ajoutai-je en levant les yeux.

Je n'ignorais pas que le problème du logement était la principale raison pour laquelle certains étudiants abandonnaient leurs études.

— Une chambre chez une dame âgée. Le loyer est raisonnable. Et puis, dans le XIIIe, je passe inaperçue, dit-elle avec un sourire.

— Je doute que vous puissiez passer inaperçue quelque part.

C'était un compliment. Mais si tarabiscoté, que je vis qu'elle ne savait pas trop comment le prendre. Elle choisit finalement d'ignorer ma remarque. Il émanait d'elle une surtension qui la rendait à la fois désirable et inaccessible.

Peut-être parce qu'elle me sentait bienveillant, pour la seconde fois elle tenta de sourire, mais n'y réussit guère. Je hochai la tête, prenant cet air pensif qui sied à un chercheur, avant d'aller chercher Thomas.

Ce postdoc n'avait pas passé la barre d'admissibilité au CNRS. Il ressemblait à un beau laboureur blond avec ses lèvres trop rouges, sa barbe de trois jours tirant sur le roux, son cou rond, gras, doré. Il faisait penser aux paysans de ces gravures anciennes débordant de santé. Bon, il n'était pas mal, mais sans doute pas autant qu'il le pensait avec ses kilos en trop et ses yeux qui tombaient. Il devrait candidater à nouveau l'an prochain pour un poste de chargé de recherche.

S'il acceptait, ce serait lui qui s'occuperait au quotidien de la jeune thésarde. Un investissement qui lui permettrait en contrepartie de cosigner ses publications. Il s'était pacsé avec Ali, un jeune Marocain, pour pouvoir le faire venir en France. Le risque de harcèlement serait donc limité.

Ce qui me reste de cette première rencontre ne fut pas sa substance finalement banale, mais l'étrange impression que la présence de Suying produisit sur moi.

Le soir, je ressentis une grande lassitude en rentrant. Devant le Franprix, une dizaine de gros rats étaient en train de faire bombance sur des poubelles renversées. Ma présence ne semblait pas vraiment les déranger. À vrai dire, c'était plutôt l'inverse.

Selon ma concierge, Mme Da Silva, les rongeurs étaient de plus en plus nombreux en ville : une véritable invasion.

— Et en plus, ils sont devenus résistants aux raticides, avait ajouté cette petite femme aux cheveux grisonnants et à l'air triste.

À la différence des Espagnols, les Portugais étaient un peuple atlantique et mélancolique comme l'exprimait si bien le fado. Les rides de son visage proclamaient à la face du monde qu'elle n'était pas née d'hier et que ça n'avait pas été facile tous les jours, mais Mme Da Silva avait bien l'intention de s'accrocher encore un moment.

Elle m'avait fixé avec un air courroucé avant d'affirmer :

— Tout ça, c'est la faute à la maire de Paris.

Anne Hidalgo semblait faire l'objet de nombreux griefs, et ceci bien au-delà de la communauté portugaise. De plus, les Portugais me semblaient nourrir une certaine animosité envers leurs voisins espagnols. On était bien obligé de reconnaître que la géographie ibérique ne leur avait guère laissé de choix dans ce domaine.

~

À la caisse du Franprix, la grosse dame devant moi avec son paquet de jambon discount dégageait une forte odeur de transpiration. Pas une clocharde, pas encore, mais on sentait qu'elle n'en était plus très loin.

La caissière se plaignait constamment de son mal de dos. « À force, disait-elle, de porter des trucs lourds comme des packs de Cristaline. » Magda ne le disait jamais, mais je devinais qu'elle en avait surtout marre des jeunes des HLM voisines, malpolis et agressifs, qui la reluquaient derrière sa caisse.

Deux ans plus tôt, elle m'avait confié avec son accent polonais : « Je vais rentrer à Lublin, il n'y a pas d'avenir pour moi, ici. » Mais Magda était toujours là, j'imagine qu'en Pologne ce n'était pas forcément beaucoup mieux.

Vers 10 heures du soir, je mis au micro-ondes mes *aiguillettes de poulet sauce tomate et polenta crémeuse aux champignons*. À ma grande surprise, l'emballage précisait que le poulet venait de Pologne, comme Magda.

J'eus un regard perplexe pour l'emballage. Est-ce que la France fabriquait encore quelque chose ? Produire était bon pour la génération de mon père. La mienne avait compris que ça ne menait à rien. Nous préférions acheter la majeure partie des produits que nous consommions en Asie ou en Allemagne. Mais quand même, du poulet ! Le poulet polonais était-il particulièrement réputé ?

Si c'était le cas, l'information m'avait manifestement échappé. À moins que Franprix n'ait décidé de faire d'une mention légale un argument commercial. Mettre en avant un élément, c'était assurément lui attribuer des qualités insoupçonnées. Ainsi, il suffisait qu'un prix soit inscrit en grosses lettres pour que j'aie l'impression que le produit était bon marché.

Je me nourrissais essentiellement de plats surgelés achetés au Franprix, m'autorisant parfois quelques infidélités avec le Picard de l'avenue de Flandre, à côté du supermarché Casino.

La gamme « Les bons petits plats » de Picard Surgelés offrait, il fallait bien l'admettre, un beau voyage à travers nos *belles provinces de France* grâce à des spécialités régionales appréciables comme le petit salé aux lentilles vertes du Puy ou le bœuf bourguignon et sa poêlée de pommes de terre et carottes.

Mais ce retour aux racines culinaires de la France n'était en aucun cas une fermeture aux cuisines du monde, car la gamme autorisait de *belles découvertes* comme le tajine de poulet aux abricots et sa semoule aux épices ou le saumon tandoori, riz noir et petits légumes.

Côté cuisines exotiques, j'étais sacrément verni. Juste en face du Picard, une succursale de Tang Frères proposait un large choix d'épicerie asiatique qui aurait fait le bonheur de la jeune Suying. Seul bémol de taille ; en fin d'après-midi, l'esplanade attirait les bandes des cités voisines qui traînaient en cherchant des embrouilles, mais en y allant le matin dès l'ouverture, on y était à peu près tranquille.

J'allumai la télévision zappant pour tâcher de trouver une émission acceptable. Soudain apparut la belle Ophélie Meunier et je décidai de rester sur M6.

— Transports urbains, la violence au quotidien, c'est un document de Pascal Hiroux pour KH Productions et pour « Zone interdite ».

La voix off expliquait que la violence était omniprésente dans les transports de la région parisienne. Le documentaire assez confus mélangeait des images d'archives d'agressions difficilement soutenables et des interviews de responsables ou de délinquants.

La voix off incriminait les politiques passées d'une manière assez vague. Le documentaire s'arrêtait à ce constat imprécis, mais il était évident que tout cela ne pouvait que très mal finir.

Étant donné mon voisinage, je n'avais pas vraiment envie de visionner des images de violences urbaines. J'ai coupé le son pour terminer la lente dégustation de mes aiguillettes au poulet polonais, les accompagnant d'une demi-bouteille de vin rouge ordinaire.

Je remontai le volume juste à temps pour « L'amour est dans le pré ».

— Tous en selle, pour une nouvelle saison, annonça Karine Le Marchand, l'œil malicieux.

Je n'avais pas suivi les précédentes saisons avec régularité, mais quand, après la lecture de plusieurs papiers sur l'approche probabiliste bayésienne en IA, j'avais l'impression que mon crâne allait exploser, j'aimais bien *me vider la tête* avec cette émission simple qui évoquait une France rurale aujourd'hui en grande partie disparue.

Saison après saison, le succès de l'émission ne se démentait pas. L'adhésion du public tenait à plusieurs ingrédients dont le moindre n'était pas l'humour bienveillant teinté d'autodérision de Karine Le Marchand.

Il y avait également une volonté manifeste de la production de faire découvrir des métiers rares au public. Dans un sens, on retrouvait une parenté avec Jean-Pierre Pernaut quand le présentateur de TF1 évoquait avec une émotion sincère ces *belles régions que nous aimons tant* entre un reportage sur les bouilleurs de cru du Calvados et un portrait de la dernière dentellière du Calaisis.

Un projet éducatif que Karine Le Marchand soulignait avec juste la légèreté nécessaire pour rendre intéressants un héliciculteur, un éleveur de brebis allaitantes ou un spécialiste du *bœuf fin gras du Mézenc*.

La première chose qui me venait à l'esprit, c'était que la majorité de ces hommes trimaient pour des revenus souvent inférieurs aux minima sociaux, ce qui démontre clairement les limites de la théorie néoclassique présentant l'*Homo œconomicus* comme un être rationnel cherchant à maximiser son profit économique.

Les plus jeunes des agriculteurs exprimaient cependant une volonté émancipatrice cherchant à s'affranchir du rapport de force déséquilibré avec la grande distribution grâce à des *circuits courts* proposant des produits bios plus *responsables*.

Si, matériellement, leur existence était marquée par la précarité financière, côté vie affective, c'était encore pire. L'agriculture moderne était une activité solitaire se pratiquant dans de vastes espaces ruraux à la densité de plus en plus faible. Les villages se vidaient de leurs jeunes et, une fois leur scolarité – généralement courte – terminée, la plupart de ces hommes n'avaient plus guère l'occasion de rencontrer de jeunes femmes. Certains semblaient même encore carrément puceaux.

Si la France urbaine allait mal, la ruralité n'allait donc pas très bien non plus et elle comptait manifestement sur la téléréalité pour aller un peu mieux.

Comparé à ces agriculteurs, chaque téléspectateur urbain pouvait croire jouir d'une vie affective riche et intense. La misère sexuelle paysanne servait en quelque sorte de *benchmarking*, de référentiel galiléen. Elle rendait les villes de grande solitude plus supportables. En y réfléchissant bien, c'était peut-être la raison principale du succès de l'émission : en se comparant, le téléspectateur urbain se consolait. Malgré les efforts des humanistes, de tout temps, rien n'avait été plus rassurant pour les uns que le malheur des autres. Au point où l'on pouvait se demander si les jeux du cirque de l'Antiquité avaient une autre finalité que celle de convaincre la plèbe romaine qu'elle n'était pas si mal lotie.

Bien sûr, le voyeurisme était incontestable, mais, obsession de l'audimat oblige, n'était-ce pas l'essence même de la télévision, et en particulier des *reality shows* ? D'après Médiamétrie, M6 s'était hissée en tête de la soirée avec les derniers épisodes de « L'amour est dans le pré ». 4,9 millions de téléspectateurs avaient suivi le programme jusqu'à 23 h 35 avec une part de marché de 29 % sur le cœur de cible : la fameuse ménagère de moins de 50 ans.

Je fus tiré de mes réflexions par l'arrivée de Vincent, 52 ans. Cet éleveur de canards du Gers était présenté par la production comme un *personnage haut en couleur, mais très affectueux*. Celui qui mettait de l'ambiance dans les mariages et les fêtes patronales, entonnant le premier les tubes de Patrick Sébastien ou amorçant une chenille sur un air entraînant de la Bande à Basile ou de la Compagnie créole. Bref, un joyeux drille toujours prêt à créer une ambiance conviviale qui ne se la pétait pas. Sous le regard ému de Karine Le Marchand, Vincent essuya une larme en brisant l'armure.

— Ce que je désire plus que tout, dit-il, c'est rencontrer la femme de mes rêves : pas trop grande, avec des formes généreuses, et surtout *très coquine*… Avec, bien entendu, du *caractère* !

Bref, le genre de femmes que proposait le site de vidéos amateurs Jacquie et Michel, qui les aurait qualifiées de *grosses salopes*.

Je me demandai quand même si ma situation affective était beaucoup plus enviable, avant de m'assoupir au moment où Vincent expliquait qu'il avait eu le coup de foudre pendant le *speed dating* pour Anne-Marie, une aide-soignante divorcée de 51 ans, mère d'un fils de 14 ans et vivant dans la Haute-Marne.

3

Un peu après le déjeuner, je quittai Jussieu en passant par les Arènes de Lutèce. L'endroit n'avait rien d'imposant dans sa tranquillité provinciale. C'était un des rares vestiges visibles à Paris de l'époque gallo-romaine. Dans leur sagesse, les Romains s'étaient peu aventurés dans ces terres froides du Nord, leur préférant les cités plus ensoleillées du bassin méditerranéen. Orange, Nîmes, Arles ou Lyon étaient alors des agglomérations beaucoup plus importantes que Paris. Il avait fallu l'arrivée des tribus germaniques pour redonner au nord de la Loire un rôle politique plus important.

Tout avait basculé au Ve siècle, quand les citoyens romains avaient refusé d'aller se faire égorger pour la gloire de l'Empire par les géants blonds qui hantaient les brumes glacées des forêts germaniques. L'avance technique de Rome était alors incontestable ; pourtant, cette supériorité n'avait pas empêché l'Empire romain de sombrer sous la multitude barbare.

L'histoire nous présente souvent les ruptures comme des événements dont le retentissement aurait été majeur à leur époque. C'est parfois le cas, comme pour la chute de Constantinople en 1453 ou la prise de Grenade en 1492, mais le plus souvent les ruptures historiques sont plus progressives. Seul le besoin des historiens de segmenter l'histoire les oblige à matérialiser les transitions par des dates symboliques.

Ainsi, la fin de l'Empire romain fut arbitrairement fixée au 4 septembre 476, date de l'abdication de Romulus Augustule, dernier empereur romain d'Occident. Mais en réalité, le processus d'effondrement fut très progressif. La date de 476 passa relativement inaperçue pour les contemporains, contrairement à 410, date du sac de Rome par les Wisigoths conduits par Alaric Ier. Un séisme qui aurait pu tout autant marquer la fin de l'Antiquité et le début du haut Moyen Âge.

En réalité, les invasions barbares qui menèrent à l'effondrement de Rome commencèrent avec l'arrivée des Huns en Europe centrale aux environs de 375, soit un siècle avant la date officielle de la fin de l'Empire romain.

Le parallèle avec le XXe siècle était frappant. L'effondrement européen commencé en 1914 ne semblait toujours pas achevé. Il avait lui aussi duré plus d'un siècle.

Un jour, l'humanité future, ou ce qu'il en restera, cherchera à dater l'année zéro de *l'émergence*. Lorsque les chercheurs étudieront les premiers signes de l'apparition de systèmes intelligents artificiels, je ne doute pas que l'année 2017 devienne alors un excellent candidat pour marquer cette rupture historique majeure. Mais je persiste malgré tout à penser que l'année 2020 sera finalement choisie pour des raisons que j'aborderai par la suite.

~

Le parallélisme entre Rome et notre époque était tentant. De nombreux penseurs comme Michel Onfray parlaient de décadence inéluctable, d'une respiration des civilisations à laquelle nous ne pouvions échapper.

La domination historique de l'Occident semblait avoir été balayée par un masochisme postmoderne, une pulsion de mort nourrie d'un sentiment de culpabilité si profond qu'il ne pouvait trouver ses racines que dans le terreau du christianisme. Malgré sa suprématie technologique, l'Occident se sentait impuissant, déclassé, incapable de faire face aux périls existentiels qui le menaçaient. Pour la première fois depuis cinq siècles, une ère post-occidentale semblait s'ouvrir.

En quelques décennies, le visage de la France s'était radicalement modifié. Certains s'en inquiétaient, d'autres, plus rares, s'en réjouissaient. Dans tous les cas, l'inéluctabilité du phénomène traduisait l'impuissance grandissante des démocraties face à des évolutions qui semblaient hors de contrôle.

Je traversai la rue Monge pour rejoindre le quartier Mouffetard qui conservait un vague parfum médiéval. Tout comme les arènes, l'endroit avait réussi à échapper aux volontés modernisatrices du préfet Haussmann. Paris résultait d'une lente sédimentation historique où affleuraient des couches géologiques disparates témoignant d'époques disparues.

L'église Saint-Médard était presque déserte à l'exception d'une jeune femme agenouillée qui priait à voix basse. Elle portait un ensemble en jean hypermoulant. Avec une tenue aussi sexy, une église était le seul genre d'endroit à Paris où une jeune femme pouvait entrer et s'asseoir sans risquer d'être importunée. Un îlot de tranquillité dans l'enfer urbain.

Ses cheveux noirs tirés en arrière, très lisses, lui donnaient un côté latino, presque asiatique. D'où j'étais, c'était difficile à dire. Peut-être une Philippine, de plus en plus de couples de cadres embauchaient ces catholiques réputées pour leur probité et leur respect des valeurs traditionnelles.

Très croyants, les Philippins demeuraient les dernières populations catholiques du globe à suivre à la lettre les recommandations du pape comme en témoignait la natalité hors de contrôle de leur archipel.

Je n'étais pas croyant. La foi ne m'offrait aucune réponse satisfaisante à l'absurdité de l'existence, à l'obscénité du monde. Ce n'était pas pour moi un *concept opérationnel*. Mais je devais admettre que la religion constituait pour beaucoup d'individus un ultime refuge, une forme d'espoir, de baume de l'âme. Pour certains penseurs, la dislocation des sociétés occidentales post-chrétiennes avait favorisé l'émergence de l'islam, ce qui témoignait de la conscience angoissée qu'aucune société ne pouvait se dispenser de l'axe fédérateur d'une religion, ou au moins d'une transcendance.

Que l'on soit croyant ou pas, la complexité du monde, l'inanité de l'agitation humaine trouvaient une forme de répit dans la nef des églises. On en ressortait apaisé et plus serein.

J'avais parfois l'impression que l'avenir venait à la rencontre du présent par grandes vagues ralenties, comme ces énormes et puissants rouleaux pour surfeurs qu'enfant j'avais l'habitude de voir à la télé pendant le générique de la série *Hawaii police d'État*.

Mais les crises successives et les plans d'austérité qui suivirent avaient englouti nos rêves de jeunesse. De nouveaux venus exigeaient leur part du gâteau, jouant des coudes, contestant une domination occidentale qui n'avait que trop duré. L'Europe semblait au bord de l'effondrement. Le mot même de crise paraissait faible pour décrire cette profonde mutation de la modernité. Mais les mots ressemblaient aux hommes : ils étaient usés, incapables de décrire le monde, déformés comme ces valises qui ont trop servi et ne ferment plus.

~

Si les églises étaient vides, au 45 de la rue d'Ulm, la salle Dussane était pleine. La récente notoriété télévisuelle de Cédric Villani devait y être pour quelque chose. Beaucoup d'élèves étaient venus en curieux, voir la star. Malgré la montée en puissance d'Internet, passer à la télé semblait toujours la garantie d'une popularité rapide.

Cédric Villani arriva un peu en retard. Il n'était pas un spécialiste de l'IA ni même de l'informatique. Ses travaux les plus notables portaient sur l'équation de Boltzmann qui se situait au carrefour entre la mécanique des fluides, la physique statistique et la théorie de l'information : un assemblage unique qui conférait à cette équation une richesse théorique qui allait bien au-delà de son importance pratique.

Pour de nombreux hommes politiques, mathématiques et intelligence artificielle procédaient d'un même domaine abstrait et mystérieux qui recelait à la fois des secrets abyssaux et d'inquiétantes promesses.

Avec ses yeux écarquillés, l'homme ressemblait à un étrange lémurien pris dans les phares d'une voiture. Il rappela qu'il était également l'auteur d'un rapport sur l'enseignement des mathématiques. Vu le niveau des élèves que produisait l'enseignement secondaire, on ne pouvait que se réjouir de cette initiative.

Dès le début de sa conférence, le député n'esquiva pas la réalité et confirma mes craintes.

— La France, souligna-t-il, est bonne dernière en Europe au classement TIMSS, qui évalue les performances en mathématiques des enfants de CM1.

Il marqua une pause pour laisser l'idée infuser, puis demanda sur un ton plein d'ironie :

— Sommes-nous pour autant devenus une nation littéraire ? Eh bien, pas vraiment, si j'en juge par l'enquête PIRLS 2016 qui évalue les performances en lecture en CM1 et nous classe également dans les derniers. Nos performances sont si mauvaises qu'elles laissent perplexes les meilleurs spécialistes. De plus, elles continuent à se dégrader avec une régularité inquiétante.

Sa pirouette verbale montrait qu'il prenait les choses avec humour. La plupart des questions du public ne portèrent cependant pas sur le niveau en mathématiques – l'assemblée présente semblait avoir accepté ce déclin comme un fait désormais inéluctable. L'intérêt se porta en grande partie sur son précédent rapport sur l'IA. Un des auditeurs résuma le contexte :

— L'intelligence artificielle est devenue le sujet médiatique à la mode. Les journaux lui consacrent de pleines pages avec souvent des conclusions alarmistes pronostiquant une bérézina sociale. Quelle est votre analyse ?

Après un instant de réflexion, Villani avança avec un esprit de méthode qui trahissait sa formation que, selon lui, les réactions se divisaient en trois catégories.

— Pour les alarmistes comme le défunt astrophysicien Stephen Hawking ou les entrepreneurs Elon Musk ou Bill Gates, l'intelligence artificielle représente pour l'humanité une menace existentielle pouvant mener à une confrontation à l'issue incertaine entre humains et machines. Pour ces scientifiques, les cavaliers de l'Apocalypse viennent de seller leurs montures et, si nous ne faisons rien, ils se mettront en route pour annihiler l'humanité.

Il esquissa un imperceptible sourire pour souligner en quelle piètre estime il tenait ces augures.

— Pour les optimistes comme Mark Zuckerberg ou Ray Kurzweil, le scénario apocalyptique est fantaisiste. Pour eux, un monde meilleur va naître, un nouvel âge d'or où la malédiction du travail serait réservée aux machines.

Il avait levé les mains en les tournant vers le ciel pour mieux souligner la naïveté de ces marchands de bonheur.

— Enfin, pour ceux que je nomme les «pragmatiques», l'IA est ambivalente et, en cela, ne déroge pas à la plupart des avancées technologiques majeures. Selon ce que l'homme en fera, elle est capable du pire comme du meilleur.

À l'évidence, Cédric Villani se rangeait résolument dans ce camp de la raison, dans un double refus de jouer avec les peurs contemporaines ou de faire preuve d'une naïveté coupable.

— Certes, concéda-t-il, l'IA va inéluctablement conduire à la suppression de millions d'emplois, mais elle en créera tout autant dans un vaste mouvement schumpétérien de destruction créatrice.

Il illustra son enthousiasme par un large geste du bras qui englobait la salle. Avec sa lavallière rouge, on avait l'impression qu'un magicien était sorti d'un Harry Potter pour jeter un sort au public.

— De plus, ajouta-t-il, la puissance numérique des IA va soulager nos cerveaux des tâches les plus ingrates, comme la force mécanique de la vapeur avait soulagé le corps de nos aïeux des travaux physiques les plus pénibles.

Comme son mentor de l'Élysée, il adoptait une attitude que l'on pouvait qualifier de *centriste et mesurée*. Il refusait le confort du pessimisme et, en cela, se plaçait résolument dans une attitude positiviste.

Si le jeune président avait souvent été comparé à Bonaparte en raison de la détermination qui l'avait conduit, en à peine trois ans, de l'anonymat à la plus haute fonction de l'État, je lui trouvais cependant plus de similitudes avec la révolution bourgeoise de 1830 qu'avec l'Empire.

Comme les Trois Glorieuses et la monarchie de Juillet, son accession au pouvoir avait été portée par les parties les plus dynamiques de la société civile : des « hommes nouveaux », des entrepreneurs représentant la frange la plus éclairée de la bourgeoisie.

Sous l'égide du protestant Guizot, la monarchie de Juillet avait été à l'origine d'un impressionnant développement économique qui avait remis la France en marche vers la modernité et préparé le Second Empire.

Le Président m'apparaissait comme l'héritier de cette période positiviste et saint-simonienne. Comme Saint-Simon, il incarnait une synthèse, un libéralisme tempéré de social.

La France s'était offerte à ce jeune président comme une femme qui sent sa beauté se faner se donne à un prétendant inespéré. Il y avait un côté *dernière chance* dans ce choix de la raison.

Avec la foi des nouveaux convertis, Marianne s'était jetée à corps perdu dans cette globalisation qu'elle avait si longtemps niée avant de la refuser.

L'eau de la mondialisation était froide et il fallait parler anglais, mais la situation économique française était si dégradée qu'il fallait *faire avec*, au regard d'alternatives qui apparaissaient encore plus sombres. Tout cela aurait été jouable si la popularité du jeune président ne s'était effondrée au bout d'un an et demi face aux importants mouvements sociaux des Gilets jaunes qui menacèrent d'ouvrir une crise de régime. Depuis le début de 2019, le Président cherchait par tous les moyens à reprendre l'initiative pour relancer son mandat.

~

Le pot était organisé dans une salle voisine. Des bols de cacahuètes trop grasses, du jus d'orange synthétique et du cidre tiède étaient vaguement disposés sur des tables en formica qui semblaient dater de l'époque de Jean-Paul Sartre. Villani serra quelques mains, adressant de-ci de-là quelques mots d'encouragement avant de s'éclipser.

Je ne sentis pas tout de suite la main ferme qui m'avait saisi l'épaule comme une serre de rapace. J'ai sursauté comme si l'on m'avait giflé. En me retournant, je me trouvai nez à nez avec un homme en costume qui me souriait avec une bienveillance amusée.

— Michel ?

Nous nous sommes regardés, et il y eut comme un doute.

— François Guérin, tu me remets ? Le lycée du Parc entre 1991 et 1993.

Chaque individu possède des traits qui lui sont propres, certaines caractéristiques géométriques du visage, certains éléments de personnalité. Je me souvenais avoir côtoyé un François Guérin, mais je ne voyais aucune ressemblance entre l'homme empâté qui me faisait face et le jeune garçon malingre de mon souvenir.

Conscient de ce que mon silence avait de gênant, je décidai qu'il serait mieux de prononcer quelques paroles.

— Oui, bien sûr, dis-je, François, François Guérin... Le Parc, Lyon.

Je savais vaguement que ce patronyme était associé à mes années de classes préparatoires, mais ce nom n'arrivait pas à s'associer d'une quelconque façon au visage qui me faisait face. Quelqu'un avait effacé le tableau noir de ma mémoire. Il ne restait plus grand-chose des équations du passé.

L'homme semblait en revanche très bien se souvenir de mes traits, il m'avait reconnu au beau milieu de la cohue qui prenait d'assaut le buffet. Il paraissait même ému de me revoir après toutes ces années, il n'arrêtait pas de me le répéter.

Il avait posé sa main sur mon épaule comme on le fait avec un vieil ami qu'on retrouve par hasard, avant de m'entraîner tout en parlant jusqu'à un coin plus tranquille où il y avait une table libre.

Une fois assis, son regard me détailla comme pour évaluer l'homme que j'étais devenu.

— Tu n'as pas tellement changé, me dit-il d'un air satisfait, qu'est-ce que tu deviens ? Tu travailles dans quoi ?

Il aurait pu me demander si j'avais une famille, des enfants, mais la question qui lui était naturellement venue concernait mon métier. Peut-être parce que le travail n'était que le prolongement des études par d'autres moyens. L'époque était obnubilée par la position de chacun dans le vaste système de production mondialisée qui s'était mis en place au cours des dernières décennies.

Tranchant avec son costume impeccable, ma dégaine négligée devait forcément susciter des questions. Je pris une gorgée de cidre laissant l'amertume glacée me décaper le palais avant de dire :

— Je bosse à Jussieu dans un laboratoire d'informatique.

Je crus voir de la déception dans son regard. Manifestement, il s'attendait à mieux de ma part. Ou en tout cas de la part de celui qu'il avait connu au lycée du Parc.

L'université avait longtemps joui d'une certaine aura sociale, mais désormais, la situation chaotique de l'enseignement supérieur et sa paupérisation progressive ne provoquaient au mieux qu'une indifférence polie. Le monde universitaire était puni par là où il avait péché. Première victime de politiques de déconstruction qu'il avait largement initiées et soutenues. Pour mettre fin au malaise qui menaçait de s'installer, je lui demandai à mon tour :

— Et toi ? Tu travailles où ?

Il me tendit deux cartes de visite. Sa carte professionnelle indiquait la fonction de directeur du système d'information des laboratoires Novartis. Sur sa carte personnelle, je lus qu'il habitait 56, avenue Victor-Hugo.

Petit à petit, les souvenirs me revenaient. Je gardais vaguement en mémoire un élève laborieux, mais dont la ténacité forçait le respect. Indubitablement, malgré une école de second rang obtenue après un redoublement, sa détermination avait payé et François Guérin semblait avoir réussi dans la vie.

Je n'avais pas de carte de visite personnelle. Je lui ai tendu celle du laboratoire ajoutant que j'habitais rue de Tanger, près du métro Stalingrad.

— Ah ! Stalingrad ! répéta-t-il, sans que je puisse déterminer si l'intonation de sa voix exprimait la curiosité ou la pitié.

Je vis son regard se poser directement sur mes Mephisto ringardes, remonter lentement sur mon pantalon informe, puis s'attarder un instant sur ma chemise Celio bon marché et ma vilaine cravate en synthétique C&A.

Il n'y avait aucun mépris dans son regard, un peu de gêne seulement, et c'était encore pire. Mes vêtements, mon allure n'étaient pas ceux d'un cadre du secteur privé, mais dans un sens j'étais un universitaire. Un milieu professionnel au *dress code* informel. Cela aurait pu à la rigueur passer, mais je sentais que l'adresse ne passait pas.

François me fixa avec une sympathie nuancée de sérieux. Il avait conscience de l'existence d'un secteur académique en voie de paupérisation, une conscience vague, mais réelle. Il était amené dans son métier à côtoyer toutes sortes de gens ; et ce milieu ne pouvait lui être complètement étranger.

Je tentai maladroitement de me justifier, expliquant que Stalingrad c'était direct pour Jussieu avec la ligne 7.

Il me demanda si j'avais revu d'autres anciens du Parc. Sans attendre ma réponse, il me donna des nouvelles d'amis que je n'avais jamais connus, ou dont j'avais perdu le souvenir, me dit croiser de temps en temps Philippe Martel dans un club regroupant des directeurs de l'informatique. Je hochai la tête bien que je n'aie strictement aucun souvenir de ce Philippe Martel.

Soudain, un homme bien charpenté aux cheveux gris s'avança vers nous et François se leva pour le saluer.

— Gérard, comment vas-tu ?

Puis il se tourna vers moi.

— Gérard Letelier est le directeur scientifique de Turing Technologies. Comme toi, il est normalien, mais de la promo 1981.

J'imagine que cela devait à ses yeux briser une barrière symbolique entre nous et créer une forme de fraternité. J'avais déjà entendu parler de Turing Technologies sans vraiment savoir ce qu'elle faisait. Je fis une grimace intérieure à l'idée de devoir subir la logorrhée habituelle des *startupers*, mais je découvris avec joie que Letelier ne pratiquait pas ce jargon qui n'était pas de sa génération.

— Turing a été fondée par Christophe Villeneuve, dit-il, un véritable entrepreneur qui, certes, ne vient pas du monde de *la Tech* – il disait quand même *la Tech* –, mais qui possède un remarquable sens des affaires. Et vous?

— Je travaille au LIP 6 de Jussieu.

Il connaissait des noms dans le domaine et m'avoua s'intéresser à certaines voies de recherche.

— Mais toujours dans une *optique appliquée*, me précisa-t-il avec un sourire où je crus déceler un soupçon de sarcasme envers certains travaux d'informatique théorique, j'ai moi-même été chercheur avant d'en avoir assez.

Il se versa un verre de jus d'orange puis observa:

— Les gens croient que la recherche est un monde de puristes. Il n'y a rien de plus inexact. En réalité, je n'ai jamais rencontré autant de mesquinerie que dans ce milieu.

Il marqua une pause. Peut-être pour me laisser le temps de protester, de m'insurger. Je n'en fis rien; à vrai dire, j'étais même plutôt d'accord avec lui.

— J'ai vu au CNRS les plus énormes chapelets de saloperies qui puissent sortir d'une cervelle humaine. Comprenez-moi bien, corrigea-t-il, les gens n'y sont pas pires qu'ailleurs, c'est juste qu'on ne s'attend pas à ce que des cerveaux aussi brillants soient aussi minables, veules et prétentieux.

C'était, il me fallait l'admettre, une assez bonne description de la plupart des patrons d'équipe que je côtoyais. Il suffisait de participer à une commission d'attribution budgétaire pour être profondément atterré par le niveau de mesquinerie atteint.

— Les scientifiques sont des gens intelligents, dit-il, pourquoi devraient-ils avoir besoin de la supervision de toutes ces superstructures administratives qui vérifient leurs faits et gestes?

L'assistance s'était éclaircie et les employés du traiteur commençaient à trier et à remballer les restes. Le pain surprise – rôti de porc, moutarde à l'ancienne et cornichons – avait manifestement déçu comme en témoignaient de nombreux triangles lâchement abandonnés sur les assiettes en carton.

— Soyez mes invités, et poursuivons cet échange dans un restaurant de poissons, dit Letelier, avant d'ajouter avec un sourire gourmand, bien sûr, si les fruits de mer ne vous font pas horreur.

Lentement, comme un gosse puni, François baissa les yeux.

— Vraiment désolé, Gérard, mais je ne vais pas pouvoir me joindre à vous.

Sur ces mots, il releva les yeux vers moi, l'air malheureux. Je compris que ce n'était pas François qui *portait la culotte* à la maison.

De mon côté, ma réponse positive ne démontrait aucun courage conjugal particulier tant il y avait longtemps que plus personne ne m'attendait à la maison. Tout ce dont je me souviens aujourd'hui, ce fut la lueur de gratitude qui illumina le regard de Gérard Letelier quand j'acceptai son invitation.

J'étais à cent lieues de me douter où tout cela me mènerait.

4

Chez *George* s'écrivait sans s ; j'en déduisis que le patron était né outre-Manche, à moins qu'il ne sacrifiât à une certaine anglomanie un peu snob très courante à Saint-Germain-des-Prés où il était aussi bien vu d'aimer les Anglais que de détester les Américains.

Ce petit restaurant d'une douzaine de tables était situé rue Servandoni, près de la place Saint-Sulpice. Tout dans la salle et son ameublement avait été aménagé avec goût pour correspondre très exactement à l'idée qu'un New-Yorkais ou un Singapourien devait se faire d'un restaurant marqué du sceau du *chic parisien*.

Letelier fut accueilli comme seuls le sont les habitués. La plupart des tables étaient occupées et il n'avait pas réservé, mais George se démena comme un beau diable pour lui libérer une table bien placée.

George portait un foulard noué autour du cou et il zozotait avec affectation, un peu comme Dominique Besnehard, l'agent des stars.

George faisait la bise à certains *habitués* donnant parfois du « Ma chérie » à certaines clientes.

— En entrée, mes chéris, je vous conseille les spéciales Gillardeau n° 2 et, après, le bar en croûte de sel.

Je fus un peu gêné en voyant les prix, mais Letelier ne sembla pas leur accorder la moindre attention, comme me le confirma son choix d'un chablis Blanchots à plus de 120 euros.

Après la commande, il me désigna discrètement une table proche du bar.

— Vous les avez reconnus ?

Les visages me disaient vaguement quelque chose. Allant assez peu au cinéma, je mis un moment avant de comprendre qu'il s'agissait d'un couple d'acteurs connus. Ils venaient de se lever pour accueillir un second couple.

La brune qui prit place à leur table avait la trentaine, elle portait un superbe manteau de fourrure avec en dessous une jupe très courte ; elle devait être moyen-orientale ou sud-américaine. Une femme superbe avec une taille étroite, des fesses magnifiques et une des plus belles poitrines qu'il m'ait été donné de croiser.

Difficile en revanche d'estimer l'âge de l'homme qui l'accompagnait. Il pouvait avoir la trentaine épuisée aussi bien que la cinquantaine bien préservée. Il était surtout d'une maigreur à faire peur, avec ce côté inquiétant dans le regard qu'ont parfois les artistes maudits. Autant sa compagne respirait la vie, autant lui puait la mort à cent mètres.

En attendant les huîtres, Letelier me parla de Turing Technologies.

— Villeneuve a commencé en rachetant des peep-shows. Dans un sens, ça le rapproche un peu de la trajectoire d'un Pascal Erlanger.

Je ne pus cacher une certaine surprise.

— Erlanger ? J'ignorais complètement qu'il avait débuté dans ce domaine.

Gérard Letelier se fit un plaisir de me déniaiser au sujet du gourou aux cheveux gras :

— Peu de gens se souviennent qu'il a débuté dans le Minitel rose et le monde de la nuit. Il a possédé jusqu'à une dizaine de peep-shows dont le célèbre Sensual Paradise qui lui a valu quelques ennuis judiciaires. Un homme d'affaires redoutable. À côté de lui, Tapie, c'est Chantal Goya.

Je ne pus m'empêcher de sourire.

— En réalité, je ne vois pas vraiment le problème, ce genre de choses fait plutôt sourire les Français – peuple grivois par excellence.

— Vous oubliez que les choses ont pas mal changé avec la vague de pudibonderie venue d'outre-Atlantique. Mais si le côté

Minitel rose pouvait passer, les gens ont plus de mal à lui pardonner sa pingrerie légendaire et la brutalité avec laquelle ce *patron de gauche* a la réputation de traiter ses salariés.

Peep-show ou pas, en quelques années, Pascal Erlanger était devenu une légende de la French Tech. Il avait d'abord révolutionné l'accès Internet puis la téléphonie mobile en cassant le prix des forfaits.

L'entrepreneur reprenait les codes du milieu en faisant des annonces régulières devant des audiences déjà conquises à la manière des *keynotes* d'un Steve Jobs avec son micro-oreillette, ses baskets issues du commerce équitable et sa mise en scène de gourou californien.

On comprenait vite qu'il ne commercialisait pas une simple ligne de téléphonie mobile, mais que le type vendait le *monde de demain*.

— Le rachat de plusieurs journaux à partir de 2010 a confirmé ses ambitions médiatiques et peut-être même politiques, dit Letelier, si la valeur économique de la presse est à peu près nulle, son pouvoir d'influence demeure important. En achetant à vil prix des organes de presse, un homme d'affaires devient intouchable. Un peu comme un candidat de « Koh-Lanta » ayant réussi une épreuve d'immunité. Le plus souvent, il n'a même pas besoin d'interférer dans la politique rédactionnelle. Les journalistes sont des êtres doués de raison qui, à l'instar des meilleurs domestiques, anticipent les souhaits de leurs actionnaires.

Je n'ignorais pas que tous les médias leaders d'opinion appartenaient ainsi à une dizaine de grands groupes qui s'arrogeaient par là un pouvoir considérable sur la sphère politique. Seul le *Canard enchaîné* semblait encore échapper à cette emprise.

— Si Erlanger est proche de la maire de Paris, il l'est bien plus du président de la République. Il est aussi engagé dans l'éducation avec son école de programmeurs.

Campus 421 avait été l'objet d'une intense campagne de communication reprenant tous les codes du moment : implication citoyenne, politique des banlieues, jargon anglo-saxon, promotion de la diversité et du Vivre-Ensemble et fascination pour la tech américaine.

— L'école impose le tutoiement de rigueur, et son ambition est de «sortir près de 1 000 jeunes par an de la galère en leur donnant les outils pour devenir des superstars de l'informatique».

Letelier avait prononcé ces mots avec un sourire amusé.

— Leur pédagogie révolutionnaire, c'est le *peer-to-peer learning*. En gros, les élèves les plus avancés enseignent aux autres. Gros avantage sur le recrutement d'enseignants dans un domaine où la pénurie est chronique.

Je pouvais deviner une certaine ironie dans son regard.

— Mettre en avant une pédagogie de la débrouillardise sans formateur ni formation, c'est bien gentil, souligna-t-il avec un petit sourire, mais on atteint vite certaines limites.

Il but une gorgée de chablis, avant de reprendre.

— Erlanger comme Villeneuve ont cependant compris quelque chose d'important. Les peuples ont besoin de héros, surtout quand l'histoire se fait menaçante. En temps de guerre, ce sont des militaires comme Napoléon ou de Gaulle. Mais en temps de guerre économique, ce sont des *venture capitalists*, des capitaines d'industrie. Le pays attend de ces *hommes providentiels* des emplois et de la croissance. L'Amérique a eu Steve Jobs, Elon Musk ou Bill Gates; la France cherche désespérément les siens. Marcel Dassault, Francis Bouygues ou Jean-Luc Lagardère ne sont plus de ce monde et personne ne les a véritablement remplacés.

Son regard pensif quitta quelques instants le mien.

— Je n'ignore rien du sentiment de perplexité que produit cette vénération d'entrepreneurs, dit-il, à mon avis elle en dit long sur notre époque. Si l'argent est le nouveau dieu, il devient somme toute normal que les entrepreneurs se transforment en gourous.

J'étais surpris par son extrême franchise. Il n'essayait pas de me vendre quelque chose, ni même de se faire mousser. Il évoquait sa sincère admiration pour Villeneuve tout en en soulignant les limites.

À l'arrivée des bars en croûte de sel, il orienta la conversation sur les projets de Turing Technologies.

— Je ne vais pas vous mentir, nous n'avons ni les moyens ni les ambitions d'un DeepMind, mais dans cet *écosystème*, il existe une place pour des acteurs comme Turing Technologies. L'analyse de Villeneuve est simple : les médias parlent constamment d'IA, mais, quand on y regarde de plus près, peu de secteurs sont numérisés. Il suffit d'implanter une IA étroite dans un processus de production pour réduire drastiquement les effectifs et améliorer le niveau de service et la marge brute.

Je l'écoutais avec d'autant plus d'intérêt que Gérard Letelier abordait les problèmes avec un bon sens de paysan normand qui me plaisait.

— Savez-vous que les adopteurs précoces d'IA ont des marges bénéficiaires supérieures de 15 % à la moyenne de leur industrie ?

— Ah bon ? Je l'ignorais complètement, ai-je dit en tentant de dissimuler ma surprise.

Je me sentis rougir. En fait, j'ignorais tout des marges brutes ou nettes des différents secteurs économiques. Je savais par contre qu'une corrélation ne prouvait nullement une quelconque causalité, mais j'imaginais très bien que remplacer des êtres humains rémunérés travaillant 35 heures par semaine par des machines non rémunérées travaillant 168 heures améliorait les marges bénéficiaires.

Puis Letelier soupira et me fixa avec un air grave.

— Le principal problème, ce sont les profils. On lit partout que la France manque de développeurs. C'est archifaux. Des pisseurs de ligne, on en trouve à la pelle, mais très peu possèdent une véritable culture mathématique, sans même parler de culture humaniste. Peu sont capables de *penser l'IA*. Monter un projet cohérent et le mener à bien demande des qualités rares.

Il marqua un silence. Moi aussi, j'avais parfois du mal avec la nouvelle génération. Ils étaient familiers des technologies modernes, mais il leur manquait souvent une profondeur mathématique que nous avions reçue.

— Le problème, dit-il, vient de ce que les puristes comme vous préfèrent crever de faim dans la recherche publique. Et que ceux qui acceptent d'aller dans le privé sont débauchés à prix d'or par les Américains. À Jussieu, vous êtes dans l'étude, vous observez le monde, mais au fond vous restez en dehors du réel. Or, désormais ce sont des entreprises qui changent la société dans laquelle nous vivons. C'est là que les choses se passent et c'est là que vous disposerez de ces moyens qui vous font défaut dans le public.

Il se tut et resta un moment silencieux, absorbé par les saveurs de son bar et de sa purée de topinambour. Tout était absolument délicieux. Derrière son côté mondain, George était un cuisinier hors pair.

Des éclats de voix me tirèrent de ma réflexion. J'en profitai pour jeter un coup d'œil à la table de l'acteur. Il était emporté par une discussion très animée. Les autres convives l'écoutaient en silence, ou faisaient semblant. Il avait l'air remonté contre quelque chose ou quelqu'un. Je me souvins alors qu'il était d'une nature pugnace, comme un *acteur engagé*.

Soudain, la brune, voluptueuse et sexy croisa mon regard. Elle modifia son expression, entrouvrant légèrement ses lèvres bien ourlées et esquissant un geste qui trahissait un désir inconscient de séduction. J'eus alors la sensation fugace d'une connexion directe entre deux âmes, si tant est que cela existe.

Letelier qui avait saisi mon regard jeta un bref coup d'œil vers la belle brune, comme s'il craignait qu'un regard trop prolongé ne se traduise par une brûlure au second degré.

— Vous l'avez reconnue ? me dit-il avec un sourire entendu.

— Pourquoi ? Je devrais ? dis-je un peu surpris.

— Mona Malat, une Franco-Libanaise qui a connu il y a une dizaine d'années un certain succès dans la chanson sous le nom de Mona Saheer. Elle avait vingt ans à l'époque et elle était incroyablement belle.

— Je la trouve toujours très séduisante, et je suis désolé que ma connaissance de la chanson française se soit arrêtée aux grands classiques.

Le sourire de Letelier s'élargit et il s'octroya un peu de chablis.

— Revenons à nos moutons, dit-il en reposant le verre, c'est maintenant que les places sont à prendre. Pas dans deux ans. Le sujet fascine d'autant plus les hommes politiques qu'ils n'y comprennent à peu près rien. Vous seriez étonné par leur inculture scientifique. Turing devrait pouvoir obtenir pas mal de subventions à l'innovation. Christophe est très connecté, il a financé le mouvement du Président à ses débuts quand personne ne croyait en lui. Son réseau est d'ailleurs son principal atout, ce n'est clairement pas un scientifique. Vendre, c'est essentiel, sauf qu'après il faut délivrer, et ce qui nous manque, ce sont les hommes.

Je comprenais entre les lignes que l'informatique n'était pas trop *le truc* de Christophe Villeneuve qui se voulait d'abord un visionnaire en affaires et un homme de réseau.

Je savais pertinemment que la high-tech recrutait des profils comme le mien. Un nombre croissant de mes étudiants faisaient le deuil d'un poste académique pour *rejoindre le privé*. Mais je ne m'étais jamais intellectuellement projeté à leur place. Jamais, je ne m'étais posé la question : « Et si l'on te proposait pour un bon salaire de franchir le pas ? »

Pour la première fois depuis des années, je n'étais plus un demandeur de subsides, un quémandeur de postes ou de bourses, mais quelqu'un dont le savoir-faire professionnel pouvait devenir *désirable* et avoir une valeur autre que strictement académique. Je me sentais un peu comme ces femmes mariées à qui un inconnu fait soudain la cour alors qu'elles avaient depuis longtemps renoncé à séduire.

— Passez nous voir un de ces jours. Vous rencontrerez Christophe et toute l'équipe, sans engagement de votre part, précisa-t-il avec un sourire.

Letelier correspondait à la définition parfaite de ce que les Anglais appelaient un *smooth operator*. Il gardait une parfaite maîtrise du processus de séduction, sans jamais trop s'avancer. Suggérant, plutôt que proposant.

Le soufflé au Grand Marnier et le bas-armagnac apportèrent une délicate touche finale au repas. Tout était exceptionnel et on pouvait pardonner à George son snobisme pour le s disparu. Il y avait longtemps que je n'avais pas aussi bien dîné.

La table du couple d'acteurs était en train d'être desservie. Je regrettai un peu de ne pas avoir vu s'en aller la belle Libanaise.

Avec une attention délicate, Letelier me commanda un Uber avec son smartphone. Une fois le chauffeur arrivé, il me serra chaleureusement la main en posant l'autre main sur mon épaule et réitéra son *invitation sincère et intéressée* à passer les voir dans le XIIIe arrondissement.

Le retour en taxi eut quelque chose de fantasmagorique ; j'imagine que le chablis n'y était pas pour rien. Les images se bousculaient dans ma tête mêlant Letelier, la belle chanteuse libanaise, Suying, Jussieu. C'était comme si un inconnu venait de tourner une clé de contact pour lancer le moteur d'un énorme engin dans ma tête, une machine mystérieuse qui se serait mise en marche vers une destination inconnue.

La vue des nombreux corps allongés contre les immeubles et sur les bancs me fit un peu dessaouler. Il y avait longtemps que je n'avais pas traversé Paris la nuit en voiture ; des tentes igloo crasseuses étaient montées à touche-touche dans les rares espaces libres, le moindre renfoncement entre deux immeubles se transformait aussitôt en un début de campement nomade.

Les démographes prévoyaient que l'explosion de la natalité allait accroître la pression démographique sur les villes-mondes. Pour certains déclinistes, ce serait alors la fin de la civilisation occidentale telle que nous la connaissions. En ce sens, Paris était incontestablement une ville-monde.

Personne ne savait vraiment comment tout cela allait se terminer. Il y avait sûrement quelque chose de pire que de voir son pays s'effondrer de la sorte, mais, à vrai dire, je ne voyais pas trop quoi. Ma seule certitude était que désormais le scénario le plus sombre ne pouvait plus être écarté.

Place Stalingrad, le taxi dut ralentir à cause d'un encombrement et ses phares balayèrent deux cars de CRS. Un camion de sapeurs-pompiers était garé en double file et il y avait pas mal d'animation autour des gyrophares qui clignotaient en silence, perçant l'obscurité d'éclairs bleus erratiques. Je combattis l'éblouissement en mettant la main en visière. Les rues d'alentour étaient désertes et il n'y avait nul besoin de sirène. J'aperçus deux hommes portant un brancard.

Pour la première fois depuis longtemps, mon deux-pièces me fit une impression sinistre. Le contraste avec le luxe de *Chez George* était saisissant.

Comme je n'arrivais pas à trouver le sommeil, j'ai tapé le nom de Mona Saheer sur Google.

Elle était née en 1990 à Paris, elle était la cadette d'une vieille famille maronite qui avait fui le Liban pendant la guerre civile. La chanteuse avait connu son seul véritable succès avec *Mon plus grand amour* sorti en 2010. D'après Wikipédia, l'orchestration et le style se rapprochaient du tube en arabe et en espagnol du groupe Alabina qui avait servi de bande-son au film *La vérité si je mens!*

Sa vidéo sur YouTube datant de 2010 avait été visionnée par plus de deux millions de personnes. Un clip où, encore plus sexy que chez *George*, elle dansait habillée de paillettes sur son tube très entraînant qui mêlait français, arabe et anglais dans un *flow* très *world music* orientale.

Ses autres chansons totalisaient un nombre plus réduit de vues. Après leur écoute, je conclus un peu piteusement qu'elles étaient plutôt médiocres. Mona Saheer, malgré sa voix et son physique dévastateur, n'avait été qu'un succès sans lendemain. Même si elle était encore jeune, elle semblait d'ores et déjà condamnée à devenir ce que les Anglo-Saxons appelaient *one-hit wonder*.

L'article se terminait de manière cruelle, comparant sa brève carrière à celle, éphémère, des Las Ketchup avec *Asereje* ou Icona Pop avec *I Love It*. Je ne connaissais aucun de ces deux tubes, mais après les avoir écoutés, il me sembla que la remarque était injuste. Mona avait des capacités vocales bien supérieures à la moyenne. Une puissance et une texture qu'on pouvait rapprocher de celles, hors normes, d'une Whitney Houston. Quand on avait un peu d'oreille, le véritable talent vous frappait comme une évidence. Et du talent, Mona en avait à revendre. Il ne lui avait manqué que des chansons capables d'emporter l'adhésion du public.

~

Le lendemain, au moment où je m'apprêtais à rejoindre ma station de métro, je croisai la concierge en grande discussion avec la voisine du premier. Sa voix trahissait une grande excitation et elle me prit par le bras.

— Hier, ils se sont encore battus au couteau près du métro. Les pompiers ont emmené un blessé égorgé.

Elle m'apprit également que la police avait procédé à plusieurs arrestations. Selon elle, les dernières opérations « coup de poing » de la police à la cité Reverdy, un supermarché du crack niché entre l'avenue Jean-Jaurès et le bassin de la Villette, avaient déplacé les toxicomanes de notre côté de Stalingrad.

Les *modous* avaient suivi leur clientèle comme les prédateurs suivent leurs proies, se heurtant aux dealers déjà présents qui s'étaient approprié la place. En clair, il ne s'agissait que d'une guerre de territoire entre deux tribus violentes. Au-delà de cet incident, il aurait fallu être aveugle pour ne pas remarquer que petit à petit le trafic de crack débordait de la place pour gangrener toutes les rues avoisinantes.

À Stalingrad, les consommateurs de crack étaient de plus en plus nombreux, ils erraient jour et nuit, les yeux dans le vide. La plupart avaient une vilaine peau et se déplaçaient avec un air maladroit et lourdaud. On aurait dit que le crack avait affecté la communication entre leur cerveau et leur corps. Mais cet état était intermittent et c'était justement ce côté au ralenti qui endormait la méfiance et pouvait les rendre plus dangereux que des zombies.

Mme Da Silva était persuadée que la relative tranquillité de la rue de Tanger était menacée à terme. Au regard des dernières évolutions, je ne pouvais malheureusement pas lui donner tort. Il y avait quelque chose qui aurait dû être réglé et qui ne l'était pas. Quelque chose qui grandissait.

Elle parlait souvent de rentrer au Portugal pour la retraite. Elle m'avait même montré des photos d'un chantier. C'était la maison où elle comptait passer ses vieux jours. Du côté de Porto, je crois.

— Et en plus, les retraités ne paient pas d'impôts au Portugal, m'avait-elle dit à voix basse, comme on confie un secret à un ami.

Je ne pus m'empêcher de penser que si même Mme Da Silva se mettait à faire de l'optimisation fiscale, alors le pays était vraiment mal barré.

5

Le lendemain, j'en appris un peu plus sur Turing Technologies. L'entreprise avait été fondée par Christophe Villeneuve en 2013. L'homme était présenté dans plusieurs articles des revues *Challenges* et *Capital* comme un *serial entrepreneur qui avait la gagne*.

Dans une interview, il expliquait que ce qui manquait à la plupart des jeunes créateurs d'entreprise c'était le mental. « C'est comme pour le sport, disait-il, on ne doit jamais oublier que le mental représente les trois quarts de la performance. »

Sa fiche restait vague sur son parcours universitaire, j'en déduisis qu'il ne devait pas être très impressionnant. Peut-être une de ces écoles de commerce post-bac connues pour être le refuge de fils à papa, mais les diplômes n'étaient jamais la garantie d'une réussite économique. J'étais bien placé pour le savoir.

Diplôme ou pas, Christophe était loin d'être un imbécile. Il avait gagné pas mal d'argent en créant des sites Internet qu'il avait su revendre au plus haut de la bulle en 2001. Une cession judicieuse, car la plupart de ces sites avaient disparu depuis.

Puis il avait investi dans Cyber-X, une société domiciliée aux Pays-Bas pour des raisons fiscales, qui développait des centres de cybersexe, en fait des sortes de peep-shows où les hardeuses étaient remplacées par de la réalité virtuelle. Grâce à cette astuce, il ne tombait pas sous le coup de la loi réprimant la prostitution et le proxénétisme. L'article de *Capital* était assez peu explicite sur le mode de fonctionnement des salles de Cyber-X. Faute de détails croustillants, le journaliste expliquait qu'en comparaison les antiques salons de peep-shows des années 1980 semblaient bien démodés.

J'en conclus, un peu déçu, que le journalisme d'investigation n'était plus ce qu'il était. Un autre article publié en ligne sur le *Journal du Net* expliquait que Villeneuve avait développé sa franchise en rachetant dans les *quartiers populaires* plusieurs peep-shows désaffectés et des salles de jeux d'arcade en faillite comme *La Tête dans les nuages*.

Ces salles avaient d'abord eu du mal à trouver leur public, expliquait le journaliste, mais Villeneuve avait tenu bon, et Cyber-X s'était avéré une véritable *cash-machine* à partir d'avril 2016 en raison du durcissement des lois contre la prostitution instaurant une pénalisation des clients.

Si Villeneuve était capable de décisions rapides, il savait également être patient, un entrepreneur capable de *laisser sa chance au produit*, concluait l'article.

Il apparaissait que c'était grâce aux revenus de Cyber-X que Villeneuve avait pu financer le développement de Turing Technologies : une entreprise spécialisée dans l'*implémentation* de solutions d'IA, un domaine où il n'avait apparemment pas de compétence.

Les réussites de Turing Technologies étaient beaucoup plus vagues. Sur son site, l'entreprise prétendait pouvoir aider ses clients à « implémenter des solutions numériques unifiées, exploiter et interpréter plus efficacement les nouveaux flux de données afin d'optimiser des processus cruellement en besoin d'une refonte numérique ».

L'arrivée de Suying me sauva à temps de ce jargon nauséeux. Elle arborait des boucles d'oreilles en métal repoussé de style barbare qui la faisaient un peu ressembler à une cruelle prêtresse aztèque.

Je l'accompagnai au poste qui lui avait été attribué et où elle allait devoir travailler trois ou quatre ans. Thomas, qui superviserait au quotidien sa thèse, était installé dans le bureau voisin.

Le thésard précédent était parti en postdoc au Canada. La probabilité qu'il revienne était faible. À l'époque où personne ne croyait au *deep learning* et aux réseaux de neurones à couches multiples, Geoffrey Hinton, Yann Le Cun et Yoshua Bengio avaient tenu bon. 2012 avait constitué une rupture pour les réseaux convolutifs de grande taille grâce à l'utilisation de cartes graphiques, et la technologie, hier marginale, était devenue centrale. Dans un sens, eux aussi avaient donné sa chance au produit.

Suying contempla sa pièce de travail toute simple. Puis elle se dirigea vers le petit bureau sous la fenêtre, alluma l'ordinateur connecté à l'unité centrale et s'assit avec une étrange joie dans le regard. Elle avait l'air impatiente de commencer. Elle semble avoir tout de suite aimé son bureau, cet endroit où elle allait passer ses quatre prochaines années.

Je n'aurais pas forcément beaucoup de temps à lui consacrer dans les prochaines semaines, alors je décidai de marquer le coup pour son arrivée en l'invitant à la cantine de Jussieu. La manière dont les gens se nourrissent en dit souvent beaucoup sur leur personnalité. Suying mangeait délicatement, prélevant de petits morceaux de chair de son poisson avec sa fourchette.

Aussitôt, il s'est installé entre nous une certaine confiance, de sorte que la conversation, dont je craignais qu'elle ne soit contrainte, s'était déroulée de manière parfaitement naturelle.

D'habitude, les thésards étaient des personnes sérieuses et un peu tristes, mais Suying était différente. Je n'avais pas réalisé lors du premier entretien combien cette fille pétillante était toujours de bonne humeur.

La joie semblait toujours là, en elle, la chatouillant sous la peau comme une source à fleur de terre bouillonne prête à jaillir. Mais elle savait aussi être sérieuse et déterminée. Elle me raconta :

— Petite, plus le devoir était difficile, plus je jubilais. J'adorais résoudre un problème compliqué.

Peut-être que son insouciance venait de la trajectoire ascendante d'une Chine où demain serait meilleur qu'aujourd'hui, alors que les jeunes Français étaient à raison convaincus de l'inverse. Mais peut-être était-ce tout simplement sa nature profonde.

L'empire du Milieu ne cachait pas ses ambitions dans l'intelligence artificielle ni l'avantage militaire et géopolitique que le président Xi Jinping, représentant de la nouvelle dynastie impériale, espérait en retirer. La volonté de la Chine, puissance ascendante, de surpasser les États-Unis, puissance déclinante, était si manifeste que certains experts voyaient dans la compétition en matière d'IA la cause la plus vraisemblable du déclenchement de la troisième guerre mondiale Quant à l'Europe, une fois de plus, elle brillait par son absence, et la plupart du temps, le Vieux Continent n'était même pas cité par les journalistes tant il semblait avoir disparu du paysage.

Par un impressionnant effet de basculement, le Vieux Continent, pourtant à l'origine de la plupart des grandes découvertes technologiques modernes, semblait définitivement hors jeu. De tous les échecs de l'Union européenne, le plus préoccupant était son absence de la plupart des domaines d'innovation à fort potentiel.

La France n'allait guère mieux : au cours des dernières décennies, le pays avait perdu une grande partie de son industrie ; et ce qui restait semblait en bien mauvais état. Les économistes divergeaient sur les causes de ce déclin. Pour certains, il était dû à la concurrence déloyale des pays émergents, même si la notion de *concurrence loyale* me semblait un oxymore.

Pour d'autres, il était naturel que l'industrie s'efface au profit des services, comme l'agriculture l'avait fait au profit de l'industrie.

Enfin, pour certains analystes, le déclin civilisationnel était avant tout moral. Aucune société ne pouvait vivre sans un idéal ni un corpus clair de principes guidant son organisation sociale. La France et plus largement l'Occident leur semblaient pétris d'une telle culpabilité que tout sursaut moral était par avance condamné. Le reste n'était que la conséquence de cet affaissement mental. Bref, les conditions historiques d'une ère post-occidentale semblaient réunies.

Bien sûr, au milieu de ce naufrage collectif, il restait de rares îlots de science. Mais ces lieux de savoir étaient comme ces monastères du haut Moyen Âge : des éclats de passé, des vestiges qui ne pouvaient changer le cours des choses ni résister à la marée barbare. Ces témoins d'un monde disparu ne tarderaient pas à disparaître à leur tour. En un sens, l'avenir français ressemblait plus à la place de Stalingrad qu'au LIP 6 de l'UMPC, vestige glorieux d'un passé révolu.

En lui offrant un expresso à la cafétéria, je ressentis un stupide sentiment d'orgueil à l'idée d'être accompagné d'une fille si charmante. Comme si sa présence singulière me conférait une quelconque valeur.

— Vos parents vont venir vous voir ? ai-je demandé.

Le joli sourire qui découvrait des dents blanches et soignées s'effaça. Je crus reconnaître l'expression sérieuse qu'elle adoptait quand on lui exposait un problème ou un fait curieux ou intéressant. Mais il y avait en plus quelque chose de profondément triste dans ses yeux bridés.

— Désolé, vos parents doivent vous manquer, dis-je, vaguement confus.

— Non, ce n'est pas ça, se défendit-elle, c'est juste que mon père adore la culture française. C'est grâce à lui que j'ai appris votre langue.

— Le voyage est trop cher pour lui ? C'est ça ?

— Non, non. Mes parents ont largement les moyens de venir, et c'est désormais beaucoup plus facile d'obtenir un visa touristique pour la France.

— Alors, quel est le problème ? dis-je en écartant les bras.

Elle regarda ses ongles vernis avec soin, puis releva les yeux.

— J'ai peur que mon père soit déçu.

— Déçu par quoi ? Je ne comprends pas.

Elle eut un geste nerveux de la main. Je compris alors que ce geste englobait Jussieu, sa dalle, et au-delà, Paris, les trottoirs sales, le métro crasseux, la grossièreté de la foule, les vols à la tire.

— Mon père adore la littérature française, ce serait son premier voyage à Paris. Mes parents pensent que je vis dans une ville merveilleuse. Dès l'aéroport, me dit-elle, ils risquent de déchanter, et j'ai peur du choc.

Son visage s'anima et elle en chassa la tristesse.

— Inutile de parler de cela, dit-elle, ce n'est pas pour tout de suite.

Elle m'expliqua en plaisantant que les touristes chinois étaient à la fois admiratifs et effarés par Paris. Il se disait en Chine que Paris restait la plus belle dame d'Europe, mais qu'elle était couverte de poux.

L'après-midi, la présidence de l'université nous informa qu'ils nous envoyaient un *Emploi d'avenir*. Nous n'avions rien demandé et je rappelai immédiatement la secrétaire de Winter.

— Il doit y avoir une erreur...

— Il n'y a aucune erreur, rectifia-t-elle sur un ton gêné, le ministère exige de chaque université un quota d'emplois d'avenir. Nous n'avons pas le choix et vous n'êtes pas le premier à râler, mais le ministère a tranché, ils ont des objectifs à atteindre. Chacun doit prendre sa part.

— Des objectifs ? Mais qui va payer son salaire ?

— 75 % de prise en charge par l'État, le reste sera prélevé sur votre budget.

Je sentis que j'allais exploser.

— Sur mon budget ? Dites-moi que vous plaisantez, alors que je n'ai rien demandé ? C'est une caméra cachée, ce truc. Quel est l'âge limite pour postuler à un emploi d'avenir ?

— Les jeunes de 16 à 25 ans sont concernés.

— Ça colle pour mes thésards, et si 75 % du SMIC est pris en charge, je préfère payer un de mes jeunes thésards qui n'a pas obtenu de bourse.

— Impossible, ces emplois sont réservés aux jeunes non diplômés.

— En bref, plus on a merdé et plus on est récompensé...

Je fulminai. Une heure plus tard, nous vîmes débarquer une fille vêtue d'un ample haut de survêtement et affligée d'un derrière plus vaste que le campus de Jussieu. Océane avait tendance à rester des heures le regard vide et la bouche ouverte, ce qui lui donnait une allure inquiétante.

Les jours qui suivirent, Florence essaya de la former à un peu de secrétariat, mais l'Emploi d'avenir rendait des documents bourrés de fautes d'orthographe qui demandaient un important travail de relecture. Si quelqu'un lui en faisait la remarque, elle prenait une expression surprise ou changeait de sujet en disant, les yeux rivés à son smartphone :

— Là, je suis vraiment trop dégoûtée, il flotte encore demain, j'ai trop le seum !

Rapidement, je compris que, à part pour le café et les photocopies, elle serait d'une utilité proche de zéro. Océane n'était pas méchante, mais peu encline à se démolir à la tâche. À sa façon, elle illustrait l'échec du système éducatif français.

— On peut dire qu'on n'a pas vraiment tiré le gros lot, soupira Florence.

Venant de la part d'une femme qui disait rarement du mal des gens, ce reproche n'en avait que plus de force.

— Au sens propre, on aurait pourtant pu penser le contraire, dis-je.

Elle pouffa et je la sentis rougir.

Je réalisais que, après avoir ravagé la recherche en sciences sociales, l'obsession de l'inclusivité s'attaquait désormais au monde des sciences dures. Sans que cela soit officiel, le recrutement était de plus en plus conditionné par l'allégeance des candidats à l'idéologie dominante ou par leur appartenance supposée à une *minorité*.

Dans un sens, le système tentait de préserver sa stabilité interne au détriment de son dynamisme technologique.

De son côté, Suying bûchait son programme détaillé de recherche, mordillant son stylo en quête d'inspiration. Je la trouvais charmante avec sa nuque élégante, même si pour tout l'or du monde je n'aurais jamais osé le lui dire. Ces choses-là ne se font pas entre un enseignant et une étudiante. Peut-être après sa thèse, dans quatre ou cinq ans.

À cette pensée, je me demandai si je n'étais pas en train de tomber amoureux de cette fille trop jeune et trop intelligente pour s'intéresser à un vieux garçon. Je n'avais strictement aucune chance de lui plaire. Foutu pour foutu, mieux valait entretenir avec elle des relations amicales en oubliant tout espoir d'aller plus loin.

J'imaginais très bien que si elle avait deviné mes pensées je serais juste passé à ses yeux de jeune femme pour un vieux dégueulasse qui s'était entiché d'une gamine exotique.

6

Jean-François Bayard était penché sur le feuillet, l'air outré et incrédule. Puis il vint à ma rencontre, posa sa main sur mon épaule pour me témoigner une solidarité très théâtrale et prononça sur un ton martial :

— Cette fois-ci, c'est la guerre ouverte avec le jury du CNRS.

Nous venions d'apprendre à la suite d'une indiscrétion qu'aucun de nos trois candidats admissibles n'était finalement reçu.

Une bonne nouvelle n'arrivant jamais seule, les budgets et le nombre de bourses allaient probablement encore être réduits en raison des contraintes liées à la réduction programmée des dépenses publiques.

Cela faisait près de dix années que ces jeunes chercheurs acceptaient une précarité permanente contre la vague promesse d'accéder un jour au Saint des Saints : un poste de chargé de recherche payé 1 600 euros net dans une ville-monde où le moindre studio dans un quartier pas trop pourri revenait à 1 000 euros par mois.

La hiérarchie des valeurs me semblait complètement inversée, mais Bayard gardait curieusement son calme. J'ai quitté son bureau avec des jambes de plomb, un liquide froid comme la sudation d'un fiévreux me coulait dans la nuque. Chacun de mes gestes pesait une tonne.

Complètement groggy, je me suis traîné jusqu'à mon bureau pour reprendre mes esprits. Je suis resté ainsi une demi-heure sans vraiment parvenir à dégager une seule idée claire, contemplant stupidement mon écran, comme si c'était la première fois de ma vie que j'en voyais un.

La seule certitude qui émergeait, c'était qu'il me fallait avant tout les prévenir. Ils n'avaient pas droit à grand-chose, mais ils avaient au moins le droit à cela. Je les fis venir un par un dans mon bureau. Tous étaient déjà au courant, confirmant le dicton selon lequel les mauvaises nouvelles avaient des ailes.

Alexandra venait d'une famille plutôt aisée de Bordeaux. Peut-être pourrait-elle attendre un an de plus. Je compris que ce serait plus compliqué pour Saïd, un jeune homme brillant originaire de Trappes, et pour Jérémy qui avait pour seul soutien sa mère qui vivait à Wattignies à côté de Lille.

Un goût de cendre dans la bouche, je leur donnai quelques conseils :

— Prenez quelques jours, histoire de vous remettre avant d'envisager la suite. Moi-même, je vais prendre du champ les jours prochains.

Ils prirent cela pour ce que c'était : une déception profonde, existentielle et pas uniquement une simple solidarité de façade.

Je laissai quelques instructions et quittai le labo vers 15 heures. Il y avait longtemps que je n'avais pas flâné ainsi en ville. C'était une de ces belles journées de printemps précoce que Paris offre parfois pour se faire pardonner ses hivers sans fin. Pressées de voir les jours mauvais s'éloigner, de jolies filles portaient des robes courtes et légères qui rendaient l'air plus léger.

J'ignorais ce que me réservait l'avenir. Dans ma vie, je n'avais pas forcément recherché le bonheur à tout prix, mais plutôt l'épanouissement intellectuel, quelque chose qui stimule mon goût des sciences. J'étais persuadé que les mathématiques pouvaient non seulement permettre de percer les secrets de l'Univers, mais qu'elles pouvaient rendre le monde réel meilleur en introduisant de la rationalité dans des sociétés humaines soumises à la tyrannie des émotions.

La curiosité scientifique était une chose rare. En réalité, peu de gens l'avaient, même parmi les chercheurs. Une fois titularisés, la plupart se contentaient de sujets consensuels afin de faire carrière ou bifurquaient, comme Bayard, vers la petite politique. Pourtant, c'était la curiosité d'une poignée d'humains qui avait fait avancer toute l'Humanité. Chérir ceux qui gardaient la flamme prométhéenne aurait dû être une priorité.

Je devais ressembler à ces prisonniers qui, après un long chemin, réalisent qu'ils viennent d'atteindre le cul-de-sac d'un labyrinthe. Il fallait que je réfléchisse à ma vie, aux années qui me restaient. Comme la plupart des humains, j'étais partagé entre deux craintes contradictoires : la première était que tout reste inchangé dans mon existence ; la seconde était de perdre tout ce que j'avais lentement construit jusqu'à présent.

Mes dernières vraies dérives dans Paris devaient remonter à ma période étudiante. En devant affronter l'orage qui venait vers moi, je me retrouvais quelques années en arrière quand je me cherchais un avenir, ou tout du moins une direction dans laquelle m'engager.

Au final, les promesses de ce qu'on n'appelait pas encore l'intelligence artificielle m'avaient séduit. Il y avait en moi cette pulsion de connaître qui me jetait hors du lit chaque matin, cette curiosité qui m'aidait à affronter chaque nouvelle journée : le désir et la volonté de savoir.

J'avais ainsi passé la plus grande partie des années suivantes devant des écrans trouvant à la compagnie des machines d'indéniables avantages : les ordinateurs étaient fiables et précis ; ils vous dispensaient de constants bavardages et ne vous jugeaient jamais.

De temps en temps, dans mon errance, je faisais une halte à un carrefour pour m'orienter en pianotant sur mon téléphone, pestant contre la lenteur de la 4G. Certaines rues me disaient vaguement quelque chose, d'autres, complètement inconnues, étaient menaçantes dans leur côté inexploré.

Je me perdis à trois reprises. Les passants vaquaient à leurs tâches dans une étrange forme de solitude. Ils se croisaient sans qu'aucun rapport entre eux semble possible. Les visages avaient profondément changé. Les gens paraissaient plus pauvres que dans mon souvenir, usés par la vie, alors que, parallèlement, le prix des logements n'avait jamais été si élevé.

Tout cela me contrariait. Que le monde que j'avais connu ne demeure pas était difficile à admettre. Une étrange mélancolie m'avait envahi. Je comprenais soudain comme une évidence que tout était lié : l'effondrement budgétaire, l'insécurité, la baisse du niveau de vie. Les dégâts allaient au-delà des trottoirs sales, des rats ou de l'invasion des punaises de lit.

Ma dérive me conduisit en haut de la rue des Martyrs où je fus confronté à une décision grave. À droite, je me rapprocherai de Stalingrad. Mais j'allais devoir traverser la cour des Miracles de Barbès, avec sa faune aux aguets, ses voleurs à la tire, ses vendeurs de clopes de contrebande, les faux parfums et les sacs contrefaits *made in China*.

Finalement, j'optai pour la gauche, la place Pigalle, les cars de touristes, le boulevard de Clichy avec ses sex-shops, ses peep-shows et ses bars de nuit.

Il y avait plus de vingt ans que je n'avais pas mis les pieds dans ce quartier louche. La plupart des établissements de nuit que je connaissais avaient mis la clé sous la porte.

Une noria de bus déversait en flux continu des cohortes de touristes, un smartphone à la main. Là aussi, les choses avaient changé par rapport à ma jeunesse. On voyait surtout des Asiatiques, des Russes, des Indiens.

De jeunes femmes asiatiques se prenaient en photo en minaudant, perche à selfie tendue et mimique *duck face* identique : lèvres en cul-de-poule, joues creusées pour se mincir et les doigts en « V », comme Jacques Chirac en 81. Un docile troupeau qui reproduisait à l'infini les mimiques à la mode sur Instagram ou YouTube.

Avec d'énormes sacs en toile plastifiée, des vendeurs impassibles attendaient qu'une voiture de police s'éloigne pour déployer leurs draps de fausses Rolex et de faux Vuitton. Des contrefaçons le plus souvent venues de Chine comme ceux qui allaient les acheter. L'économie mondiale avait-elle encore quelque chose de rationnel ?

Plus loin, des Roms vindicatives avec jupes longues et pétitions à signer tournaient en piaillant comme des corbeaux autour d'un groupe de vieilles Chinoises permanentées, coiffées de casquettes visière qui serraient, effrayées, leurs sacs contre elles.

Je fus soudain saisi d'un sentiment de familiarité en apercevant un logo au design moderne et intrigant sur une façade. Pas mal d'hommes seuls entraient en baissant la tête. Je décidai aussitôt de les suivre.

L'espace Cyber-X était composé d'une zone d'attente avec des sofas en velours rouge, un peu comme dans un multiplexe, et d'une zone périphérique découpée en petites cabines à la manière des antiques peep-shows.

Des affiches expliquaient le mode d'emploi du lieu. Les clients pouvaient choisir sur un écran tactile une *peep-girl* virtuelle à la carte en définissant cinq options : ethnie, couleur des yeux, cheveux, taille des seins, spécialités.

Le client pouvait également opter, par souci de simplicité, pour un des modèles proposés dans le menu qui contenait une vingtaine de choix nommés *ready-girls*. Toutes étaient prénommées de façon attendue : la blonde à forte poitrine se nommait Ulla ; la brune méditerranéenne, Sofia ; la beurette, Jamila ; la métisse, Mélissa ; l'Africaine, Ashanti ; la Nippone, Kimiko.

Enfin, avec l'option « à la carte », le client pouvait également télécharger avec une clé USB quelques photos d'une collègue de bureau ou d'une enseignante, et l'intelligence artificielle Cyber-X modifiait alors le visage tridimensionnel de l'avatar pour que celui-ci ressemble à la personne fantasmée. Puis des lunettes de réalité virtuelle permettaient au client d'assister à un show virtuel dans une cabine privée.

L'informatique était somme toute assez basique et Villeneuve y allait un peu fort en parlant de la première IA cybersexe, mais le concept marketing semblait rencontrer un véritable succès. Le gérant était un Maghrébin trapu dans la petite cinquantaine avec l'air d'un homme qui dort mal, à en croire les valises sous ses yeux.

Il me fallut attendre dix minutes avant qu'une cabine se libère. Pas mal d'hommes fréquentaient la salle. Le hall d'attente était clairement le point faible du concept. Des hommes de toutes origines attendaient, nerveux, les lèvres sèches de désir, les yeux exorbités.

La séance standard durait une quinzaine de minutes, mais elle pouvait être prolongée en cliquant sur l'écran. Voir des chattes virtuelles en mouvement devait laver la tête de tous ces hommes solitaires.

Villeneuve était finalement un fin connaisseur de l'âme humaine. Le Minitel puis Internet s'étaient d'abord bâtis grâce aux revenus considérables provenant des contenus pornographiques. Les ingénieurs des PTT qui avaient imaginé le Minitel n'avaient pas prévu que la plus grande partie des revenus générés par cette innovation proviendraient de contenus érotiques. D'autant plus que le Minitel ne permettait pas l'affichage d'images.

Selon une étude récente, c'était toujours le cas pour Internet : 25 % des requêtes adressées aux moteurs de recherche avaient un rapport avec le sexe ; les mots-clés les plus recherchés étant « Teen », « Lesbian » et « MILF » pour *Mother I'd like to fuck*. Il était par conséquent logique que les premières IA étroites cherchent à capter l'infini marché de la misère sexuelle occidentale.

Finalement, une cabine se libéra. Regrettant un instant de ne pas avoir pris avec moi une clé USB avec des photos de Suying, je me suis rabattu sur le menu en cliquant sur une jeune fille chinoise nommée « Mademoiselle Chang », peut-être en hommage à Michel Berger.

Malgré une technologie assez fruste, le résultat était étonnant. Christophe Villeneuve était peut-être incapable de résoudre une équation du second degré, mais il aimait l'argent et, en affaires, c'était clairement un visionnaire.

À 10 euros la séance d'un quart d'heure et en accordant cinq généreuses minutes pour un très approximatif ménage, la vingtaine de cabines du Cyber-X Clichy produisaient un *cash-flow* journalier de plus de 7 000 euros, soit plus de 200 000 euros par mois. Ce n'était clairement pas les boîtes de Kleenex ni les salaires du personnel qui devaient beaucoup obérer la marge de la salle.

En sortant dans la rue, les idées sombres se cristallisèrent à nouveau. Les responsables de l'élimination de mes candidats étaient des proches de Bayard. Lui-même était-il au courant de ce qui s'était tramé ? Avait-il tenté de faire quelque chose ? C'était le spécialiste du billard à trois bandes, le genre de type qui savait toujours se positionner. Dans ses choix, il n'y avait jamais eu aucune place pour la sincérité.

Dans un sens, cet échec obligerait le CNRS à nous donner quelque chose la prochaine fois, or je savais qu'il postulait à un avancement. Avais-je été trop bon, trop con ? comme disait mon père. J'avais clairement hérité de cette facette de son caractère. Mais ça n'empêchait pas le ressentiment, bien au contraire.

Les années étaient passées et je m'apercevais que quelque chose qui aurait dû être réglé depuis longtemps dans ma vie ne l'était pas. J'étais comme ces dormeurs qui se demandent au réveil où ils sont et ce qu'ils font là.

Il me restait encore pas mal d'années à vivre ; ça n'était pas rien, même si je me doutais que les meilleures années étaient derrière moi. Avec un peu de chance, je pouvais raisonnablement espérer construire une nouvelle vie et, pourquoi pas, trouver cet amour auquel chaque être humain aspire et qui, seul, peut rendre la vie supportable.

Je suis rentré en passant par des quartiers inconnus. Poussant mon errance jusqu'à la banlieue. Un sentiment d'abandon et de paupérisation se dégageait de ces vastes espaces urbains dont la désagrégation faisait comme un étrange écho à la mienne. Dans un sens, elle la confirmait.

Si un projet de société se définit par la place qu'il attribue à l'homme, et par la relation qu'il établit entre cet individu et la collectivité, alors le pays semblait dépourvu de tout projet de société.

Après deux jours agréables, le printemps redevint ce qu'il était souvent à Paris : une simple prolongation de l'hiver. Un ciel bas aux teintes métalliques entrecoupé de longues journées pluvieuses et froides. Je passai le dimanche à faire un peu de ménage en écoutant du Bach. Il n'y a que chez moi que je me sentais bien, j'avais de plus en plus de mal à sortir. J'allais avoir quarante-cinq ans ; la première partie de ma vie était terminée et celle qui commençait ne serait pas la plus belle.

7

Gérard Letelier avait rappelé plusieurs fois. C'était le moins urgent des messages, mais, contre toute attente, j'acceptai sa proposition de passer le voir le lendemain.

Turing Technologies était installée dans le XIIIe arrondissement dans un ancien bâtiment ferroviaire de 34 000 mètres carrés construit dans les années 1920 et transformé sous l'impulsion de Pascal Erlanger en un incubateur de start-up. C'était à une vingtaine de minutes à pied.

Rue Geoffroy-Saint-Hilaire, un escadron de gendarmerie mobile était déployé autour de la Grande Mosquée avec des herses de sécurité, des chevaux de frise et des plots de béton près des points de vulnérabilité du bâtiment. J'ignorais si les menaces venaient de la mouvance identitaire ou des groupes salafistes renforcés par les *revenants* de retour de Syrie. Toujours est-il que les militaires équipés de gilets pare-balles et lourdement armés avaient l'air salement nerveux.

L'incubateur avait ouvert en 2017. L'architecte Jean-Michel Wilmotte avait réaménagé un entrepôt ferroviaire en dégageant l'espace central pour installer sur les côtés bureaux et open-spaces modulables avec un mélange de béton blanc et de verrières plutôt réussi.

Je ne pus réprimer un sourire à la vue des gros coussins multicolores et autres babyfoots. Seuls manquaient la table de ping-pong et le bar à smoothies bios. L'utilisation du mot de *campus* me semblait également abusive pour un lieu consacré au travail plutôt qu'à l'étude.

Un peu partout des bannières étaient déployées comme des promesses de futures victoires : Microsoft, Facebook, Ubisoft, BNP, Amazon, Grenoble École de management, HEC. Comme on aurait écrit Valmy, Iéna ou Austerlitz. Tout était fait pour démontrer qu'ici s'écrivait le futur : un hub digital, une sorte de *Silicon Valley à la française*. Il y avait pas mal de start-up dont j'ignorais l'objet. La France disposait de nombreuses *jeunes pousses*, mais celles-ci avaient le plus grand mal à atteindre une taille honorable.

J'appris sur les affiches que les *fighters* étaient : tous ceux qui sont *entrepreneurs dans l'âme*, mais n'ont pas grandi dans un environnement privilégié. J'ignorai quelle était la proportion d'entrepreneurs dans l'âme dans la population française ; le concept même était quelque peu déconcertant. Mais, indubitablement, ceux qui n'avaient pas grandi dans un environnement privilégié étaient de plus en plus nombreux.

Moi-même, je n'étais pas vraiment issu des CSP+, étais-je pour autant un *fighter* ? Après un bref moment d'introspection, je fus obligé de reconnaître, un peu déçu, que pas vraiment, en première approximation.

Une annonce du *Happy Officer* parlait du prochain *Happy Breakfast*. Les postes de travail se nommaient *Hot Desk*, les événements *Events*. Les murs étaient couverts de photos de Pascal Erlanger en majesté.

Turing Technologies était installée sous une verrière abritant une trentaine de programmeurs qui s'agitaient dans un open-space dont l'entrée était matérialisée par une bannière : *Turing Technologies – Machine learning is already changing the world !*

Une porte s'ouvrit et la grande carcasse de Gérard Letelier apparut sous la lumière verticale. Il détonnait un peu dans cet environnement où la moyenne d'âge était inférieure à trente ans. Mais, dans un sens, Pascal Erlanger lui-même n'était pas vraiment un perdreau de l'année.

— Comment trouvez-vous nos locaux ? demanda-t-il avec fierté.

D'un mouvement, sa main embrassa le vaste espace baigné de lumière.

— Étonnant, dis-je, vraiment étonnant. Je ne savais pas que ce genre d'endroit existait à Paris.

J'hésitais entre rire de ce conformisme forcené ou le considérer avec la bienveillance que l'on réserve généralement aux enfants et aux attardés.

— N'est-ce pas ? La Halle a été inaugurée en 2017 par le président de la République et Pascal Erlanger.

Sur une photo, les deux hommes discutaient penchés l'un vers l'autre, donnant une réelle impression de complicité. Une image qui aurait pu être reprise par les sites qui dénonçaient le Président comme la marionnette de Gepetto milliardaires. Derrière, on reconnaissait la maire de Paris et un homme à la barbe *hipster* de *startuper* urbain que Letelier m'apprit être le secrétaire d'État au Numérique.

— Assez bavardé, allons voir Christophe, dit Gérard Letelier, il est très excité à l'idée de faire votre connaissance.

Christophe Villeneuve avait la quarantaine. Taille moyenne, plutôt costaud sans être gros, l'air en bonne forme physique. Il portait une tenue que je qualifierais de *business casual*, avec un pantalon en toile, une chemise en coton bleu ciel et des chaussures noires genre Paul Smith.

Je lui trouvais une vague ressemblance avec Kevin Spacey. L'acteur avait connu quelques déboires, je me suis demandé si Villeneuve avait les mêmes penchants.

Sa dégaine lui donnait un peu l'allure d'un boxeur après l'entraînement. C'est ce qu'il était dans les affaires et peut-être aussi dans la vie privée. Un puncheur, le genre de type qui préférait l'action à trop de réflexion.

Sa main avala littéralement la mienne. Sa poignée de main d'abord molle, se fit plus ferme jusqu'à devenir presque douloureuse tout en m'attirant à lui jusqu'à presque nous toucher. Il était plus fort que je ne l'étais. Je devais apprendre par la suite qu'il passait plusieurs heures par semaine dans une salle de musculation.

Puis, il sortit une Camel d'un paquet qui traînait sur le bureau et se contenta de la tenir entre ses doigts, de la manipuler sans l'allumer.

— Je suis content de vous voir, Gérard m'a beaucoup parlé de vous.

Il avait du bagou, il étala ses réseaux, ses relations à haut niveau avec un *name dropping* intensif. Je me demande si c'étaient des réseaux francs-maçons, socialistes ou *majorité présidentielle*. Peut-être bien les trois à la fois.

Letelier l'écoutait sans rien dire. Je hasardai quelques questions techniques, mais je vis rapidement qu'il ne connaissait pas grand-chose à l'informatique. Il avait surtout une vision entrepreneuriale et un sens aigu du timing.

Je compris rapidement qu'il y avait le manager et le technicien : Villeneuve et Letelier. Le premier parlait uniquement opportunités, marchés, chiffre d'affaires, levées de fonds, introduction en Bourse. Quand il lançait un concept, à aucun moment, il ne se posait la question de sa faisabilité technique. Ignorant tout de la technologie, Villeneuve lui attribuait avec une candeur aussi inquiétante que touchante une puissance sans limites.

Pour la première fois, je compris qu'il fallait une grande part d'inconscience pour devenir un entrepreneur.

Une photo prise au Consumer Electronics Show de Las Vegas le montrait en compagnie du futur président alors encore ministre. Une autre, dédicacée, était prise avec Larry Page, un des cofondateurs de Google devant une bannière *Don't be evil* – « Ne soyez pas malveillants » –, devise qui me semblait pour le moins ambiguë.

Il ne fallait pas être grand clerc pour comprendre que Villeneuve rêvait d'appartenir à cette nouvelle mythologie entrepreneuriale, d'être un Zuckerberg à la française – ou tout du moins un Pascal Erlanger.

Il faisait montre d'un narcissisme à toute épreuve et, dans un sens, il fallait reconnaître qu'il avait plutôt pas mal réussi. Je compris cependant qu'il avait mis toute sa fortune dans Turing Technologies : en cas d'échec, il perdrait tout.

— Vous savez ce qui m'exaspère le plus ?

— Non, dis-je, un peu étonné de la question.

— Ce sont tous ces experts autoproclamés de l'IA qui paradent sur les plateaux télé. Ces gens n'y connaissent rien. Les véritables experts, ce sont des gens comme vous ou moi. Ces consultants, les Laurent Alexandre et autres Joël de Rosnay, sont des usurpateurs tout juste bons à berner des gogos de journalistes incapables de penser par eux-mêmes.

Il avait l'air plutôt remonté et il fallait reconnaître que le domaine de l'intelligence artificielle attirait bon nombre de charlatans et d'aventuriers.

— Ces types viennent nous révéler que l'IA va changer le monde. Merci pour le scoop ! Un ancien urologue ! Franchement, de qui se moque-t-on ? Pourquoi pas les Bogdanov pendant qu'on y est ?

Letelier éclata de rire. Évoquer les jumeaux le mettait immédiatement en joie. Je me souvenais également de leur émission de science-fiction, « Temps X », où ils apparaissaient dans des combinaisons aluminium qui les faisaient ressembler à des poissons en papillote.

Puis, les jumeaux avaient disparu des écrans. Pour revenir sous le feu des projecteurs après de lourdes opérations de chirurgie esthétique. « À ce niveau, ce n'est plus de la chirurgie, mais carrément du tuning », avait lâché Letelier, un jour où il était en verve.

Je comprenais entre les lignes que Villeneuve était au fond jaloux de ces personnages médiatiques. Comme un gosse avide de gratifications d'ordre narcissique, il rêvait de *passer à la télévision*. Il aurait bien aimé qu'on l'interroge, lui, le faiseur, plutôt que de donner la parole à des commentateurs.

Je compris plus tard que Letelier se moquait de sa fascination pour les médias. S'il avait un instinct infaillible pour faire du fric, il n'avait pas l'intelligence du concept et ne connaissait pas grand-chose aux machines dont il attendait principalement qu'elles le rendent immensément riche.

Mais dans un sens, Villeneuve était de la vieille école : les intellectuels le fascinaient alors que la moindre star de la téléréalité était désormais plus connue qu'un penseur. Pour accéder à la célébrité, mieux valait poster une vidéo amusante de chats sur YouTube qu'écrire une somme sur l'existentialisme. L'époque était au facile, au jetable.

Sur une autre photo, Villeneuve posait devant une longue rangée de caisses avec Gabriel-Bernard Deklerck, le médiatique patron du groupe Deklerck. Une présence quelque peu insolite dans ce lieu high-tech.

— Ah ! dit Villeneuve d'une voix un peu tendue, Gabriel-Bernard, il faudra que je vous en parle si vous nous rejoignez.

Pour la première fois, il aborda les questions de salaire.

— Je vais vous la faire courte, Michel, vous permettez que je vous appelle Michel ? Ici, nous ne manquons pas de développeurs. Ils se prennent tous pour des stars, mais en réalité, il leur manque du métier, une culture mathématique que vous avez, Gérard aussi.

Il marqua une pause et ajouta, en regardant Letelier :

— Même si tu as quitté depuis plus longtemps le secteur académique.

Villeneuve venait du véritable entrepreneuriat. Il avait racheté des peep-shows dans les quartiers les plus interlopes des capitales européennes, négociant probablement avec des mafieux albanais ou maghrébins.

— Votre profil me plaît, insista Villeneuve, je suis prêt à vous faire une belle proposition par rapport à votre salaire actuel.

J'avais du mal à croire qu'il se laisse abuser par des slogans bidon dans le genre *Make the world better again*. Je me demandais dans quelle mesure il était dupe de tout ce bazar sémantique de *startuper* ou de la crétinerie abyssale de la plupart des applications développées. Je le soupçonnais d'avoir juste flairé la chaude odeur du fric avec l'instinct inné du chasseur.

L'équipe réunie autour des deux fondateurs se composait principalement de jeunes ingénieurs passés par Centrale, l'Ensimag de Grenoble ou Télécom ParisTech. Les machines les plus puissantes étaient installées dans une salle encore aux trois quarts vide.

— La Halle se remplit vite, remarqua Letelier avec un sourire complice, on a prévu large pour le futur.

Je décidai de rentrer à pied en passant par le jardin des Plantes et le Muséum pour voir Richard, un de mes rares amis à Paris. Il avait mon âge, était biologiste et travaillait sur les processus d'évolution dans un laboratoire du Muséum d'histoire naturelle. Son savoir semblait inépuisable. Il était tour à tour enthousiaste, buté dans ses opinions, fascinant, infatigable, exaspérant. Il pouvait se montrer frivole et charmant à ses heures et devenir parfois impatient et cruel. Mais surtout, il ne nourrissait aucune illusion sur le comportement de l'être humain.

— Sans la culture et la loi, le règne du plus fort est la seule règle qui prévale, disait-il, la cruauté peut alors atteindre des proportions inouïes.

Je me souvenais du film *La Griffe et la Dent*: les savanes africaines étaient le théâtre d'un carnage permanent où la moindre faiblesse conduisait inéluctablement à la mort des individus les plus faibles.

Richard avait beau être misanthrope, il était, accessoirement, l'un des esprits les plus fins qu'on puisse espérer rencontrer à cent kilomètres à la ronde. Peut-être parce qu'il était sans illusion sur la vie et les humains.

La différence entre lui et la plupart des gens, c'est que Richard ne se la racontait pas, comme disent les jeunes. Il ne croyait pas que les choses iraient mieux, il ne croyait pas au grand soir, ni même à un rebond de notre monde. Il était convaincu que cela n'irait qu'en se dégradant et que mieux valait en prendre son parti.

Dans ce milieu marqué par les *valeurs de progrès* et composé d'anciens soixante-huitards, Richard faisait l'effet d'un véritable OVNI. Tellement imprévisible et brillant, qu'il en déstabilisait son auditoire, d'autant qu'il déroulait ses théories avec un sérieux et une logique imparables.

Sa passion pour la psychologie évolutionniste était politiquement si incorrecte qu'elle le rendait clairement tricard dans le milieu universitaire.

Autant les biologistes admettaient que les organes s'étaient spécialisés sous la pression de la sélection naturelle, autant ils refusaient par dogmatisme d'étendre ce concept au cerveau et aux comportements humains à cause des conséquences que cela entraînait. Aujourd'hui, pas plus qu'hier, la science n'échappait au prisme du politique et des idéologies.

— Bientôt, affirma-t-il avec fougue, nous serons contraints de rédiger des « déclarations de diversité » rapportant nos actions en faveur des minorités sexuelles et ethniques. La recherche s'achemine vers quelque chose de comparable à la science prolétarienne imposée en Union soviétique sous le règne de Lyssenko, alors que nous devrions être protégés de toute tentative de profilage idéologique. Seules les qualités scientifiques des chercheurs et techniciens devraient rentrer en ligne de compte.

Si sa première passion était l'évolution des organismes, la seconde était les femmes qu'il aimait éperdument, à un point tel qu'il n'avait jamais voulu, pour en posséder une seule, se résoudre à les perdre toutes. Il avait longtemps entretenu une relation avec une brune vénéneuse qui, disait-il, n'était pas jalouse ; avant de le devenir et de rompre avec fracas en le traitant de névrosé et de vieux vicieux.

— La monogamie n'est pas pour moi, avait-il conclu non sans une certaine lucidité, j'aime leurs jambes et la cambrure de leurs corps quand elles portent des talons hauts.

Il avouait être fasciné par le mystère de leur jouissance, plus troublant selon lui que celui de la conception et de la naissance. Jeune et séduisant, il avait connu des femmes sublimes, avant de toutes les perdre. « Car les femmes n'aiment pas partager », disait-il avec un peu de tristesse.

— Et puis je supporte de moins en moins le puritanisme ambiant et ce féminisme de combat importé d'Amérique.

Avec les années, il refusait que des militantes mal coiffées décident du bien et du mal, lui fassent la morale et gouvernent sa vie. Bref, qu'on l'emmerde.

Un jour, après un hiver plus pénible que les autres, il avait acheté un package avion plus hôtel sur Go Voyages et passé Noël à Pattaya. Il en était revenu enchanté et apaisé. Puisque les femmes occidentales étaient devenues impossibles, il irait donc voir ailleurs, dissipant le patrimoine familial à la poursuite d'incertaines lolitas asiatiques aux seins siliconés, aux fesses rondes et à la bouche accueillante. J'avais du mal à le comprendre. Je n'arrivais pas à imaginer qu'on puisse faire l'amour, même à une inconnue vivant au bout du monde, sans qu'un lien fort et inaltérable en résulte.

J'évitais ce genre de sujet. Le plus souvent, nos discussions portaient sur l'actualité politique ou sociale. Richard considérait que l'individualisme et le capitalisme étaient des catastrophes qui conduisaient à l'atomisation du corps social. Curieusement, lui qui n'avait jamais fondé de famille estimait essentiel de maintenir les relations familiales et sociales qui étaient les seules, selon lui, à pouvoir pacifier une société.

Richard et moi étions agnostiques, comme beaucoup de scientifiques, mais j'étais également conscient qu'au-delà du problème insoluble de l'existence de Dieu aucune société ne pouvait survivre longtemps sans une transcendance unificatrice fondant une morale commune. Dieu apparaissait comme un mal nécessaire. Un besoin de divin que la dureté des temps rendait encore plus aigu depuis qu'il apparaissait clairement que l'éviscération métaphysique occidentale n'avait débouché sur aucune ouverture spirituelle vers de nouveaux niveaux de conscience comme le suggérait la philosophie zen.

La mort de Dieu avait simplement inauguré une ère du vide. La Fille aînée de l'Église n'avait plus besoin d'édifier de cathédrales, il lui suffisait de construire des logements sociaux, des voies urbaines rapides et des parkings souterrains. La modernité n'avait produit qu'une vacuité prête à être comblée par la première religion révélée venue.

Richard parlait de la France avec un mélange de mélancolie et de colère.

— Un pays autrefois glorieux qui se déteste et manque de résolution virile. Le capitalisme est condamné. Et tu sais pourquoi ?

— Tu t'emballes, Richard, la mort du capitalisme a souvent été annoncée et il n'a jamais été aussi triomphant.

— Tu te trompes, il est condamné parce que contre nature. Les hommes recherchent toujours plus de sécurité. La construction des États, du contrat, des systèmes sociaux, toute l'histoire va dans ce sens.

Richard n'échappait pas à cette tendresse idéologique typiquement française envers les vieilles lunes marxistes, alors que, pour moi, les idéologies rendaient les hommes stupides et les nations dangereuses.

Je crois que la grande question des hommes a toujours été d'accepter le monde tel qu'il est. L'univers a beau suivre des lois mathématiques, il ne poursuit, au fond, aucun dessein, aucune finalité. Ni le bien ni le mal n'existent de manière absolue. Il n'y a rien d'autre dans l'univers que le vide infini, le silence terrifiant et une indifférence impitoyable.

La plupart d'entre nous ne parviennent jamais à se résoudre à ce chaos absurde. Il nous faut des utopies, l'espoir de mondes meilleurs. Beaucoup pourchassent ces chimères des vies entières allant jusqu'à mourir et à tuer pour elles, me confirmant dans ma conviction que l'espoir est parfois plus dangereux que le désespoir.

— Où en sont tes travaux sur les IA ? me demanda Richard qui sentait qu'il aurait du mal à me convaincre de la mort annoncée du capitalisme.

J'évitais généralement d'aborder le sujet avec lui. Il appartenait au camp des inquiets. Peut-être à force d'analyser le darwinisme et la disparition des espèces vivantes voyait-il tout à travers ce prisme déformant. Chacun d'entre nous adoptait un angle de vision du monde qui lui était propre.

Pour Richard, il était à terme illusoire de créer une intelligence supérieure tout en espérant en garder le contrôle. Il affirmait que ce n'était pas parce qu'on était capable de faire quelque chose qu'il fallait le faire.

— Tu crois que si un peu d'informatique est bon, beaucoup sera forcément meilleur. Vide une salière dans ta soupe et tu te convaincras du contraire.

Parfois, il me citait Frank Herbert, dans *Dune* : « Tu ne feras point de machine à l'esprit de l'Homme semblable. » Cette fois, il ajouta :

— L'intelligence est intimement liée aux modes de perceptions des êtres vivants. Si des créatures artificielles émergent, leurs raisonnements n'auront rien d'humain, car elles créeront leur propre système cognitif à partir de leurs perceptions, de leurs capacités d'interaction, et personne ne connaît les conséquences de ces systèmes cognitifs. Vous êtes des démiurges animés d'une volonté de puissance nietzschéenne. Et n'oublie pas que c'est au démon que s'adresse le docteur Faust.

Je n'avais aucune envie de polémiquer avec lui, car il était un bien plus redoutable débatteur que moi. Une fois où j'avais hasardé que la singularité des machines, leurs nouvelles représentations mentales ouvriraient la voie à des solutions innovantes aux problèmes de l'humanité, il m'avait rétorqué que si, un jour, les machines atteignaient ce niveau de conscience, elles joueraient leur propre partition dans le grand jeu de l'évolution.

— Marchons jusqu'au Muséum, dit-il, je sais que la grande galerie est l'endroit que tu préfères.

Richard savait que j'aimais passer de longs moments dans ce lieu fantasmagorique enveloppé d'un calme presque surnaturel, une cathédrale du Vivant tissée de murmures et de chuchotements où la majesté du lieu poussait les visiteurs à parler à voix basse. Peut-être parce que ici nous ressentions la réalité de notre modeste place dans le monde vivant.

Les verrières diffusaient une lumière automnale qui, en ce début d'après-midi pluvieux, pénétrait de biais, invitant les rares visiteurs à la rêverie dans cet espace crépusculaire peuplé d'espèces mortes. Chaque fois, cette vision était un véritable plaisir à la fois visuel et intellectuel.

Survivant dans l'ombre des dinosaures, les premiers mammifères avaient développé une adaptabilité de proie. Ils étaient de petite taille, sortaient la nuit, sensibles à la moindre vibration, prêts à déguerpir au moindre bruit et capables de jeûner sur de longues périodes.

Malgré ces précautions, les grands lézards avaient dû en consommer un nombre incalculable. Au point que la peur des dinosaures était restée ancrée dans notre mémoire innée sous la forme de dragons. Mais les grands lézards n'étaient jamais parvenus à éradiquer complètement ces rats du Jurassique.

Une fois délivrés d'une ère de terreur par l'holocauste cosmique des grands lézards, nos ancêtres avaient progressivement occupé les niches écologiques libérées. Chaque espèce développa un système cérébral adapté à ses besoins. Les rongeurs étaient devenus des lions comme ceux qui étaient ici empaillés dans des attitudes mimant la réalité.

— Les félins ne pensent pas comme nous, dit Richard, ils sont capables de repérer à l'arrière du troupeau la traînarde blessée, malade ou plus lente. Ou celle dont le sens du danger est moins aigu ou qui a le secret désir d'être dévorée.

— Le désir d'être dévorée ? dis-je, très étonné.

— Tu connais la toxoplasmose ?

— La maladie des chats qui infecte les femmes enceintes ?

— Pas uniquement. Le protozoaire parasite infecte tous les animaux à sang chaud, y compris les humains, mais son hôte définitif doit être un félin. C'est uniquement là qu'il pourra se reproduire. Si le protozoaire se trouve dans une souris, celle-ci devra être consommée par un félin pour que le protozoaire puisse atteindre son hôte final et se reproduise.

— Jusque-là, je te suis.

— Eh bien, de nombreuses observations démontrent que les rongeurs infectés non seulement n'ont pas peur des chats, mais qu'ils recherchent leur présence. Tout se passe *comme si* le protozoaire modifiait le comportement de la souris pour qu'elle se fasse dévorer par un chat.

Je devais avoir l'air tellement étonné qu'il ne put s'empêcher de rire.

— Et ne crois pas que cela se limite aux souris, les chimpanzés infectés par la toxoplasmose sont attirés par l'odeur du léopard. Dans un sens, ils recherchent la mort. La dépression est une des maladies humaines les plus répandues, la relation avec les multiples parasitoses humaines a été largement ignorée, je suis convaincu que ce lien mérite d'être exploré.

Richard avait le chic pour imaginer des voies mystérieuses auxquelles personne ne pensait. Peut-être son côté rebelle aux pensées dominantes.

L'évolution avait été un processus extrêmement lent et graduel soumis à de multiples contingences. Il avait fallu un temps infini, géologique, pour que des formes de vie organisées apparaissent et évoluent. Quand elles atteignaient un état supérieur, il suffisait d'un cataclysme naturel comme la chute d'une météorite ou un changement climatique brutal pour qu'une grande extinction remette soudain les compteurs à zéro.

Au cours du temps infini des ères géologiques, la disparition avait été la norme, et la survie l'exception. Darwin avance que les espèces qui survivent ne sont pas les plus fortes ni les plus intelligentes, mais celles qui s'adaptent le mieux aux changements de leur environnement.

Même parmi les Hominidés rien n'avait été simple. Tous à l'exception de *Sapiens* avaient connu l'extinction. L'hiver volcanique d'une décennie qui avait suivi l'explosion du mont Toba avait bien failli détruire le dernier représentant de l'espèce humaine. Mais les survivants avaient à nouveau conquis la planète entière, éliminant les derniers Néandertaliens d'Europe.

Ainsi, dès la préhistoire, l'ultime espèce d'humains avait été saisie par l'effroi ultime de sa propre disparition. Rien d'étonnant à ce que l'eschatologie, le discours sur l'Apocalypse soit présent dans tous les textes mythiques, de l'épopée de Gilgamesh à l'Apocalypse de Jean.

Indubitablement, *Homo sapiens* avait été une espèce tenace et combative qui se distinguait par la complexité de ses relations sociales, l'utilisation du langage, la fabrication d'outils et la maîtrise du feu.

Sapiens avait supplanté tous ses concurrents. Dès son émergence, l'espèce avait été en guerre avec le reste du monde. Si *Sapiens* était la seule espèce survivante du groupe des Hominidés, cela ne devait rien au hasard. Selon certains paléoanthropologues, la simultanéité entre la conquête de l'Europe par les *Sapiens* et la disparition des Néandertaliens, il y a 28 000 ans, signait le crime. Les derniers restes d'*Homo neanderthalensis* avaient été retrouvés dans le sud de l'Espagne dont le réduit de Gibraltar semble avoir été l'ultime sanctuaire avant leur extinction définitive.

Ces soubresauts de l'évolution s'inscrivaient dans un vaste mouvement vers la complexité. Avant le big bang, l'espace-temps n'existait pas. Juste après, la singularité initiale était apparue avec les quatre forces de la physique : la gravité, la force électromagnétique et les forces nucléaires forte et faible.

380 000 ans après le big bang, les lumières de l'univers s'étaient allumées. Puis la phase stellaire engendra les galaxies, les premières étoiles, les systèmes planétaires et de premières molécules organiques dans le grand océan primordial, qui se complexifieraient progressivement pour donner naissance aux vertébrés, et plus tard aux humains. Les sociétés humaines, d'abord de petite taille, avaient poursuivi dans la même voie en créant des États, puis de véritables empires continentaux.

Le Muséum nous rappelait la loi centrale qui régissait l'ensemble de l'évolution ; le temps avait un sens et au fil des millions d'années, l'univers produisait une complexité toujours plus grande dont nous étions le dernier maillon, l'étage temporairement le plus élevé de la pyramide.

Au milieu des collections du Muséum, *Sapiens* reprenait une place plus modeste, celle d'un stade intermédiaire dans le vaste mouvement vers la complexité né longtemps avant nous et qui, selon toute probabilité, allait se poursuivre après nous.

— Les fondations des sociétés occidentales, j'en ai maintenant la certitude absolue, ont été détruites, dit Richard, mais presque tout le monde feint de l'ignorer parce qu'il est trop vertigineux d'imaginer la suite logique de tout ça. La décadence est totale, les rapports humains sont devenus impossibles. Les gens se réfugient dans un isolement croissant et passent leur temps devant des écrans. Ils refusent les rapports de séduction, les rapports de force et la violence qui sont l'essence même des sociétés humaines pour leur préférer un monde numérique parfait ou la douceur factice des stupéfiants.

Richard avait raison. Aucune politique n'était parvenue à freiner le processus de décomposition en cours. Cet échec expliquait largement la haine des élites et la frénésie des alternances politiques qui s'apparentaient à des convulsions de plus en plus rapprochées.

À peine élu, le Président l'avait appris à ses dépens en devant affronter avec les Gilets jaunes une fronde sociale très grave qui avait failli emporter le régime.

Pour échapper à un monde devenu invivable, les individus se réfugiaient dans toutes sortes de substituts numériques ou narcotiques. La sociopathie croissante des sociétés modernes évoluait vers une forme avancée de démence, une décadence civilisationnelle déjà perceptible à travers de nombreux indicateurs.

J'avais toujours eu le pressentiment qu'une nouvelle étape de l'évolution vers la complexité était inéluctable, mais, ce jour-là, sous l'immense voûte du Muséum d'histoire naturelle, je n'imaginais pas qu'elle viendrait aussi vite.

8

Deux jours plus tard, je reçus une proposition de contrat dans laquelle Turing Technologies m'offrait un exact doublement de mon salaire universitaire à 7 000 euros brut par mois.

Villeneuve semblait bien renseigné sur les échelles de points en vigueur dans la fonction publique. J'appelai François Guérin chez Novartis pour lui demander son avis. Mais, quand je lui fis part de l'offre de Villeneuve, il éclata de rire.

— Ce type est vraiment un rat. Une recrue de ton calibre vaut beaucoup plus. Tu sais combien palpe Yann Le Cun ? Le responsable IA de Facebook.

— Non, je ne sais pas combien touchent les types de Facebook, mais je sens que tu vas bientôt me le dire.

— À vrai dire, je ne le sais pas non plus, mais son package annuel est à sept chiffres. Bien sûr, tu ne peux pas demander ça à Villeneuve, mais 7 000 balles, c'est vraiment du grand n'importe quoi.

— Tu sais, je ne les rejoins pas pour le fric.

— Alors, qu'est-ce qui te motive ? La déception ? Tu t'es aperçu que la trahison était partout, même là où les gens prétendent être désintéressés ?

— Sûrement un peu. Mais ce qui me fait avancer, c'est surtout la quête de la connaissance. J'ai tout mis en œuvre pour réaliser cette ambition, mais je n'y parviens pas. J'ai le sentiment d'avoir perdu mon temps. Rejoindre cette start-up, c'est une manière de tenter autre chose. De voir si ce qu'on dit est vrai.

— Ce qu'on dit ? répéta François.

— Que, désormais, ce sont les entreprises qui changent le monde.

— Méfie-toi de ce qu'on dit. Tu veux un scoop ?

— Vas-y ! Je t'écoute, dis-je.

— Turing Technologies a remporté un gros marché pour supprimer les caisses dans la grande distribution. Une histoire de caméras couplées à une IA qui enregistre les images des produits que le client dépose dans son caddie et qui fait l'addition en temps réel.

— Ça explique la photo dans son bureau avec Gabriel-Bernard Deklerck.

— Sur le papier, le concept est séduisant, sauf qu'il se murmure dans le milieu que Villeneuve a du mal à *délivrer*, comme on dit. Son système n'est pas au point et ses développeurs rament. On raconte dans tout Paris que Deklerck est furieux, or les types de la grande distribution sont tout sauf des enfants de chœur. Pour avoir un peu côtoyé ce milieu au début de ma carrière, je peux te dire que c'est l'un des plus durs qui soient. Je mets ma main à couper que le contrat de Deklerck est en béton armé avec de lourdes pénalités si Turing n'arrive pas à installer son système à temps. En résumé, Villeneuve a posé sa paire de couilles sur le billot. Sauf que c'est le père Deklerck qui tient le maillet.

— Tu me suggères de réagir comment ?

— Villeneuve ne respecte que l'argent. Accepte un salaire médiocre et il te méprisera.

— Alors, je leur dis quoi ?

— Ignore leur offre et fais le mort. De mon côté, j'appelle Letelier. Ça vous évitera les tensions inhérentes à toute négociation salariale qui pourraient toujours être gênantes ensuite.

Je ne savais pas trop quoi dire. Je ne comprenais pas pourquoi François mettait autant d'énergie à m'aider dans cette *transition professionnelle*.

— François, je peux te poser une question ?

— Vas-y, tu m'as appelé pour ça, non ?

— Pourquoi tu fais tout ça pour moi ?

Il marqua un silence au bout du fil. Je le sentais un peu ému.

— Tu sais, Michel, dit-il à voix basse sur le ton de quelqu'un qui fait une grande confidence. Le peu de choses que j'aie jamais comprises en maths et en physique, c'est à toi que je le dois. Tu ne t'en souviens sûrement pas, mais j'allais planter ma prépa. Je m'abrutissais sur mes cours jusqu'à minuit tous les soirs à l'internat. J'étais devenu un vrai zombie. Je sentais bien que c'était plié. Et puis un soir, tu as passé une tête, les parois des box individuels s'arrêtaient à mi-hauteur. Je crois que tu voulais juste que j'éteigne la lumière pour pouvoir enfin dormir, mais tu n'as pas osé m'en parler.

— J'étais gêné, dis-je en riant.

— Tu te poses trop de questions.

— Mon père m'a appris que le doute est le début de la sagesse.

— Tu as raison, la plupart des personnes stupides ne doutent jamais. Mais je crois que ça te dessert. Tu as passé une heure à m'expliquer avec des mots simples ce que je n'arrivais pas à comprendre. Je m'en souviens comme si c'était hier. C'étaient les équations différentielles de Bernoulli et Riccati. Tout est soudain devenu limpide. Le lendemain, au devoir surveillé, j'ai eu, pour la première fois de l'année, la moyenne. J'étais en train de me noyer et tu m'as sauvé la vie. Alors, je te dois bien ça, tu ne crois pas?

Je ne savais pas quoi dire. Personne ne m'avait jamais parlé comme ça.

— Je ne sais vraiment pas comment te remercier, ai-je dit un peu gêné.

— Tu me remercieras après. Je n'aime pas l'injustice et tu n'as pas eu ce que tu méritais. En attendant, prends du champ et laisse-moi faire. Ce job, c'est ton extraballe, la chance de ta vie, celle de toucher le gros lot. La chance passe rarement deux fois. Il faut juste que tu me laisses négocier.

Une semaine plus tard, en découvrant la proposition du contrat négocié par François, je crus d'abord à une erreur: le fixe mensuel proposé était revu à 15000 euros net avec un bonus annuel de 30% – dont les critères d'attribution étaient assez flous. Mais le plus intéressant, c'était, selon François, le plan d'attribution d'actions de Turing Technologies qui, comme il me l'avait dit au téléphone, allait *m'associer à la croissance de l'entreprise.*

— Tu sais, avait-il ajouté, un salarié ne peut pas vraiment devenir riche. Au cours des dernières années, toute l'évolution du partage de la valeur ajoutée s'est faite au détriment du salarié. Aujourd'hui, la majeure partie de la richesse créée est captée par les actionnaires ; alors, il te faut absolument obtenir une partie de ta rémunération en actions.

La démonstration de François tenait de la physique quantique. La physique quantique permet de décrire les états de la matière au niveau atomique et subatomique. Dans le principe de superposition, elle établit que plusieurs états peuvent coexister dans un même atome. Je réalisai que, de manière similaire, plusieurs états économiques superposés pouvaient coexister dans un même espace socio-économique. Chacun avec sa logique propre.

Ainsi, la France était à la fois un pays au socialisme égalitaire et un pays libéral inégalitaire. L'un n'excluait pas l'autre comme le prouvaient les années Mitterrand, une période pendant laquelle tout semblait possible. Tout le monde était de gauche, mais une voracité financière sans précédent avait donné naissance à des personnages d'une rapacité absolue aussi flamboyants et douteux que Bernard Tapie ou Roger-Patrice Pelat.

La première sphère regroupait des salariés dont beaucoup travaillaient, comme moi, dans le secteur social ou éducatif, et plus généralement dans la fonction publique. Protégés de la pauvreté et de la mondialisation par leur statut, la plupart se situaient à gauche. Quel que soit le niveau de compétence et de productivité de ces individus, leurs revenus nets se concentraient après impôts entre un et deux voire, plus rarement, trois SMIC. Un paradis socialiste où la vie des individus était très similaire et extrêmement prévisible. Personne ne pouvait tomber très bas ni monter très haut.

Ce mécanisme produisait une population composant un groupe vectoriel très homogène : pouvoir d'achat, capital économique, opinions politiques, comportements individuels. La productivité d'un individu pouvait être élevée ou faible, cela ne modifiait quasiment pas ses revenus. La contrepartie de ce système socialisé était une croissance économique anémique.

Parallèlement à cet état quantique, la France était, depuis plus récemment, une *start-up nation* avec une faible part de la population qui prenait des risques très élevés et pouvait espérer toucher le *jackpot*, comme disait François. Mais ceux qui faisaient ce choix, les premiers de cordée théorisés par le chef de l'État, pouvaient également échouer, tout perdre, être déclassés et devenir obsolètes.

Cet état quantique clairement marqué par les valeurs anglo-saxonnes du *Winner takes all* produisait beaucoup de perdants.

La physique quantique était formelle sur un point : lorsqu'un objet quantique possédant plusieurs états superposés interagissait avec un objet extérieur, la superposition cessait au bout d'un certain délai baptisé *période de décohérence*.

Plus cette interaction était importante, plus l'état de superposition de l'objet cessait rapidement. Dans un sens, si l'on poussait l'analogie quantique jusqu'au bout, les mutations actuelles de la société française pouvaient être interprétées comme une *forme de décohérence*.

En infiltrant une société française en équilibre instable, le système libéral globalisé créait une interaction forte provoquant la *fin de la superposition des états*. Il paraissait, en effet, difficile de conserver durablement dans le même espace des chercheurs payés de manière socialiste et leurs équivalents payés de manière californienne.

Le lendemain matin, j'appelai Letelier pour lui donner mon accord. L'euphorie de sa voix me fit plaisir. Et je ne pus réprimer un frisson d'excitation à l'idée que, deux semaines plus tard, je serai ailleurs.

J'ai envoyé un courrier en recommandé pour demander ma mise en disponibilité pour convenances personnelles avant d'appeler le secrétariat du président de l'université pour lui annoncer mon départ de vive voix. Winter avait toujours été bienveillant avec moi, je lui devais bien ça.

D'abord méfiante, sa secrétaire devint plus aimable quand je prononçai les mots de *congé pour convenances personnelles*.

— Passez le voir en fin de matinée, dit-elle.

Le vaste bureau du président était installé au sommet de la tour Zamansky. Cet homme grand et sec ressemblait à un rapace majestueux et lointain qui aurait installé son nid sur le point le plus élevé de son domaine. Son regard fin, intelligent m'avait toujours donné l'impression de pouvoir lire dans l'esprit de ses interlocuteurs.

— Alors, vous nous quittez, Depraz ? me demanda-t-il d'emblée.

— Je vais rejoindre une entreprise dans le domaine de l'IA.

Il hocha la tête. Nous savions, lui et moi, qu'en l'absence de conflits d'intérêts, cette demande ne pouvait pas m'être refusée. En venant lui soumettre une requête qu'il n'avait pas le pouvoir de rejeter, je reconnaissais son pouvoir symbolique, sacrifiant en quelque sorte à un rituel chamanique de soumission comme il en existe dans les peuplades primitives.

— Vous étiez apprécié des étudiants, me dit-il, très apprécié, mais je ne suis pas surpris de votre décision. Je m'étonne plutôt que cela n'arrive pas plus souvent. Heureusement pour nous, l'inertie demeure la force la plus puissante de l'univers. La plupart des individus détestent changer d'environnement.

Je fis un vague geste pour le remercier de sa bienveillance. Il l'ignora et fit craquer ses phalanges, le regard sombre et fatigué.

— Je devrais essayer de vous retenir, vous demander de rester, mais je ne le ferai pas pour trois raisons. La première, c'est que j'imagine que votre décision est mûrement réfléchie. La deuxième, c'est que j'en ai assez de jouer la comédie. Mais la plus importante, c'est que je pense que vous avez raison. Si j'avais votre âge, je ferais exactement la même chose que vous.

Il me faisait penser au capitaine d'un navire en perdition.

— Quelque chose est en train de changer, Depraz. La migration vers le privé ne fait que commencer. Les écarts de revenus sont devenus intenables. Aux États-Unis, les start-up embauchent les diplômés avant même la fin de leurs études pour le *big data* et le *machine learning*. Les entreprises sont devenues beaucoup plus puissantes que les États dont le règne s'achève. La puissance dominante de ce siècle sera une entreprise, n'en doutez pas.

— C'est difficile de comparer, dis-je prudemment.

— Certains refusent de le voir, mais l'État a échoué, insista Winter, il ne produit plus aucune vision stratégique et se contente de distribuer l'argent qu'il n'a pas. Nous ne sommes plus gouvernés, mais tout juste administrés.

Comme beaucoup de ces hauts fonctionnaires austères qui avaient commencé leur carrière dans les années 1970, Winter avait la nostalgie de l'époque pompidolienne. Quand la France était encore un pays industriel qui comptait avec un commissariat au Plan et un État stratège puissant. Mais il fallait bien se rendre à l'évidence : tout cela avait lentement sombré.

— L'expertise va se concentrer à l'intérieur de quelques entreprises capables de payer correctement les compétences, dit-il, et que l'on ne vienne pas me raconter que ces entreprises offriront leurs résultats en *open source* à la concurrence. La réalité, c'est que le vieux rêve humboldtien d'un savoir accessible à tous est en train de disparaître.

— Nous ne sommes quand même pas aux États-Unis, fis-je remarquer.

Mon observation était stupide, comme je m'en rendis compte aussitôt. Winter me fixa avec une lueur un peu âcre dans ses yeux clairs. Il avait un côté officier de cavalerie qui m'impressionnait beaucoup.

— Vous faites erreur, Depraz. Vous êtes un idéaliste et, dans un sens, cela vous honore. Mais ce qui naît aux États-Unis arrive toujours en France quelques années plus tard. Je ne connais aucune exception. Pas une seule...

Il soupira. Son regard se posa sur les bâtiments modernes de Jussieu comme s'il cherchait quelque chose qui ne s'y trouvait pas. Diriger un tel bazar ne devait pas être une sinécure.

— Tout finit par traverser l'Atlantique, reprit-il, le pire comme le meilleur. Regardez le succès de McDonald's. Quand ils ont débarqué, tout le monde ricanait. L'exception française est une douce illusion, une figure de style pour intellectuels orgueilleux comme Régis Debray ou Michel Onfray. Pourtant, je les aime bien Debray et Onfray. C'est loin d'être les pires. Et puis les intellectuels, c'est à peu près la seule chose qui nous reste.

— Le niveau a quand même pas mal baissé chez les jeunes, dis-je.

— Je ne suis pas d'accord, répliqua Winter avec un mauvais sourire, le niveau ne baisse pas, il s'effondre. Le niveau dans le secondaire est tout simplement devenu effarant. Toujours cette obsession d'aligner le niveau général sur le plus bas. À sa décharge, la précédente ministre n'a pas été la seule. Il y a eu tous les autres, tous ses prédécesseurs, les fossoyeurs. Prenez par exemple un type comme François Bayrou...

Je ne pus m'empêcher de réprimer un sourire. De l'avis général, et bien que lui-même soit agrégé de lettres, le maire de Pau n'avait pas fait de miracles comme ministre de l'Éducation. Pour de nombreux enseignants, le voir parader en vieux sage confit d'autosatisfaction aux côtés du jeune président ressemblait à une terrible imposture.

— Pour faire autant de dégâts, ils s'y sont forcément mis à plusieurs, fis-je prudemment remarquer.

— Heureusement, dit Winter, certains enseignants arrivaient à sauver quelques étudiants du naufrage. Mais maintenant, si les meilleurs s'en vont...

J'imaginai que c'était, à sa manière, un compliment.

— Le ministère va vous trouver un remplaçant, dis-je.

— Vous rêvez, Depraz, dit-il en me lançant un regard nerveux, nous avons perdu un maître de conférences en biologie il y a deux mois et, chose à peine croyable, la Direction générale de l'enseignement supérieur ne m'a encore proposé personne.

J'avais l'impression que dans un sens il se lâchait. Peut-être parce que je quittai son périmètre de pouvoir et qu'il n'avait plus à faire semblant de jouer au président de la plus importante université scientifique de France.

Il fixa d'un air amer le cendrier posé sur le bureau et ajouta :

— Je me suis complètement fait enculer.

En l'absence d'enjeux de pouvoir entre nous, Winter pouvait laisser libre cours à une certaine *authenticité* et se montrer enfin sous son vrai jour avec toutes ses désillusions.

Debout face à la baie vitrée, il semblait sonder l'infini urbain. Une sentinelle inquiète pressentant une menace encore invisible au-delà de l'horizon. Un guetteur scrutant le pouls du monde depuis son donjon, et qui semblait avoir oublié jusqu'à ma présence. La lumière crue cisaillait les traits de son visage. Je le trouvais voûté, la silhouette vieillie. Il avait mille ans. À l'image du système actuel, lui aussi semblait *à bout de souffle*.

Depuis son bureau qui dominait tout le campus, on avait l'impression de pouvoir toucher de la main Notre-Dame, l'île Saint-Louis, le Panthéon, l'Hôtel de Ville. Une vue tout simplement stupéfiante de beauté. À l'instar de beaucoup de villes européennes, Paris avait été conçue comme une véritable œuvre d'art : le chef-d'œuvre terminal de la civilisation occidentale.

— Vous savez pourquoi ce bureau offre la plus belle vue de tout Paris ?

Son œil bleu pétillait d'une lueur un peu folle. Je fis signe que non.

— Parce que d'ici on ne voit pas cette merde de tour Zamansky. Vous connaissez les campus anglais ou américains ?

J'acquiesçai sobrement, devinant déjà ce qu'il allait dire. Tout enseignant qui avait connu les universités anglo-saxonnes aurait pu dire la même chose. Les pensées des hommes aussi obéissaient à des lois invariables.

Il laissa échapper un soupir qui trahissait son abattement. Il eut un geste vague, comme pour balayer une objection que je me serais préparé à émettre.

— Immonde ! Ce campus est tout simplement immonde. Et qu'on ne me parle pas de moyens. Le désamiantage de cette *chose* a coûté, au bas mot, 2 milliards d'euros, dix fois l'estimation initiale.

Son regard d'une fixité absolue semblait perdu dans la contemplation de la laideur qui nous cernait comme une horde barbare assiège une forteresse. J'avais visiblement affaire à un homme détruit : Winter était plus fou que tout un asile. Peut-être était-ce la seule façon de supporter le monde dans lequel nous vivions. Il leva la main en direction de la nef de Notre-Dame éventrée en son centre. Depuis son bureau, les dégâts de l'incendie étaient impressionnants.

— Quelle perfection minérale ! C'est un grand peuple qui a construit cela. Dire que les types n'avaient pas le dixième de nos moyens techniques. Et nous avons été incapables de restaurer le bâtiment sans en incendier la moitié. Ça n'était jamais arrivé en près de mille ans d'histoire. Quelle est votre explication, Depraz ?

Il s'était tourné vers moi, mais il n'attendait aucune réponse, tout simplement parce qu'il la connaissait déjà depuis longtemps. J'étais silencieux, vaguement gêné de le voir se déboutonner ainsi. J'avais horreur des confidences, je m'en méfiais ; j'avais appris à mes dépens que les gens vous en veulent ensuite d'avoir, dans un moment de faiblesse, dévoilé la nudité de leur âme. Je sentis qu'il mourait d'envie de se lancer dans une diatribe, mais Winter sembla soudain saisir mon malaise. Il se redressa aussitôt et son visage redevint impénétrable.

— Soyez assuré que je répondrai favorablement à votre demande.

Je compris que le temps des confidences était terminé. Dans des circonstances plus favorables, peut-être aurions-nous pu devenir plus proches, pourquoi pas des amis intimes s'engageant dans un mode de relation plus humain. Mais l'amitié supposait une relation libérée du carcan étroit et figé des relations hiérarchiques. Lui et moi le savions.

Il releva la tête et dit d'une voix forte et énergique :

— Je vous aime bien, Depraz ! Revenez me voir, ça me fera plaisir.

Je cherchai en vain quelque chose de pas trop stupide à ajouter. Sa main s'était posée sur mon épaule dans un geste très tendre. Lui et moi savions que son invitation n'était qu'une politesse : il était rare que l'on revienne sur le lieu de son ancien emploi. Ceux qui le faisaient comprenaient vite que les gens avaient changé, que des inconnus occupaient désormais leur bureau et qu'ils n'y avaient plus leur place.

~

Thomas m'avait dit que Suying avait mal pris la nouvelle de mon départ. Elle m'attendait à sa table de travail, tassée sur sa chaise, visiblement affectée. Je trouvais qu'elle surjouait un peu. Un mois plus tôt, la jeune Chinoise ne me connaissait pas et désormais mon absence semblait l'accabler.

Je lui annonçai ce qu'elle savait déjà. À savoir que je quittai le laboratoire pour convenances personnelles et que je ne reviendrai sans doute pas.

— En conséquence, je ne pourrai pas diriger votre thèse, mais je vais m'assurer qu'un autre puisse le faire. Peut-être Bayard lui-même.

À la contraction de ses traits délicats, je compris que l'idée n'avait pas l'air de l'enthousiasmer.

— Thomas sera toujours là. Je sais que vous vous entendez bien. C'est lui qui va vous guider au quotidien. Thomas m'a dit qu'il vous avait même invitée une fois chez lui à un dîner marocain préparé par Ali.

Elle cligna ses longs yeux obliques. Ses traits s'étaient durcis et je vis que sa mâchoire se crispait. D'une voix froide, elle me relata les obstacles qu'elle avait dû franchir pour parvenir en thèse. Elle s'exprimait avec un détachement glacial comme si elle parlait de quelqu'un d'autre.

— Respecter sa parole, c'est important pour nous, les Chinois. Vous pourriez au moins suivre mon travail? Un peu, je veux dire?

Je lui lançai un regard incrédule.

— Je ne sais pas..., fis-je en écartant les mains, j'ignore si j'aurai le temps. Je vais avoir pas mal de travail, c'est sûr.

Avec un geste de dépit, elle me tendit une dizaine de feuillets.

— Vous pourriez au moins relire mon projet...

— J'ai conscience d'être un patron de thèse décevant, lui dis-je.

— Tous les patrons sont décevants..., dit-elle d'une voix un peu tragique.

Je méditai un moment cet aphorisme avant de conclure que Suying avait tort: les patrons n'étaient pas pires que les autres; c'étaient les relations entre les gens qui étaient décevantes; elles étaient rarement à la hauteur des espoirs que nous y mettions.

Mais vivre était indissociable d'un certain optimisme: les amitiés trahies et les amours déçues n'avaient jamais empêché les humains d'essayer, encore et encore. Tant qu'il leur restait un souffle de vie. Oui, la vie était décevante, et puis les gens, tous les gens. Moi y compris. Surtout aujourd'hui.

C'était pour cela qu'enfant je m'étais toujours senti mieux avec les chiffres et plus tard avec les machines. Elles, au moins, ne me décevaient jamais. Elles étaient fiables, sans surprises. Les machines ne m'avaient jamais trahi.

Nous avions prévu d'affiner son sujet de thèse au fur et à mesure de ses travaux. Les feuillets couverts de diagrammes évoquaient des pistes vers l'intelligence en essaim.

Elle s'était tournée pour me faire face ; le lac sombre de ses yeux me toisait avec dureté. Tout se brouillait dans ma tête, j'essayais désespérément de trouver un comportement adapté à la situation : un hochement de tête, un geste de la main, un sourire.

Sa colère la rendait encore plus belle. Je n'arrivais pas à chasser l'image de son corps nu de mon esprit. J'imaginais le nid tiède et parfumé que cachait son jeune corps. J'avais soudain envie d'elle, terriblement envie d'elle.

Qu'est-ce qui avait changé, exactement, depuis ma propre adolescence ? J'éprouvais les mêmes désirs avec la conscience aiguë que je ne pourrais probablement plus les satisfaire.

J'ai pris les feuillets sans rien dire. L'image que je garde d'elle, de ce moment, c'est le galbe exquis de ses traits cruels.

Dehors, il pleuvait à verse. La météo annonçait une nouvelle vague de froid venue de Scandinavie comme en connaissaient certains mois de mai.

J'avais lu qu'il suffisait d'un départ dans une entreprise pour en entraîner d'autres par une sorte d'effet mimétique. Peut-être que voir quelqu'un franchir le pas permettait de mieux assumer le risque d'un saut dans l'inconnu.

Le parallèle avec l'équation fondamentale de la mécanique quantique était tentant. L'équation de Schrödinger prévoyait l'évolution d'un système à l'échelle atomique en donnant de multiples résultats distribués selon une loi statistique. Il ne s'agissait en aucun cas d'un processus aléatoire, mais d'une équation déterministe dont les solutions étaient distribuées statistiquement. À leur façon, les humains obéissaient à une forme analogue de déterminisme statistique.

Lucas, un jeune chercheur arrivé en début d'année, m'informa qu'il allait abandonner sa thèse. Il n'avait pas réussi à obtenir de bourse et me dit :

— Financièrement, c'est trop juste. Surtout avec les loyers parisiens.

Winter avait raison. À l'image du pays, le système universitaire était à bout de souffle. Tout comme le système des thèses : un archaïsme hérité du XIXe siècle quand un individu pouvait construire sa vie sur le long terme, faire carrière en gravissant un par un les échelons académiques.

Mais dans un monde où le long terme était si dévalorisé que sa valeur tendait vers zéro, comment accepter de sacrifier entre cinq et dix années de sa vie pour des postes mal rémunérés et de plus en plus aléatoires ?

Florence s'activait avec sa constance habituelle pour me faire signer un certain nombre de documents en attente. J'avais toujours pu compter sur elle, même dans les moments les plus difficiles. Dans un sens, on peut dire que nous avions formé une bonne équipe.

Thomas avait les yeux cernés. Il allait se représenter l'année prochaine au CNRS ou à la fac. Sans aucune certitude. J'imagine qu'il devait réaliser ce que ressentait un gladiateur avant de pénétrer dans une arène où il vient de voir ses prédécesseurs se faire dézinguer.

— On s'en prend une dernière ? a-t-il demandé.

Sans attendre ma réponse, il est revenu avec un pack de Leffe blonde, en a décapsulé deux avant de se laisser tomber dans un fauteuil pour commencer à téter la sienne en la tenant par le goulot.

— On va se revoir, Thomas, j'en suis certain.

Il m'a regardé sans rien dire. Je sentais la tension accumulée au cours de ces derniers jours me tomber sur la nuque. Si cela n'avait été encore que de la fatigue… mais il y avait autre chose : une impression terrible de gâchis. Nous avions formé un groupe uni d'individus tendus vers un même but. Il y avait eu entre nous ce qu'on appelle une *communauté de destin* comme j'imagine qu'il en existait dès les premiers groupes des hominiens de la préhistoire.

Thomas avait pris une expression grave et pensive, presque triste.

— Tu m'en veux? ai-je demandé.

Il voulut parler, mais il se contenta de secouer la tête et de sourire. Puis il reprit un peu de bière et dit:

— Plus maintenant. Je pense que tu as raison. J'ai un bac + 10, je travaille 60 heures par semaine. Mais à trente ans, je dois toujours demander la caution de mon père pour louer un studio de merde. Et si je veux me payer des vacances, je dois le sous-louer sur Airbnb. Un truc ne tourne pas rond.

Je ne pouvais qu'abonder dans son sens. *Il y avait clairement un truc qui ne tournait pas rond.* À 19 h 30, nous avons traversé la dalle avec Florence. Un peu moins âgée que moi, elle allait rester dans l'unité.

— J'espère que vous vous entendrez avec mon successeur.

— Si ce n'est pas le cas, dit-elle, je n'hésiterai pas à changer de laboratoire.

Florence était une cadre administrative appréciée; elle ne manquerait pas de propositions. De toute façon, fonctionnaire titulaire, elle bénéficiait de la sécurité de l'emploi. Celle-là même à laquelle je venais de renoncer.

— La Halle numérique, ce n'est pas très loin, me dit-elle avec de l'émotion dans la voix, on peut essayer de déjeuner de temps en temps ensemble.

J'ai acquiescé d'un air distrait, mais j'avais déjà la tête ailleurs, conscient que la plupart du temps ce genre de résolution ne débouchait sur rien. Je lui fis la bise. Je n'étais plus son collègue et je prévoyais d'effectuer ce geste chaleureux avec un sourire de circonstance. Et j'y réussis relativement bien.

Un peu plus tard, je songeai cependant que notre séparation n'avait pas été à la hauteur.

Comme souvent, j'avais manqué de chaleur humaine.

Deuxième partie

«Engendré non pas créé, de même nature que le Père,
et par Lui tout a été fait.»

Symbole de Nicée-Constantinople

1

Villeneuve avait bloqué deux heures pour m'expliquer le plan de bataille de Turing Tech. Je sentais dans son changement de ton et dans son regard moins amical que la période de la parade amoureuse était terminée.

— Notre stratégie, commença-t-il, est de cibler tous les domaines où l'IA peut générer de la marge. Un grand nombre de secteurs dans l'industrie et les services ne sont pas réellement conscients des gains en productivité et en qualité de service que peuvent apporter des applications d'IA. Ils ont besoin de savoir-faire, de solutions. Et cela, Turing Tech peut les leur apporter et les *implémenter*.

Je compris que pour Turing plus que les IA en elles-mêmes c'était leur intégration à un environnement technologique et humain qui était à l'origine des plus gros impacts sur la société.

Turing se voulait le chantre d'une approche pragmatique afin d'éviter les technologies « hors sol ». L'entreprise facturait deux types de services à ses clients : d'une part, la rémunération de la mise en place des solutions d'IA et, d'autre part, un forfait annuel pour la maintenance de ces applications.

— C'est dans la maintenance qu'il y a le plus de fric à se faire, dit-il avec un sourire de vieux pirate, au moment du choix du prestataire, la concurrence est frontale. Mais, une fois le marché remporté, les clients sont pieds et poings liés. On peut alors facturer au prix fort la moindre demande de modification ou de reparamétrage du système.

Il prit un gros marqueur noir et commença à tracer un premier cercle sur un *paperboard*, écrivant tout d'abord « Secteur public ».

J'étais un peu étonné par ce choix. Mais, à son sourire, je compris qu'il cherchait justement à provoquer chez moi un sentiment de surprise.

— Surprenant, n'est-ce pas ? Pourtant, c'est bien dans le secteur public que le potentiel est le plus important. Contrairement au privé, le public n'a quasiment réalisé aucun gain de productivité depuis des décennies, bien au contraire. Il consomme toujours plus de moyens humains et financiers pour un service qui, globalement, se dégrade.

Jusque-là, il me semblait difficile d'être en désaccord avec lui. Dans à peu près tous les comparatifs internationaux, la qualité du service public à la française était en chute libre, alors que les dépenses publiques représentaient 57 % du produit intérieur brut.

— Le Président ne peut plus augmenter la pression fiscale, il doit donc réduire les dépenses, continua-t-il, or il n'y a pas trente-six façons de le faire. Il faudra virer une partie des fonctionnaires ou, *a minima*, ne pas remplacer les départs. Ce n'est possible qu'avec des gains considérables en productivité. Un marché énorme !

Il avait levé les deux bras pour essayer de traduire spatialement le paquet de fric qu'il comptait se faire en *implémentant* des IA dans le secteur public. Puis il baissa les bras comme si les difficultés étaient insurmontables.

— Le problème, c'est que l'État n'a pas le moindre euro de budget pour ces développements. Nous travaillons sur un partenariat public-privé. Turing se rémunère avec une partie des gains générés. Pas de gains, pas de rémunération. On appelle cela un alignement d'intérêts. En plus, cela fait porter les coûts sur le futur et donc sur les prochains élus.

Je connaissais mal la situation des finances publiques, je savais juste qu'elle était calamiteuse en raison de sureffectifs, de transferts sociaux toujours plus importants et d'une dette gigantesque. L'approche de Villeneuve semblait pertinente sur le papier, mais, là comme ailleurs, le diable était dans les détails.

— Par exemple, imaginez un bus qui assure les transports dans une petite agglomération. Avec un système de conduite par IA, nous pouvons assurer le service 24 h/24 et économiser d'importants montants en salaires. Même chose pour la verbalisation du stationnement payant. Nous faisons circuler des véhicules automatiques qui filment les plaques et vérifient si les voitures sont en infraction. Plus de contractuelles.

Il me parla également d'un projet concernant les minima sociaux. Avec la paupérisation, une part croissante des dépenses publiques était consacrée au paiement de multiples allocations.

— Le pourcentage de fraude est estimé à 15 %, ce n'est peut-être pas massif, mais comme les prestations sociales représentent 35 % du PIB français, la fraude atteindrait quand même près de 5 % du PIB.

En écoutant Villeneuve, je me demandais si le chiffre n'était pas un peu gonflé. 5 % du PIB, c'était quand même plus de 115 milliards d'euros ! Le projet de Turing Tech était d'analyser les profils des allocataires en utilisant l'ensemble des données les concernant pour rechercher les similitudes de profil avec les fraudeurs historiquement identifiés. L'IA permettrait ainsi un ciblage plus efficace des contrôles en les orientant vers certains sociotypes surreprésentés parmi les fraudeurs.

Villeneuve traça d'autres cercles, il avait des tas d'autres idées avec les assurances et les banques pour profiler le risque client en crédit ou en risque assurantiel. Jamais il ne se posait la question de la *faisabilité* des solutions qu'il proposait, adoptant en cela une attitude gaullienne du type « l'intendance suivra ».

— Seulement, dit-il en reposant son marqueur, les choses ne se passent pas toujours comme nous le pensons. Le rythme d'innovation a beau être rapide, la concurrence est féroce.

Villeneuve faisait partie de ces *businessmen* qui pensaient que le capitalisme serait plus facile sans concurrence. Il en profita pour lancer quelques piques à demi-mot contre Gérard Letelier et ses développeurs. Comme s'il voulait tester mes réactions, ou peut-être me faire miroiter à terme le poste de directeur scientifique.

Je devinai entre les lignes que Villeneuve proposait des technologies pas encore testées et que Letelier râlait et ramait pour *délivrer*, selon l'expression favorite de Villeneuve.

J'adoptai une attitude polie et réservée. Trahir celui qui venait de me recruter ne me semblait pas faire partie du domaine de la *common decency* chère à George Orwell.

— Et puis, il y a Gabriel-Bernard, me dit-il en se laissant tomber dans son fauteuil. Le ton de sa voix trahissait indéniablement une grande inquiétude.

— Gabriel-Bernard ?

— Deklerck. Nous avons signé un contrat pour équiper une cinquantaine de centres Deklerck.

Je le regardai, un peu interloqué.

— Je ne vais pas rentrer dans la technique, Gérard et son chargé de projets vont nous rejoindre. Deklerck, c'est le numéro 1 de la grande distribution en France. Tout le monde a essayé de le battre, sans succès. Sous un faux air cool de bateleur, tout sourire, qui tutoie la terre entière, le type est redoutable. Je vais être franc avec vous : pour l'instant, nos tentatives sont incertaines et peu convaincantes. Bref, nous ramons un max pour la mise en place du système que nous leur avons vendu.

Il poussa un long soupir et me sembla soudain rongé par l'inquiétude.

— Si nous plantons le marché, les pénalités seront lourdes, sans compter le fait que le père Deklerck va nous tailler un sérieux costard côté réputation.

Puis il se tourna vers sa secrétaire :

— Allez me chercher Letelier et Demaison.

Le chef de projet était un jeune centralien au visage réfléchi, un pli soucieux barrait son front. En bon élève, ce dernier sortit d'une housse noire un notebook incroyablement compact et brillant. Il lui avait suffi d'effleurer la barre d'espacement pour que, quelques secondes plus tard, la machine s'éveille à la vie dans un miroitement sonore – il était sur la première page de la présentation PowerPoint préparée à cette occasion.

— Dès leur création dans les années 1960, commença-t-il, les grandes surfaces furent l'objet de nombreuses critiques. On les accusa de détruire le petit commerce, de ruiner les agriculteurs et d'enlaidir les périphéries urbaines, des polémiques qui n'empêchèrent pas les clients d'affluer.

Il marqua une pause pour signifier que ce n'était qu'un préambule.

— Mais depuis quelques années, les choses changent. Toutes les enseignes notent une désaffection graduelle de la clientèle pour plusieurs raisons : la taille des ménages diminue ; les couples urbains n'ont plus de véhicules ; Internet ; la taille démesurée des hyp…

Villeneuve esquissa un geste d'impatience.

— Si vous pouviez nous la faire courte…

— B… Bref, bafouilla Demaison déstabilisé, les courses où il faut se garer à perpète et marcher des kilomètres sont devenues, de l'avis général, une corvée que beaucoup évitent autant que possible. Les distributeurs s'arrachent les cheveux à tenter d'enrayer cette baisse de la fréquentation. Et le point noir le plus souvent mentionné est l'attente aux caisses, notamment pendant les périodes d'affluence comme le samedi.

Il appuya sur une touche et un PowerPoint apparut sur l'écran avec inscrit : « livraisons, drive, self-scanning, caisses automatiques ».

— Les distributeurs ont tout essayé pour réduire l'attente, dit-il sur un ton didactique, je passe rapidement sur la commande par Internet, elle est pratique pour le client, mais les prix sont plus élevés. Par ailleurs, le choix est restreint, 7 500 références en moyenne, contre 50 000 en hyper. Et certains clients regrettent de ne pas pouvoir choisir les dates de péremption des produits frais. Et surtout, ils ne se laissent pas tenter par des achats compulsifs.

— Ce que Gabriel-Bernard Deklerck appelle « les achats plaisir », intervint Letelier en me regardant, des produits à forte marge placés de manière stratégique dans les linéaires. Avec

Internet, finis les petits coups de cœur pour un bon bordeaux ou la barre chocolatée judicieusement placée avant les caisses pour aimanter le regard des gosses.

— Exactement, confirma Demaison ; en pratique, le chiffre d'affaires sur les achats plaisir est divisé par deux sur Internet, ce qui réduit d'autant la marge totale. De plus, le coût de livraison est élevé, les créneaux horaires contraignants, sans compter les problèmes de parking des livreurs.

— Et le Drive ? demandai-je.

— J'allais y venir, dit Demaison avec un sourire. Le Drive s'est développé assez vite, mais il demande une infrastructure spécifique et beaucoup de personnel. Le coût moyen de la préparation d'une commande est d'environ 10 euros.

— Une demi-heure de SMIC charges comprises, prit soin de préciser Villeneuve, soit 10 % du panier moyen qui tourne autour de 100 euros en Drive. Surtout, ce service n'est pas facturé au client.

— Lorsque nous l'avons rencontré, Gabriel-Bernard Deklerck a même parlé de *cadeau empoisonné* à propos du Drive, précisa Villeneuve. La réalité, c'est que le Drive fait perdre de l'argent.

— Mais pour faire revenir les clients dans ses magasins, expliqua Demaison, Deklerck multiplie les *expériences d'achat* : armoires de maturation de viandes de qualité, bar à sushis, épicerie exotique, espace bio, dégustation de vins avec des cavistes, produits de nos belles régions de France, animations antillaises ou bretonnes. Mais reste quand même l'attente à la caisse perçue dans toutes les enquêtes comme le moment le plus pénible des courses. Pour le résoudre, deux solutions ont été développées.

Il appuya sur une touche, et un îlot de quatre caisses apparut.

— Le *self check-out* existe depuis huit ans, précisa Demaison, le client scanne lui-même ses articles dans une caisse en libre-service. Mais au-delà d'une dizaine d'articles, les clients se lassent.

Il appuya sur la touche « avance » et un lecteur de codes-barres apparut.

— Le *self-scanning* est une solution dite déportée. Le client se munit d'une scannette ou douchette et effectue lui-même au fil des rayons la lecture du code-barre des produits, avant de les placer dans son chariot. Une fois ses achats terminés, il se rend à une caisse spéciale pour payer. Une solution qui présente de nombreux inconvénients : la majorité des personnes âgées la trouvent trop compliquée, elles continuent de s'agglomérer aux caisses en rouspétant ; plus grave, le taux de vol élevé, de nombreux clients *oubliant* de scanner certains produits, notamment les plus chers.

Je compris qu'il existait des contrôles plus ou moins aléatoires à la caisse, mais ceux-ci étaient *stigmatisants* pour le client, et les multiplier ne faisait pas gagner de temps. Par ailleurs, les scannettes étaient souvent vandalisées ou volées : des *incivilités* qui finissaient par coûter cher.

— Le *self-scanning* sur smartphone résout le problème du vandalisme, souligna Demaison, mais la lecture est alors beaucoup plus lente qu'avec une douchette et, de plus, l'épuisement des batteries pose problème.

Bref, je comprenais que ces différentes innovations n'avaient rien résolu. L'obsession des grandes surfaces restait de fluidifier le passage à la caisse et elles continuaient à gérer les pics d'affluence en multipliant les temps partiels pour que le nombre de caisses ouvertes suive la courbe de fréquentation.

Villeneuve alla farfouiller en pestant dans un tiroir et revint triomphant avec une brochure en papier glacé portant, sur la couverture, « Turing Quick Shopping : la solution au problème du passage à la caisse ».

La brochure mettait en avant le savoir-faire de Turing Tech en matière de reconnaissance visuelle grâce aux dernières avancées de l'intelligence artificielle. Selon la brochure, le grand avantage de Quick Shopping était l'absence d'investissements physiques. Pas besoin d'équiper les caddies de caméras qui seraient vite vandalisées ni de faire travailler le client à la place des caissières.

Pour des raisons de sécurité liées à la recrudescence des vols, toutes les grandes surfaces étaient quadrillées par un réseau de caméras haute définition que Turing Tech proposait de coupler à une IA qui identifiait chaque client par reconnaissance faciale.

Chaque fois qu'un client mettait un produit dans son caddie, l'IA l'identifiait comme un geste d'achat, elle zoomait sur le produit pour l'identifier et le rajoutait au panier numérique. Un mouvement contraire avait l'effet inverse.

Le passage à la caisse ne nécessitait plus de sortir les produits un par un pour les scanner. Une fois l'identification du visage faite, le ticket de caisse comprenant la liste récapitulative des courses était imprimé. Un paiement déporté par smartphone était également possible, ainsi qu'une consultation en temps réel des courses via une application pour smartphone nommée Quick Shopping disponible aux formats iOS et Android.

Demaison avait modifié un algorithme de reconnaissance visuelle dénommé *Phase stretch transform* développé à Los Angeles par l'UCLA et utilisant un mode de calcul proche de la physique pour traiter les images et les informations et permettre aux ordinateurs de *voir* les gestes et les détails des objets normalement invisibles avec des techniques d'imagerie standard.

L'algorithme fonctionnait en effectuant une opération mathématique qui identifiait les contours des objets, puis détectait et extrayait un certain nombre d'informations permettant de les reconnaître. Il pouvait également améliorer les images floues et reconnaître la texture des objets.

— Un essai à échelle réelle est en cours au Deklerck de Levallois-Perret, dit Demaison, sans en informer les clients bien sûr, pour ne pas modifier leurs comportements d'achat ni leur gestuelle.

— Le client fait ses courses et paie normalement, continua Demaison, mais, après son passage à la caisse, les équipes de Deklerck comparent l'addition de la caissière, avec celle calculée par l'IA. Notre contrat autorise à ce stade un écart moyen de 0,5 % et un écart maximal de 2 %.

— Attention ! intervint Villeneuve, Gabriel-Bernard Deklerck attache beaucoup d'importance à notre absolue discrétion, il craint la réaction des syndicats. Sa position officielle est : « Le but n'est pas de supprimer des emplois, mais de mieux servir les clients pour augmenter la fidélisation. » Bien sûr, la réalité est un peu différente comme vous pouvez l'imaginer. Il tutoie tout le monde, mais ne vous y fiez pas. Il reste le *big boss*. En plus, ne jamais dire «caissière», mais «hôtesse de caisse». Il a l'air d'y tenir beaucoup.

Je ne pus m'empêcher de sourire. J'étais habitué: le secteur public n'avait pas non plus échappé à l'enflure des titres qui permettait de faire passer la baisse du pouvoir d'achat. Les attachés de recherche étaient ainsi devenus des chargés de recherche.

La réunion au siège de Deklerck était programmée pour le lendemain. Je passai l'après-midi à analyser l'architecture IA mise en place et ses résultats. Les premiers chiffres n'étaient pas de très bon augure et Villeneuve avait l'air inquiet. Tout ce que je lus confirma cette analyse: ce n'était guère encourageant. L'IA semblait défaillante, et les résultats très éloignés des objectifs.

Vers 17 heures, Letelier passa une tête dans mon bureau.

— Un café?

Dans le coin cafétéria aménagé dans la Halle, on devait un peu avoir l'air de vieux cons au milieu de tous ces jeunes *startupers* à queue-de-cheval qui venaient faire une pause.

Il glissa une pièce dans le distributeur de boissons chaudes et pressa la touche «Café long sucré». Je me souvenais avoir lu quelque part que, contrairement aux idées reçues, il y avait plus de caféine dans les cafés longs que dans les expressos. Mais était-ce le cas pour le café des machines? Rien n'était moins sûr.

Le gobelet tomba de travers et le liquide chaud commença à couler à côté pendant que Letelier manquait de se brûler en le redressant. Il attendit en vain le sucre, n'obtenant qu'une touillette devenue inutile, pendant qu'il râlait contre la maintenance des machines.

— L'histoire du groupe Deklerck est intéressante, dit-il quand il eut fini de pester contre l'entreprise gérant les machines, elle résume bien la transition d'une France de petits boutiquiers de centre-ville vers celle des centres commerciaux de périphérie.

Je pris une gorgée de café. Letelier donnait l'impression d'une force rassurante. Originaire d'un village proche de Caen, il était un pur produit de la méritocratie républicaine. Dans un sens, lui aussi ressemblait à cette France d'avant. Bien qu'il soit très fort techniquement, je crois qu'il n'aimait pas particulièrement les évolutions actuelles, cette *modernité* pour laquelle beaucoup d'entre nous éprouvaient un profond dégoût.

— C'est son père, Bernard Deklerck, qui a fondé le groupe à Cassel, dit-il en avalant son café avec une grimace, un épicier flamand réputé pour sa pingrerie légendaire. Puis le groupe s'est développé en suivant un modèle coopératif. Chaque Deklerck appartient à un indépendant qui adhère à la centrale d'achats et à l'association qui gère le groupement au niveau national. À l'époque, tout le monde pensait ce modèle condamné face à des mastodontes comme Carrefour, mais ils ont de la ressource, prenant même des parts de marché à la concurrence. Leur seul credo, c'est le discount, une véritable religion qui paie en période de crise.

— J'ai parfois l'impression que ça fait trente ans qu'on est en crise, dis-je avec un sourire résigné.

— Vous avez raison, on ne sait plus nommer les choses. Demain, le *big boss* en personne sera présent avec l'équipe qui suit le projet au siège, mais nous n'avons pas encore de réelles solutions aux problèmes de fiabilité ; alors, on va les laisser parler pour comprendre ce qui cloche. Et puis, nous mettre une volée de bois vert devrait les soulager un peu.

2

La masse minérale de la tour Deklerck nous attendait, imperturbable avec son grand hall de marbre noir plus vaste qu'une patinoire olympique, ses batteries d'ascenseurs chromés et ses paliers solennels. Un monde silencieux et feutré. *Que votre règne vienne, que votre volonté soit faite.*

Villeneuve s'est adressé à l'hôtesse de l'accueil avec un sourire inquiet. La cage hydraulique nous a gobés dans un bruit pneumatique avant de nous restituer avec la même fréquence sonore au sommet de la tour, là où j'imaginai qu'étaient installés les bureaux des Grands Bonzes.

Mon ami Richard m'avait expliqué que chez les primates arboricoles les dominants s'installent le plus souvent dans les branches supérieures des arbres pour asperger de leurs déjections les individus socialement plus bas dans la hiérarchie du groupe. Par rapport aux grands singes, les tours de bureaux constituaient un indéniable progrès.

La moquette épaisse et le bois clair confirmèrent mon intuition. L'hôtesse d'étage avait quelque chose de légèrement hautain dans le visage et, disons-le, une inflexion discrètement impérieuse dans la voix. Mais en même temps, elle était calme, posée, infiniment rassurante avec ses cheveux d'un blond de miel que je trouvais superbes.

Se sachant jolie, elle éprouvait un plaisir non dissimulé à mesurer les effets de sa plastique dans le regard des visiteurs, parmi lesquels probablement de nombreux fournisseurs de l'industrie agroalimentaire terrorisés à l'idée de devoir affronter un client si important capable de les déréférencer.

— Nous avons rendez-vous à 10 heures.

— Ils sont dans la salle de réunion de la direction, dit-elle.

Nous n'en menions pas large, Villeneuve, Letelier, Demaison et moi. Elle nous a précédés d'un pas assuré. Je ne pouvais m'empêcher d'admirer le galbe de ses jambes, la texture douce du bas avec la ligne légèrement plus sombre de la couture, l'adorable renflement du mollet au-dessus de la cheville nerveuse.

Elle nous fit entrer dans une salle de réunion équipée de micros. Les deux hommes déjà installés nous gratifièrent de poignées de main tièdes et nous échangeâmes des cartes de visite.

François-Xavier Verhaege, le directeur du réseau, avait la cinquantaine, costume sombre, lèvres fines. Les yeux morts, vitreux, les cheveux et la peau sans couleur. Son nez avançait au-dessus de ses dents comme celui d'un brochet.

Joël Benaroche, son adjoint, devait avoir quinze ans de moins, un type sec et tendineux comme un coup de trique, à l'agressivité étonnante. Son regard de pervers embusqué derrière des lunettes à fines montures métalliques le faisait ressembler à une sorte de coléoptère venimeux.

— Je vais chercher le président, dit l'assistante.

Pendant que Villeneuve échangeait avec les clients les politesses météorologiques d'usage, je me suis avancé jusqu'à la baie vitrée qui dominait tout l'Ouest parisien. En bas, la lente coulée de la Seine accrochait la lumière matinale, un intestin urbain à ciel ouvert charriant son mélange d'eaux usées, d'hydrocarbures, de capotes usagées, de mégots, de déjections canines. De sacs Deklerck aussi, ai-je pensé.

Le bruit de la porte me sortit de ma rêverie. Peau-de-pêche était de retour, avec un homme que je reconnus aussitôt tant il avait l'habitude de passer dans les médias avec son bronzage impeccable, son vaste front dégarni et son sourire permanent.

L'ambiance glaciale se réchauffa un peu. L'homme était d'apparence cordiale et accessible, mais je me doutais qu'il ne fallait pas s'y fier. On ne dirigeait pas un grand groupe de distribution en se comportant comme sœur Emmanuelle.

Tout le monde l'observait avec un respect mêlé de crainte. En baissant ses beaux yeux, l'assistante avait disposé sur la grande table ovale des verres de jus d'orange et un thermos de café.

Gabriel-Bernard Deklerck a sorti un cigare et l'a chauffé à la flamme d'un briquet en or, un peu comme on brûlerait le duvet d'une volaille morte. Puis, il tira une bouffée avec une expression de jouissance dans les yeux.

— Nous sommes toujours en phase d'expérimentation à Levallois, dit-il, le moins que l'on puisse dire, c'est que ça ne va pas du tout. FX, tu as les derniers chiffres ?

Le directeur du réseau esquissa un sourire sinistre.

— Mauvais, le mot est faible, dit-il sur un ton d'une brutalité glaçante, ça ne matche pas. Le taux d'erreurs atteint en moyenne 5 % et dépasse parfois les 10 %. Je ne vous cache pas qu'il va falloir très vite trouver une solution.

— Nous y travaillons, dit Villeneuve avec un sourire servile que je ne lui avais encore jamais vu, nous sommes justement ici pour trouver une solution technique.

Il esquissa de l'index un cercle qui devait, j'imagine, symboliser la communauté de projet qui unissait les participants à cette réunion. Il ventilait anormalement et une fine transpiration imprégnait sa peau. Il se tourna vers Letelier, réclamant visiblement de l'aide de la part justement des *techniciens*.

— Nous allons récupérer les bandes-vidéo pour voir ce qui cloche, décréta Letelier d'une voix dans laquelle je crus percevoir une hésitation inquiète, vos caméras sont bien toutes à haute définition ?

Verhaege eut un mouvement énervé.

— Nos modèles sont dernier cri, le problème ne vient pas des caméras, mais du fait que parfois un client en masque un autre en train de mettre un produit dans son caddie ou du fait que la tranche du produit ne permet pas au système de l'identifier correctement.

— Il faudrait peut-être modifier l'étiquetage ou le packaging ? avança imprudemment Demaison.

Un reflet brillant apparut dans les pupilles de Verhaege. Ses yeux étaient rétrécis dans leurs poches de chair, et une pensée terrible me vint à l'esprit : ces yeux étaient presque ceux d'un prédateur.

— Vous plaisantez, j'espère ? demanda-t-il d'une voix blanche, vous nous suggérez de MO-DI-FIER le packaging de 70 000 références juste parce que votre foutu système n'arrive pas à reconnaître les produits ?

Le regard que Villeneuve adressa à Demaison hésitait entre l'incrédulité et la pitié. Il lui disait : si c'est pour sortir ce genre de conneries, essaie plutôt de la boucler.

— Oubliez ça, dit Villeneuve en s'excusant d'un geste, c'est en effet une très mauvaise idée.

Ce désaveu, joint à l'expression de détresse qui se peignit sur le visage de Demaison, fit un peu redescendre la tension.

Deklerck tira une longue bouffée sur son cigare puis, d'un lent regard, observa chaque participant. Un félin économe de ses efforts. Je l'imaginais bien en *good cop* dans les négociations avec les fournisseurs où, bien sûr, Verhaege jouait avec un plaisir sadique celui du *bad cop*.

Quant à Benaroche, la mâchoire serrée, il semblait embusqué comme un *sniper* serbe sur les hauteurs de Sarajevo, une sorte de Laurent Baffie de la grande distribution attendant le bon moment pour décocher un trait mortel.

Letelier hocha la tête et reprit la parole.

— La plupart des clients achètent toujours les mêmes produits. On pourrait peut-être comparer les produits incertains avec l'historique des achats du client et extrapoler quand l'IA hésite entre deux références.

Gabriel-Bernard Deklerck posa son cigare dans le cendrier et se tourna vers lui, visiblement intéressé.

— Ce n'est pas une mauvaise idée, concéda-t-il, il est exact que la plupart des clients achètent toujours la même chose à un point presque effrayant. Une fois le client identifié, on pourrait retracer ses achats passés et même lui proposer des promos flash en temps réel quand il passe devant un rayon. Sauf qu'il y a un problème.

— Quel problème? demanda Villeneuve, qui avait semblé un instant soulagé de tenir, ne serait-ce qu'un début de solution.

— Ça ne fonctionne que pour ceux qui s'enregistrent avec l'application pour smartphone. Dans le cas contraire, Quick Shopping identifie le caddie avec les éléments biométriques du visage du client. La CNIL nous interdit de conserver l'historique sans accord du client. Il n'existe alors aucun moyen de connaître son identité, son historique ou ses tics de consommation.

Verhaege esquissa un léger rictus qui sentait le début d'orgasme. Quant à Benaroche, il attendait clairement la mise à mort.

— Puis-je suggérer une autre piste? fis-je prudemment en regardant Villeneuve et Letelier pour obtenir leur accord.

Tous les deux semblèrent soulagés que je sorte du bois. D'un bref coup d'œil, Deklerck jaugea ce nouveau venu qui n'avait encore rien dit.

— Les caméras sont implantées de manière très dense, n'est-ce pas?

— Exact, confirma Verhaege en me regardant comme s'il s'adressait à un être un peu demeuré, pourquoi?

— L'algorithme de l'IA ne détecte que l'acte de mettre ou de retirer un objet du caddie, n'est-ce pas? demandai-je en me tournant vers Demaison.

— Oui, l'algorithme détecte le mouvement par rapport au caddie. Afin de reconnaître une action, le système exploite un ensemble de prototypes par une technique de réduction de dimensionnalité MDS, à partir de deux points de vue différents dans la séquence d'images. Ce système sur la base d'actions humaines donne des résultats intéressants. Entre les caméras qui détectent le même mouvement au même moment, le logiciel va choisir l'image la plus nette pour la découper, l'analyser, l'identifier et mettre à jour la liste de courses et le ticket de caisse.

Benaroche jeta à Demaison un regard exaspéré, crispant ses mains jusqu'à ce que ses phalanges blêmissent.

— Je ne vois pas où vous voulez en venir, en quoi, ce charabia de geek nous permet-il de résoudre les erreurs et les omissions?

Je sentis que Villeneuve avait une formidable envie de répliquer, mais il resta silencieux en serrant les dents. Il était assez fin politique pour savoir quand il valait mieux la fermer.

Gabriel-Bernard Deklerck, les yeux mi-clos comme un chat assoupi, observait tout cela en silence en tirant calmement sur son cigare.

— Ce charabia, dis-je, permet de réaliser que les caméras sont sous-utilisées, elles pourraient nous fournir beaucoup plus d'informations.

Tout le monde me fixait avec perplexité. Gabriel-Bernard Deklerck, le cigare dans la main, fit un léger mouvement pour m'encourager à continuer.

— Selon Nielsen, le panier moyen est un peu inférieur à 40 euros...

— 39,75 exactement, me coupa Verhaege, les lèvres étirées sur un rictus, pour démontrer qu'autour de la table il était le seul et unique détenteur des textes sacrés en matière de caddie moyen.

Villeneuve le considéra, puis détourna les yeux. Dans son regard, je crus voir passer une brève expression de dégoût.

— Mettons, dis-je calmement, 39,75, soit environ 30 références.

— Exact, confirma Verhaege qui se tenait droit comme un I et me dévisageait froidement.

— Donc, sur une demi-heure de course, nous utilisons en moyenne environ 30 images, c'est très peu. Nous pourrions concevoir des contrôles sur le stock quand un caddie passe devant les caméras. Une sorte de contrôle visuel où l'IA fait la liste des produits présents dans le caddie. En cas d'erreur ou d'omission, elle procéderait immédiatement à une correction.

— Je vois, mais pour les produits qui sont au fond du caddie vous faites comment ? objecta Benaroche avec un mauvais sourire qui, loin d'éclairer son visage, l'assombrissait encore plus.

Je me rendais compte que mon cœur battait un peu trop fort.

— Ils ne sont pas immédiatement *enfouis* au fond. Si les contrôles intermédiaires sont suffisamment fréquents, la correction des erreurs en temps réel devrait résoudre le problème.

Benaroche me fixa en continuant à sourire légèrement. Puis, telle une pythie, Gabriel-Bernard Deklerck exhala une longue bouffée. J'avais remarqué lors de ses apparitions télévisées qu'il se teignait en noir corbeau, mais, pour la première fois, je remarquai qu'il avait dû se faire faire des implants capillaires. Il resta un moment pensif. Personne n'osait rompre ce silence. Puis, il prononça ces mots : « Ce n'est pas parce qu'on s'est plantés qu'il faut arrêter d'essayer. Les choses échouent jusqu'à ce qu'elles réussissent. »

Personne ne savait trop que dire. Une mélodie évoquant vaguement le générique de *Mission impossible* rompit ce silence qui devenait gênant. Gabriel-Bernard Deklerck sortit son iPhone ; il hésita un court instant avant de se résoudre à décrocher en soupirant, puis il se leva et partit s'isoler dans un coin pour parler à voix basse.

Nous comprîmes qu'il n'avait plus le cœur à discuter quand, d'un signe de la main, il nous signifia que la réunion était terminée.

3

En sortant, Villeneuve nous entraîna dans le centre commercial des Quatre-Temps pour ce qu'il nommait un *débriefing à chaud*. Les immeubles de bureau commençaient à se vider pour le déjeuner, déversant sur la dalle grouillante des bandes de secrétaires sournoises et de cadres moyens, une foule avide et pressée de consommer se répandait dans les allées.

Il choisit la *Cantine beyrouthine*. Le nom fit aussitôt apparaître dans ma mémoire le visage de la chanteuse libanaise croisée l'autre soir chez *George*. Il commanda d'autorité deux grandes assiettes de mezzes et un Château Kefraya avant de me remercier pour mon intervention :

— Benaroche est un authentique connard, mais vous lui avez bien cloué le bec, dit-il en se servant un grand verre de vin.

— Ce n'était pas le but, j'ai juste eu l'idée en repensant à mes courses. Je me promène sous les caméras et celles-ci ont de nombreuses fois la possibilité d'enregistrer ce que j'ai mis dans mon panier.

— En tout cas, vous avez eu une sacrée intuition en proposant cette solution. Vraiment remarquable.

Il leva son verre et en but une gorgée, ou plutôt une bonne lampée. J'eus un petit mouvement d'épaules ; flatté, je crois, et fier de ce premier succès.

— Concrètement, on fait comment ? continua Villeneuve.

J'avais remarqué qu'il buvait verre sur verre avant même l'arrivée des mezzes. J'ai regardé Demaison et Letelier. Je n'avais aucune envie de leur voler la vedette, mais Letelier me fit signe d'y aller.

— Chaque fois qu'un caddie passe devant une caméra et qu'il n'a pas été contrôlé depuis, disons, deux minutes, une image est envoyée au système pour un contrôle. On pourra toujours modifier le paramétrage du temps si nous nous apercevons que c'est trop ou pas assez fréquent et ensuite...

— Bon, d'accord, me coupa Villeneuve en se tournant vers Letelier, et on peut faire ça assez vite ?

Letelier contempla un moment, pensif, les deux grandes assiettes de mezzes que le serveur venait de déposer sur la table.

— Nous avons déjà les algorithmes de reconnaissance visuelle, il faut intégrer un module de contrôle en demandant au système de faire un recensement du stock à intervalles réguliers. Ensuite, on installe le patch et on procède à la phase de tests à Levallois. Je dirais une semaine, avança Letelier en regardant son chef de projet.

Laurent Demaison avala son falafel avec une grimace. Il avait accusé le coup, mais Letelier vint à sa rescousse en corrigeant.

— Bon, mettons plutôt dix jours.

Villeneuve vida son verre de vin en disant : « Va pour dix jours ! »

Il avait incontestablement une bonne descente. Nous étions tous conscients que la lame d'une guillotine plus effilée qu'un rasoir était suspendue au-dessus de nos têtes. Plus j'y pensais, plus j'étais convaincu que c'est de moi, et de moi seul, qu'allait dépendre la suite des événements.

En théorie des probabilités, un événement est un certain sous-ensemble de l'univers défini par une proposition. Dans notre cas, cette proposition était assez simple : soit l'algorithme devenait plus fiable et Turing Technologies passait la vitesse supérieure, soit le taux d'erreurs restait supérieur à celui du contrat et la survie de l'entreprise était menacée.

~

Une fois de retour à la Halle numérique, nous avons commencé à modifier le logiciel testé à Levallois pour lui adjoindre un patch de contrôle. Le plus simple était de partir d'images donnant une vue complète d'un caddie. L'image était ensuite décomposée en objets, puis comparée avec l'index des courses. Un correctif intervenait alors si cela était nécessaire.

Nous étions tous conscients que la réussite ou l'échec de ce projet allait déterminer l'avenir de Turing Tech. Ce fut une intense période de travail. Pas une seule fois au cours de cette semaine éprouvante, notre détermination ne faiblit. Un mois plus tôt, je n'aurais pas imaginé éprouver ce sentiment d'appartenance à une autre équipe que celle de mon laboratoire. L'esprit humain se révélait capable d'une étonnante plasticité dans ses attachements.

Une fois le système modifié, toute l'équipe fut mobilisée pour les premiers tests. Un programmeur énorme, surnommé « la Baleine », s'occupait de l'algorithme de choix entre les meilleures images. Nous avions fait des courses au Monoprix du boulevard Vincent-Auriol pour évaluer la performance de la reconnaissance visuelle dans différentes situations.

Je rentrais très tard le soir et le plus souvent en taxi. Il fallait reconnaître que le service s'était bien amélioré avec l'arrivée des VTC. Quoi qu'en disent les tenants de l'économie administrée, la concurrence restait le meilleur moyen d'accroître le rapport qualité-prix d'un bien ou d'un service.

Je ne supportais plus ma ligne de métro, surtout le soir. Il y avait bien quelques rares voyageurs dans les wagons, quelques piétons pressés près de la station Stalingrad, mais j'avais surtout l'impression d'errer dans une de ces villes portuaires nées dans l'imagination de Howard Lovecraft, le genre de cité capable d'engendrer des monstruosités aux noms imprononçables.

La rue de Tanger était généralement déserte quand le taxi s'immobilisait devant l'entrée de mon immeuble. Le plus pénible, ce n'était pas le voisinage – on s'habitue à ce genre de choses –, mais la mauvaise isolation thermique de mon logement. Si je laissais le chauffage électrique allumé, les notes d'électricité s'envolaient, alors je coupais le chauffage chaque matin en partant travailler et je retrouvais en hiver une température si basse le soir que j'aurais pu facilement garder des aliments sans frigidaire.

Généralement, je décongelais des nouilles sautées aux crevettes ou un riz cantonais avant de dîner devant une chaîne d'information en continu sans quitter l'écran des yeux.

Le matin, j'avalais un expresso vite fait après la douche, et je filais rejoindre la cohue qui s'entassait dans le métro, le visage gonflé de sommeil. Quel que soit le bout de la journée par lequel on la prenait, la station Stalingrad ressemblait de plus en plus à une cour des Miracles.

Pendant cette période, mes anciens collègues de Jussieu me proposèrent de déjeuner ensemble, mais je déclinai en raison de ma charge de travail et de mon épuisement. Une fois le logiciel prêt, nous prévînmes Benaroche que nous passerions un soir après la fermeture modifier le système à Levallois et effectuer de nouveaux tests. Une caissière avait été réquisitionnée, ainsi qu'un informaticien du groupe Deklerck : un type qui me faisait un peu penser à un garçon boucher avec ses lèvres épaisses et de gros yeux à fleur de tête.

Sa présence n'était pas vraiment indispensable, Demaison connaissait le système et les mots de passe. Je crois qu'en réalité il était juste là pour s'assurer que nous ne commettions aucun dégât logiciel sur le système existant.

Le centre Deklerck choisi pour les test était situé dans un centre commercial assez laid nommé So Ouest implanté près de la porte d'Asnières. Nous sommes arrivés un peu avant la fermeture du magasin prévue à 21 heures. L'informaticien nous donna les derniers résultats avec la première version du logiciel. Le taux d'erreurs s'était stabilisé à un niveau élevé. Pour la dernière semaine, il se situait en moyenne à 4,8 % avec des pointes à plus de 11 %. Les mêmes causes produisant les mêmes effets, aucune amélioration n'était perceptible.

Nous avons installé les patchs testés à la Halle numérique. Une fois le magasin vide, l'informaticien de l'hyper, Demaison et moi, nous avions chacun pris un caddie pour commencer à faire nos courses.

J'essayais systématiquement de tourner le dos à la caméra la plus proche pour rendre les choses plus difficiles pour l'algorithme de reconnaissance visuelle, j'empilais les produits n'importe comment dans mon caddie, veillant à recouvrir les plus petits par d'autres, plus volumineux.

Une fois le caddie plein à ras bord, je me rendis à la caisse laissée ouverte pour les tests. La caissière de permanence passa les articles avec une dextérité impressionnante et le ticket de caisse indiqua 345,23 euros contre 342,41 euros calculé par l'IA s'affichant sur mon application portable.

L'écart était donc de 2,82 euros, il fut facile d'en retrouver l'origine. Elle était due à un paquet de piles alcalines placé au fond du caddie et que j'avais volontairement saisi à pleines mains pour rendre son identification difficile.

Les caddies de Demaison et de l'informaticien furent exacts au centime près. Le taux cumulé d'erreurs était donc de 2,82 euros sur plus de 1 000 euros de tickets de caisse, soit 0,282 %.

Nous étions en ligne avec les contrats. Cependant, je me demandais s'il n'était pas possible de faire mieux. Je suggérai à l'informaticien d'ajouter en connexion wi-fi une caméra au niveau de la caisse filmant le caddie de côté. Puis, Demaison lança un test de contrôle sur mon caddie et l'application détecta le paquet de piles au milieu des courses, corrigeant immédiatement son erreur passée. Avec une seconde caméra de l'autre côté, un peu en dessous, j'étais très confiant dans notre capacité de pouvoir atteindre un taux de réussite de 100 %.

Le lendemain en fin de journée, nous étions de retour à Levallois. Nous attendions avec nervosité que l'informaticien nous sorte la totalité des listings de la journée, soit 2 143 passages à la caisse. Après comparaison, il s'avéra qu'une seule erreur avait été commise sur un passage à la caisse effectué à 16 h 52.

Après recherche des images concernant le caddie fautif, nous vîmes immédiatement en remontant l'historique que la cliente avait déposé dans son caddie une bouteille d'eau à moitié vide achetée à l'extérieur et que l'IA avait considéré ce produit comme faisant partie intégrale de ses courses.

— Putain ! zéro défaut ! s'écria Demaison, les poings serrés.

Nous abordâmes la réunion suivante à la tour du groupement Deklerck sans appréhension et avec un sentiment de triomphe grandissant. Nous pressentions que ce succès en appelait de nombreux autres, ne serait-ce que dans le vaste secteur de la distribution. Nous possédions enfin une martingale fonctionnelle *dans la vraie vie*, comme disait Villeneuve.

Verhaege et Benaroche avaient adopté des sourires patients et venimeux qu'ils devaient prendre pour une forme de bienveillance. Impatient d'*aborder la suite*, Gabriel-Bernard Deklerck nous invita dans un excellent restaurant de fruits de mer de l'île de la Jatte sans ses deux porte-flingues. En nous quittant, Verhaege me serra la main en disant :

— J'espère que vous avez compris que c'était juste du business et que tout cela n'avait rien de personnel.

J'ai hoché la tête. Je comprenais qu'ici comme ailleurs la réussite excusait tout.

Si le duo Verhaege et Benaroche n'était pas convié, Lena Lartigue, qui dirigeait la communication du groupe, s'était jointe à nous pour le déjeuner. Deklerck était d'humeur joyeuse et il commanda le meilleur vin sur la carte, sans s'inquiéter du prix ou du cru.

— Le contrat initial prévoit le déploiement dans cinquante centres dans les trois mois, n'est-ce pas ? demanda-t-il en se tournant vers Villeneuve et en posant sa main sur son avant-bras.

— Exactement, répondit Villeneuve, ce qui sera difficile à mettre en place.

— Une caissière me revient à plus de 3 000 euros par mois, continua Deklerck, et une caisse en libre-service coûte 20 000 euros, sans compter la place perdue pour les linéaires ni les files d'attente qui gênent la fluidité de la circulation. Mon objectif, c'est que très vite les clients ne passent plus à la caisse.

— Il faudra quand même laisser à la clientèle le temps de s'habituer, et à nos équipes de fiabiliser le système en conditions réelles, objecta Villeneuve pour calmer les ardeurs de l'homme d'affaires.

Gabriel-Bernard Deklerck posa son verre de vin ; il jeta un bref regard à droite et à gauche, peut-être pour le cas où il y aurait aux tables voisines des espions inféodés à des distributeurs rivaux.

— Les clients qui continueront à passer à la caisse recevront leur ticket de caisse numérique dans la file d'attente, ils vont vite constater l'absence d'écart avec Quick Shopping. Et si l'adoption s'avère trop lente, nous accorderons une remise exceptionnelle aux premiers *early adopters*.

Puis l'entrepreneur posa ses couverts et se tut. Son regard pensif flotta un instant entre les tables, avant de revenir sur son verre.

— Un hyper, c'est en moyenne 4 millions de charges salariales, dont les trois quarts pour les équipes de caisse, grimaça-t-il, alors je vais être cash avec vous. Le parc total du groupe est de 670 magasins et je souhaite *accélérer le mouvement*.

Villeneuve accusa le coup. Je vis qu'il venait de liquider le fond de son verre ; je savais aussi qu'il venait d'estimer le montant d'un tel contrat. Mais même un partisan comme lui de « l'intendance suivra » savait que Turing n'avait tout simplement pas les équipes pour un déploiement à cette échelle.

Mais Deklerck revint à la charge avec une expression de calme détermination sur le visage.

— Deklerck, ce n'est pas seulement les prix bas. N'importe quel spécialiste vous dira que nous sommes surtout des innovateurs : c'est nous qui avons lancé les agences de voyages discount en hyper, les « Manèges à bijoux », l'optique à prix cassés. Deklerck, c'est le Graal de la distribution. Nous en sommes immensément fiers, et c'est pour cela qu'on va lancer dès le mois prochain Quick Shopping en grande pompe.

— Dès le mois prochain ? répéta Villeneuve pétrifié.

L'homme d'affaires ne releva pas, il se tourna vers nous avec un sourire.

— À cette occasion, Lena a trouvé un fabuleux slogan qui résume non seulement le produit, mais toute la philosophie du groupe dans une formule simple, élégante et pertinente.

— Lena, dit-il en jetant à la jeune femme un regard plein d'attente, hochant la tête pour l'encourager, allez-y, dites-leur.

La directrice de la communication baissa les yeux avec un sourire gêné.

— En fait, ce n'est pas si extraordinaire. Il n'y a que Gabriel-Bernard qui soit emballé... Bon, alors voilà.

Elle ferma les yeux, prit une profonde inspiration et dit :

— AVEC DEKLERCK, NE PASSEZ PLUS À LA CAISSE !

Il y a eu un silence. Nous sommes restés là, assis, interdits, sans trop savoir comment réagir.

— C'est bon, excellent même, finit par lâcher Villeneuve, j'aime beaucoup, j'adore. Franchement ! Ça ne manque pas de... je ne sais pas quoi au juste...

Deklerck s'était carré dans son fauteuil en tendant les mains devant lui ; un sourire d'extrême fierté illuminait son visage bonhomme.

— Simple, non ? Mais beau dans sa simplicité. Pourquoi faire compliqué ? Ce qu'il faut que vous compreniez, c'est qu'on a déjà une marque formidable, alors avec un slogan puissant... Forcément. C'est le boulot de Lena de se saisir du concept.

— De trouver un *gimmick*, quoi, dit Villeneuve.

— Humm... grimaça l'entrepreneur, le mot ne m'emballe pas.

— Moi non plus, se défendit Lena, je préfère le terme d'accroche, ou à la rigueur de slogan.

— Dans un contexte économique moins tendu, ça suffirait, nota Deklerck, mais vu la conjoncture, il nous faut autre chose. Pour le grand public, un supermarché reste un supermarché. Un lieu utile, certes, mais quand même, ça ne les passionne pas...

Il avait prononcé ces mots avec un soupçon de regret dans la voix.

— Si on veut les intéresser, il faut *produire du récit*, ajouta Lena Lartigue.

— Exactement, Lena, l'IA doit les intriguer. Pour cela, il faut aller vite et frapper fort. Je vous concède que les prix ont été tirés dans le premier contrat. Une habitude de vieux pirate...

Il rit pour lui-même, et tout le monde se mit à rire à sa repartie, mais d'un rire nerveux, tout en continuant à l'observer.

— J'accepte d'être plus conciliant sur les prix pour accélérer le déploiement, dit-il en se tournant vers Villeneuve, et je vais vous faire une offre que vous ne pourrez pas refuser en relevant de 20 % le tarif par hypermarché si tout est en place d'ici six mois.

À ces mots, je sentis la détermination de Villeneuve vaciller. Même à 250 000 euros par magasin, il ne fallait pas être un médaillé Fields pour comprendre que rien qu'avec les salaires il suffisait que sept postes soient supprimés par hyper pour que l'installation soit rentable dès la première année. Turing et Deklerck allaient gagner beaucoup d'argent ; de fait, les seules véritables perdantes seraient les hôtesses de caisse.

— J'ai de bonnes raisons de penser que rapidement un quart des achats se fera via Quick Shopping, ce qui économisera près d'un million d'euros par an si l'effectif suit. De plus, supprimer l'attente à la caisse est un argument décisif pour prendre des parts de marché à la concurrence.

Nous étions silencieux, conscients que nos équipes étaient insuffisantes.

— Dans le contexte actuel d'érosion du pouvoir d'achat, c'est la guerre entre les enseignes, ajouta-t-il en pressant le manche de son couteau à viande, ceux qui ne le comprennent pas n'ont rien compris.

Le contrat de groupe fut signé la semaine suivante, ce qui provoqua la fureur rentrée de Letelier qui devinait que nos équipes seraient vite débordées par de multiples missions de Perpignan à Lille en passant par Brest et Strasbourg.

Deklerck exigea une clause de confidentialité en béton pour éviter des fuites pouvant alerter les syndicats et provoquer des réactions hostiles. Avec Quick Shopping, ce n'était plus une simple érosion des effectifs de caissières qui se profilait, mais la pure et simple disparition de ce métier d'ici cinq ans.

Pour Turing Tech, le contrat se chiffrait à un total de 167 millions d'euros. Je dus relire deux fois le montant. Ce jour-là, nous comprîmes tous qu'un stade venait d'être franchi.

Laurent Demaison m'apprit que nous n'étions plus une start-up, mais une *scale-up*, c'est-à-dire une entreprise dont le principal challenge n'est plus de rechercher un *business model* viable, mais de croître afin d'exploiter ce modèle économique à une plus vaste échelle.

Plus sérieusement, nous avions désormais les moyens de faire de grandes choses et de passer à la vitesse supérieure. Nous ne manquions pas d'idées et les IA semblaient ouvrir à Turing des perspectives infinies.

4

Dans l'immédiat, l'urgence était de recruter. Villeneuve décida de créer une nouvelle structure affectée à l'exploitation : Turing Services assurerait l'installation et la maintenance de nos solutions IA. La Baleine fut nommé pour s'en occuper. Je crois qu'il vécut cela comme une rétrogradation.

Un chasseur de têtes fut mandaté pour nous trouver rapidement plusieurs dizaines de jeunes ingénieurs qui se consacreraient uniquement à l'installation de nos solutions d'IA en commençant par le groupe Deklerck.

Turing Technologies venait de changer d'échelle. Je réalisai soudain que la course à la digitalisation allait se traduire par un profond rajeunissement du management de la plupart des entreprises et, symétriquement, par une obsolescence rapide des anciens cadres dirigeants. C'était peut-être la principale raison de l'hostilité de Verhaege et Benaroche envers Quick Shopping. Avec les IA, le pouvoir passait brutalement de ceux qui commandent aux hommes à ceux qui commandent aux machines.

Nous souhaitions tous faire une pause dans la prospection commerciale afin de nous consacrer à temps plein à la mise en place du contrat Deklerck. C'était mal connaître Villeneuve dont l'appétit avait été aiguisé par ce succès. Dès la semaine suivante, alors que nous commencions à peine à recruter pour Turing

Services, il était déjà en train d'organiser de nouveaux rendez-vous avec le ministère des Solidarités et Pôle emploi. Il voyait les choses en grand. C'était sa nature.

— Le gouvernement a fixé une feuille de route à chaque ministère et notamment à celui des Affaires sociales – rebaptisé ministère des Solidarités, m'expliqua-t-il en tapant fébrilement de l'ongle sur son bureau.

Changer le nom des ministères semblait le passe-temps favori de tout nouveau gouvernement. Je me souvenais avec délice du ministère du Temps libre, de ceux de l'Identité nationale et du Redressement productif. Quand on ne peut changer la réalité, on peut au moins changer la sémantique.

— Leur priorité est d'accélérer la lutte contre la fraude, dit-il, nous les voyons avenue Duquesne demain à 10 heures.

Je pressentais vaguement que la réunion allait prendre toute la matinée. De notre côté, nous ne serions que deux. Letelier avait des entretiens à la chaîne avec des candidats que nous devions recruter en urgence pour Turing Services.

Côté ministère, ils étaient quatre. Je devais apprendre plus tard que c'était un chiffre inhabituellement bas pour une administration centrale présentée par Villeneuve comme une *immense armée mexicaine* où les conflits permanents entre directions obligeaient le cabinet du ministre à ouvrir les réunions à un large nombre de participants dans un louable souci de *consensus*.

La réunion était présidée par un jeune homme dont les yeux de myope papillotaient en permanence derrière de petites lunettes rondes. Son assurance, excessive pour son âge, me faisait penser que Romain Gallois devait probablement être énarque.

Il semblait s'être donné pour mission d'incarner le rôle du jeune cadre dynamique appliquant au public toute la *rigueur managériale* du privé. Bref, un saint-simonien pur jus que l'on sentait pressé de se mettre en marche, réfléchissant déjà à son prochain poste en cabinet ministériel.

Le deuxième participant, Didier Vergne, avait la bonne cinquantaine ; il sentait la sueur et le cheveu gras. Son collier de barbe d'instituteur socialiste, son embonpoint marqué et sa calvitie lui donnaient un petit côté Robert Hue, et Villeneuve le surnomma «le Nain de jardin». Je compris assez vite qu'issu du monde syndical Vergne était attaché aux *instances paritaires* et semblait s'être autoproclamé le défenseur du *modèle social à la française*.

Je sentis rapidement que le syndicaliste ne nous portait pas dans son cœur. Turing Technologies devait être pour lui l'obscène incarnation du patronat, voire du MEDEF, une entité maléfique du grand capital venue *se faire du fric* sur le dos des petits allocataires. Dans un autre espace-temps, il s'en serait fallu de peu pour que le commissaire politique Vergne nous envoie, Villeneuve et moi, croupir dans un camp de zeks au fin fond de la Yakoutie soviétique.

La troisième personne, une femme effacée dont le nom m'avait échappé, avait la tête menue et la peau triste et squameuse d'une tortue. Avec une application scolaire, elle prenait consciencieusement des notes aux moments les plus incongrus de nos échanges, me rappelant en cela certains étudiants de Paris VI qui se rassuraient en grattant un maximum de feuillets A4.

J'en concluais qu'elle avait essentiellement un rôle de *reporting* auprès d'une instance mystérieuse que nous n'aurions pas la chance de croiser aujourd'hui – ni plus tard d'ailleurs – et qui n'interviendrait en aucune façon dans le processus décisionnel.

Le dernier participant avait la quarantaine, une timide tête de lapin, la poignée de main molle et les paupières tombantes. Il avait à peu près autant de charisme qu'une serpillière mouillée. Un être pâle et éteint qui tentait vainement de masquer sa calvitie galopante en ramenant le peu de cheveux qui lui restaient vers le centre dégarni de son crâne. Une tâche ardue tant ceux qui restaient poussaient en touffes apathiques qui faisaient un peu pitié.

Nous comprîmes rapidement à son langage truffé de termes techniques et d'acronymes obscurs qu'il était le représentant de la DSI: la Direction des systèmes d'information. Bref, que c'était *l'informaticien de l'équipe*: celui qui nous dirait ce qui était techniquement possible, mais également celui qui pourrait mettre son veto technique à notre approche.

Après quelques minutes d'échange, il me sembla tout à fait possible de s'en faire un allié, comme me le confirma l'hostilité manifeste de Vergne à son égard. Le syndicaliste traitait avec condescendance les aspects techniques, les qualifiant indifféremment, selon son humeur du moment, de *tuyaux* ou de *simple plomberie*, signifiant, par ces termes, que l'informatique n'était même pas digne de son mépris.

Tout déploiement d'un nouveau système informatique allait donner à la DSI de la visibilité et du pouvoir. Cela sans trop de travail. En effet, c'est Turing qui allait développer les algorithmes d'intelligence artificielle. Villeneuve eut le même sentiment, et cela me fut confirmé par les regards complices que l'informaticien nous adressait lorsqu'il employait avec gourmandise des termes comme algorithmes, tables clustérisées ou bases de données indexées.

D'entrée de jeu, Vergne exerça son pouvoir de nuisance, affirmant sur un ton péremptoire :

— La fraude aux prestations est *un problème mineur* comparée à celle, massive, des grands groupes comme Google ou Apple.

Google et Apple, que visiblement il ne portait pas dans son cœur, semblaient obsessionnels chez lui. Villeneuve me lança un regard exaspéré dans lequel je pouvais lire : mais qui nous a mis ce connard dans les pattes ?

Nous étions cependant conscients que le ministère était une structure administrative consensuelle dans laquelle personne ne serait sanctionné pour *ne pas avoir fait* quelque chose, surtout en cas d'absence de consensus.

Par contre, lancer un appel d'offres, prévoir la signature des contrats, leur mise en place, organiser les évaluations ultérieures, exposeraient les fonctionnaires du ministère à d'infinis tracas – et même à certains risques – pour des récompenses minces, voire nulles. Une telle asymétrie ne favorisait pas les initiatives ; elle expliquait d'ailleurs largement le considérable retard observé dans la modernisation des administrations publiques.

Dans ce contexte, nous savions que toute absence de consensus constituerait pour les fonctionnaires un excellent alibi pour ne rien faire et s'épargner ainsi de nombreux soucis. Nous devions donc désamorcer les attaques incessantes et l'ironie sarcastique que le barbu déployait à chacune de nos interventions.

— Turing aussi est très attachée au paritarisme, se défendit Villeneuve, mais si la fraude aux prestations sociales n'est pas un problème, je ne vois pas ce que nous faisons tous ici, puisque c'est l'objet de la réunion, me semble-t-il.

Didier Vergne encaissa le coup en se tassant sur sa chaise.

— D'ailleurs, ajouta Villeneuve, c'est une des priorités du quinquennat. Qui pourrait vouloir défendre une minorité qui abuse des systèmes de solidarités ?

L'acquiescement énergique de Gallois nous confirma que lui aussi avait des soucis avec Grincheux. Ces deux-là avaient d'ailleurs l'air de bien se connaître.

— Nous savons que tout le monde ne partage pas notre position, reconnut Villeneuve en baissant les yeux, nous respectons leur point de vue, mais nous insistons pour nous en tenir à l'agenda fixé.

Vergne avait esquissé un sourire en forme de rictus, suggérant qu'il n'était pas dupe de nos ronds de jambe. L'autre manière de le déstabiliser était de donner une tournure technique à la réunion. Incapable de sortir de *grandes idées de principe* plutôt fumeuses pour aborder des aspects concrets, comme des objectifs, une tarification ou même la gestion d'un simple calendrier, le syndicaliste semblait en perdition dès que nous parlions de *choses concrètes*. Il perdait alors de sa superbe, en rabattait de son arrogance avec, sur le visage, une expression de profond malaise qui le réduisait au silence.

Tel un régional de l'étape pendant le Tour de France, il tenta malgré tout quelques audacieuses échappées, toujours sur des questions de principe, insistant sur le *respect de la déontologie* qui était décidément son grand dada.

Ce fut notamment le cas lorsque j'entrepris d'expliquer que l'algorithme apprendrait à partir des cas réels de fraude à détecter des *profils similaires*. D'instinct, Vergne sentit une belle ouverture et me coupa la parole :

— Votre système va contribuer à *stigmatiser certains publics* et à accroître des discriminations déjà trop nombreuses, dit-il avec une indignation surjouée.

Nous avions tous décodé ce que recouvrait ce terme sémantique. Blême, le jeune énarque passa le revers de sa main sur son front soudain mouillé de sueur.

L'idéologie du vivre-ensemble était trop fragile pour supporter la moindre critique. Toute contestation de ses dogmes était impitoyablement sanctionnée par la mort sociale immédiate. Une politique du bouc émissaire censée maintenir l'équilibre instable du corps social.

Personne n'ignorait que dans la grande arène moderne il suffisait qu'un individu ou une entreprise soient soupçonnés de *racisme ou de xénophobie* pour que cette formule magique paralyse les intervenants, les transformant instantanément en statue de sel à l'instar de la femme de Loth.

J'intervins alors pour éteindre le doute qui menaçait.

— Un algorithme n'est pas un esprit humain menacé par une quelconque dérive raciste ou sexiste, précisai-je. Au contraire, il échappe aux influences idéologiques et aux biais cognitifs qui lui interdiraient d'agir de manière rationnelle. L'erreur est humaine, et il n'y a pas moins raciste qu'une IA puisque celle-ci se base uniquement sur la réalité passée pour infléchir les contrôles futurs et les rendre plus efficaces.

— Ne faites pas semblant de ne pas comprendre, les *jeunes des quartiers* seront les premiers contrôlés, décréta Robert Hue le regard fiévreux.

Je n'ignorais pas que dans la novlangue moderne, le terme générique servait à désigner les formes les plus négatives d'un objet. Au lieu de délinquants, on parlait de *jeunes*. Au lieu de zones de forte insécurité, on parlait *des quartiers*.

— Pas forcément, dis-je, le système peut également parvenir à la conclusion inverse et démontrer que le critère socio-ethnique n'est pas pertinent pour orienter les contrôles. Si l'algorithme constate que les pêcheurs à la ligne sont plus fraudeurs que les joueurs de pétanque, il intégrera aussitôt cet élément dans son analyse. De plus, des paramètres individuels seront aussi pris en compte comme le casier judiciaire, le niveau d'études, le parcours passé.

Gallois, légèrement agacé par cette nouvelle interruption, se tourna vers le syndicaliste avec un visage d'un calme inquiétant :

— Tu as raison, Didier, d'affirmer tes valeurs et de dire les choses comme tu les sens, mais permets-moi juste de te rappeler que certains points ont déjà été arbitrés en haut lieu.

Manière peu élégante de rappeler à Grincheux qu'il avait été exclu des arbitrages réalisés en haut lieu. Puis, Gallois m'adressa un regard mortifié.

Au cours de la matinée, un mystérieux personnage passa la tête dans le bureau lâchant un « Tout se passe bien ? » qui lui donnait un rôle de divinité tutélaire et bienveillante sur notre modeste réunion.

Depuis le pas de la porte, apercevant Villeneuve et Gallois, il leur adressa un petit signe de la main, puis articulant sans émettre de son, il mima un geste leur demandant de passer le voir après la réunion.

La posture soumise des participants me confirma que ce *deus ex machina* fixant de mystérieux rendez-vous aux membres les plus éminents de cette assemblée était un auguste personnage du ministère.

Aussitôt, ce dieu lare disparu, le Nain de jardin repartait à l'offensive avec une constance obstinée qui aurait pu forcer le respect s'il n'était pas continuellement *à côté de la plaque*. Personne ne relevait plus ses objections. Les silences se prolongeaient jusqu'à en devenir gênants, les participants adoptant alors une tactique de surdité sélective.

C'est finalement le jeune énarque qui regarda sa montre en soufflant d'un air plutôt énervé. Il s'était écoulé plus de deux heures depuis le début de la réunion et il fallait bien reconnaître que nous n'avions pas avancé d'un iota. Il décida alors de passer la surmultipliée en posant simplement le problème.

— On va peut-être arrêter les conneries. Ne tournons pas autour du pot, nous disposons d'équipes réduites et, que cela nous plaise ou non, je doute qu'il soit question d'en recruter dans un avenir proche. La tendance lourde est à la décrue des effectifs du public. La question est donc de faire plus avec moins. Et pour cela, nous avons besoin de flécher les fraudeurs potentiels.

Il se tourna vers Didier Vergne, inclina la tête en s'exprimant d'une voix plus douce, comme une mère s'adressant à un enfant capricieux.

— Maintenant, Didier, explique-moi pourquoi cela te semble si important de savoir si les fraudeurs sont blancs, noirs ou bleus.

Gallois avait formulé la question afin qu'elle n'ait rien de sarcastique et exprime, autant que possible, une sincère curiosité.

Ma voisine nota sur son bloc «Contrôle» au-dessous d'une grosse flèche. Grincheux avait clairement accusé le coup à la suite de l'expression «arrêter les conneries». Il resta silencieux, adoptant une expression blessée qui le faisait ressembler à un gros sanglier dépressif.

— Contrainte supplémentaire, reprit Gallois en posant calmement ses lunettes sur la table, nous ne disposons d'aucun budget pour rémunérer cette assistance dont nous avons pourtant un cruel besoin.

Villeneuve n'avait pas cillé. À son expression réjouie, j'imaginais qu'il avait déjà un plan B intégrant cette *contrainte*.

Humilier Didier Vergne ne me paraissait pas judicieux. Même s'il représentait une espèce en voie de disparition, il me semblait plus habile de l'associer à notre projet. Villeneuve dut avoir la même idée, car il prit la parole en posant un regard bienveillant sur Grincheux:

— Je voudrais aller dans votre sens, dit-il.

Vergne releva la tête l'air surpris. Gallois semblait encore plus étonné.

— La place de l'éthique est un sujet majeur que nous oublions trop souvent. Et nous aurions tout intérêt à bénéficier de l'expérience du ministère. Un comité d'éthique consultatif pourrait, par exemple, superviser l'application choisie.

Puis Villeneuve se tourna vers Gallois:

— Pour ma part, je suis convaincu que quelqu'un d'engagé comme Didier aurait toute légitimité pour présider ce comité dont les coûts de fonctionnement seraient pris en charge par le prestataire, c'est-à-dire par Turing si nous remportons l'appel d'offres.

Méfiant, Vergne le scruta, cherchant une trace de sarcasme ou de ruse sur son visage, mais Villeneuve conservait une expression de douce bienveillance.

Alors, rassuré, Didier Vergne s'anima un peu.

— Je suis heureux de voir que vous souhaitez remettre l'éthique au centre du *process*, « science sans conscience n'est que ruine de l'âme ».

Je vis que Villeneuve se mordait l'intérieur de la bouche pour rester sérieux. Un moment surpris, Gallois venait de comprendre la manœuvre et je crus lire un bref éclat d'admiration dans son regard.

Une courte réunion de débriefing eut ensuite lieu à l'étage avec le directeur de cabinet, Gallois et nous deux. Manifestement, Villeneuve et le dircab se connaissaient. Peut-être le mouvement de la majorité présidentielle ou bien cette rumeur selon laquelle Villeneuve était maçon. Les Frères étaient très implantés dans les ministères, les entreprises publiques, les banques et assurances mutualistes ainsi que dans les collectivités locales. Or, je réalisais que c'étaient là les premières cibles que Villeneuve avait identifiées.

— Vu le montant du marché, l'appel d'offres doit satisfaire les règles européennes, rappela le dircab avec une expression douloureuse, Bruxelles nous interdit une quelconque discrimination à l'encontre d'autres entreprises établies dans un pays de l'UE.

Gallois esquissa un petit sourire et je compris que ce n'était pas la première fois qu'il assistait à ce genre de déclaration de principes. Le dircab se cala dans son fauteuil et prit sa cigarette électronique.

— Depuis le début de la révolution numérique, l'Europe a été incapable de se protéger. Elle est ouverte aux quatre vents de la mondialisation. Non seulement l'oligopole des GAFA empêche l'émergence de concurrents européens, mais ces salopards se débrouillent pour frauder le fisc avec la complicité de pays comme l'Irlande qui n'auraient jamais dû être acceptés dans l'UE.

Le dircab tira une profonde bouffée sur sa cigarette électronique qui lui donnait un petit côté Marlène Dietrich, puis il relâcha un nuage mentholé.

— Je ne vous cache pas que le PR souhaite encourager les start-up françaises et Turing est l'une des plus prometteuses dans le domaine porteur de l'IA.

Il avait prononcé ces mots comme s'il était personnellement un intime du président de la République – qu'ici on semblait appeler le PR – et que celui-ci lui confiait régulièrement ses projets.

Les pupilles dilatées, Villeneuve buvait du petit-lait.

— Si l'appel d'offres doit être ouvert, nous avons en revanche toute latitude pour le rédiger en fonction de vos contraintes, poursuivit le dircab, par exemple en exigeant qu'une équipe intervienne en cas de panne dans un délai d'une heure. Les sociétés basées à l'étranger seront de fait éliminées.

Dans le taxi nous ramenant à la Halle, Villeneuve était dans un état proche de l'exaltation.

— Vous avez vu comment je l'ai neutralisé, le Nain de jardin ? C'est quand même incroyable d'avoir une tête si constipée et de faire chier autant de monde. Ce type ne comprend absolument rien à l'informatique, il sera parfait pour nous servir de caution morale. Si des connards nous attaquent sur l'éthique, c'est Vergne qui se les coltinera. Quant à l'appel d'offres, il sera verrouillé d'une manière telle que nous sommes certains de l'emporter.

Je découvrais que Villeneuve était un artiste de la manipulation. D'ailleurs, les bons commerciaux étaient-ils autre chose ?

La semaine suivante, l'appel d'offres fut publié sur le site des marchés publics, ainsi qu'un second appel d'offres identique de Pôle emploi portant sur la fraude concernant l'allocation d'aide au retour à l'emploi (ARE). Nous avions déjà une offre toute prête. Elle comprenait un partenariat public-privé dans lequel notre rémunération serait indexée sur le gain réalisé par le ministère ou Pôle emploi. En clair, les performances passées des équipes de contrôleurs servaient de référentiel.

Si le fléchage IA permettait des performances supérieures à ce référentiel, 20 % des économies réalisées seraient rétrocédés à Turing Technologies. Villeneuve avait emballé l'offre de tout le jargon éthique et écoresponsable habituel. Une méthode explicative détaillée était également annexée aux offres pour éviter d'éventuels conflits sur le calcul des rétrocessions.

Ce mécanisme indexant la rémunération sur les performances contournait le problème de l'absence de budget du ministère, mais il nous obligeait, en contrepartie, à n'être rémunérés que six mois après les premiers résultats. Malgré ce décalage de trésorerie, Villeneuve paraissait confiant.

— Dans l'immédiat, nous avons les premiers acomptes de Deklerck. Si nous emportons les deux contrats et que les premiers résultats sont bons, nous demanderons un crédit avec nantissement des créances dans le cadre des contrats de partenariat public-privé. La BPI devrait pouvoir nous faire ça.

J'appris alors que la Banque publique d'investissement – ou BPI France – avait été créée notamment pour *accompagner la transformation digitale des entreprises*, et il nous semblait que ces projets entraient parfaitement dans le *scope* de sa mission.

Villeneuve assura avec un sourire entendu qu'il avait, là aussi, *du réseau*.

5

Nous commencions à être vraiment à l'étroit dans les locaux de la Halle numérique. Il était, par conséquent, hors de question de loger Turing Services dans l'incubateur qui affichait complet.

Selon Villeneuve, le département du *neuf-trois* – il disait le « neuf-trois » pour faire plus urbain, plus tendance – recelait *cette énergie positive de folie dont le numérique ne pouvait se passer.* C'était, il fallait l'admettre, une *manière* de voir les choses ; mon expérience du vivre-ensemble était plus mitigée, *plus ancrée dans le réel*, auraient dit certains sociologues.

Le vivre-ensemble encouragé par un militantisme d'État apparaissait comme une idéologie si creuse que j'avais du mal à croire que Villeneuve puisse sincèrement souscrire à ce tissu d'inepties sans fin. Je soupçonnais que son intérêt pour les banlieues venait en réalité des loyers réduits et surtout des nombreux allégements fiscaux et sociaux et autres subventions dont bénéficiaient les entreprises s'installant en zones franches urbaines.

Il est vrai que l'État ne savait plus comment faire pour attirer un peu d'activité économique dans ces quartiers périphériques. Mais rien n'est plus obstiné que la réalité, la première décision des habitants qui réussissaient était en général de fuir ces quartiers marqués par la violence et la *dégradation du lien social*, sans même parler du niveau scolaire.

Bref, la revitalisation de ces zones relevait du mythe de Sisyphe. Depuis des décennies, les plans banlieues s'étaient succédé sans résultats probants, et les gesticulations d'un Jean-Louis Borloo n'amusaient plus personne.

Selon le sociologue Pierre Bourdieu, il existait une *loi de conservation de la violence* qui faisait de toute violence exercée dans l'espace social la restitution différée d'une violence préalablement subie, que celle-ci soit physique ou symbolique. La violence des quartiers ne serait donc que la restitution d'une violence antérieure exercée par la société et le marché envers ces quartiers.

Dans un sens, ma vision pythagoricienne du monde se trouvait confortée dans le fait que des penseurs en sciences sociales, comme Pierre Bourdieu, expliquaient le fonctionnement social par des lois cinétiques simples rappelant, dans leur principe, la conservation de la quantité de mouvement.

Avec ce *tropisme banlieusard* surjoué, je soupçonnais également Villeneuve de mise en scène. Le locataire de l'Élysée véhiculait une image de président des riches que son soutien en faveur des start-up ne pouvait en aucun cas corriger. Il fallait se rendre à l'évidence : les créateurs de start-up étaient le plus souvent nés dans des milieux favorisés et issus des grandes écoles.

Sans être grand clerc, il apparaissait évident que la numérisation de l'économie allait entraîner une réduction drastique des effectifs et donc une contraction de la masse salariale au profit des seuls actionnaires.

Avec son bagou habituel, Villeneuve avait le chic pour mettre l'accent sur la notion d'*entreprise citoyenne* aux seules fins de gratter un maximum de subventions offertes par l'imposant *mille-feuille administratif français*. Dans un sens, sans l'intervention de François Guérin, il avait même bien failli m'entuber sur mon package salarial.

Une agence immobilière d'entreprises nous proposa un immeuble de bureaux situé rue Maurice-Thorez à Saint-Denis. Le commercial n'arrêtait pas d'appeler, plus motivé qu'un type qui veut vous refourguer une vieille Vel Satis.

— Le quartier est en pleine gentrification. Le métro Basilique-de-Saint-Denis et la gare de RER de Saint-Denis sont à deux pas. En cas de grève de la RATP ou de la SNCF, vous avez une alternative, dit-il sur le ton du professionnel malin.

C'était une énorme connerie, l'endroit était trop éloigné de la Halle numérique. Letelier ne disait rien : il connaissait Villeneuve et savait qu'il avait déjà son idée et ne démordrait pas de son projet de s'inscrire dans le vaste mouvement de *reconquête des banlieues*. Depuis les attentats du Bataclan et l'assaut de Saint-Denis, la ville traînait, il est vrai, une sale réputation et les subventions pour *la réhabilitation du tissu urbain* se multipliaient.

Lors de la visite des locaux, l'état délabré de la station de vélos en libre-service de la toute proche place Paul-Éluard confirma mes pires craintes. En clair, c'était plutôt mal parti à Saint-Denis pour les *nouvelles mobilités urbaines*.

Les nouveaux locaux étaient propres et fonctionnels, bien qu'un peu justes. Mais, dans un premier temps, la plupart des équipes de Turing Services seraient en province pour installer Quick Shopping dans les différents hypermarchés du groupe Deklerck.

Le démarrage des missions était prévu dès que les recrutements seraient effectifs. Il était convenu qu'avec Demaison je participe aux premières missions en hyper pour former les nouvelles recrues. En attendant, je pris le temps d'appeler Florence pour l'inviter dans un restaurant aveyronnais du boulevard Saint-Marcel. Le matin, en prenant le métro, je faillis annuler en voyant les nuages noirs sur la ville. Mais j'avais repoussé depuis déjà trop longtemps ce moment.

Florence m'attendait sur le trottoir luisant, un parapluie trempé à la main. Elle fit une mimique assez drôle en me montrant le panneau « Changement de propriétaire, fermé pour travaux » cloué sur une palissade.

— Ils ont vendu, me dit-elle, même les meilleures choses ont une fin.

— Dommage, on y mangeait bien. Ils vont encore en faire un *lieu branché* où des serveuses à piercing proposent des sushis, de la *world* cuisine et du vin au verre.

Elle ne put s'empêcher d'avoir un petit rire étouffé, ce qui eut le don de la faire rougir.

Nous nous sommes éloignés par la rue du Fer-à-Moulin en direction de la Grande Mosquée. Sous la pluie, cette partie du Ve arrondissement devenait un peu fantomatique. Un enchevêtrement de rues mouillées et de squares rabougris étoilés de déjections canines que la pluie achevait de ramollir.

Finalement, nous nous mîmes au sec chez *Desvouges*, un restaurant de la rue des Fossés-Saint-Marcel. Il faisait chaud dans la salle et, dans mon souvenir, la cuisine y était bonne et généreuse.

— Un apéritif?

La voyant hésiter, je précisai :

— C'est Turing qui régale.

Elle eut un sourire amusé, puis commanda une bière blanche avec une rondelle de citron, pendant que je prenais une Adelscott. Florence avait un visage intelligent et expressif. Avec sa peau laiteuse tachée de son, elle appartenait à ce genre de beauté qui ne bronze jamais et pèle au premier coup de soleil.

La cassolette d'escargots aux lardons et l'épaule d'agneau confite retinrent mon attention, pendant que Florence, très régime, se limitait à une assiette fraîcheur et un filet de poisson en papillote.

— Vous avez l'air fatigué, me dit-elle, vous êtes sûr que vous allez bien ?

— Ça se voit tant que ça ? Je ne dors pas assez. Turing marche bien, trop même. Le patron n'arrête pas de ramener des *deals*, comme il dit, et derrière, nous avons du mal à assurer la mise en place. Je veux déménager, mais je n'ai même pas eu le temps de m'en occuper.

— Vous allez quitter la rue de Tanger ? demanda-t-elle en reposant la fourchette qu'elle allait porter à sa bouche.

— Je ne supporte plus ce quartier, maintenant que j'ai un peu plus de budget je vais essayer de me rapprocher. Le boulevard Saint-Marcel, les Gobelins, même le quartier chinois, ça m'irait.

— C'est tranquille, le quartier chinois, dit-elle, quand ils fêtent leur Nouvel An, il n'y a jamais une seule voiture brûlée.

— Vous commencez à faire de l'humour, Florence, attention, avec votre côté pince-sans-rire, vous allez devenir très drôle, un humour un peu décalé à la Valérie Lemercier. Comment ça se passe à Jussieu ?

— Les grandes manœuvres n'en finissent pas. Plusieurs noms circulent.

— Ah bon, et qui ça ? demandai-je, je suis curieux de savoir à qui Paris VI pense pour me remplacer.

Elle soupira, jeta un coup d'œil par la vitrine, puis fixa son verre. De délicates pattes d'oie lui partaient du coin de l'œil, mais, en dehors de ça, elle ne faisait pas ses quarante ans.

— Les noms de Weber et de Desdieux circulent.

Je faillis renverser ma bière, persuadé d'avoir mal compris. Je dus faire une drôle de tête, car elle répéta les noms. J'aurais dû garder cela pour moi, après tout, ce n'était plus mes oignons. Mais je ne pus m'empêcher de dire :

— Weber ne connaît rien à nos sujets de recherche. Quant à Desdieux, sa nature mesquine et belliqueuse ne va pas tarder à faire le vide autour de lui. Sans compter qu'avec Bayard ça risque de faire des étincelles.

— Je sais, dit-elle avec une expression triste, mais résignée, tout ça explique l'ambiance depuis votre départ. Cette impression que tout le monde tire sa peine. Même Aurélien, d'habitude si posé, est agressif avec tout le monde.

Je m'étonnai d'apprendre qu'il était venu à ce jeune geek – aussi méticuleux qu'il était asthmatique – des bouffées vindicatives.

— Et vous, Florence ? Nous avons des cadres de bonne volonté chez Turing, mais franchement, aucun ne vous arrive à la cheville.

Elle mordit avec une grimace dans sa rondelle de citron et remit l'écorce dans son verre. Le rouge à ses joues lui donnait un côté collégienne timide. Je la regardais se lécher les doigts en plissant les yeux.

— Moi aussi, à vrai dire, je prendrais bien un congé pour disponibilité.

Elle avait dit cela en me fixant droit dans les yeux.

— Pour nous rejoindre ? Sérieux ?

— Et pourquoi pas ? dit-elle en souriant.

Il y avait beaucoup de détermination dans ses yeux noisette.

— D'ailleurs, continua-t-elle, si vous ne m'en aviez pas parlé, c'est moi qui l'aurais fait.

— Si vous partez, Bayard va faire la gueule.

— Il n'aura pas le choix. Remarquez, je ne serai pas la seule. Pas mal de jeunes vont s'en aller dans les prochains mois, vous pourriez facilement les recruter. Il faut juste vous dépêcher, certains passent déjà des entretiens.

— Ça ne serait pas correct vis-à-vis de Bayard, dis-je sur un ton de reproche.

Elle m'adressa un sourire amusé avant de lâcher comme si elle appuyait sur un bouton :

— Bayard ne se gêne pas pour vous casser du sucre sur le dos, alors n'ayez aucun scrupule à son sujet. Il n'a jamais pu vous encadrer.

Je posai la fourchette. Bayard et moi, nous n'avions jamais été proches, mais de là à ne pas m'encadrer. J'ai regardé Florence, elle n'était pas du genre à répandre de faux bruits.

J'aurais dû protester, mais j'ai aussitôt pensé que ce devait être la pure vérité. Après tout, j'avais de bonnes raisons de croire Bayard au courant de ce qui s'était passé avec mes candidats. Comme beaucoup de femmes, Florence avait de remarquables intuitions sur la nature humaine.

En biologiste, Richard prétendait qu'au cours des centaines de milliers d'années d'évolution, les femmes avaient développé ce don afin de savoir où elles mettaient les pieds avec des hommes plus puissants physiquement.

— Ça vous choque que je vous dise ça ? demanda-t-elle, un peu embêtée.

— Non, à vrai dire, je ne suis pas vraiment surpris, je suis simplement un peu étonné qu'il ne prenne pas plus de gants, c'est tout.

— Soyez franc avec vous-même, Bayard est non seulement un con, mais c'est également un type déloyal. Vous ne l'aimez pas non plus, vous avez simplement fait ce qu'il fallait pour que les choses se passent le moins mal possible.

Florence avait parfaitement raison. Lorsque l'on refusait d'admettre une réalité désagréable, notre esprit s'inventait une fiction. Nous passions notre vie à mentir, d'abord à nous-mêmes. L'homme avait plus souvent besoin de mensonges que de vérité pour survivre.

La rédemption était une fable, ça ne marchait que dans la Bible, et encore. Un type qui se comportait en salaud avait déjà eu de multiples occasions de s'amender. S'il ne les avait pas saisies, c'est qu'il n'avait clairement aucune intention de le faire. La plupart des carrières se bâtissaient sur les trahisons et les cadavres. Et la recherche n'échappait nullement à la règle.

— La question que je n'arrive pas à résoudre, dis-je, c'est pourquoi le ministère ne fait rien pour les retenir, ces jeunes, il n'y a quand même pas que des imbéciles à la DGESUP.

— Toujours leurs histoires de budget, ça les obsède, dit-elle.

Comment pouvait-on se projeter dans l'avenir sans moyens ? Comment un pays dépensant plus de 56 % de son PIB dans le public en était-il arrivé là ? Je l'ai regardée droit dans les yeux, Florence devait avoir beaucoup de succès à vingt ans, elle avait encore du charme. Pourquoi ne se remariait-elle pas ? Peut-être pour les mêmes raisons que moi, parce que c'était finalement beaucoup d'ennuis et de tracas avec, à la fin, la quasi-certitude d'un échec.

— Qui est prêt à quitter le labo ? ai-je demandé.

— Presque tous ceux qui survivent avec des bourses : Saïd, Jérémy, Alexandra, Lucas. Aurélien aussi, même si lui est titulaire. Enfin, je crois. Pour Thomas, je ne sais pas. Je crois qu'il va encore tenter sa chance pour le CNRS l'an prochain. Si ça ne passe pas, je pense qu'il s'en ira.

Une bruine mouillait les vitres du restaurant. Sur le trottoir d'en face un vieux type coiffé d'une casquette avançait en poussant un caddie plein de sacs de grosse toile plastique. L'homme au profil de rongeur émacié s'arrêta un instant, repoussa sa casquette sur sa tête et se mit à farfouiller dans son oreille avec un geste curieux de l'index.

Chaque année, la situation économique se dégradait un peu plus. Je n'étais pas économiste, et les raisons m'apparaissaient obscures. Certains accusaient les prélèvements obligatoires, le coût des retraites, l'euro, la globalisation, la Chine. En vérité, j'avais l'impression que personne n'en avait trop l'idée.

— Ah ! J'allais oublier, dit-elle, Suying m'a remis cela pour vous remercier d'avoir corrigé son projet de recherche.

Elle sortit de son sac un paquet soigneusement emballé que je mis dans ma sacoche. Suying avait prévu de travailler sur l'optimisation par essaims particulaires (en anglais PSO) un système d'optimisation inventé par Eberhart et Kennedy en 1995 se fondant sur la collaboration des individus entre eux, un peu à la manière d'insectes auto-organisés.

Cette technique permettait à partir d'un groupe d'individus peu intelligents de construire une organisation globale complexe comme une ruche ou une termitière.

Dans un sens, un cerveau pouvait être considéré comme *un essaim de neurones* où chaque élément simple parvenait en s'organisant à créer au niveau supérieur une *conscience complexe*.

6

J'ai attendu le soir pour déballer le paquet remis par Florence. Avec le panda en peluche, il y avait un mot de Suying : « Merci d'avoir revu mon programme de recherche. Libre pour un dîner ensemble ? »

Si ma vie professionnelle avait pris une nouvelle direction, ma vie affective restait au point mort. Il me manquait quelque chose pour être pleinement heureux. Je savais que, tôt ou tard, je souffrirais de cette solitude affective. Certains soirs, elle me tombait dessus avec une violence presque physique. Ma vie m'apparaissait alors comme un grand vide, je n'avais rien construit, rien engendré. Un vide sidéral que je meublais d'habitudes de vieux garçon pour le rendre supportable.

Je devais trouver quelque chose – quelque chose qu'il m'était difficile de nommer et que la plupart des gens appellent l'amour. Mais ce quelque chose, c'était surtout quelqu'un. Une femme qui touche mon cœur. Et une voix me murmurait que la pétillante Suying avait toutes les qualités requises pour cela.

Je l'appelai le soir même.

— C'est Michel, Michel Depraz, je voulais vous remercier pour le cadeau et le petit mot. Dînons ensemble, mais j'ai une condition.

— Laquelle ? demanda-t-elle, d'une voix inquiète.

— C'est moi qui vous invite.

— Pourquoi ? Vous avez peur de manger du chien, dit-elle en riant.

— Non, Suying, je n'ai jamais mangé de chien et je n'en mangerai jamais.

— Cela vous est certainement arrivé, ne vous inquiétez pas, dit-elle.

Elle fut prise d'un fou rire au bout du fil avant d'accepter de me retrouver, le surlendemain, place du Marché-Saint-Honoré.

Sur son site, *L'Absinthe* se voulait un « lieu chaleureux d'expériences culinaires audacieuses », et le restaurant bénéficiait d'avis flatteurs sur TripAdvisor. Taylor 38 écrivait notamment : « Restaurant traditionnel situé à 2 pas de l'Opéra. Accueil chaleureux. Formule entrée plat dessert (45 €) où je recommande le *hot duck* en entrée et la joue de cochon en plat. Belle carte de vins variés avec quelques jolies références. Je reviendrai ! »

Richard m'avait donné l'adresse d'une de ces boutiques qui vendent des vêtements de créateurs et dans lesquelles je ne mettais jamais les pieds. Malgré son regard de vieil anar désabusé sur le monde, il avait toujours eu un côté dandy qui soignait son apparence.

L'endroit, situé dans le Marais, se définissait sur Internet comme un *concept store pour mâle branché*. À vrai dire, je n'étais pas certain que le terme *branché* soit celui qui me définisse le mieux. La boutique était presque vide à part de rares étagères et quelques portants où pendaient comme de lugubres dépouilles des costumes sombres.

La vendeuse ressemblait à une chauve-souris anorexique et surbookée. Elle me jeta un regard sévère, l'air de penser que je relevais des urgences vitales. Elle avait une façon masculine de foncer et sa gestuelle déterminée rendait difficile toute remise en cause de ses choix forcément judicieux.

— Je cherche quelque chose qui me rajeunisse, dis-je un peu gêné par le lieu qui tenait plus de la galerie de *street art* que du commerce de fringues.

— Il y a cet ensemble veste et pantalon slim noir.

Elle m'accompagna avec autorité jusqu'à la cabine d'essayage et ajouta une chemise avec des motifs imprimés dont le tissu était très doux. En sortant de la cabine, je me suis contemplé un moment dans la glace, tournant sur moi-même pour vérifier mon allure sous tous les angles.

— C'est plutôt pas mal, dis-je.

— Le noir vous amincit, dit la vendeuse, vous paraissez plus jeune.

Je tournai encore sur moi pour en avoir le cœur net. Au moment de payer, j'ai quand même dû lui faire répéter le prix, croyant un moment que nous étions revenus au franc. Mais quand on aime... J'espérais juste que ma carte de crédit n'ait pas un plafond de dépenses trop bas.

J'achetais rarement des vêtements, mais, à chaque fois, la maudite étiquette me grattait au niveau du cou. À croire que les fabricants de fringues se donnaient le mot pour gâcher la joie de leurs clients. Et même en découpant au plus près ce bout de tissu nuisible, ça grattait encore. C'était un peu comme ces emballages plastique si bien conçus que tu te battais des heures pour les ouvrir.

Le soir, je suis arrivé en avance. *L'Absinthe* appartenait au genre bistro chic parisien à l'ambiance classe et détendue. Un lieu où l'on pouvait espérer raisonnablement passer un bon moment. Il faisait bon et j'avais réservé une table en terrasse. La place piétonne était malheureusement enlaidie par une verrue de verre, que j'appris plus tard être le siège de la BNP, mais au moins l'endroit échappait au pénible trafic automobile de la capitale.

La clientèle se composait d'une majorité de touristes et de quelques couples appartenant à la catégorie CSP+ comme celui de la table voisine qui discutait autour de plats appétissants. Les verres de vin se vidaient assez vite et leurs yeux commençaient à briller. Il était clair que ces amoureux possédaient quelque chose de précieux. Quelque chose qui me manquait cruellement et dont j'aurais bien voulu avoir ma part.

J'essayais de les regarder discrètement pour ne pas les gêner. C'était exactement ce que j'espérais de ce moment avec Suying : une pause hors du temps en compagnie d'une fille charmante avec laquelle, en théorie, tout était possible. Un instant, la jeune femme surprit mon regard et détourna les yeux, pour se réfugier derrière la muraille protectrice de leur intimité amoureuse, le couple n'était qu'un égoïsme à deux.

En voyant Suying me chercher du regard, je n'eus, pour une fois, pas besoin de me forcer à sourire. Elle me fit un signe de la main en m'apercevant. Je me suis levé pour lui faire la bise. Elle était déjà familiarisée avec cette étrange habitude qui surprenait toujours les étrangères.

— Je suis en retard ? demanda-t-elle fixant, inquiète, son téléphone.

— Non, c'est moi qui suis en avance. Je prends toujours une marge d'un quart d'heure, une habitude de vieux garçon.

Elle éclata de rire et dit sans prendre de pincettes :

— Désolée d'être un peu directe, mais vous n'êtes pas si vieux.

— Je dois vraiment prendre le *si vieux* pour un compliment ?

— Non, non, vous me comprenez mal, vous croyez que je parle bien français, mais je suis souvent maladroite, je vous assure.

Il y avait une pointe d'amusement dans sa voix. Elle ôta son manteau à la coupe militaire et découvrit un haut blanc sans manches qui mettait en valeur ses bras pâles et graciles. Elle s'était coiffée avec une grande frange, un peu comme Tchang dans *Tintin*. Ma voisine eut un bref regard pour évaluer la jeune Chinoise.

— De toute façon, je n'aime pas les garçons de mon âge, ajouta-t-elle en s'asseyant, ils se comportent souvent de manière brutale avec les femmes.

L'espace d'un instant, ses yeux croisèrent les miens. La jeune femme avait indubitablement un côté manga que je trouvais très plaisant.

Je cherchais une repartie opportune quand son mobile sonna. Elle jeta un coup d'œil à l'écran, hésita, puis s'excusa, se leva et s'éloigna pour prendre l'appel. Elle parlait en français et je crois bien que c'était avec un homme. Je sentis soudain mon ventre se tordre. Je décidai de ne pas me laisser abattre, profitant de ce moment pénible pour commander une bouteille de cabernet sauvignon.

Sa conversation téléphonique terminée, elle revint s'asseoir comme si de rien n'était et me parla de manière charmante de son arrivée en France.

— C'était bizarre au début, très loin de ce qu'on imagine en Chine, j'avais des images du passé, la ville romantique, tout ça. Mais la France n'est plus comme ça.

— C'est indéniable, dis-je, la France a beaucoup changé ; j'ignore si c'est en mieux. La Chine aussi, d'ailleurs, me semble-t-il, et peut-être plus encore.

Elle partit d'un fou rire irrépressible, les pommettes colorées et le regard plus brillant que jamais.

— Vous avez raison. Mon père aussi regrette parfois sa jeunesse.

Je me mis à rire stupidement à mon tour.

— C'est ce que disent toujours les personnes âgées.

— Vous avez toujours vos parents ? demanda-t-elle.

— Malheureusement non. Ma mère est décédée il y a quatre ans et mon père est mort d'un cancer du poumon l'année dernière. Je n'ai même pas encore décidé ce que je ferai de la maison où j'ai grandi.

— Je suis vraiment désolée, dit-elle avec un sourire gêné.

J'étais si proche d'elle que je pouvais sentir son odeur où se mêlaient le parfum, le savon et le shampoing. Pour la première fois depuis longtemps, je ne vis pas passer le temps. Nous parlions de tout et de rien. Ce furent les serveurs qui nous informèrent poliment que le restaurant allait fermer.

J'ai commandé un taxi pour la raccompagner. Il s'était mis à pleuvoir. Les rues étaient luisantes. Les feux arrière des voitures scintillaient comme des rubis et de longues rivières d'ombre bordaient les avenues, trouées çà et là de chapelets de lumière sale.

Malgré le mauvais temps, les bars de Saint-Germain-des-Prés étaient bondés. Des silhouettes essayaient d'éviter les gerbes d'eau que projetaient les voitures sur les trottoirs mouillés. Le taxi remonta le boulevard Saint-Michel et la rue Gay-Lussac. J'eus une pensée nostalgique en apercevant la brasserie *Le Gay-Lussac* à l'angle de la rue d'Ulm.

Quand le taxi s'immobilisa enfin devant sa tour, avenue de Choisy, je me suis tourné vers elle, lui promettant de la rappeler.

— Un jour où il fera beau, pour aller voir le château de Versailles, dis-je.

Nos yeux se croisèrent et, pour une raison que j'ignore, avant d'ouvrir la portière, son visage s'inclina vers le mien et ses lèvres m'embrassèrent furtivement la joue. C'était un baiser amical et léger, très différent d'une bise classique, un geste que je voulais croire plein de promesses.

Une fois sur le trottoir, elle ouvrit son parapluie et agita la main. Avec ses bottes noires et son long manteau à la coupe militaire qui semblait tout droit sorti des surplus de l'armée nord-coréenne, je la trouvais belle comme une policière de Pyongyang. J'ai fait signe au chauffeur et Suying est restée immobile à regarder les feux arrière de la Peugeot disparaître dans la nuit.

Pour la première fois depuis des années, j'éprouvai une agréable sensation de chaleur.

7

J'avais longtemps cru pouvoir vivre seul avec mes mathématiques, mais la biologie est la plus puissante des forces avec, en son centre, la sexualité.

Tout le monde a besoin d'un être vivant à aimer. Ceux qui ne trouvent pas de conjoint se rabattent le plus souvent sur un animal de compagnie. Et quand, à force de déceptions, un individu renonce à l'amour, cela signifie le plus souvent qu'il a déjà cessé de vivre et qu'il se prépare à quitter la scène.

Afin d'essayer d'oublier ma solitude, je consacrai mon énergie à définir une stratégie pour traiter les volumes de données que nous allions devoir manipuler si nous remportions, comme espéré, le contrat avec le ministère des Solidarités.

Letelier avait été formé par les méthodes symboliques d'intelligence artificielle, alors que j'avais grandi dans un monde connexionniste. Des notions centrales qui ne disaient rien au commun des mortels.

Depuis l'origine, une rivalité presque philosophique opposait le symbolisme au connexionnisme dans une nouvelle version de l'éternelle querelle des Anciens et des Modernes. Deux approches que je crois important de rappeler, car elles sont souvent incomprises des non-spécialistes.

Le symbolisme consistait à gérer la totalité du raisonnement logique d'un algorithme grâce à une suite d'instructions précises. À l'inverse, le connexionnisme mimait les neurones qui apprenaient en modifiant le poids de chaque connexion au cours de l'apprentissage.

La fracture entre les deux approches fut parfaitement résumée par Robert Schank par les termes *neats* et *scruffies*, qu'on peut littéralement traduire par les « soignés » et les « débraillés ».

Les *neats*, ou symbolistes, s'appuyaient sur la logique formelle pour résoudre des problèmes. Il s'agissait pour eux de simuler un raisonnement logique aristotélicien. Les chercheurs parlaient de *good old-fashioned AI* ou GOFAI. Bref, de vieille informatique.

Cette option avait initialement rallié la majorité des chercheurs habitués à des programmes tirés au cordeau. Le symbolisme connut son heure de gloire pendant les années 1980 avec les systèmes experts.

Mais ces méthodes s'avérèrent inadaptées pour le traitement du langage et des images aux règles trop complexes pour les traduire en instructions mathématiques.

Le connexionnisme proposa un chemin plus empirique inspiré des neurones biologiques. À partir d'importants volumes de données, il chercha à découvrir les *règles implicites* contenues dans ces données grâce à un processus itératif que nous nommons *machine learning*.

Comme souvent en science, ce fut le réel qui trancha la controverse. Après un chassé-croisé qui avait duré six décennies, l'avantage avait été donné aux méthodes connexionnistes. Il ne s'agissait plus de programmer mais d'entraîner la machine. Cette rivalité intellectuelle demeurait cependant vivace. Quand un problème se posait, il fallait toujours chercher des problèmes analogues. Or le seul modèle d'intelligence que nous connaissions était le modèle humain.

En réalité, nous apprenions des deux manières. D'abord, en assimilant directement des règles, des lois, des dogmes religieux : les livres nous transmettaient un savoir formalisé de type symbolique. Mais nous apprenions surtout par tâtonnements, grâce à l'observation du monde et à l'expérimentation. Un enfant n'apprenait pas une langue en mémorisant les règles de grammaire, mais par simple imitation. Le quotidien, les erreurs, l'instinct contribuaient à construire un savoir connexionniste que nous appelions *expérience* et que nous pouvions ensuite traduire en règles.

Je me souviens d'une scène du film *Heat* de Michael Mann qui m'avait marqué et où Robert De Niro expliquait sa philosophie de vie en ces termes :

« Si tu veux faire de vieux os dans ce métier, sois libre comme l'air. Tout ce qui a pu prendre une place dans ta vie, tu dois pouvoir t'en débarrasser en trente secondes montre en main dès que tu as repéré un seul flic dans le coin. »

C'est le savoir connexionniste du gangster qui lui avait permis de construire cette règle d'intelligence symboliste. Les deux approches se nourrissaient l'une l'autre.

L'expérience était essentielle, mais la construction de règles permettait ensuite de mieux exploiter ce savoir expérimental. Le savoir formalisé favorisait le gain de temps et la réduction du nombre d'erreurs.

La nature et la vie humaine fonctionnaient de la sorte. Les deux formes d'intelligence étaient en constante interaction et il n'y avait aucune raison de penser que les intelligences artificielles fonctionnent différemment.

Le problème de l'approche connexionniste, c'était d'être inexplicable. Il était impossible d'auditer les algorithmes. Ce qui n'était pas gênant pour un algorithme simple, comme celui qui devait permettre d'assister le ministère des Solidarités, mais ça l'était plus pour des systèmes militaires.

Pour Gérard, le connexionnisme devait être épaulé par le symbolisme.

— L'intelligence artificielle générale a besoin de ses deux jambes pour avancer, disait-il, nous ne pouvons confier des tâches fondamentales à des algorithmes que nous ne comprenons pas.

J'étais dubitatif. Certes, la prudence nous conseillait d'éviter des IA inexplicables dans des domaines sensibles, mais nous confiions bien notre destin à nos propres réseaux de neurones dont nous ne savions pas grand-chose.

L'été arriva enfin. Il fut brutal, confortant les prophètes du changement climatique. Au milieu de cette ville blanche, la réverbération était si éblouissante que la chaleur ondulait parfois comme une myriade de petits serpents. Les médias parlaient d'un nouvel épisode de canicule lié au réchauffement climatique. Un clip gouvernemental infantilisant donnait la consigne de boire et de rester au frais pendant les heures chaudes.

J'avais du mal à trouver le sommeil. Je travaillais sur une inflexion des méthodes d'apprentissage de nos algorithmes. Je passais des nuits entières devant mon écran. Le matin, il m'arrivait d'être encore là quand les plus matinaux de l'équipe débarquaient à la Halle. Je me levais péniblement pour allumer la machine à expresso que nous avions achetée. Je me massais les paupières. Les yeux me brûlaient, mes oreilles bourdonnaient.

Nous prenions un café serré. Le regard dans le vide, perdu dans mes pensées, je les écoutais bavarder, parler des projets en cours.

Chez Turing, les choses avançaient rapidement du côté des recrutements, en grande partie grâce aux premiers versements du groupe Deklerck qui nous permettaient de surenchérir sur les concurrents.

Florence m'avait fait passer les CV de plusieurs thésards et postdocs de mon ancienne équipe. Personnellement, ils ne m'apprenaient pas grand-chose, mais je voulais que Letelier les reçoive et se fasse sa propre idée.

En attendant, j'étais ravi de croiser Saïd, Jérémy, Alexandra et Lucas dans les open-spaces de la Halle numérique. Les garçons me faisaient un peu penser à des chauffeurs Uber avec leurs costumes cintrés.

Impressionné par leur niveau, Letelier leur proposa de bons packages. Comme nous étions structurellement sous-staffés, il me suggéra de faire également une offre à Florence.

Nous cherchions aussi d'urgence un nouvel ingénieur système pour prendre en charge la salle des machines. Contre toutes mes attentes, Aurélien, l'asthmatique et fantasque ingénieur système du LIP 6, vint passer un entretien. Sa silhouette d'adolescent chétif contrastait avec son visage plissé d'homme vieilli trop tôt. Je compris à sa respiration sifflante qu'il était tendu, proche de la crise d'asthme. Je sentais sa poitrine se contracter. Sa main chercha son inhalateur à tâtons dans sa poche, le trouva, l'enfonça dans sa bouche et appuya sur la détente.

— Ça va bien se passer, dis-je pour le rassurer, Letelier n'a jamais mangé personne.

Les dates des premières installations en hyper étaient confidentielles, mais des fuites en informèrent le quotidien *Libération*. J'ignorais si celles-ci étaient orchestrées ou simplement dues aux tests effectués à Levallois, mais la clause de confidentialité signée avec Deklerck n'avait pas tenu longtemps.

Dans un long article très angoissant, le journaliste de *Libération* insistait sur les sombres conséquences sociales qu'allait entraîner le déploiement de Quick Shopping, rebaptisé Deklerck Express par le distributeur ; l'auteur parlait de « l'inquiétante IA de Turing Technologies » qui menaçait des centaines de milliers d'emplois dans la grande distribution.

Un photomontage avec un Terminator poussant un caddie me confirma que l'article ne faisait pas dans la nuance, misant à fond sur le sentiment de terreur croissante que la simple juxtaposition des termes d'*intelligence artificielle* pouvait provoquer dans la population.

L'auteur écrivait : « On a longtemps accusé les pays émergents et les immigrants de prendre nos emplois. Rien d'étonnant à ce que la montée en puissance des IA génère une profonde hostilité chez les *perdants de la numérisation.* » L'expression fut largement reprise dans les médias par la suite.

Bien sûr, concédait quand même le journaliste : « Il ne faut pas oublier que les caissières sont victimes de troubles musculosquelettiques lourds, que leur travail est répétitif et mal payé. Mais d'un autre côté, *c'est quand même un travail* dans un pays où les personnes faiblement qualifiées souffrent d'un chômage de masse structurel. »

On ne pouvait lui donner tort : *c'était quand même un travail.* Leila Daoudi, la représentante syndicale CGT-Carrefour, également responsable de la Fédération CGT Commerce et Services, rappelait dans une interview en regard de l'article que : « La grande distribution sortait à peine d'importantes réductions d'effectifs liées au plan Bompard mis en place chez Carrefour. »

La syndicaliste affirmait craindre la *disparition pure et simple du métier de caissière* dans un secteur qui employait quand même en France près de 600 000 personnes. Elle rappelait que dans de nombreuses villes de province l'hyper local était souvent un des premiers employeurs derrière l'hôpital et la municipalité, et elle soulignait que l'irruption des solutions d'IA allait se traduire par une véritable *bérézina sociale.*

Enfin, elle termina avec une citation de Martin Niemöller, un théologien allemand, sur la lâcheté des intellectuels pendant la montée du nazisme :

— Aujourd'hui, ce sont les postes d'hôtesses de caisse, mais demain l'IA supprimera des centaines de milliers de postes plus qualifiés, et dans tous les secteurs. Des postes de cadres, de médecins, d'avocats...

Villeneuve avait déboulé dans l'open-space, furieux, un exemplaire de *Libération* à la main.

— Ce torchon a quand même placé la barre très haut. Dès le départ, les solutions d'IA sont carrément comparées au nazisme, pas moins.

Letelier lut l'article avec un certain amusement.

— Ils sont vraiment très forts. Ils vont bientôt accuser l'automobile d'avoir détruit les emplois de cochers.

Dès le lendemain, d'autres journaux relayèrent l'information. Des journalistes appelèrent Turing Tech, d'autres vinrent même sans rendez-vous faire le pied de grue devant la Halle numérique. Nous avions prévenu les développeurs de l'équipe de ne jamais répondre à leurs questions, mais, dans l'univers médiatique, le silence lui-même était interprété comme un aveu.

Heureusement, la tonalité était très différente dans le monde de la high-tech. La presse numérique et entrepreneuriale parlait d'un *succès majeur de la French Tech* et de Turing Technologies comme de la *prochaine licorne* en raison du mégacontrat signé avec Deklerck qui avait fuité dans la presse.

Le supplément *Start* du quotidien *Les Échos* évoqua Turing Technologies. L'article s'intitulait « Quand un géant de la grande distribution s'allie avec une jeune pousse de l'IA ». L'article, très bien documenté, donnait même les montants des contrats signés. La précision des chiffres nous confirma qu'il y avait des fuites soit chez nous soit chez Deklerck.

Le soir même, Benaroche appela, furieux.

— Les fuites ne peuvent pas venir de chez nous, hurlait-il dans le combiné, elles viennent donc forcément de chez vous. Je peux vous assurer que vous allez regretter d'avoir foutu le président en rogne.

Il semblait ravi d'avoir enfin trouvé un os à ronger.

— Vos affirmations restent à démontrer, rétorqua Villeneuve, mais si vous voulez mettre fin au contrat, j'ai sur mon bureau plusieurs demandes provenant d'autres distributeurs qui seront tous ravis de passer avant Deklerck.

Benaroche faillit s'étrangler au bout du fil, mais il la mit en sourdine. Gabriel-Bernard Deklerck lui-même ne nous appela pas. Chacun comprit que le message était passé. En tant qu'acteur de la grande distribution, Deklerck était parfaitement capable de comprendre que le rapport de force avait évolué.

D'après Letelier, l'affaire allait retomber comme un soufflé. Les plans sociaux s'étaient succédé depuis des décennies et celui-ci n'était pas pire que les autres. Dans un communiqué de presse, Deklerck s'empressa de désamorcer la polémique en expliquant : « Aucun plan social n'est d'actualité. Le déploiement progressif de Deklerck Express devrait améliorer le service client, et si des ajustements sont nécessaires, ils interviendraient dans le cadre d'un plan de départs volontaires. »

Dans les jours qui suivirent, contrairement à ce qu'avait prévu Gérard, la polémique ne retomba pas. Des équipes des chaînes de télévision furent repérées devant la Halle, interviewant un stagiaire. Le jeune, flatté de passer à la télé, confirma que l'IA en cours de déploiement allait entraîner la suppression de nombreux postes de caisse.

Villeneuve s'emporta comme un gosse de onze ans piquant une crise.

— Je connais une équipe de gros bras serbes qui a déjà travaillé pour Cyber-X et qui va *casser les genoux à ces fils de putes*.

Mais l'image d'hommes de main s'en prenant à des journalistes n'était pas exactement ce dont nous avions besoin.

Cet intérêt des élites médiatiques pour les caissières de Deklerck me sembla insincère. Je ne le sentais nullement guidé par une quelconque compassion pour les souffrances d'une France populaire que les classes dominantes méprisaient profondément.

La *France d'en bas* était un des derniers groupes sociaux que l'on pouvait moquer à souhait. Autrefois glorifiés par l'idéologie marxiste, ils n'étaient plus décrits que comme de sinistres Dupont Lajoie, systématiquement dépeints par les médias dominants comme des blaireaux racistes et incestueux, des êtres rustiques affublés de patronymes ridicules comme Bidochon, Deschiens ou Tuche. Le phonème *ch* semblant, pour une raison que j'ignore, indissociable du peuple.

Bien sûr, la grande distribution n'avait pas bonne presse, mais l'euthanasie des petits commerces et la paupérisation imposée à l'agriculture française n'avaient jamais mobilisé personne. Le *petit commerçant* était d'ailleurs l'archétype du Français poujadiste détesté par les élites parisiennes.

Dans le *Figaro*, le chroniqueur Éric Zemmour apporta un élément de réponse affirmant : « Si le prolétariat a été le premier à être touché par la mécanisation et l'obsolescence, la montée foudroyante de l'IA menace désormais les élites urbaines. »

Avec sa provocation habituelle, le chroniqueur concluait ainsi : « Étant donné l'état de déréliction de nos élites, on ne peut que se réjouir de les voir prochainement remplacer par les intelligences artificielles. »

Il s'ensuivit une polémique à l'occasion de laquelle le *Monde* ressortit une interview accordée au quotidien britannique *The Guardian* par le regretté Stephen Hawking qui alertait sur les risques liés à l'émergence de l'intelligence artificielle. Selon lui, l'IA détruirait les emplois qualifiés des classes moyennes et supérieures comme l'automatisation des usines avait décimé les rangs de la classe ouvrière.

Mais ses craintes ne s'arrêtaient pas là, Hawking ajoutait en Cassandre: «Les formes primitives d'intelligence artificielle que nous avons déjà se sont montrées très utiles. Mais je pense que le développement d'une intelligence artificielle complète pourrait mettre fin à la race humaine. [...] Une fois que les hommes auraient développé l'intelligence artificielle, celle-ci décollerait seule, et se redéfinirait de plus en plus vite. Les humains, limités par une lente évolution biologique, ne pourraient pas rivaliser et seraient dépassés.»

Le *Monde* avait joint des extraits d'un rapport datant de février 2016 et publié par la Citibank et l'université d'Oxford. Les auteurs estimaient que, dans l'ensemble de l'OCDE, 57% des emplois étaient menacés par les IA. Il n'échappait à aucun lecteur attentif que plus aucun économiste un peu sérieux ne croyait encore à la vieille fable schumpétérienne de la *destruction créatrice*.

Un député de la majorité soucieux de sortir de l'anonymat qui frappait les membres de son groupe rappela la dimension profondément sociale de son mouvement. Un aspect qui avait échappé, jusqu'à présent, à beaucoup de Français. Le parallèle avec le régime de Louis-Philippe était, une fois de plus, frappant. C'était la triple crise agricole, économique et financière qui avait balayé la monarchie de Juillet. Alexis de Tocqueville avait alors alerté les députés le 27 janvier 1848: «Est-ce que vous ne ressentez pas, par une sorte d'intuition instinctive qui ne peut pas s'analyser, mais qui est certaine, que le sol tremble de nouveau en Europe? Est-ce que vous ne sentez pas... que dirais-je?... Un vent de révolution qui est dans l'air?»

Presque deux siècles plus tard, les nuages s'accumulaient à nouveau à l'horizon: hausse du pétrole, effondrement des créations d'emplois, de la consommation et exacerbation de la concurrence internationale.

Les élus de nombreuses communes demandèrent des *explications* au groupe Deklerck sur le déploiement et l'impact de Quick Shopping. Les derniers députés socialistes appelèrent à la création d'une nouvelle taxe IA. La créativité française en matière de fiscalité semblait inépuisable, comme le nota le porte-parole des Républicains. Quant aux représentants de la France insoumise ou du Rassemblement national, ils exigèrent purement et simplement *l'interdiction des applications d'intelligence artificielle.*

Dans une longue interview accordée au mensuel *Capital*, Gabriel-Bernard Deklerck affirma que son groupe était déterminé à être *le leader dans l'intelligence artificielle appliquée à la distribution.*

Il rappela qu'il n'était pas là pour *faire de la figuration*, tout en soulignant que le monde des nouveaux centres Deklerck – rebaptisés Digital Deklerck, avec un logo représentant deux D adossés – était *un monde fluidifié, ouvert et résolument écoresponsable.*

8

Mon portable sonna un peu après 6 heures. À vrai dire, l'appel ne m'avait pas réveillé. Depuis un moment, étendu dans la pénombre, les yeux grands ouverts, j'écoutais la pluie. Il y avait plusieurs jours que je dormais mal.

— Je suis en bas, avait dit Hugo, il tombe des cordes.

Hugo était un des deux ingénieurs de Turing Services que je devais former à l'occasion de leur première mission d'installation de Quick Shopping en hypermarché.

J'ai jeté un coup d'œil par la fenêtre. Une nuit froide et mouillée enveloppait la ville. En descendant, j'ai tordu le nez en voyant la Renault Clio de service sérigraphiée Turing Services.

— Idéal pour passer inaperçu.

— Je n'ai pas de voiture, s'excusa-t-il, alors la Baleine m'a dit de la prendre.

Nous devions récupérer Tanguy dans le XVIIIe arrondissement avant de filer en direction de Creil. La circulation était fluide et les gerbes d'eau des voitures obligeaient les rares piétons à raser les murs. À l'arrière, Tanguy se tenait raide, le regard rivé aux façades grises des immeubles qui défilaient.

En traversant l'Oise, je vis que les eaux d'un gris plombé remplissaient son lit à ras bord. L'air était humide, bruineux. Le centre Deklerck de Creil ouvrait à 7 h 30 : un hangar métallique posé face à un vaste parking entre une plaine à betteraves et une poignée de HLM décaties. J'avais du mal à réaliser que ces villes industrielles de province aient pu subir une telle transformation en à peine une génération.

L'hypermarché avec sa station-service semblait le seul pôle d'activité perceptible alentour, le seul lieu susceptible de provoquer une *socialisation* des populations d'origines diverses qui cohabitaient sans se fréquenter.

Le Deklerck resterait ouvert pendant l'installation, mais les tests ne pourraient se faire qu'après la fermeture. Nous avions prévu de passer la nuit sur place, bien que cela n'enthousiasme personne.

Mais nous n'avions pas prévu le comité d'accueil avec braseros, trompettes et banderoles exigeant la « suspension immédiate et sans condition de Quick Shopping » ou encore « Intelligence artificielle, sauvons nos emplois ». Les syndicats avaient manifestement été prévenus. Une partie du personnel était réuni devant l'entrée et des militants CGT et FO Distribution filtraient l'accès au magasin.

Nous nous sommes garés à bonne distance entre des arbres malingres au tronc noirci.

— Avoir sérigraphié les véhicules de service tient du pur génie, dis-je.

— C'est la Baleine, se défendit Hugo.

— Je ne m'attendais pas à un truc très brillant de sa part, mais quand même, un tel niveau de connerie, ça en devient presque gênant.

En sortant de la voiture, nous fûmes surpris par la violence du vent. Devant l'entrée, une militante blonde, les cheveux en bataille, haranguait les salariés dans un micro. Nous nous sommes faufilés. Les grévistes ne bloquaient pas les portes du magasin, ils filtraient simplement l'accès en distribuant des tracts aux clients.

Apparemment, quelqu'un avait vendu la mèche au sujet de notre venue. Peut-être la même personne que celle qui avait déjà renseigné *Libération*. Le directeur eut la mauvaise idée de venir à notre rencontre. C'était un homme rubicond dont les boutons du costume semblaient prêts à céder à tout moment. Il sentait l'eau de Cologne, le genre pomponné à la moustache bien taillée.

Nous aurions pu entrer comme n'importe quel client en poussant un caddie vide. Mais grâce à cette seconde idée lumineuse, les grévistes nous repérèrent immédiatement avec des cris de victoire, et un groupe de salariés, composé surtout de femmes, vint à notre rencontre. Certaines tapaient sur des bidons, il n'y avait cependant aucune réelle agressivité de leur part, le tout tenait plus du monôme bon enfant que du lynchage.

Rejoindre le local où se trouvait le serveur informatique devenait soudain impossible. Pour déminer la situation, le directeur accepta de recevoir une délégation en notre présence :

— Une heure maximum, à la condition non négociable qu'ensuite vous nous laissiez accéder au local informatique.

À ma grande surprise, la militante CGT qui dirigeait les grévistes accepta. Elle avait parlé de manière calme et mesurée.

— Vous êtes juste des installateurs, des salariés comme nous. Nous voulons des précisions sur le fonctionnement de Deklerck Express.

Je réalisais que le groupe avait eu avec ses caissières une communication très limitée sur le sujet. Trois salariées nous suivirent dans une salle de réunion assez glauque. Sur un mur, une feuille était punaisée avec inscrit : « La maison n'accepte pas l'échec ». Je commençai par expliquer la raison de notre venue. Les principales questions concernaient le maintien des postes d'hôtesses de caisse. Je me suis alors tourné vers le directeur :

— Il ne m'appartient pas de définir la politique RH de votre groupe. Je ne peux rien dire d'autre.

La représentante syndicale prit la parole pour expliquer que la plupart des salariées ne pourraient pas se reconvertir.

— Si votre système se généralise, des milliers de filles vont se retrouver sur le carreau. Impossible d'aller ailleurs, le prix des maisons va s'effondrer. En plus, nos maisons sont aux banques ; le jour où on ne paie plus, la banque les récupère et on se retrouve à la rue. Bien sûr, en théorie, on peut aller ailleurs, mais sans économies, on fait quoi ? Sans compter qu'ailleurs ce sera pareil.

Elle avait raison, nous étions loin d'une crise isolée affectant une région sinistrée à la suite de la fermeture d'un site industriel. C'est l'ensemble du pays qui allait être touché. Aller ailleurs n'aurait servi à rien.

La plupart de ces femmes gagnaient tout juste de quoi survivre. Elles n'avaient aucune épargne. Beaucoup de femmes divorcées ou séparées avec des enfants à charge. Des ménages monoparentaux, comme on disait.

— Et si tu t'avises de te plaindre, c'est la porte, bien sûr t'as le droit de grève. Celles qui sont devant l'hyper, sous la flotte, elles prennent le risque de se faire virer. Mais si elles sont quand même là, c'est parce qu'elles savent qu'elles le seront de toute façon, virées.

Le directeur ne disait rien. Il regardait sa montre. Lui aussi pouvait être viré. Il ne ressemblait pas vraiment à un nanti. Plutôt à un chef de rayon monté à force de sacrifices. Je n'ignorais pas que la liberté de grève ou d'expression était très théorique dans le secteur privé. Mon père avait été ouvrier dans une PME toute sa vie. Et je savais que c'était encore pire avec le niveau de chômage actuel.

J'avais de la compassion pour ces femmes ; elles répondaient à l'agressivité par l'humour, au cynisme par la solidarité. Mais je savais pertinemment que rien ne pourrait résister à une innovation technologique de cette ampleur. Elles ne semblaient pas en avoir nettement conscience. Leur colère légitime n'en demeurait pas moins vaine. Un combat inexorablement voué à l'échec. Tout au plus pourraient-elles essayer de négocier de meilleures indemnités de licenciement.

C'était le premier hyper où nous allions. Hugo et Tanguy faisaient la gueule. Ça promettait pour la suite. Surtout si les syndicats avaient reçu le programme d'installation avec toutes les dates. Ça voulait dire à chaque fois un comité d'accueil musclé.

Derrière leur côté bravache, ces salariées étaient tétanisées par la grande terreur de la déchéance sociale, de cette misère qui s'étalait dans les journaux. La vieille angoisse de tomber à la rue. Ça leur nouait la gorge, ça leur faisait battre les tempes et monter des larmes aux yeux. Elles auraient voulu que tout s'arrête. Que l'hyper disparaisse, et que plus rien ne continue après.

Elles n'avaient rien fait de mal, mais personne ne pouvait lutter contre une intelligence artificielle. C'était comme un paysan face à une moissonneuse-batteuse ; David contre Goliath ; une lutte trop inégale pour être engagée ; un combat perdu d'avance.

— Les patrons s'inventent leur monde tout neuf, dit la militante blonde, ils s'en foutent de nos gosses, de nos baraques à payer, de nos découverts. Pour eux, tout ça ne compte pas. On compte pour rien.

Le directeur avait levé les yeux au plafond.

— Qui sera viré en premier ? demanda une petite brune silencieuse jusque-là, les dernières embauchées ? Les vieilles ? Ou bien celles de ma génération avec des gosses à charge ? Vous avez des enfants, monsieur ?

C'est à moi qu'elle s'adressait me fixant droit dans les yeux. Elle avait un côté fille de la campagne que je trouvais plutôt sympathique.

J'ai baissé la tête. Elle a regardé les autres avec une expression triomphante. Genre, s'il avait des gosses, ce salaud comprendrait. Dehors, on entendait toujours le bruit des bidons.

— Il faut penser à celles qui sont seules avec des gosses à charge. Pour elles, ce sera Pôle emploi. Et quand elles viendront dépenser leur RSA, elles feront travailler des machines pour enrichir des gens comme vous.

Dehors, la pluie tombait dru. Les grévistes devaient geler sur pied et se sentir bien seules dans ce trou du cul du monde avec leur avenir en capilotade entre HLM délabrées et plaine betteravière.

Le directeur a regardé sa montre, il sembla soulagé. L'heure était presque écoulée. Autour de la table, nous faisions semblant de croire que cette réunion pouvait modifier quelque chose. Mais, même si Deklerck revenait sur sa décision, d'autres distributeurs franchiraient le gué. C'était plié, comme disait mon père quand on ne pouvait plus rien faire pour infléchir le réel.

Les décisions se prenaient bien au-dessus de nos têtes. Même au-dessus de celle de Gabriel-Bernard ! Aucune entreprise ne pouvait faire l'impasse sur un tel gain de productivité sous peine de disparaître. C'était la logique même du système libéral, le cœur de son algorithme.

Soudain, elles avaient voulu appeler la DRH à Paris. Une drôle d'idée. Un bureau quelque part dans la grande tour de la Défense, j'imagine. La blonde avait le numéro de la DRH et elle avait mis un haut-parleur.

— Non, je ne sais pas où est Mme Bénévent, avait répondu une voix anonyme, vous avez essayé son portable ?

Elle devait être au courant, Mme Bénévent, car son portable était sur boîte vocale. Au siège, la secrétaire assura qu'elle avait quitté son bureau après une entrevue avec le président. Elle n'en savait pas plus ; elle attendait que Mme Bénévent la rappelle. Elle devait être en route…

— Il faut prévenir la gendarmerie pour une opération « Alerte enlèvement ! », lança la blonde en rigolant.

Les deux autres se mirent à rire avec elle. Sous la détresse, la bonne humeur n'était jamais loin. Puisque c'était foutu, autant en rire. Je ressentais de la sympathie pour ces femmes, une solidarité de classe. Nous venions des mêmes couches de la société.

— Peut-être qu'il faudra en venir là, dit la blonde que ça ne faisait soudain plus rire.

— En venir où ? demanda le directeur d'une voix inquiète, qu'elle soit là ou pas, ça change quoi ? Aucun licenciement n'est prévu pour le moment.

— Qu'est-ce que vous proposez ? demanda la blonde.

— De reprendre le travail tant que nous n'en savons pas plus.

Tout le monde n'était pas d'accord.

— À quoi bon retourner bosser si nous sommes licenciées dans un mois ?

Le directeur a montré l'heure. Nous nous sommes tous levés. Comme prévu, la réunion n'avait pas servi à grand-chose.

Dehors, le ciel avait la pâleur grisâtre de l'hiver. Des voitures passaient rapidement en éclaboussant les piétons, la pluie glacée mitraillait les toits de tôle du hangar métallique.

Par rapport à ma jeunesse, les hypers avaient beaucoup changé. On pouvait constater de nombreuses améliorations comme un point presse près de l'entrée, à côté d'une cafétéria vendant boissons chaudes et viennoiseries. On y proposait un choix de quotidiens, de magazines et même de cartes postales. Je me demandais qui pouvait bien acheter des cartes postales de Creil.

Nous avons longé les caisses. Les bips des codes-barres ponctuaient étrangement nos pas. Supprimer un métier aussi aliénant aurait dû être une bénédiction. Le problème, c'était que faire ensuite de ces femmes ?

À mon grand soulagement, Hugo et Tanguy apprenaient vite. Plus rapidement ils seraient autonomes, plus vite je les laisserai parcourir seuls des ribambelles d'agglomérations industrielles pour installer Quick Shopping dans d'innombrables centres commerciaux implantés dans des banlieues sinistres.

Nous avions installé le système, mais sans pouvoir faire les tests. Il faudrait revenir pour basculer le système et procéder aux tests. L'avantage pour nous, c'était de rentrer plus tôt à Paris. Aucun de nous trois n'avait envie de s'attarder à Creil.

En ressortant, nous fûmes pris à partie par un groupe de manifestantes. Nous avions rejoint la voiture sous les huées. L'un des rares hommes présents cracha par terre. Un rageux qui désirait nous signifier ainsi tout le mépris que nous lui inspirions.

— Tant qu'il ne crache pas sur nous, avait dit Hugo, philosophe.

— C'est le métier qui rentre, ai-je dit en lui tapant sur l'épaule.

Je m'attendais à trouver la voiture taguée ou recouverte de confiture, mais il y avait juste un prospectus trempé sous l'essuie-glace. Les caissières picardes étaient finalement des personnes raisonnables. Mais si Turing Services devait travailler dans ces conditions de tension dans toute la France, les choses deviendraient vite ingérables et dangereuses.

— Je ne peux pas vraiment les condamner, me dit Hugo, j'aurais sûrement fait pareil à leur place. Elles n'ont plus confiance dans leur direction. Quand tu dînes plusieurs fois dans un chinois et que tu en ressors à chaque fois avec la tourista, tu hésites à y retourner même si le patron t'explique que cette fois-ci c'est Guy Savoy qui a préparé le canard laqué.

D'autres installations se passèrent plus mal. Nous avions modifié le planning d'intervention pour que le minimum de personnes soient au courant chez nous et chez Deklerck. Quant aux voitures sérigraphiées, elles avaient été repeintes en urgence pour rejoindre un anonymat qu'elles n'auraient jamais dû quitter.

Dans une intervention remarquée, le ministre de l'Intérieur condamna les agressions dont avait été victime le personnel de Turing Services à Plan de Campagne près de Marseille et à Toulouse-Blagnac. Une table ronde fut organisée avec les syndicats à la suite de laquelle Gabriel-Bernard Deklerck réitéra solennellement devant les caméras que le groupe s'engageait à ne procéder à aucun licenciement sec.

Selon une analyse parue dans l'hebdomadaire *Alternatives économiques*, cette décision était motivée par le *turn-over* important du secteur. Celui-ci atteignant 25 %, il suffisait que la grande distribution stoppe les embauches pendant deux ou trois ans pour atteindre ses objectifs de réduction de la masse salariale.

Le soir, rentré un peu plus tôt que d'habitude, je me suis laissé tomber sur mon convertible Ikea couleur chocolat, et j'ai appelé Suying.

— J'ai cru que vous m'aviez oubliée, me dit-elle d'une voix qui me sembla pleine de reproches.

— Je voulais vous rappeler, mais le temps a passé si vite ces dernières semaines avec l'installation de Quick Shopping en province.

— La vieille dame n'est pas là en ce moment, je me sens un peu seule. Je voulais vous inviter. On pourrait peut-être dîner ensemble.

J'avais le sentiment que tout ça pouvait déboucher sur quelque chose, sans que je sache quoi au juste. Mais il ne tenait peut-être qu'à moi que ça *débouche sur quelque chose*.

9

En la voyant assise près de la baie vitrée du *Lao Lane Xang*, je n'eus, pour une fois, pas besoin de me forcer à sourire. Elle était vêtue d'une jolie robe noire avec ce que les jeunes appellent un *décolleté de folie*. Elle se leva pour me faire la bise avec dans les yeux une lueur chaude, comme une impatience.

— Vous avez trouvé facilement ? demanda-t-elle.

À la table voisine, un homme tourna son regard vers elle. Je lui montrai le plan sur mon smartphone.

— Quand j'avais votre âge, ces petites merveilles n'existaient pas.

Son visage s'assombrit et un peu de tristesse apparut dans ses yeux.

— Pourquoi soulignez-vous toujours notre différence d'âge ? On dirait que cela vous obsède. En Asie, ce n'est pas si important.

Elle regarda le couple installé à la table voisine. Une jeune femme au teint mat pianotait sur son mobile, elle devait être thaïe ou cambodgienne. L'homme qui la dévorait des yeux était une sorte de papy qui ressemblait un peu à l'acteur Michel Galabru.

Je ne pouvais m'empêcher de trouver la différence d'âge choquante. Suying avait raison, mon logiciel était différent du sien.

Elle avait déjà commandé une assiette de nems. Dehors, il faisait nuit et mon reflet dans la vitre s'est penché pour en prendre un. Je l'ai laissée commander le reste des plats pendant que je choisissais le vin. Elle m'expliqua qu'elle venait de parler à sa meilleure amie qui étudiait en Amérique.

— La moitié des étudiants en mathématiques viennent de Chine. Vous savez quelle est la dernière blague qu'ils racontent ?

— Non, dis-je.

— Vous savez ce qu'est une fac américaine ?

— Allez-y, dis-je avec un sourire.

— C'est l'endroit où des Juifs russes enseignent les maths à des étudiants chinois, dit-elle avec un regard rieur.

L'excellent syrah du Languedoc et ses fous rires firent le reste pour détendre l'ambiance. Je pus enfin oublier Turing en compagnie d'une fille pleine de charme et simplement heureuse d'être là. Je trouvais Suying terriblement attirante avec son esprit vif comme une flamme, sa coupe à la garçonne et ses yeux fendus toujours prêts à rire.

— Vous ne me parlez jamais de votre thèse.

Il y eut un silence et elle baissa simplement les yeux.

— Maintenant que le secteur est en train d'exploser. Si je perds trois ans dans une thèse, j'arriverai après la bataille. Ceux qui quittent le public ont raison. Je sais que Thomas hésite beaucoup.

— Alors, dites-lui de m'appeler.

— S'il s'en va, dit-elle en me fusillant du regard, je perds mon tuteur après avoir déjà perdu mon directeur de thèse. Ça risque de faire beaucoup. Ou alors vous m'embauchez avec Thomas...

Elle me fixa avec un sourire. J'avais l'impression qu'elle allait se jeter à l'eau et me dire ce que j'attendais. Mais elle changea de sujet.

— Parlons d'autre chose, de choses plus gaies. Parlez-moi plutôt de vous.

J'évoquai mon enfance en montagne. Ses yeux se mirent alors à briller à l'évocation de ce pays de lacs et de forêts.

Puis je lui demandai de me parler d'elle, elle était née en 1994, quelques années à peine après Tiananmen. Quand j'avais prononcé ce nom, son visage s'était fermé. Je compris que le sujet était tabou en Chine. De toute façon, c'était du passé. Elle me dit juste :

— Je crois que le chemin suivi par la Chine a été plus sage que celui de l'Union soviétique, dit-elle, la Russie s'est fragmentée et le pays a été pillé par une bande de kleptocrates.

Il était plus de 23 heures quand elle a cherché le serveur des yeux, pour demander l'addition. L'avenue de Choisy était calme. Suying était un peu éméchée. Alors que je ne l'avais jamais vue fumer, elle prit une cigarette, l'alluma et souffla l'allumette avec la première bouffée.

Il m'était impossible de ne pas remarquer certaines choses : sa façon nerveuse de tenir sa Marlboro devant le restaurant ; ses yeux incapables de s'immobiliser, n'osant pas croiser les miens, se dérobant aussitôt le contact établi ; cette habitude de se frotter légèrement l'oreille droite comme si elle était mal à l'aise.

— Tu vas bien ? ai-je demandé, la tutoyant pour la première fois.

— Oui, oui..., dit-elle sans relever le changement.

Elle avait hésité. Son cœur devait battre vite, car le bout de sa cigarette tressautait légèrement. Il y eut un silence, puis elle reprit :

— Marchons un peu, j'habite un peu plus loin.

— Je m'en souviens, je t'ai raccompagnée, tu l'as déjà oublié.

— Non, je n'ai pas oublié, dit-elle, c'était une très belle soirée.

Nous nous sommes dirigés vers la tour Puccini en marchant si près l'un de l'autre que nous étions tout le temps sur le point de nous toucher : la soirée semblait obéir à une logique parfaite. Tout depuis notre rencontre ne semblait devoir mener qu'à cet instant précis. Encore quelques pas et nous serions devant son immeuble, il serait alors temps de faire ce que j'avais espéré depuis si longtemps.

Les lampadaires projetaient d'étranges halos. Elle se tourna vers moi. Elle avait un peu de rouge sur les joues et ses lèvres étaient entrouvertes sur un demi-sourire. Mon cœur de vieux garçon se mit alors à battre un peu plus fort.

— Tu veux monter ? demanda-t-elle en écrasant sa cigarette sur le trottoir.

Elle avait prononcé ces mots d'une voix douce avec quelque chose de chaud comme du bois ancien.

— Je crois que je devrais plutôt y aller, bredouillai-je sans bouger.

J'étais un être stupide et lâche. En réalité, je n'avais aucune envie de la quitter pour retrouver mon appartement glacé comme tous les soirs, toutes les nuits. Elle me fixa en souriant. Peut-être qu'elle aussi se sentait seule.

— Menteur, dit-elle avec un étrange sourire plein d'effronterie.

— Pourquoi ?

— Parce que. La vieille dame est absente, dit-elle en me prenant la main.

— Je ne…, bredouillai-je.

— J'ai une bouteille de vin blanc au frigo, dit-elle en riant.

Ses yeux trop charmants voyageaient entre moi et le hall d'entrée de l'immeuble. Elle me regarda comme tout homme aimerait être regardé, ne serait-ce qu'une seule fois dans sa vie. Je sus alors que si je ne la suivais pas je le regretterais chaque jour qui me restait à vivre.

Pénétrer dans cet appartement inconnu était bizarre, l'impression d'être un cambrioleur. Je sentais le sang contre mes tempes. Sa chambre d'étudiante était pleine d'un joyeux désordre de filles : crème hydratante, rouge à lèvres, chargeur de téléphone, une robe sans manches qu'elle avait dû essayer avant de s'apercevoir qu'elle n'était pas repassée. Elle ferma le verrou puis éteignit. Apparemment, il n'était plus question de vin blanc…

J'ai pris sa main pour l'embrasser. Ses ongles avaient beau être impeccables, ils étaient coupés sauvagement court. J'ai alors pensé : elle les garde courts parce qu'elle se les ronge.

J'ai posé mes lèvres sur les siennes. Sa bouche avait un goût sucré. Un baiser dont la vigueur me surprit. Je sentis ses bras autour de moi. Pendant quelques secondes, je ne vis plus que son visage et l'amande de ses yeux dans la pénombre.

Puis elle m'embrassa à nouveau les lèvres. Ses doigts glissèrent dans mes cheveux comme dans de l'eau. Je l'ai alors attirée sur le lit, j'ai fait glisser sa robe avec délicatesse.

Toute la soirée, j'avais cherché la vérité de ce moment dans la flamme de son regard, dans la manière dont elle s'était vêtue pour ce dîner, dans sa façon de mettre en valeur ses jambes, dans sa nervosité surtout.

— Je croyais que tu ne voulais pas venir, a-t-elle murmuré à mon oreille.

La rumeur urbaine, jamais totalement silencieuse, enveloppait l'univers extérieur comme une matrice de réalité, avec, en son centre, la chaleur de ce jeune corps contre ma chaleur. Il y avait si longtemps que je n'avais pas aimé une femme. Je retrouvais instinctivement les gestes du passé, les baisers profonds, l'abandon des corps. Se laisser totalement aller, les paupières closes, juste guidé par l'instinct, par les gestes de l'autre.

C'est comme si je l'avais connue depuis des siècles. Comme si je reconnaissais le soyeux de sa peau, le mouillé de sa langue, le goût de sa bouche, le mystère de ses yeux étirés.

Quand le monde s'immobilisa enfin, j'eus le sentiment d'un arrêt sur image, quelque part dans l'univers. La lumière de la ville entrait par la fenêtre pour se répandre dans la chambre. Sa peau était douce et tiède contre la mienne.

Dormir avec une femme, il y avait si longtemps... Sa cuisse contre la mienne, ses seins contre mon torse et ce bras glissé avec confiance sous l'oreiller. Elle respirait régulièrement, je lui enviais ce sommeil si facile de la jeunesse. J'aurais pu aller dans le salon, mais je n'osais pas bouger de peur de la réveiller. Le plus étrange était sa respiration régulière, son souffle chaud. Il n'y avait rien de plus intime que ce sommeil à deux, que ces souffles entremêlés.

Par la fenêtre, j'apercevais la masse sombre de la tour voisine. Un quartier édifié dans les années 1970 qui avait accueilli les boat people, avant de devenir la tête de pont de l'immigration asiatique dans la capitale. Les histoires ne manquaient pas sur ce quartier. On racontait que personne n'y mourait, que les cartes d'identité y étaient recyclées pour servir à de nouveaux immigrants. J'ignorais si c'était la réalité ou une simple légende urbaine.

Elle avait bougé. Je tournai la tête vers son visage dans la pénombre. Ses yeux noirs me fixaient, curieux comme deux coups de scalpel.

— Tu ne dors pas ?

Elle fit non de la tête. Au lieu de l'état de somnolence que je m'attendais à trouver, il y avait son regard aigu et attentif, si différent de ses habituels coups d'œil timides et doux.

— Je crois que j'ai rêvé, dit-elle à voix basse… Un rêve bizarre.

Je la regardai. Suying ne paraissait pas vouloir en dire plus.

Un mauvais pressentiment m'effleura et disparut aussitôt.

10

La période qui suivit fut exceptionnelle sur les plans personnels et professionnels. Les contrats de partenariat public-privé avec le ministère des Solidarités et Pôle emploi nous promettaient un flux indécent de liquidités. L'installation de Quick Shopping dans tous les hypers du groupe Deklerck avait permis de faire gagner des parts de marché au distributeur. Une clientèle nouvelle venait par curiosité et une partie de ces anciens clients restait acquise au groupe, séduite par l'absence d'attente à la caisse.

Certains groupes Facebook s'amusèrent à monter des défis pour essayer de tromper l'IA en masquant les produits mis dans le panier. Mais mon système de contrôle du stock venait le plus souvent à bout de ces petits malins.

Le groupe Deklerck eut l'intelligence d'encourager ces challenges qui donnaient un côté *hype* à un acte qui ne l'était plus depuis longtemps. Un concours fut même organisé, le Deklerck Express Challenge, avec des récompenses pour ceux qui réussissaient à tromper l'IA.

Gabriel-Bernard Deklerck fut invité sur BFM par un Stéphane Soumier surexcité qui annonça :

— Vous vous posez la question parfois de savoir pourquoi vous écoutez BFM Business. Eh bien, vous allez voir, parce que aujourd'hui on va mettre sur la table les sujets fondamentaux avec mon invité. On va expliquer clairement ce qui est en train de se passer avec la révolution de l'IA dans la grande distribution.

— Nous sommes les plus avancés dans cette technologie, affirma Gabriel-Bernard Deklerck, grâce à Deklerck Express, nos clients gagneront du temps et de l'argent. L'IA va nous permettre de rétrocéder une grande partie des économies réalisées aux consommateurs finaux.

— Incroyable ! s'exclama Stéphane Soumier, au bord de l'orgasme radiophonique, comment l'IA nous fait tous gagner du temps et de l'argent !... Gabriel-Bernard Deklerck, le patron des centres Deklerck, avec nous ce matin sur BFM Business.

Non seulement, venir en hyper n'était plus considéré comme pénible, mais, avec ces challenges ludiques, cela devint même tendance. Je savais ces engouements de courte durée. En attendant, ils donnaient de la visibilité à Turing Technologies.

Les concurrents de Deklerck firent le siège de Turing. Ils étaient prêts à sortir leur carnet de chèques pour s'offrir Quick Shopping. Des groupes britanniques comme Tesco, ou allemands comme Metro AG, étaient également sur les rangs pour s'équiper, car aucune des solutions concurrentes n'avait la même fiabilité que Quick Shopping.

Pour la première fois, je compris ce que cela voulait dire de travailler à coût marginal nul. Nous vendions un forfait d'installation par hyper et facturions une maintenance annuelle alors que notre investissement était depuis longtemps amorti. Les rendements du groupe Turing étaient croissants, générant des profits d'autant plus obscènes que nos solutions techniques innovantes nous donnaient une position monopolistique sur ce système. En peu de temps, nous avions acquis une clientèle imposante dans le secteur de la grande distribution.

Sur certains contrats, la marge nette atteignait le chiffre faramineux de 85 % du chiffre d'affaires. Nos seuls coûts marginaux étaient liés à l'envoi des équipes d'installation de Turing Services composées d'une Clio Diesel et de deux techniciens.

Avec le succès du mégacontrat Deklerck, nous avions tous le sentiment d'être sur une rampe de lancement. Parallèlement, Villeneuve avait créé une nouvelle filiale nommée Turing Local Communities avec d'anciens cadres de Dexia qui démarchaient les municipalités, les départements et les régions.

L'ensemble des collectivités locales étaient soumises à une sévère cure d'austérité. L'État tarissait progressivement leurs ressources pour les contraindre à augmenter une productivité médiocre. Les raisons de ces piètres performances étaient connues : selon la Cour des comptes, dans certaines collectivités locales, le temps de travail hebdomadaire était inférieur à 32 heures et l'absentéisme frôlait les 40 jours par an.

De plus, ces indicateurs se dégradaient chaque année. Étranglés, les élus territoriaux n'avaient plus vraiment d'autres choix que de s'équiper en *solutions numériques*.

Du côté de Turing Technologies, nous avions mis en place un système de gestion centralisée de la production électrique, des algorithmes prédictifs estimaient la production d'énergie renouvelable en fonction de la météo. L'objectif était d'effacer certaines consommations pour équilibrer le réseau sans devoir construire de coûteuses centrales thermiques ne fonctionnant qu'en période de pointe, c'est-à-dire quelques jours par an.

Le coup de génie de Villeneuve pour remporter le marché était toujours basé sur la même martingale : se faire rémunérer avec un fixe faible, voire nul, mais compenser cette concession tarifaire par une rémunération variable calculée en fonction des économies réalisées. En réalité, nos clients sous-estimaient systématiquement les gains générés par nos IA et donc nos revenus futurs.

Une ou deux fois par semaine, Suying venait dormir à la maison. À chaque fois, je sentais mon cœur se remplir d'un étrange bonheur. Au début, elle prenait le métro, mais une tension croissante était perceptible dans les transports en commun : la crainte d'attentats, l'omniprésence de la mendicité, la saleté, les rats. Paris n'était plus que l'ombre de ce qu'elle avait été. La ville s'était endurcie. Les gens étaient à cran, remontés les uns contre les autres, contre le système, contre la municipalité. Une ville malheureuse au bord de la crise de nerfs, prête à en découdre.

Dans les couloirs du métro, il n'y avait plus un seul sourire, personne n'avait de temps à perdre. Les visages se verrouillaient. Les femmes hâtaient le pas en serrant leur sac à main contre elles. Peur des vols, des agressions, de la drague lourde.

Pour éviter à Suying d'être importunée dans le métro ou la rue, je lui demandai de prendre un taxi après une certaine heure. Dès qu'elle arrivait, nous faisions l'amour comme si une urgence s'imposait à nous. Après, elle posait sa tête sur mon épaule et nous parlions de nos travaux. Elle m'écoutait en me caressant les cheveux.

Ce n'est qu'ensuite que nous allions dîner, mais dans le quartier, la situation se tendait, en particulier le soir, quand des toxicos en manque traînaient, l'œil vitreux, cherchant de quoi acheter leurs maudits cailloux. Nous terminions le plus souvent une bouteille de vin. L'alcool nous faisait du bien ; il assouplissait nos esprits rigidifiés par les algorithmes. Ensuite, elle s'endormait très vite. Quand je la regardais, la tête enfouie dans son oreiller, je lui trouvais quelque chose d'une jeune fée morte.

Turing sortait des turbulences ; Villeneuve avait enfin pris la décision de déménager. La Halle numérique affichait complet et nous étions plus qu'à l'étroit. De plus, une entreprise ne pouvait rester qu'un temps limité dans un incubateur. C'était le principe même de la Halle. De toute façon, même en louant la moitié de la Halle numérique, cela n'aurait pas suffi à loger l'ensemble de nos équipes en forte croissance.

En raison des nombreuses agressions que subissait notre personnel installé à Saint-Denis, Villeneuve était moins séduit par *l'énergie de dingue de la banlieue*. Il voulait regrouper géographiquement Turing Technologies avec Turing Services.

L'insécurité du site de la rue Maurice-Thorez avait été identifiée comme la première cause du taux de démission élevé qui touchait les équipes de Turing Services. La deuxième était la tension liée aux nombreuses manifestations qui perturbaient le déploiement de Quick Shopping. La troisième était le management erratique de la Baleine. Or les ingénieurs étaient une ressource rare et précieuse, c'était même le principal facteur limitant de notre développement.

Nous ne manquions pas de clients, nous manquions de personnel capable de développer les applications dont ils avaient besoin. Letelier avait même dû revoir ses réserves envers les élèves de Campus 421. Et je dois avouer, à ma grande surprise, que les jeunes embauchés se débrouillaient à mon avis plutôt pas mal.

Villeneuve était passé d'un extrême à l'autre. Il refusait désormais d'entendre parler de la banlieue, même cossue. Il exigeait que Turing s'installe en plein cœur de Paris. Parodiant de Funès dans *La Folie des grandeurs*, Letelier avait eu un mot amusé pour se moquer du *big boss* :

— Et maintenant, Depraz, flattez-moi...

Outre le prix stratosphérique du mètre carré, une surface si importante était presque introuvable en plein Paris.

En attendant, nous étions de plus en plus à l'étroit dans les locaux de la Halle numérique et nous avions loué à grands frais et pour de courtes durées des surfaces dans le XIIIe arrondissement. Christophe avait décidé de participer à VivaTech Paris, un événement IA y était organisé, qui devait regrouper une soixantaine de spécialistes du secteur sous la houlette de MacKinsey avec pour thème : *AI, our next digital frontier*.

Il nous fit venir dans son bureau. Ses yeux brillaient d'excitation en nous informant qu'une intervention du président de la République était prévue.

— L'événement aura lieu dans le hall 1 du Parc des expositions de la porte de Versailles, la presse spécialisée parle beaucoup de nous, mais le grand public ne nous connaît pas encore. Il faut qu'on apparaisse comme la seule *licorne* française qui a vraiment réussi.

Letelier esquissa un sourire amusé. Il détestait ce genre de happening où des centaines de start-up se bousculaient dans une cohue pénible. La plupart n'ayant pas grand-chose de plus à vendre qu'une vague idée, souvent foireuse.

— Tous ces types se la racontent parce que leur start-up vient d'inventer le coussin péteur en version iOS et Android ou un logiciel ajoutant des oreilles de lapin aux selfies, dit-il en soupirant, applications, dont ils croient sincèrement qu'elles vont sauver la planète et accessoirement les rendre riches. L'espérance de vie des start-up est toujours inférieure à deux ans. Mais l'objectif prioritaire de VivaTech reste d'atteindre la parité dans le numérique, tout ça fait plutôt pitié.

Pour Letelier, les questions de diversité et de parité demeuraient des éléments de langage : les habituelles conneries du marketing éthique qu'il fallait adopter pour ne pas passer pour les *bad guys* du numérique.

Le plus frappant au Parc des expositions, c'était le nombre de stands d'institutions publiques. Chaque région affichait une bannière *French Tech*. Il y avait Provence-Alpes-Côte d'Azur, Hauts-de-France, Occitanie, Nouvelle-Aquitaine... Letelier s'arrêta devant le stand Normandy French Tech qui affichait quant à lui un drakkar fier et conquérant sur son logo. Une hôtesse distribuait des flyers à des lycéens hilares qui la reluquaient.

— Ils sont venus, ils sont tous là, s'amusa-t-il à haute voix, la situation de l'emploi est si catastrophique dans le pays qu'ils en sont tous à venir faire le trottoir pour attirer quelques misérables start-up.

Tout le monde avait entendu parler de la manière avec laquelle les régions s'étaient tiré la bourre pour attirer les investisseurs étrangers au dernier CES de Las Vegas. Le représentant de la région Occitanie en était même venu aux mains avec celui de la région voisine de la Nouvelle-Aquitaine. Plantu, le dessinateur du *Monde*, avait résumé l'affaire en représentant deux prostituées se crêpant le chignon sur le trottoir.

Puis Letelier s'immobilisa, comme pétrifié par un mauvais sort. Physiquement, c'était un type costaud qui en imposait avec ses cheveux grisonnants. Il s'était arrêté devant un stand surprenant par son côté sexy et chic. Tous les sièges en velours rouge portaient la devise « Marc Dorcel Luxure depuis 1979 ». Une animatrice aux longs cheveux noirs distribuait des flyers. Elle avait une peau très blanche et une grande bouche comme une blessure soulignée de rouge à lèvres.

— Même les producteurs de boulards sont venus, je n'y crois pas, maugréa Letelier, c'est vraiment du grand n'importe quoi.

La foule avait commencé à affluer dans les hangars. C'était le premier jour du salon organisé par *Les Échos* et Publicis. Les participants venaient d'une centaine de pays. Une délégation somalienne ne parlant ni français ni anglais avait même réussi à se faire payer le voyage par le ministère des Affaires étrangères sous prétexte de participer à l'atelier : « Afrique, nouvelle frontière de la révolution numérique ».

Aux dires de Villeneuve, les délégués somaliens s'en payaient une bonne tranche aux frais de la princesse dans les boîtes de nuit de la capitale, mais les types n'avaient pas été souvent aperçus dans les allées de VivaTech.

Le Président devait s'adresser à un public trié sur le volet à 11 heures, son intervention serait retransmise sur grand écran dans le hall d'exposition principale et sur le Net, via Dailymotion – et non pas YouTube, pour mettre en avant la French Tech.

L'arrivée du Président fut annoncée par un soudain mouvement de foule. Puis, il apparut sur l'estrade. Sa démarche légère devait, j'imagine, symboliser l'agilité de la French Tech. Jusqu'à présent, il n'avait été pour moi qu'une icône sur un écran plat. C'était la première fois que je le voyais en chair et en os. J'ignorais alors que ce ne serait pas la dernière.

Sur le grand écran, son visage apparut sur un fond bleu assorti à sa cravate. Impeccablement nimbé par la lumière des *sunlights*, il donnait indéniablement une image jeune et enthousiaste du pays.

La foule le scrutait, à la fois méfiante et voulant y croire, se demandant s'il était une simple arnaque de plus ou l'homme providentiel, le Sauveur capable de redresser une situation compromise. J'ignorais comment il s'y prenait pour garder sa détermination et sa désinvolture, alors que dans la Ve République, tout reposait sur le Président.

Il regarda la salle comme quelque chose que l'on va affronter ou dompter. Il avait dans les yeux cette lumière grise qui brillait de manière soutenue. Une détermination inébranlable qui le faisait paraître plus âgé.

Dans un sens, on pouvait le sentir *habité* par quelque chose. Peut-être que certains êtres ressentent un appel à un moment de leur vie. L'appel de Dieu, de la patrie, l'appel d'un amour. Je me demandais quel appel avait pu ressentir un jeune homme brillant, mais inconnu, pour ne serait-ce qu'imaginer pouvoir accéder aussi vite aux plus hautes fonctions de l'État.

Il attendit que le bruissement des conversations fasse place à un silence total, puis il fronça les sourcils avec un air douloureux. L'œil sévère, l'air préoccupé, il se préparait visiblement quelque chose de considérable, *Ladies and Gentlemen*.

Quand un sourire éclaira son visage, toutes les femmes semblèrent aussitôt sous le charme, certains hommes aussi.

— Chers amis, aujourd'hui je suis très heureux d'être à nouveau parmi vous. Chaque année, vous êtes plus nombreux à ce rendez-vous, et vos réussites plus spectaculaires. Il se passe quelque chose en France. Un *momentum* en train de changer le monde. Ce salon est placé sous le signe de l'intelligence artificielle. C'est devenu une banalité de dire que l'IA va transformer l'Humanité. L'Europe a été à la traîne dans la première révolution du numérique, mais la rapidité des évolutions technologiques est telle qu'aucune avance n'est définitivement acquise. Nous avons l'intention, cette fois-ci, de devenir leader dans le domaine. Nous possédons un niveau d'excellence dans certains secteurs, mais aucun pays européen ne peut seul peser sur la scène internationale. La France doit devenir le leader de cette renaissance européenne, nous avons le savoir-faire mathématique, les cerveaux. Et, plus important, nous avons la VO-LON-TÉ.

Il parcourut la salle du regard. Bras tendus, des badauds filmaient avec leurs smartphones.

— La France doit redevenir un pays d'entrepreneurs, reprit-il, nous n'avons pas le choix. Avant de redistribuer la richesse, il faut la produire. Les start-up, c'est très bien, mais nous devons sortir de notre fascination pour le *small is beautiful* pour construire des acteurs ayant la taille critique pour jouer en première division. Je pense à une réussite aussi spectaculaire que celle de Turing Technologies et de son fondateur Christophe Villeneuve.

Il tendit la main dans notre direction. Alors, Villeneuve se leva, je n'arrivais pas à savoir s'il était plus proche de l'orgasme ou de la syncope. Nos principaux concurrents devaient être mortifiés. Le Président se mit à applaudir pendant que le public se levait pour se joindre à ses applaudissements.

À la pensée de ces centaines de paires d'yeux fixées sur nous, le sang me montait aux joues, tandis que Letelier avait rougi jusqu'à la racine des cheveux et paraissait sur le point de succomber à une attaque cardiaque.

Le visage éclairé par un grand sourire, Villeneuve s'inclina plusieurs fois, la main sur le cœur, pour remercier le public. Il n'aimait rien tant qu'être le centre de toute l'attention.

Puis le Président embraya sur son refus de voir l'Europe devenir une colonie numérique, soulignant sa volonté de créer de véritables champions européens capables de faire contrepoids aux GAFA et aux Chinois.

— Il y a eu, expliqua-t-il, une grande naïveté européenne dans le laisser-faire face à des États qui adoptent une stratégie mondiale et soutiennent massivement leurs acteurs privés. L'Europe doit renouer avec une véritable politique industrielle, un colbertisme 2.0. Airbus, le programme nucléaire, le TGV doivent nous servir de modèles. Tout ce que la France a réalisé de grand, c'est avec l'État qu'elle l'a fait.

Je comprenais que l'instabilité des destins individuels semblait s'être désormais propagée aux entreprises, puis aux États. Il termina en rappelant une des conclusions du rapport France IA : « La France doit faire naître des leaders emblématiques en matière d'IA qui structureront les écosystèmes nationaux et joueront le rôle de figure de proue à l'international pour l'ensemble des acteurs français. »

Puis, il conclut son discours en anglais. Ses compétences dans la langue de Shakespeare étaient très supérieures à celles, proprement affligeantes, de son prédécesseur. À chaque intervention en anglais de l'ancien président, de nombreux Français se sentaient envahis par un profond sentiment de honte et d'humiliation.

Villeneuve nous reparla toute la semaine de sa *standing ovation*. On le voyait de plus en plus dans les journaux people en compagnie de stars blacks dont la superbe Imani Mbengue.

— Christophe ne se sent plus, avait lâché un matin Letelier à la machine à café.

~

Nous avions eu vent des difficultés financières de Sciences Po Paris qui s'était lancée dans des projets immobiliers démesurés pour s'installer sur le site de l'hôtel de l'Artillerie dans le VIIe arrondissement. Le dernier rapport de la Cour des comptes épinglait la gestion de la fondation des Sciences politiques qui n'arriverait pas à rembourser le prêt contracté pour financer l'opération : ils devaient vendre ; c'était désormais officiel.

Installé sur les terres de l'abbaye royale de Saint-Germain-des-Prés, le couvent dominicain avait été édifié à partir de 1682. La fondation des Sciences politiques l'avait fait complètement rénover. Les travaux de restauration étaient achevés et le bâtiment était fonctionnel. Moyennant quelques modifications mineures, la solution était idéale pour Turing.

— Tout ça conviendrait parfaitement à une entreprise du numérique en forte croissance, avait souligné le commercial de Nexity.

Installer au cœur du VIIe arrondissement un centre spécialisé en intelligence artificielle donnerait assurément un coup de jeune à l'image dégradée de la capitale française. Une visite fut organisée dès le vendredi suivant. Les locaux modulables étaient luxueux et très bien conçus. La cour ouvrait sur un vaste espace arboré. L'endroit dégageait quelque chose et on s'y sentait tout de suite bien. Peut-être que le *feng shui* de la métaphysique chinoise était connu sous un autre nom par les architectes français.

— Je crois qu'on est abonné à Wilmotte, dit Letelier avec dans le regard une lueur inhabituelle, ça va nous changer de la Halle numérique ; on est obligé de reconnaître qu'ils ont fait du beau boulot et qu'on pourrait en plus emménager très vite.

Les contrats avec le ministère et Pôle emploi avaient permis de multiplier par dix le nombre de détections de fraudes sociales. Le contrat de partage des bénéfices, ou *profit-sharing agreement*, commençait à générer des flux considérables qui faisaient grincer des dents dans les ministères. Une rumeur prétendait que la Cour des comptes s'intéressait tout particulièrement aux contrats signés entre les différentes administrations et Turing Technologies. Certains journaux parlèrent même de contrats léonins et donc requalifiables par un tribunal administratif ou par le Conseil d'État.

Ce qui nous rassura fut que toutes les banques se bousculaient pour nous proposer des prêts dans un environnement où les taux d'intérêt demeuraient très bas. Manifestement, les banquiers n'étaient pas très inquiets.

Le compromis de vente fut signé une semaine plus tard sur la base d'un montant total de 230 millions d'euros. Sciences Po pourrait rembourser son crédit, dégageant également une importante plus-value. De notre côté, nous héritions de locaux rénovés en plein centre. Enfin, la mairie de Paris, garante du prêt de Sciences Po, était libérée de cette épée de Damoclès et elle pouvait s'enorgueillir d'un beau succès en termes d'image. D'autant que nous étions à la veille d'élections municipales qui s'annonçaient désastreuses pour la majorité en place à l'Hôtel de Ville. La mairie proclama partout que Paris allait ainsi devenir une *smart city*.

Ce n'est que bien plus tard que je compris que Villeneuve avait été recalé au concours d'entrée de Sciences Po. Inconsciemment, cette acquisition était sa revanche sur la vieille dame de la rue Saint-Guillaume.

Une fois le contrat final signé, il nous fallut organiser le déménagement. Le plus délicat fut la migration du système d'information qui fut installé dans ce qui devait être un amphithéâtre de cours.

La présidence de la République nous contacta deux semaines avant l'inauguration officielle du siège. Le secrétaire général de l'Élysée expliqua à Villeneuve que le Président serait ravi d'être convié pour cet événement.

— Turing Group est la plus belle réussite européenne dans le domaine du numérique, dit-il, le Président tient absolument à vous témoigner ainsi l'intérêt qu'il vous porte.

Villeneuve crut un moment à un canular, mais un mail de l'Élysée lui confirma que ce n'était pas le cas. Il voulait jouer au type au-dessus de tout ça, mais son excitation n'était pas dissimulable. Il était à peu près aussi crédible dans le rôle du patron détendu qu'une starlette venant d'apprendre que son producteur l'a choisie pour monter les marches du Festival de Cannes en compagnie de Brad Pitt.

Bien sûr, l'étoile du chef de l'État avait sérieusement pâli à la suite de mouvements sociaux qui avaient failli ouvrir une crise de régime. Le cycle économique s'était inversé, les résistances aux réformes libérales étaient d'autant plus nombreuses et virulentes que les résultats se faisaient attendre : le chômage et le déficit budgétaire étaient repartis à la hausse ; la croissance était très faible. La déception était à la hauteur des attentes. Il apparaissait *a posteriori* illusoire, voire naïf, de croire qu'un mandat suffirait à corriger des décennies d'immobilisme et de mauvaise gestion.

J'étais conscient qu'une partie des destructions d'emplois était la conséquence de nos propres projets, et ce n'était que le début de l'hécatombe annoncée : les effectifs dans la grande distribution étaient en chute libre et les premières voitures autonomes en circulation depuis plus d'un an commençaient à faire une concurrence frontale aux chauffeurs de taxi. Ces véhicules travaillaient sans pause, jour et nuit, week-end compris. Leur intelligence artificielle savait les positionner là où une demande était prévisible : la fin d'une séance de cinéma, la sortie des théâtres, la fin d'un match de football.

Les choses se passaient mal. La Fédération nationale des artisans du taxi avait organisé plusieurs manifestations bloquant le boulevard périphérique et l'accès aux aéroports parisiens. Pour la première fois, le Syndicat des chauffeurs privés-VTC s'était joint au mouvement des chauffeurs de taxi.

Un nombre croissant d'actes de vandalisme visant les taxis autonomes avaient d'ailleurs été signalés. Une dizaine de chauffeurs avaient été arrêtés et condamnés à des peines avec sursis.

Mais ce n'était que le début d'une révolution des transports. Les camions et véhicules de livraison autonomes venaient à leur tour d'être autorisés. Or le secteur des transports employait 700 000 personnes. Les syndicats de chauffeurs routiers étaient sur les dents. Ils organisaient barrages filtrants et opérations escargot, menaçant de bloquer les accès aux dépôts de carburants.

Des réunions eurent lieu au ministère des Transports pour tenter de dénouer la crise. À leur arrivée, les syndicats CGT, FO et CFTC expliquèrent aux micros des médias présents espérer que cette *réunion d'échanges* débouche enfin sur des décisions concrètes d'interdiction des véhicules autonomes.

De son côté, le MEDEF affirma que dans un contexte d'ouverture des frontières cette interdiction reviendrait à condamner à mort nos entreprises face à une concurrence européenne déjà largement équipée en véhicules autonomes. Sur RTL, François Lenglet expliqua :

— Prenez l'Allemagne, les entreprises ont déjà trois fois plus de véhicules autonomes que les françaises.

Se comparer aux Allemands avait toujours été le petit plaisir secret et masochiste des Français pour lesquels le succès économique d'un peuple qui avait l'inélégance de porter des chaussettes avec les sandales restait au mieux un mystère insondable et au pire une injustice criante.

Les syndicats évoquèrent des discussions très tendues, affirmant se tenir prêts à de *nouvelles actions*. La SNCF profita de ce bruit médiatique pour émettre un discret communiqué de presse expliquant qu'elle allait tester une conduite en commande double avec IA. Au départ uniquement sur les trains de marchandises et toujours avec un conducteur cheminot pour reprendre le contrôle des opérations en cas d'incident.

Mais derrière ces métiers visibles et emblématiques, de nombreuses autres professions étaient condamnées à court terme, comme la comptabilité ou la vente.

11

Afin de témoigner de sa détermination à lutter contre le réchauffement climatique, le secrétaire d'État au Numérique, dont les bureaux étaient rue Saint-Dominique, vint à pied, accompagné d'une dizaine de journalistes. Il fut reçu par Villeneuve et ils attendirent ensemble l'arrivée du président de la République qui était accompagné du ministre des Finances. Les voitures officielles débarquèrent vers 10 heures du matin.

Villeneuve s'était habillé à la Steve Jobs : pull noir à col roulé St. Croix, jean Levi's 501 et baskets New Balance. Il accueillit le Président avec une déférence que je ne l'avais jamais vu manifester qu'envers Gabriel-Bernard Deklerck. Puis, il résuma l'histoire de la création de Turing Technologies : un bref récit mythologique des origines où il se donnait assurément le beau rôle.

— Il ne faudrait pas le pousser beaucoup pour avoir droit à ses débuts dans un garage de Palo Alto, murmura Letelier à mon oreille.

Je ne pus m'empêcher de sourire. Villeneuve avait incontestablement le sens des affaires et une énergie à revendre, mais malgré cette pugnacité exceptionnelle, se présenter comme un génie de l'informatique revenait à faire du titulaire d'un CAP de cuisinier un grand chef étoilé.

Ses sulfureux débuts dans le sexe numérique avec Cyber-X furent bien entendu soigneusement passés sous silence. Un bref regard complice entre le Président et son secrétaire d'État me fit penser qu'ils n'étaient pas dupes.

— Les anciens supercalculateurs vectoriels de Seymour Cray sont depuis longtemps dépassés, expliqua Letelier se dirigeant vers la salle des machines, désormais les supercalculateurs sont bâtis sur des architectures parallèles.

La délégation pénétra dans la vaste salle Blaise-Pascal. Pour des raisons de sécurité, seuls deux cameramen furent autorisés à suivre la délégation présidentielle. Le *cerveau de Turing Technologies*, comme l'appelait Villeneuve, se composait d'un supercalculateur, dont l'architecture reposait sur la mise en parallèle de milliers de processeurs Intel.

Letelier montra les trois rangées de racks qui contenaient des châssis de neuf lames. Chaque lame comprenait deux nœuds de calcul avec pour chacun deux processeurs. Chaque processeur comprenant à son tour 14 cœurs. Chaque cœur possédait 4 gigaoctets de mémoire.

— La température des processeurs monte à 70 degrés Celsius, expliqua-t-il, nous les refroidissons à 35 degrés grâce à un système DLC pour *data liquid cooling*. Le fluide réchauffé va servir à chauffer les bureaux en hiver.

— Toujours notre souci de développement durable, ajouta Villeneuve pendant que le ministre de l'Économie hochait la tête pour approuver cette démarche écoresponsable.

Letelier pointa un stylo sur les faisceaux de câbles.

— De la fibre optique, le supercalculateur réunit ainsi 2 304 processeurs Intel Xeon E5 à 2,4 GHz, soit 32 256 cœurs de calcul, assistés par 18 nœuds hybrides à base de processeurs Nvidia Pascal.

Perdu dans ses pensées, les mains dans le dos, le Président avançait le regard baissé écoutant religieusement des chiffres qui, j'imagine, ne signifiaient pas grand-chose pour lui.

— L'ensemble développe une puissance crête de 1,4 pétaflop, précisa Villeneuve avec un sourire adressé au Président.

Soudain, le visage présidentiel s'anima.

— Que signifie pétaflop? demanda-t-il en se tournant vers Villeneuve.

La question n'avait pas été posée pour le piéger. Elle exprimait une curiosité sincère, mais Villeneuve blêmit et me jeta un regard désespéré.

— FLOPS pour *floating-point operation per second*, dis-je, c'est l'unité de mesure de la vitesse de calcul. Un pétaflop signifie une puissance crête d'un million de milliards d'opérations par seconde.

— Et comment nous situons-nous? demanda le Président avec un sourire.

Letelier s'arrêta de marcher et se tourna vers la délégation présidentielle.

— Les Chinois viennent de passer les 100 pétaflop; ils visent un exaflop, soit encore un facteur 10, mais cela est un peu fictif, ajouta-t-il.

— Comment cela, fictif? s'étonna le Président.

— Pour parler franchement, il existe actuellement une véritable surenchère entre les nations pour, excusez-moi de l'expression, jouer à *celui qui a la plus grosse*.

Le Président hocha la tête, imperturbable.

— La puissance effective n'est souvent que de quelques pourcent de la puissance crête, continua Letelier, ce qui revient à posséder une Ferrari pour rouler en première. Ce qui compte, c'est la qualité de l'algorithmique, et surtout l'accès aux données pour entraîner un modèle.

Il avança jusqu'aux bras robotisés expliquant que les rangées de disques permettaient un stockage total de 10 pétaoctets avec 5 robots ayant chacun une capacité de 10000 cartouches pouvant chacune stocker jusqu'à une dizaine de téraoctets, voire une trentaine en mode compressé.

— Le robot insère les cartouches dans le lecteur. Des études montrent que la mémoire humaine ne dépasse pas un gigaoctet, ce qui signifie qu'ici nous stockons l'équivalent de la mémoire de 10 millions de cerveaux humains.

Le Président était blême. Nous passâmes devant les serveurs sans un mot. Il était clair que nous les avions assommés avec notre jargon technique. De plus, nous étions en retard pour la suite du programme.

La visite terminée, notre long convoi avec gyrophares traversa la Seine au niveau du pont de la Concorde. Depuis les quais, on pouvait voir les nuages faire la course dans l'eau. La perspective liquide qui fendait la ville en deux au niveau du pont Neuf m'évoqua un sexe de femme et je ne pus m'empêcher d'avoir une brève pensée pour Suying.

Tout en elle me semblait précieux, ses yeux en fente, sa bouche aux lèvres bombées, son sexe si étroit, sa peau soyeuse, sa façon si déterminée et joyeuse d'envisager la vie.

Une table avait été dressée dans le salon vert de l'Élysée. Une présence intemporelle et légèrement lugubre semblait hanter ces murs qui avaient vu défiler des théories de présidents, de rois, de généraux. Ici, la France avait connu victoires et défaites. Elle avait construit un empire et avait fait trembler l'Europe.

Comme Stefan Zweig dans *Le Monde d'hier*, j'étais convaincu que tous les malheurs de l'Europe trouvaient leur origine dans la Première Guerre mondiale. Cette source du mal avait conduit au communisme, au fascisme et à la Seconde Guerre mondiale suivie de la dislocation des empires coloniaux européens.

Plus que jamais, en ces lieux fastueux, le contraste entre le présent et le passé vous sautait au visage. La France avait été un pays prospère à l'époque où l'agriculture constituait la principale source de richesse. Le climat tempéré lui avait donné une supériorité économique et démographique sur ses voisins du Nord. Mais quand était venu le temps de l'industrie et du commerce, des nations au climat ingrat, comme les pays nordiques ou alpins, n'avaient eu aucun mal à supplanter le vieux royaume de France.

Le président de la République, son ministre des Finances et le secrétaire d'État au Numérique assisteraient au déjeuner avec, de notre côté, Villeneuve, Letelier et moi-même. Le Président s'était isolé près de la fenêtre pour passer un coup de fil. Il parlait à voix basse en fixant le jardin. Le ton me semblait affectueux, peut-être était-ce son épouse, ou alors une maîtresse. J'avais longtemps été convaincu que l'emploi du temps d'un chef de l'État ne laissait que peu d'interstices pour ce genre de relations adultères. Mais plusieurs présidents avaient prouvé le contraire.

Le regard présidentiel fixait un point lointain dans le jardin. Peut-être un arbre, un jardinier ou une chose morte. Sa conversation terminée, il s'approcha de nous et demanda :

— Parlez-nous un peu de la loi de Moore.

La banalité de la question m'alerta. Mon instinct me disait qu'un responsable de son importance ne recevait pas des cadors du numérique pour leur parler de la très basique loi de Moore.

— Cette loi a été formalisée en 1965 par Gordon E. Moore, dit Letelier, pendant que les convives éventraient leur œuf poché au saumon.

Le chef de l'État posa sa fourchette pour lui consacrer toute son attention.

— Moore était alors ingénieur chez Fairchild avant de fonder Intel. Sa loi empirique établit tous les 18 mois un doublement des capacités des microprocesseurs associé à la baisse de moitié de leur coût. Une courbe vérifiée depuis 1959. Mais cette loi empirique a désormais atteint un palier.

— Pourquoi, monsieur Depraz ? dit le Président en se tournant vers moi.

— Pour des raisons physiques, dis-je, le nombre de transistors que l'on peut graver sur une puce dépend de la finesse de la gravure des plaques. Celle-ci atteint déjà les 10 nanomètres, soit une trentaine d'atomes, sous ce seuil, nous nous heurtons au mur de la taille atomique et des phénomènes quantiques se produisent, rendant difficile le contrôle des fonctions d'onde.

Je vis que j'allais les perdre et je fis une pause.

— C'est un problème ? demanda le secrétaire d'État.

J'échangeai un regard avec Letelier qui me fit signe de répondre.

— Depuis un moment déjà, nous nous heurtons à un problème de capacité de calcul. Nous avons besoin d'une combinatoire toujours plus grande, alors que la puissance des machines plafonne en raison de cette limite physique.

— Quelles solutions existent selon vous ? demanda le Président.

Il avait lancé un regard interrogateur à Villeneuve, mais celui-ci était depuis longtemps hors jeu. Il pouvait parler de politique commerciale, mais la technique le dépassait. Il y eut un silence et je me crus obligé de répondre.

— Si vous voulez le fond de ma pensée, dis-je, pour moi, il n'existe pas trente-six solutions, il va vite devenir impératif de passer au calcul quantique.

Un moment, nous nous fîmes face, les yeux dans les yeux. Le temps pour que la sensation auditive enregistrée par leurs cerveaux forme un ensemble cohérent. Pour une raison que j'ignore, le Président échangea alors un bref regard avec son secrétaire d'État.

— Pouvez-vous nous expliquer cela ? demanda le ministre des Finances.

Le signal d'alarme se fit plus insistant. Ils ne nous avaient pas fait venir pour commenter la loi de Moore. Pourquoi étions-nous là ? Que voulaient-ils savoir qu'ils ne pouvaient obtenir directement ?

Je décidai de rappeler quelques notions de physique quantique.

— Les théories dites « quantiques » décrivent le comportement des atomes et des particules – ce que la physique classique n'a pas pu faire. L'atome ne se comporte pas comme un système classique susceptible d'échanger de l'énergie de façon continue. Il ne peut exister que dans un certain nombre d'états stationnaires ou états quantiques ayant chacun une énergie bien définie. Un certain nombre de ses caractéristiques, comme l'énergie émise par un atome, sont *quantifiées*, c'est-à-dire qu'elles ne peuvent prendre leur valeur que dans un ensemble limité de résultats. L'ordinateur quantique consiste à profiter de ces caractéristiques pour obtenir une puissance de calcul considérable.

Je marquai un temps pour m'assurer que tout le monde suivait et décidai d'aborder ensuite le terrain plus ardu du calcul quantique.

— En principe, c'est assez simple. Un transistor classique en silicium peut se trouver sous deux états de polarisation symbolisés par 0 et 1. Une machine quantique utilise les propriétés quantiques de la matière, telles que la superposition et l'intrication. Elle travaille sur des qubits dont l'état quantique peut posséder *plusieurs valeurs*. Les ordinateurs classiques butent rapidement sur des problèmes complexes comme les simulations numériques ou la cryptographie en raison de l'explosion combinatoire. Ils ne pensent tout simplement pas de la bonne manière. Le binaire fait du calcul séquentiel, alors que nous avons besoin de calcul holistique.

Les trois hommes politiques semblaient un peu perdus.

— Prenons un exemple, si je cherche dans une foule les personnes qui ont voté pour la majorité présidentielle et parlent le suédois, l'informatique classique va interroger chaque individu en notant les numéros de ceux qui répondent oui aux deux questions. Dans le calcul holistique, le système demande aux individus qui satisfont aux deux conditions de s'identifier.

— Je vois, dit le Président, je n'avais jamais entendu parler de ce concept.

— Le calcul quantique est né dans les années 1970 par *retournement* dans le cerveau de physiciens tels que Richard Feynman, fis-je remarquer. Son idée était : « Au lieu de nous plaindre que la simulation quantique demande une énorme puissance de calcul, utilisons celle-ci pour dépasser nos ordinateurs actuels. »

— Astucieux, commenta le secrétaire d'État, qui tenait à marquer qu'il était, quand même, censé être le scientifique du groupe.

— Et qui produit ces machines ? demanda le ministre des Finances.

— Pour l'instant, personne, dis-je. La difficulté majeure concerne la réalisation de l'élément de base : le qubit. Le phénomène de décohérence, c'est-à-dire de perte des effets quantiques à l'échelle macroscopique, freine leur développement. Le premier vrai processeur quantique a été créé en 2009 à l'université Yale, mais il ne comportait que deux qubits.

— C'est très insuffisant, ajouta Letelier, l'enjeu est pourtant considérable. Un calculateur quantique de plus de 300 qubits permettrait, selon le physicien David Deutsch, de calculer plus rapidement qu'un ordinateur classique plus grand que l'univers observable lui-même.

Les trois hommes politiques venaient de s'immobiliser. Il régnait un soudain silence de mort dans le salon vert. Le ministre des Finances semblait pétrifié à l'autre bout de la table, ses yeux comme deux billes bleues perdues dans l'hyperespace. L'image avait indubitablement marqué. Et, en toute indépendance de son cerveau pétrifié, le Président s'entendit demander :

— Et actuellement, où en sont les chercheurs ?

— Difficile de le savoir, dis-je, en raison du secret qui entoure ce domaine. Google prétend faire fonctionner un calculateur à 49 qubits. Si c'est exact, Google atteindra alors *la suprématie quantique*, c'est-à-dire la capacité de réaliser des calculs inatteignables avec des machines binaires et surtout la possibilité de casser tous les mots de passe. La magie du qubit est que l'ajout de 1 a pour conséquence de multiplier par 2 la capacité théorique de calcul sous-jacente. Cependant, la principale difficulté est de maintenir la cohérence de l'environnement. Avec plus de 300 qubits, il serait possible de simuler toute la formation de l'Univers et peut-être même de prédire son avenir selon l'hypothèse de Laplace. Reste l'obstacle de la décohérence qui impose de fonctionner à des températures proches du zéro absolu. Mais la surprise pourrait venir de Microsoft qui a recruté Michael Freedman, médaille Fields 1986.

— Nous aussi, nous avons des médailles Fields, dit le chef de l'État d'une voix soudain plus souriante.

— Je sais, dis-je, comme Cédric Villani.

Le jeune président hocha la tête, il était très fier de cette prise de guerre. Généralement, les scientifiques se préoccupaient peu de politique, non qu'ils la méprisent, mais elle leur semblait un univers intellectuel particulièrement pauvre. Villani avait fait exception à cette règle.

— Microsoft fait le pari d'un ordinateur quantique topologique reposant sur le fermion de Majorana. Un pari complètement dingue, car l'existence de ce fermion théorisé en 1937 n'a été prouvée qu'en 2012. Microsoft développe un langage de programmation quantique, connu sous le nom de LiQuid.

— Personne en Europe ? demanda le chef de l'État. Le front noué par la concentration, il semblait soudain accablé de soucis.

— Si, dis-je, les Néerlandais du QuTech ont publié un article dans *Nature* faisant état d'un processeur basé sur les bits quantiques de spin du silicium. Intel a récemment produit des puces de 17 qubits gravées sur du silicium avec une technologie dite « en points quantiques ». QuTech les teste actuellement.

Avec une amertume dans la voix qui me surprit, le Président se tourna vers ses ministres.

— Les Européens engloutissent un pognon de dingue dans la recherche, mais, quand il s'agit de trouver un partenaire industriel, ils se tournent systématiquement vers les Américains.

— N'oublions pas les Chinois, souligna Villeneuve, même si personne ne sait vraiment où ils en sont.

Le locataire de l'Élysée semblait abattu. Si l'ambition européenne avait été initialement au centre de son projet, le peu d'enthousiasme de ses partenaires européens et la défection italienne avaient eu raison de ses résolutions. Il en parlait désormais avec la rancœur d'un amoureux éconduit. Les déceptions sont souvent à la hauteur des anciennes passions. Il nous fixa et dit :

— Dites-moi ce dont vous avez besoin pour passer la surmultipliée.

— Nous aurions besoin d'accéder à la technologie des memristors, des composants qui miment le fonctionnement d'une synapse, c'est-à-dire la terminaison d'un neurone, et permettent un apprentissage autonome. Une équipe de l'université de Kiel est très en avance sur le sujet. Leurs derniers résultats ont été publiés dans *Nature*, le 3 avril 2017. Ces nanosynapses peuvent reconnaître des formes de façon autonome, l'installation de ces composants dans des réseaux neuronaux représenterait une étape cruciale pour concevoir des systèmes autoadaptatifs et constituerait une avancée majeure dans les algorithmes de vision artificielle.

— Donc, les Européens possèdent toutes les technologies nécessaires, souligna le Président en écartant les mains.

— C'est exact, dis-je, de manière dispersée. Mais nous avons surtout besoin de puces quantiques, soit topologiques, basées sur le fermion de Majorana, soit sur la technologie Intel testée par le QuTech à Delft.

— Chaque pays espère s'en sortir en faisant cavalier seul, mais la seule solution, c'est l'Europe, martela le chef de l'État d'une voix impérieuse.

— Mais le *hardware* n'est pas tout, dis-je, il nous faut également un langage de programmation quantique. Microsoft a développé LiQuid et nous savons que la société Atos travaille sur Atos Quantum Assembly Language, une sorte d'assembleur approprié.

— Je connais personnellement Grégory Lenormand, se rengorgea le ministre des Finances qui tirait une certaine vanité de son parcours, il était aux Finances lorsque j'étais directeur de cabinet à Matignon.

Il fixa le Prince Président avec une pointe de fierté et ajouta, pour mieux se faire mousser: «Je me fais fort d'organiser une réunion de travail. Il faudrait associer également Serge Haroche, le Prix Nobel de physique. Il a beaucoup travaillé sur la manipulation des systèmes quantiques individuels.»

— L'autre enjeu qui nous préoccupe, dit le Président, est en rapport avec la cybersécurité. Nous comprenons que ses capacités de factorisation permettront à une machine quantique de casser les codes cryptographiques.

— C'est tout à fait exact, dis-je, avec l'algorithme quantique de Shor et un calculateur quantique, il devient possible de casser toutes les clés de chiffrement. Certains parlent même d'apocalypse quantique.

— « Apocalypse Now», lâcha Villeneuve, passablement émoustillé par le vin.

— Même les clés d'accès aux systèmes militaires? demanda le Président.

Dans ses yeux, l'éclat européen avait disparu, remplacé par une sourde inquiétude. J'acquiesçai d'un hochement de tête.

— Oui, mais pas seulement. Cela inclut tous les systèmes utilisant un chiffrement: RSA, ElGamal ou Diffie-Hellman. Ces algorithmes cryptographiques asymétriques garantissent aujourd'hui le bon fonctionnement d'Internet. Ils protègent les pages web, les messageries électroniques et la plupart des données. Celui qui parviendra à casser ces protections possédera un accès illimité au monde numérique, une suprématie sur le reste du monde, une sorte de réédition de l'exploit réalisé lors du décodage d'Enigma.

Le sourire du Président avait laissé la place à une colère outragée.

— En 2018, le groupe Bilderberg a identifié l'intelligence artificielle et l'informatique quantique dans ses principaux thèmes de réflexion. Nous y sommes. Pas question de se laisser supplanter dans ces domaines. La dissuasion nucléaire nous coûte chaque année 3 milliards d'euros. Le cassage des codes nucléaires serait une catastrophe.

Une expression grave dans les yeux, il fixa longuement chacun de nous comme pour s'assurer que nous étions conscients de l'enjeu.

— C'est une question de sécurité nationale et de croissance économique. Mais nous ne voulons pas développer ces projets au ministère des Armées.

— Ils en seraient d'ailleurs bien incapables, dit le ministre des Finances avec un gloussement gênant, quand on voit le désastre du logiciel de paie Louvois.

— Et surtout, développer un système au ministère apparaîtrait forcément comme une démarche agressive, alors que chez un opérateur privé… En plus, vous êtes à deux pas du centre de commandement souterrain situé sous le boulevard Saint-Germain.

Il esquissa un sourire dans lequel je devinais le maquignon rusé.

— Nous pourrions vous aider à développer cette machine et ensuite accéder à sa puissance de calcul pour protéger nos systèmes nucléaires. Nous pourrions également l'utiliser pour les robots militaires.

Je comprenais soudain que nous venions d'atteindre le point nodal de la discussion. Là où, dès le début, ils avaient voulu nous amener. Tout le reste, les questions de Candide n'avaient été qu'un simple habillage.

Un serveur entra avec des galettes de sarrasin fourrées au foie gras et aux truffes. Deux bouteilles de crozes-hermitage succédèrent au chardonnay. Le Président goûta le vin avec une expression de profonde satisfaction.

— L'intelligence artificielle sera la prochaine machine de guerre du monde, dit-il, toutes les puissances majeures sont engagées dans la course au quantique et à l'intelligence artificielle militarisée, à commencer par la Chine et les États-Unis, sans oublier la Russie ou l'Inde. Certains idéalistes soulignent les problèmes éthiques qu'il y a à s'engager dans cette voie. Je comprends ces craintes, je les partage en partie, sauf que la France n'a jamais conçu de politique militaire agressive contre qui que ce soit. Si nous restons en marge de ces évolutions, nos armées deviendront vite obsolètes.

Il s'était redressé ; je lui trouvais une forme de majesté dans la posture.

— En tant que chef des armées, mon devoir est de préparer la France à l'inéluctable. Dès l'instant où d'autres puissances s'engagent dans cette course, il n'est plus question d'éthique ou de principe de précaution. Depuis des années, les groupes français délocalisent leur recherche là où la réglementation est la plus souple. Nous assistons à une forme de « désistement des cerveaux ». Or il n'y a rien qui ne soit dangereux. Vivre est dangereux. Les nations qui resteront en marge de cette révolution deviendront des puissances mineures condamnées à faire de la figuration. De simples colonies numériques. La réticence européenne envers les robots de combat guidés par des IA conduit à une dangereuse impasse. La guerre s'apprête à connaître sa plus grande mutation historique avec la robotisation du champ de bataille et l'émergence d'IA militaires qui surpassent en toutes choses les capacités humaines. Dites-moi quel père accepterait d'envoyer son fils à une mort certaine face à des IA militaires chinoises ou russes ? J'ai le devoir de ne pas être naïf.

12

Il était 16 heures quand je franchis le portail de la cour d'honneur. Je disposais de quelques heures avec l'état d'esprit d'un étudiant qui apprend l'absence d'un professeur.

Sur le trottoir d'en face, des badauds faisaient des selfies avec l'Élysée en arrière-plan. Je mis mes pas dans ceux d'un couple qui flânait, main dans la main. Ils étaient si beaux qu'ils auraient pu poser pour une de ces campagnes lancées par le ministère du Tourisme pour faire revenir les étrangers après la dernière vague d'attentats islamistes.

Le ciel était d'un bleu rare à Paris et mes pas traversaient les plus beaux quartiers de la capitale. Ici, la Ville lumière ressemblait encore un peu à l'image idéalisée qu'on s'en faisait dans le monde. Des touristes profitaient de ce soleil d'automne pour faire les vitrines, d'autres s'attardaient en terrasse. Les commerces pour riches se succédaient : La Maison du Chocolat, Pierre Hermé, Mariage Frères, Chanel. Une boutique vendait des tablettes de chocolat présentées comme de la joaillerie – des objets profilés au conditionnement minimaliste. Comme si les orfèvres de la place Vendôme s'étaient lancés dans la confection de chocolats et de macarons.

Dans ce monde qui s'appauvrissait rapidement, je prenais conscience que je ne faisais plus partie des classes moyennes, mais je ne parvenais pas pour autant à modifier mon comportement, à me laisser aller à des dépenses inutiles. Être né pauvre marquait d'une empreinte indélébile comme une vieille malédiction qui ne vous lâchait jamais vraiment.

Et puis, ma richesse n'était encore que virtuelle. Turing Technologies n'était pas cotée et aucun dividende n'avait encore été distribué, puisque les bénéfices de l'entreprise étaient totalement réinvestis. L'acquisition de l'Artillerie, l'installation du nouveau technocentre et les embauches massives avaient fait un sacré trou dans la trésorerie de l'entreprise.

J'avais cependant conscience qu'après le mégacontrat avec Deklerck cette journée marquait une nouvelle étape dans le développement de Turing Technologies. Désormais, nous étions devenus un acteur central de l'intelligence artificielle. Avec le soutien de l'Élysée, nous pouvions espérer passer la vitesse supérieure et brûler les étapes.

Tout comme un amour nécessite des preuves d'amour, la théorie du réveil de la *start-up nation* exigeait de véritables preuves de réussites industrielles pour être validée et alimenter le *storytelling* présidentiel qui voulait démontrer que la France était encore capable de jouer dans la cour des grands du numérique et d'être la première nation à atteindre la suprématie quantique.

Autour de moi, le monde continuait son mouvement quotidien. Des taxis automatiques s'arrêtaient le long des trottoirs pour déposer des clients. Les tarifs des courses avaient été divisés par deux. Autour de cet hypercentre branché sur les flux de la mondialisation, une gigantesque périphérie sombrait dans une précarité croissante, le déclassement gagnait les classes moyennes comme une lèpre inexorable et le secteur public n'apporterait aucun répit. Pour des raisons budgétaires, de plus en plus de municipalités optaient pour les solutions proposées par notre filiale Turing Local Communities. Les gains de productivité considérables qui en résultaient se traduisaient par un effondrement des effectifs de fonctionnaires territoriaux.

Petit à petit, les réserves d'emploi s'asséchaient comme des mares en pleine canicule. Des emplois plus rares que l'eau en plein désert. J'avais beau chercher, je ne voyais rien qui puisse stopper ce puissant mouvement de progrès technique, il s'inscrivait dans le sens de l'histoire. J'étais bien placé pour savoir que ce n'était que le début. Nous étions en train de produire de nouveaux algorithmes capables de traiter les risques dans le secteur des assurances et des banques.

À l'instar de la lutte contre la fraude sociale, nous avions adapté nos programmes pour détecter les nombreuses fraudes à l'assurance et pour évaluer les risques de crédit d'une manière plus fine que celle des analystes humains. Nos méthodes permettaient d'optimiser les fonctions de *scoring* en supprimant les biais cognitifs, ces déviations de la logique par rapport à la réalité.

Le marché des banques et des assurances était tout simplement gigantesque et les plans sociaux le seraient tout autant. Dans les tours de la Défense, les traders qui déjeunaient d'un sandwich, les yeux rivés à leurs écrans Bloomberg, devenaient salement nerveux. Les banques pratiquaient la tolérance zéro : au moindre échec, à la moindre sortie de route, les têtes tomberaient et une IA vous remplacerait.

Difficile, dans ces conditions, de suggérer aux cadres de prendre des risques. Les salariés s'observaient en chiens de faïence, se demandant qui serait le prochain. François Guérin m'appela un jour. Nous nous sommes retrouvés au *Père Louis*, près de l'Odéon.

Il avait la tête d'un type qui va mal.

— J'ai connu la grande distribution, m'expliqua-t-il comme un poilu aurait évoqué Verdun, pourtant, je n'ai jamais été aussi maltraité de toute ma carrière par des supérieurs qui, eux-mêmes, sont sur des sièges éjectables.

En l'écoutant, je prenais vraiment conscience que l'IA était en train de rebattre les cartes à une vitesse telle que des secteurs entiers étaient déstabilisés. Jamais la vitesse de pénétration d'une nouvelle technologie n'avait été si fulgurante. Au point où des jeunes gens qui commençaient à peine leur carrière réalisaient que leur métier était déjà en train de disparaître.

Jamais les salariés n'avaient accumulé autant d'humiliations, de frustrations. Un peu partout, de gigantesques charrettes se préparaient, des ruptures conventionnelles massives qui touchaient des dizaines de milliers de personnes.

Turing Tech se nourrissait copieusement de ce mouvement. Notre rémunération était souvent proportionnelle aux réductions de coûts que nos algorithmes permettaient. Des économies qui étaient la simple traduction dans les comptes d'exploitation de colossaux plans sociaux.

L'enjeu dépassait l'Hexagone, ou même l'Europe. Afin d'accélérer notre déploiement international, nous avions créé des filiales aux États-Unis, en Chine et à Singapour. Pour contourner la lourdeur des fiscalités nationales, une holding de tête venait d'être créée aux Pays-Bas avec de nombreuses filiales aux îles Vierges britanniques. Grâce à ces montages aussi légaux qu'obscènes, nous espérions, selon les mots mêmes de Villeneuve, « payer moins d'impôts qu'un gérant de station-service ».

Si le développement des algorithmes et les phases d'apprentissage étaient des processus longs et chers, le coût de réplication et d'exécution d'une solution logicielle était proche de zéro. En ce sens, l'intelligence artificielle ne se distinguait pas du numérique : c'était une industrie à coût marginal nul. Produire mille applications ne coûtait pas plus cher qu'en produire une seule. L'importance de l'investissement initial constituait une véritable barrière à l'entrée, et le volume de ventes permettait une forte diminution des coûts unitaires : deux éléments favorisant les acteurs déjà en place.

De plus, il était fréquent que nous réutilisions des parties de programmes développés pour un secteur dans un autre domaine d'activité comme ces constructeurs automobiles qui partagent des organes mécaniques derrière des carrosseries et des marques différentes.

À chaque fois, nos algorithmes connaissaient un succès fulgurant. Notre chiffre d'affaires nous permettait d'attirer les meilleurs ingénieurs grâce à une généreuse politique salariale. Un cercle vertueux que rien ne semblait pouvoir entraver. Jamais Turing Tech n'avait paru si puissante qu'en cette fin d'année 2019.

Les atouts des IA faisaient tourner les têtes, tout le monde se les arrachait : les entreprises, les responsables politiques, les instituts de recherche. Une technologie qui offrait des perspectives économiques illimitées à ceux qui sauraient s'en emparer. Et un déclin rapide et inexorable pour les autres.

La plupart des patrons de PME commençaient à céder à l'affolement général, à faire des cauchemars, s'imaginant *disrupter* par de nouveaux entrants dopés à l'IA.

Lors d'un comité de direction, Villeneuve déclara :

— Les petits patrons sont en pleine panique. Des lapins zigzaguant dans les phares sur l'autoroute un soir de grand départ, il devient impossible de prévoir leurs réactions. Ces types ne savent plus où ils habitent et, croyez-moi, c'est dans ces moments qu'il y a le plus de fric à se faire.

Sous le prétexte que l'IA devait irriguer toute l'économie, il eut l'idée de génie de créer une nouvelle division consacrée à ce segment de marché et nommée TS4S pour *Turing solutions for SME*. D'intrépides commerciaux payés à la commission démarchaient ces petits patrons peu au fait du numérique, leur proposant d'être les *propres disrupteurs de leur secteur*, passant ainsi du statut de proie potentielle à celui, plus valorisant, de prédateur.

Dans la réalité, ces voyageurs de commerce vendaient surtout du logiciel, des applications souvent anciennes abusivement rebaptisées du nom vendeur de *AI solutions for small businesses*. Très vite, ce pôle devint pour Turing ce que la matrice du Boston Consulting Group nomme une *cash cow*, une vache à lait. Dans les milieux financiers, des chiffres faramineux circulaient quant à la valorisation de Turing Group. Quitter le secteur public m'apparaissait, *a posteriori*, comme la décision la plus pertinente de toute mon existence. Jamais mon avenir financier ne m'avait semblé si radieux.

La société gagnait beaucoup d'argent avec les applications que nous étions en train de commercialiser un peu partout sur la planète. Mais plus que les autres, j'étais sensible à la destruction d'emplois absolument terrifiante que cela entraînerait. Peut-être en raison de mes origines sociales. Je savais d'où je venais et je n'arrivais pas à oublier le désespoir de ces femmes de Creil.

À la devanture d'un kiosque, entre un numéro du *Point* sur le salaire des cadres et un de l'*Obs* intitulé *Immobilier, le moment d'acheter*, une couverture de magazine un peu différente attira mon regard ; elle représentait une sorte de robot avec un cerveau mi-biologique mi-machine.

C'était l'*Express* qui publiait un numéro spécial : *Intelligence artificielle*. D'autres médias imaginaient l'IA sous la forme d'un monstre globuleux profondément enterré sous terre, avec des milliers de tentacules numériques, une pieuvre digitale contrôlant un univers d'humains asservis.

J'ai acheté un exemplaire avant de chercher un café où le lire tranquillement. Près du métro Palais-Royal, le café *Le Nemours* était toujours là, et encore plus élégant que dans mon souvenir. Il avait dû être rénové depuis les années 1990.

Je me suis installé en terrasse comme l'aurait fait un riche touriste étranger visitant Paris. J'ai feuilleté sans illusion l'hebdomadaire. Comme je le craignais, les auteurs alignaient tous les clichés usuels avec l'inévitable interview de Laurent Alexandre qui, aussi glaçant que d'habitude, prophétisait à plus ou moins brève échéance rien de moins que *l'obsolescence humaine*.

Depuis maintenant quatre ans, les médias bombardaient leur lectorat d'annonces sensationnelles et ces prospectivistes autoproclamés que détestait Villeneuve dépeignaient un futur dystopique. Des prévisions qui, souvent, en disaient beaucoup plus sur leur humeur du moment que sur l'avenir des intelligences non humaines.

Le marketing de journalistes paresseux rencontrait celui d'acteurs du numérique toujours prompts à se faire mousser. Pétrifié d'extase et de terreur devant l'émergence des machines, le public ne savait plus à quel saint se vouer. La terreur numérique faisait vendre et, sur les couvertures des hebdomadaires, d'inquiétantes machines intelligentes imaginées par de talentueux artistes avaient remplacé les femmes voilées ou les barbus cruels.

Aujourd'hui, alors que je ne sors du refuge que le soir pour marcher jusqu'au promontoire qui domine la vallée, cette belle journée d'octobre me fait un peu penser à l'œil du cyclone : cet étrange instant suspendu où l'on croit que la tempête s'apaise alors qu'en réalité elle vous cerne de toutes parts. Un intermède magique dont il fallait profiter tant les menaces, encore invisibles, se massaient derrière la ligne d'horizon.

La grande tasse fumante du chocolat est arrivée avec un petit financier dont la principale fonction était de justifier le prix exorbitant de l'ensemble. Quand j'ai approché l'épaisse faïence de mes lèvres, le parfum amer de la cardamome et du cacao m'a aussitôt plongé dans un doux ravissement, provoquant une bouffée de nostalgie presque douloureuse : des caillots de mémoire remontaient à la surface, venus de cette époque bénie où la vie n'était encore qu'une promesse et où mes espoirs n'avaient pas encore été déçus par la dure réalité de la vie professionnelle.

J'eus un bref coup d'œil en direction de la rue. La force du souvenir me fit tourner la tête au moment où une cliente s'avançait dans la lumière douce du café. Une force qui n'avait rien de matériel, comme une claque ou un coup de poing ; une force qui ressemblait plutôt à cette étrange impression du temps qui revient sur lui-même que l'on appelle, à défaut de mieux, *déjà-vu*.

C'est une impression que j'avais déjà ressentie une ou deux fois dans ma vie, mais jamais elle ne m'avait frappé à ce point. Je me souvenais de tout, maintenant, avec la plus grande clarté.

Juillet 1993. Je venais de passer mes oraux des concours aux grandes écoles. J'attendais, fébrile et inquiet, les résultats. Je marchais dans les rues de cette ville qu'alors je ne connaissais pas et qui me semblait si belle. Paris m'offrait la promesse d'un été plein de terrasses ensoleillées. Une ville étrange où des jeunes filles se promenaient en robes courtes pour mieux troubler les regards des hommes. Jamais Paris ne fut si éblouissante que cet été-là.

J'ai respiré avec bonheur les arômes épicés, j'ai laissé l'amertume légère du chocolat me pénétrer d'une ivresse raffinée, fermant les paupières pour mieux apprécier l'intensité capiteuse du mélange crémeux.

Comme le sucre dans ma tasse de chocolat, je sentais le mur du temps se dissoudre pour perdre toute consistance. Une sensation enivrante, comme une clé ouvrant les coffres oubliés de ma mémoire.

Juillet 1993, je m'étais alors arrêté dans ce même café à la table voisine d'une jeune femme vêtue d'une de ces robes légères en coton imprimé que portaient alors les actrices qui jouaient dans *Friends*.

Les années de classe préparatoire, ce prolongement du lycée, étaient derrière moi. J'avais dix-neuf ans et, l'année prochaine, je serais à Paris avec toute la vie devant moi.

Jusqu'à présent, j'avais cru que les élèves de math spé n'étaient autorisés à aimer les filles qu'en rêve. Toute velléité amoureuse était systématiquement moquée à l'internat avec ce médiocre mantra : « Spé maqué, concours raté ». Même les classes de math spé n'échappaient pas aux cruelles lois statistiques qui gouvernaient l'univers.

Ma jolie voisine lisait un roman. Une de ces filles aux beaux yeux limpides sur lesquelles devaient se retourner les garçons dans la chaleur complice de juillet. Elle ne portait manifestement pas de soutien-gorge sous son chemisier. Il suffisait de voir de quelle manière la pointe de ses seins se dessinait sous le coton. Par pudeur, j'avais baissé les yeux, mais le bref reflet du soleil sur la chaînette en or au-dessus de son escarpin droit avait suscité en moi quelque chose de plus primitif que simplement du désir.

Je sus alors, assis dans ce café sous le chaud soleil de juillet, que cette vision resterait à jamais gravée en moi. Elle avait levé les yeux de son livre pour contempler la rue d'un regard à la fois amusé et curieux. Je savais qu'en réalité c'était moi qu'elle observait. Difficile de dire comment je le savais, mais le fait était là.

J'ignore où j'ai trouvé le courage de lui adresser la parole. Peut-être son sourire ou son visage qui, de simplement joli, était devenu ravissant. Nous avions bavardé ; j'avais découvert une jeune fille résolue à vivre une vie magnifique. Elle dégageait une sensualité que je n'avais pas soupçonnée au premier abord. Peut-être sa généreuse poitrine, aussi loin que je me souvienne, j'ai toujours aimé les seins... ou ces histoires de phéromones que l'on n'a même pas conscience de sentir.

Je l'avais raccompagnée dans les rues inondées de cette lumière des longs soirs d'été que Paris offre en juillet. Les souvenirs affluaient à la surface de ma mémoire. Quand j'avais appris mon admission rue d'Ulm, ce fut la première personne que j'avais appelée. C'était le 13 juillet, et nous étions allés danser dans un de ces bals de pompiers qui font la joie des Parisiens et des touristes. Elle et moi allions avoir vingt ans. Comment à cet âge ne pas être dans l'attente de quelque chose ?

Après un slow, elle avait approché son front du mien. Jamais je n'avais connu un tel désir. J'étais sans force. J'aurais dû m'enfuir, mais il était trop tard. Son corps contre le mien, que pouvais-je faire ?

Alors, je l'avais embrassée. Ou plutôt c'est elle qui m'avait embrassé durement sur la bouche. Nouant ses bras autour de mon cou, me serrant sauvagement, fermant ses yeux d'où coulaient des larmes. Aucun son ne franchissait ses lèvres. J'étais subjugué par cette sensation qui me submergeait avec une violence inouïe, et qui, plus tard, me deviendrait familière.

Quand elle s'était écartée pour essuyer ses yeux du revers de la main, elle m'avait dit : « Je ne pleure pas tout le temps. » J'avais éclaté de rire en disant : « J'espère bien. »

Et puis sa chambre sous les toits, rue de la Reine-Blanche près des Gobelins. Les murs biscornus, le lit trop étroit, le velux qui fermait mal. La vue des dessous de l'étudiante m'avait profondément troublé. Les joues et le front brûlants, j'avais encore moins d'expérience des femmes qu'elle des hommes. Et, pour la première fois de ma vie, j'avais fait l'amour à une femme.

Pénétrer en elle fut comme me glisser dans l'onde chaude d'un monde merveilleux, accéder à un univers aux potentialités infinies. J'avais mon visage dans son cou et elle me serrait contre elle en fermant les yeux.

Pour la première fois de ma vie, je ressentais la confiance que cela peut donner à un homme : ce sentiment de triomphe grandissant qu'apporte un corps qui s'abandonne entre vos bras. Est-ce donc cela dont tout le monde parlait ? Ce mystère qui faisait tourner le monde, édifiait des empires, déclenchait des guerres et participait à l'effondrement de millions de destins.

Et les mouvements s'étaient accélérés, rapides, désordonnés. Aurélie s'était cambrée, cherchant mon contact, cette troublante intimité partagée dans l'obscurité. Un bref instant, comme deux noyés revenant à la surface, nous avions fait irruption dans un univers baigné par une lumière vivante.

Il y avait alors eu une rupture dans ma conscience, cette extase devant l'infini, cette petite mort. L'impression étrange que la terre venait de s'immobiliser sur son axe de rotation. Je découvrais la relation indissociable qu'entretient le sexe avec la mort. Peut-être parce que disparaître et se perpétuer sont les seuls actes réellement essentiels de l'existence. Mais cette mort-là n'avait rien de triste, elle était joyeuse, vivante. Quelque chose de très pur.

Quand tout fut terminé, seul était resté le monde réel. Aurélie me serrant contre elle avec des larmes sur le visage. Et puis cette partie de ma chair qui me reliait à la sienne devint moins présente, jusqu'à s'estomper, mais sans se retirer.

Cela avait été notre première nuit d'amour, incapables de compter combien de fois nous l'avions fait, le corps de l'autre comme un continent inconnu, un monde nouveau à explorer sans relâche. Les baisers voraces, les fous rires, cachés sous la couette. Nous étions le 14 juillet, le jour de la fête nationale, notre feu d'artifice.

C'est probablement à ce moment exact de mon existence que la courbe mathématique de mon bonheur avait atteint son maximum, ce moment précis où ma dérivée première s'est annulée.

Être amoureux nous rendait bêtes, mais c'était tellement agréable après mes années de classes préparatoires. Coucher ensemble, à n'importe quelle heure du jour ou de la nuit, se promener au bord de la Seine, sa tête contre mon épaule, s'embrasser sur le pont Neuf au moment précis où le soleil se lève pour offrir sa lumière argentée au fleuve.

Être les premiers clients des boulangeries quand resplendit la clarté de l'aube. Ces croissants encore brûlants que l'on déchire en flânant le long des quais déserts. La respiration douce et nonchalante de la ville blonde qui s'éveille, le silence du petit jour, les pas des marcheurs résonnant sur le pavé sonore.

Ce fut un été exceptionnel, les journées se succédaient, identiques et radieuses, sans la moindre menace d'orage, sans que rien puisse laisser présager une quelconque fin. Nous marchions main dans la main, en apesanteur. Il me semblait que trop de bonheur m'était offert en même temps : une école prestigieuse, un avenir dans la science, une femme à la beauté mystérieuse, la plus belle ville du monde sous un soleil d'été. J'avais souvent rêvé de Paris, de cette ville pleine de lumière. La jeunesse n'a que faire de l'air pur et des paysages grandioses, elle a besoin de bruit et de fureur. D'être là où les choses se passent.

Le bonheur portait son prénom que je prononçais avec une ferveur presque douloureuse. La vie m'apparaissait comme une longue dérive à deux, l'être aimé à mes côtés, son ombre tiède, son souffle chaud, passionné, fébrile, son visage comme un lent refuge.

Sa bouche humide qui cherchait la mienne avec une frénésie animale. Ses tumultueux baisers, sa langue agile. Sa salive chaude.

Je sentais nos cœurs s'emballer sous les assauts du désir et des hormones liées à la reproduction sexuée. Mais je voulais ignorer les fils dont la chimie carbonée enveloppait nos sentiments. Je découvrais cette sensation unique : l'amour d'une femme qui vous rend plus fort, plus déterminé ; l'existence qui prend une épaisseur nouvelle, une densité particulière, pleine de cette énergie qui métamorphose les êtres vivants.

Les scènes aussi, les pleurs parfois, les mots qui blessent, déjà. Les réconciliations aussi, toujours sur l'oreiller, dans la chaleur voluptueuse des draps, plonger dans le corps de l'autre, comme dans un lac d'été.

Et puis les promenades dans les rues désertes de Paris, les glaces Berthillon sur l'île Saint-Louis. Caramel au beurre salé, sa préférée.

Dans la torpeur de l'été, les radios passaient en boucle les hits du moment : *Foule sentimentale* de Souchon, *Il me dit que je suis belle* de Patricia Kaas, *Sensualité* d'Axelle Red. À la suite du succès du film *Bodyguard*, Whitney Houston était sur toutes les ondes avec sa reprise de *I will always love you* de Dolly Parton.

Cet été fut le plus heureux de ma vie. En traversant les places, je trouvais les passantes plus belles que d'habitude, admirant la souplesse de leurs reins, la fermeté de leurs poitrines, le doré des épidermes. J'avais l'impression que c'était hier. J'aurais dû me méfier : quand l'amour frappe à vingt ans, il peut s'enfler de vagues si claires, si puissantes que personne ne peut résister à son impérieux commandement, et je n'avais alors pas la moindre envie de lui offrir de résistance. Je m'abandonnais à sa douce tyrannie. Me sentant à la fois stupide et exalté, presque embarrassé de tout ce bonheur.

Pendant ces quelques semaines en apesanteur, ma vie parut entrer dans un accomplissement radieux ; pourtant, j'étais conscient que la durée des jours avait commencé à décroître, que l'automne se profilait.

J'avais épousé Aurélie l'année suivante avec le sentiment que cet amour allait combler un vide dans mon existence, que c'était ce dont j'avais besoin pour atteindre une forme de plénitude. Lors de la cérémonie, elle avait voulu mettre le hit de Whitney Houston dans l'église pour célébrer l'éternité de notre amour. Sa chevelure tombait en cascade jusqu'à sa taille si fine et tranchait avec le blanc immaculé de sa robe.

Des cheveux de pute, avait dit un connard qui avait trop bu jusqu'au moment où quelqu'un l'avait pris à part pour lui dire que ce serait sans doute une bonne idée s'il fermait sa gueule.

Les deux avaient bien failli se battre, mais le justicier avait renoncé. Le type était trop fait et ne savait pas vraiment ce qu'il racontait. Il était reparti en titubant vers les portes de la salle des fêtes, zigzaguant comme un ivrogne d'une table à l'autre, avançant au milieu de la salle municipale comme la boule d'acier d'un billard électrique.

Aurélie et moi, nous étions trop jeunes ; quand le destin vous fait monter si vite c'est souvent pour mieux vous faire tomber de plus haut. L'intimité unique et feutrée avait vite laissé place aux batailles quotidiennes.

L'amour dure trois ans, disait-on. Quand nous avions engagé la procédure de divorce deux ans plus tard, j'avais vécu cet échec avec la triste impression d'une chose qui s'évanouit, d'un amour qui meurt parce qu'il n'est pas assez fort pour affronter la haute mer. Je crois que ces années n'ont pas comblé un seul des espoirs qu'avait mis Aurélie dans ce mariage.

Ma mère s'était alors adressée à moi en disant :

— Il y a des tas de relations qui traversent des passages à vide, Michel, je suis sûre que ça n'aura qu'un temps.

— Je ne crois pas, avais-je répondu, Aurélie va partir s'installer à la Réunion, ça me paraît plutôt définitif.

Bien sûr, il arrivait à de nombreux couples de rester ensemble pour veiller l'amour défunt comme on veille sur un cadavre avec l'espoir fou d'une résurrection. Rester par crainte d'un échec supplémentaire. Par peur des questions que l'on sera amené à se poser sur soi-même, sur sa capacité à vivre *une histoire* avec quelqu'un. Par crainte de la solitude qui s'ensuivra, par peur de souffrir de l'absence de ce corps tiède endormi contre le sien.

Mais un jour vient où toutes ces réserves ne pèsent plus assez lourd pour qu'on reste. L'odeur de l'amour en voie de décomposition devient par trop incommodante. Pour Aurélie et pour moi, ce jour-là était venu après une énième crise encore plus violente que les autres.

Quelques années plus tard, Whitney Houston s'était suicidée, Kevin Costner avait disparu des écrans. Je ne savais même pas ce qu'Aurélie était devenue, ni même si elle était toujours en vie.

J'avais ensuite eu quelques *histoires*, des coucheries avec Monika, une étudiante tchèque à la nature volcanique, une histoire compliquée avec une chercheuse canadienne qui m'avait fait découvrir James Joyce : cet écrivain irlandais unanimement considéré comme un génie. Pourtant, je n'avais pas réussi à terminer *Ulysse*. Joyce semblait trouver superflu le besoin de créer une véritable histoire, au sens classique du terme. C'est-à-dire une intrigue de départ, des développements qui faisaient évoluer des personnages doués d'émotions dans un arc narratif. Bref, cette lecture avait été un moment éprouvant.

Mais, si cela n'avait rien donné, l'indigeste Joyce n'en était nullement responsable. Peut-être que l'amour exige une forme de naïveté, d'abandon, presque une *foi* dans la vie qui est l'apanage de la jeunesse.

Comme le soulignait à juste titre Richard, l'amour n'est après tout que le piège que nous tend la nature pour engendrer des enfants.

À quoi pouvait conduire mon histoire avec Suying encore si jeune. Si j'avais pu avoir la tentation d'oublier notre différence d'âge, certains regards réprobateurs croisés dans la rue suffisaient à me la rappeler. Je devinais, entre les lignes, qu'elle sortait d'une histoire douloureuse qui l'avait poussée à partir à l'étranger. Un oiseau blessé, comme beaucoup de jeunes femmes.

Quant à moi, je ressemblais à ces vieux misanthropes désabusés qui, les années passant, ne croient plus en grand-chose. Il me restait les machines et le sentiment croissant que *Sapiens* était largement obsolète : une simple étape dans le long processus de complexification du monde. Nos capacités cognitives n'évoluaient plus sur le plan biologique. En bannissant la mort, nous avions interrompu le processus de sélection naturelle, condamnant *Sapiens*, j'en étais convaincu, à une disparition certaine.

~

La réunion à l'Élysée m'avait appris que le Président était conscient de la course contre la montre en cours, de cette ruée vers la suprématie quantique qui aurait dans un futur proche de très lourdes implications sur l'organisation du monde.

Quelque part, une ancienne porte allait s'ouvrir dans les couloirs de l'espace-temps. Personne ne savait ce qu'elle allait libérer. Peut-être des monstres enfouis au plus profond de nos imaginations reptiliennes, peut-être des intelligences supérieures pétries de bienveillance comme ce Dieu que les hommes aimaient imaginer. Le paradis ou l'enfer technologique. Pour le meilleur et pour le pire.

À la table voisine du *Nemours*, un couple sirotait des spritz à la couleur orangée si caractéristique. La carte proposait des paninis, des pizzas, des plats de pâtes. Je ne pus m'empêcher de penser à mon amour inconditionnel pour cette Italie qui avait constitué la matrice mentale du monde occidental : Rome, son alphabet, ses lois, Pythagore, Archimède, le catholicisme romain, la papauté, la Renaissance. L'homme qui avait découvert l'Amérique était un Génois, celui qui lui avait donné son nom, un Florentin. Galilée et Giordano Bruno nous avaient ouvert la compréhension du mouvement des corps célestes et celle des espaces infinis du cosmos.

Contrairement aux idées reçues, cet esprit italien d'avant-garde d'un Léonard de Vinci ne s'était pas éteint après la Renaissance. L'école de physique d'Enrico Fermi avait incontestablement été une des plus brillantes. Bien sûr, il y avait eu tous les autres : Einstein, Bohr, Heisenberg, Planck, Schrödinger, Pauli, Dirac, de Broglie, Gamow. La plupart des grandes avancées de l'espèce humaine étaient le fruit d'un petit groupe d'esprits exceptionnels. Mais l'époque était à l'égalitarisme républicain à l'opposé des idées pythagoriciennes qui avaient débouché sur des régimes aristocratiques.

Bien sûr, il était en théorie possible d'imaginer un retour du système à un état antérieur à la transformation irréversible, mais cela nécessiterait l'action d'un opérateur extérieur et une importante dépense d'énergie.

Je ne voyais pas cette énergie venir de nos sociétés qui, pour la plupart, se débattaient dans un désordre croissant. Les espèces vivantes disparaissaient, la démographie était hors de contrôle, le réchauffement menaçait. L'humanité était le problème, pouvait-elle être la solution ? Il m'apparaissait clairement que notre seule planche de salut résidait dans l'émergence des machines intelligentes. Seules les mathématiques pouvaient sauver le monde.

Au cours des dernières années, l'informatique quantique avait considérablement progressé pour approcher un seuil de rupture technologique. Le monde était à l'aube d'une révolution absolument fondamentale qui ne pouvait que se traduire par un bouleversement des hiérarchies sociales et une transformation radicale du monde comme l'avait suscitée dans l'histoire de l'humanité l'apparition du christianisme.

Par ailleurs, j'étais également persuadé que le coût des systèmes d'IA distribuée ou embarquée serait rapidement trop élevé. Multiplier les processeurs complexes dans des machines poserait des problèmes de mise à jour et de fiabilité. Avec les liaisons haut débit qui ceinturaient la planète, nous allions être capables de fournir à la totalité des machines d'exécution la puissance quantique d'une machine centrale, d'un technocentre unique.

Avec les processeurs neuromorphiques, l'ordinateur quantique permettrait de créer l'informatique de demain, celle capable de fournir la puissance de calcul croissante que réclamaient, entre autres, l'intelligence artificielle, le *big data*, la recherche en chimie, en science des matériaux et en modélisation moléculaire. La suprématie quantique intéressait les politiques, pour sa capacité en cryptographie, mais les retombées collatérales seraient absolument gigantesques dans de nombreux secteurs économiques.

Il faisait déjà nuit lorsque je suis rentré chez moi. Je me suis servi un grand verre de vin rouge. Après une hésitation, j'ai pris un de mes vieux vinyles – sans chercher, le premier qui me tombait sous la main parmi les dizaines qui se serraient sur les étagères.

J'allais peu au cinéma et jamais au théâtre. Mon éducation provinciale imprégnée des goûts conventionnels des classes laborieuses m'y avait peu préparé. Mais la musique appartenait à mon univers mental. Peut-être parce que je lui trouvais cette beauté mathématique qui avait séduit Pythagore. Quand j'écoutais une œuvre pour orgue de Jean-Sébastien Bach, le génie de la vieille Europe renaissait depuis un minuscule fichier audio d'une poignée de kilooctets pour revivre l'espace de quelques minutes. Quelle qu'en soit la raison, il m'était difficile de faire quoi que ce soit sans musique.

Une lourdeur me pesait sur la nuque. J'avais tiré les rideaux pour m'allonger. Les idées m'échappaient, hors de portée de mon esprit trop lent. Inconsciemment, j'ai lancé une rétrospective des tubes de la Motown et la voix claire des Temptations s'est élevée dans leur reprise de *Stand by me*.

When the night has come
And the land is dark
And the moon is the only light we'll see

Si nous disposions des bases de données et d'une puissance de calcul infinie, j'avais la certitude intuitive que nous pouvions, en théorie, prévoir l'évolution du système, et donc le futur.

No, I won't be afraid, oh I won't be afraid

Le hasard n'existait pas. Comme l'avait pressenti Laplace, le futur était entièrement contenu dans le présent. Les idées qui allaient naître dans mon esprit dans une minute étaient déjà en gestation dans mon cerveau, dans ma mémoire où elles seraient provoquées par une stimulation extérieure obéissant elle-même à un processus mécanique.

Selon le déterminisme laplacien, le comportement futur d'un système était entièrement déterminé par ses conditions initiales, sans intervention du hasard. Une *intelligence* capable de saisir la réalité sous forme de données calculables était parfaitement capable de remonter vers le passé ou de prévoir avec certitude le futur.

La connaissance de chaque élément qui compose la nature et la connaissance de l'ensemble des forces s'exerçant entre ces éléments suffisaient à saisir la réalité passée, présente et future. Je comprenais que pour la première fois l'intelligence artificielle combinée à la puissance du quantique allait nous offrir cette puissance.

If the sky that we look upon
Should tumble and fall

Le futur était entièrement compris dans le présent comme une matriochka. Le futur et sa course avec l'homme pour construire le dernier étage de la complexité, celui que, dans leur prescience, les hommes avaient nommé Dieu ou Diable.

Sur le point de franchir cette nouvelle étape de ma vie, une stupéfaction émerveillée m'avait envahi, comme si m'avait caressé l'aile d'un oiseau géant et merveilleux.

13

Suying m'appelait rarement en semaine. Elle rentrait tellement épuisée de son travail qu'elle n'avait plus la force de rien faire. Se contentant d'acheter un plat au *Royal Dragon*, le traiteur chinois installé au pied de sa tour, pour le dévorer en regardant une vidéo sur son ordinateur.

— Je n'ai que vingt-cinq ans, disait-elle, pourtant, certains soirs je me sens plus vidée que si j'étais déjà morte.

Le vendredi soir, elle passait me chercher à la sortie de mon travail. C'était le moment le plus agréable de la semaine. Nous allions dîner dans le quartier de Saint-Germain. Puis nous rentrions en taxi et nous faisions l'amour. Cela pouvait durer longtemps. Ses orgasmes étaient doux, comme éteints par la fatigue de la semaine écoulée. Parfois, quand la torpeur la gagnait, il lui arrivait de s'assoupir ressemblant alors aux belles endormies de Kawabata. Souvent, après l'amour, je posais ma tête entre ses cuisses ouvertes pour me laisser gagner par un sommeil apaisant.

Il nous fallait une bonne nuit réparatrice suivie d'une grasse matinée pour retrouver l'énergie et l'enthousiasme de notre première fois. Le samedi, nous restions parfois au lit jusqu'à midi.

J'éprouvais un plaisir étonnant à la regarder dormir, à l'entendre s'affairer dans mon deux-pièces, à la voir marcher nue et la regarder s'habiller. Elle avait une façon de me toucher, de me regarder qui me donnait l'impression d'être unique. J'étais parfois aussi surpris de sa présence chez moi que je l'aurais été par l'arrivée d'une biche en plein Paris.

Elle avait rempli ma salle de bains d'une multitude de flacons. Il y avait si longtemps que je n'avais plus vu une salle de bains de fille. Je me sentais un intrus maladroit dans mon propre appartement. En sa présence, j'avais le sentiment agréablement étrange de vivre plus pleinement, de respirer plus facilement. Je restais parfois de longues minutes simplement porté par la chaude sensation qui me traversait. Je crois bien que je l'aimais de plus en plus.

Le samedi, elle travaillait souvent sur sa thèse. Pour tester ses programmes et ses hypothèses, je lui avais donné accès à mon micro pour qu'elle puisse accéder à la puissance de calcul de Turing Technologies. Plus tard, elle fermait sa session, enfilait un jean, laçait ses baskets et nous allions déjeuner en amoureux. Je découvrais avec émotion que dans ma minuscule vie pendulaire faite d'une succession d'actes anodins il suffisait de sa présence aimée pour trouver une forme de bonheur en dehors des mathématiques.

Pour la première fois depuis des années, quelque chose me parut possible et je savourais le sentiment de plénitude qui m'emplissait à certains moments de la journée.

Un soir, elle m'avait avoué :

— Par moments, j'en ai assez de cette thèse. Bayard ne m'est à peu près d'aucune utilité. Il ne m'apprend rien. J'apprendrais deux fois plus dans le secteur privé.

— Ça dépend, avais-je répondu, si tu veux rejoindre un jour le secteur académique, il te faudra une thèse. Tu n'as pas le choix.

Elle était pensive. Peut-être s'attendait-elle à plus d'enthousiasme de ma part à l'idée de travailler ensemble. Je craignais en réalité qu'elle regrette un jour de ne pas avoir terminé sa thèse.

~

Pour une fois, les gens du gouvernement tinrent parole. Dans les jours qui suivirent le déjeuner à l'Élysée, une première réunion fut organisée en secret pour mettre au point le Conseil quantique français de défense ou CQFD.

Le comité de supervision comprenait une impressionnante brochette de sommités comme le Nobel de physique Serge Haroche, Alain Aspect, Jean-Gabriel Ganascia, David DiVicenzo, Daniel Estève et Artur Ekert.

Du côté de Turing, Letelier et moi-même en faisions partie. Le groupe réunissait les meilleurs spécialistes du pays avec, à sa disposition, toutes les ressources et la technologie que pouvait fournir la France.

Pour éviter des fuites, nous communiquions via une messagerie ultrasécurisée. Et pour plus de discrétion, les réunions étaient généralement organisées dans nos locaux de l'Artillerie plus fonctionnels et surtout moins exposés à la curiosité que les salles de l'Élysée ou de l'hôtel de Brienne.

D'autres groupes plus opérationnels déclinaient les orientations décidées en comité de supervision. Aucun de ces groupes de travail n'avait d'existence formelle. À aucun moment, le *Journal officiel* ne les mentionna et, jusqu'à la fin, l'ensemble de ces activités furent couvertes par le secret-défense.

L'objectif fixé par la Présidence était d'être la première nation à mettre au point un système couplé binaire quantique. Le but était de protéger les codes nucléaires du pays et, accessoirement, de superviser les robots militaires.

Le gouvernement était favorable aux robots armés autonomes, principalement parce que les opinions publiques étaient réticentes à accepter des pertes humaines. Le Président avait dit : « Se priver de robots militaires revient à s'interdire d'intervenir en zones dangereuses. C'est-à-dire sur la plus grande partie du globe. »

Mais en réalité, l'Élysée nourrissait une ambition plus large. Il voulait que la France devance les autres nations dans la course au quantique pour redevenir un leader de la nouvelle économie qui allait naître de cette révolution.

Il m'apparut assez rapidement que son ambition était autant économique que simplement politique ou militaire. Le théâtre de la guerre s'était déplacé du militaire vers le terrain économique. Les nations ne succombaient plus sous le choc d'armées ennemies, elles se vidaient de leur substance économique sous le feu de la concurrence ou se dissolvaient dans les vagues migratoires.

Le chef de l'État voulait ressusciter le rêve français, à supposer qu'il ait jamais existé un jour. Nous étions tous, dans un sens, des rêveurs éveillés. Mais les rêveurs peuvent devenir dangereux quand ils tentent de réaliser leur rêve. Le communisme et le nazisme en avaient été les exemples les plus sanglants. Et l'islamisme était désormais bien placé pour leur succéder.

L'idée que nous ignorions ce que nous poursuivions vraiment ne m'effleura pas une seule seconde, peut-être parce que l'on ne construit rien sur le doute. Il faut à l'Homme des certitudes… quitte à se réveiller un matin en découvrant que le cauchemar a déjà commencé.

Nos travaux étaient directement suivis par l'Élysée afin de mettre une pression plus importante sur les membres issus des organismes de recherche fondamentale (CNRS, INRIA, grandes écoles, universités, CEA) et du secteur privé (Turing, ST Micro, Atos).

Ce projet secret associait dans une alchimie subtile un large spectre de spécialistes allant des physiciens de l'Institut de la matière condensée à des spécialistes de la programmation quantique. Pour symboliser ce nouveau tropisme vers les intelligences artificielles, l'Institut national de recherche en informatique et en automatique (INRIA) fut symboliquement rebaptisé en février 2020 Institut national de recherche en *intelligence artificielle*.

L'Élysée avait su créer plus qu'une dynamique pour beaucoup de ces fonctionnaires de la recherche, cette période fut celle d'un réveil de leur passion de jeunesse pour la science. Mais l'enthousiasme n'était qu'une partie de la solution : si les plans les plus audacieux sont toujours forgés au feu de la passion, c'est souvent la froide réflexion, l'organisation, qui permet au rêve de s'inscrire dans la réalité ; c'était grâce à ce subtil mélange d'imagination et de méthode que nous avancions à marche forcée.

Nous étions partagés entre des bouffées d'optimisme quand une étape majeure était franchie et des vagues de découragement lorsque nous nous heurtions à des difficultés insurmontables. Le nombre et la variété des obstacles que nous avions à surmonter donnent aujourd'hui encore toujours la mesure exacte de l'œuvre que nous avons accomplie. À chaque fois qu'un problème survenait, le cerveau collectif que nous formions démontrait une capacité surprenante à trouver des solutions originales.

Malgré les progrès accomplis, nous n'en étions pas encore arrivés au point où les processeurs quantiques étaient commercialement opérationnels, mais les dernières avancées étaient plus qu'encourageantes. ST Micro était désormais capable de produire dans ses laboratoires une puce supraconductrice de 27 qubits, s'appuyant sur son expertise en science des matériaux et en production industrielle. Des processeurs expérimentaux avaient été confiés à la société néerlandaise QuTech avec laquelle ST Micro collaborait pour ses travaux sur l'informatique quantique. QuTech avait pour mission d'évaluer les performances de notre puce en testant ses algorithmes.

Les principales avancées concernèrent le packaging, l'emballage des qubits afin d'améliorer leur stabilité. La technique dite de la puce retournée, ou *flip chip*, fit l'unanimité. Elle avait la particularité de mettre face à face les surfaces pour les soudures. Un point de soudure était appliqué à chaque plot de liaison, puis la puce était retournée sur le circuit imprimé et on faisait fondre le métal pour souder l'ensemble. D'après les ingénieurs de ST Micro, ce procédé avait l'avantage de réduire l'inductance de la connexion, de stabiliser la puce en réduisant les interférences électromagnétiques entre les qubits, et donc la *décohérence*.

Dans une optique opérationnelle, il était crucial que le processeur soit capable de traiter un important flux de données, or cette architecture multipliait par cent le débit par rapport à des technologies classiques, dites de *wire bonding*, où les plots de liaisons au sommet de la puce sont reliés par des fils micrométriques aux broches de connexion, lesquelles sont ensuite soudées au circuit imprimé.

Une seconde équipe fut chargée de travailler sur de nouveaux algorithmes quantiques spécifiques au *machine learning*. Cette équipe était coordonnée par Atos et supervisée directement par son directeur général Grégory Lenormand. Elle s'appuyait sur le programme Atos Quantum qui comprenait déjà une centaine de personnes affectées au calcul quantique.

Les hommes sont souvent capables d'exploits et d'esprit de sacrifice pour un but qui les dépasse. Les membres du groupe quantique comprirent que cette mission, plus que toutes les autres, donnerait un sens à leur vie. Nous étions convaincus que le franchissement de cette porte quantique conduirait à un monde nouveau. Le genre de projet qui marque une destinée, qui fait qu'au moment du grand saut on réalise avec une pointe d'orgueil que notre vie a servi à quelque chose, que notre existence n'a pas été vaine.

Mais dans ma vie, il y avait quelque chose d'autre qui lui donnait un sens. Quelque chose ou plutôt quelqu'un. À chaque fois que mes yeux se posaient sur elle, je sentais mon cœur se gonfler d'une joie d'adolescent amoureux. Cela peut sembler ridicule, mais je crois que j'étais tout simplement heureux comme je ne l'avais jamais été depuis mes vingt ans.

Suying travaillait souvent depuis chez moi, me demandant des conseils et testant ses programmes sur nos machines bien plus puissantes que celles de Jussieu.

Côté quantique, je devais me rendre à l'évidence: les travaux avancèrent très rapidement au cours de la première moitié de l'année 2020.

Letelier me dit un jour: «Nous sommes tous saisis par un sentiment proche du paradoxe décrit par Tocqueville, à savoir que plus on approche d'un but, plus la distance qui nous en sépare paraît insupportable.»

Trois mois plus tard, les premiers prototypes de puces quantiques fonctionnaient en laboratoire. Nous étions portés par un élan d'euphorie et d'optimisme rare qui nous grisa les jours suivants. Tous conscients d'avoir franchi une étape majeure vers le Graal quantique.

Une fois de plus, la magie française qui avait permis le programme nucléaire, le TGV, Airbus ou Arianespace avait fonctionné. Aucune société privée n'aurait pu créer une telle dynamique ni mobiliser autant de talents venus d'horizons si différents.

Je ne devrais pas l'écrire, mais puisque vraisemblablement ces lignes seront mes dernières, je suis tenu à un devoir de sincérité qui m'oblige à révéler que certaines avancées techniques furent obtenues grâce à ce que l'on appelle pudiquement *l'intelligence technologique*.

Pendant ces quelques mois qui furent cruciaux, la Direction générale de la sécurité extérieure fut mobilisée comme jamais pour comprendre les pistes technologiques que suivaient les nations avancées comme les États-Unis et la Chine. L'enjeu était vital puisqu'il s'agissait d'empêcher une nation hostile de pénétrer dans nos systèmes de défense.

Le travail fut gigantesque. Heureusement, les cerveaux mobilisés étaient exceptionnels. Ils me firent une impression suffisamment forte pour que j'aie la conviction de participer à quelque chose d'historique, d'être au bon endroit, au bon moment. Et surtout, l'alchimie entre ces esprits se produisit.

En repensant à Fermi, je dirais, si j'osais cette comparaison, que cette dynamique fut proche de celle qui inspira le « projet Manhattan » entre 1939 et 1945, lorsque les Américains réunirent les plus grands physiciens du monde libre pour être les premiers, avant le IIIe Reich, à développer une arme nucléaire.

L'échec du « projet Manhattan » était alors inenvisageable : il aurait probablement ouvert la voie à une victoire nazie comme celle imaginée par Philip K. Dick dans son roman uchronique *Le Maître du Haut Château*.

C'est en août 1939 que les physiciens Leó Szilárd et Eugene Wigner rédigèrent une lettre adressée au président américain et convainquirent Albert Einstein de la signer. Ce courrier alerta Roosevelt sur la perspective de « bombes d'un nouveau type extrêmement puissantes ». La première réaction en chaîne avait probablement été obtenue à Rome par Enrico Fermi avant la guerre, mais c'est dans le contexte du « projet Manhattan » que la première fission contrôlée fut officiellement réalisée par le physicien italien. Personne n'imagine ce qu'aurait pu donner une bombe A dans les mains du régime de Mussolini.

Il est toujours merveilleux dans le cours d'une vie d'assister à ce moment unique où le génie de quelques individus communie avec le génie de l'époque pour produire une avancée décisive.

Comme pour le « projet Manhattan », qui réunissait des esprits aussi brillants que Fermi, Oppenheimer, Einstein, Teller, Feynman et von Neumann, notre groupe s'inspira d'une dynamique similaire. Nous appliquions à la course à la suprématie quantique le pragmatisme qui avait réussi dans la course à la suprématie nucléaire. Dans un sens, nous savions que notre monde aussi était dans une forme de guerre économique.

Curieusement, la plupart des grandes avancées scientifiques sont contemporaines de périodes troublées. Comme si l'affaissement des institutions humaines permettait à de nouveaux paradigmes de franchir le mur des certitudes d'une époque donnée pour parvenir à s'imposer.

Ce fut le cas pour Fermi et l'école de Copenhague, contemporains du stalinisme et du fascisme. Cela avait été le cas trois siècles plus tôt avec Copernic, Galilée et Kepler qui vécurent pendant cette longue période troublée allant des guerres de Religion à la guerre de Trente Ans. Albert Einstein publia sa théorie de la gravitation dite de la relativité générale en 1915, en pleine boucherie militaire. Quant à Erwin Schrödinger, c'est en 1926, dans la tourmente qui allait porter Hitler au pouvoir, qu'il publia les six articles fondateurs de la mécanique ondulatoire.

Au moment où nous progressions rapidement vers le premier calculateur quantique, la montée des nationalismes et la dislocation des démocraties occidentales devenaient chaque jour plus évidentes.

Parallèlement, notre choix d'aller vers le calcul quantique mit fin à un débat interne qui agitait Turing depuis l'origine et qui portait sur le choix de l'architecture la plus adaptée.

Deux grandes options étaient possibles :

— La première consistait à implanter des processeurs dans les centres clients et à gérer les milliers de versions en effectuant la maintenance et les mises à jour nécessaires. Ces solutions imposaient d'intervenir quand un système dysfonctionnait, elles étaient très coûteuses et exigeaient d'importantes ressources humaines. Or celles-ci étaient clairement notre facteur limitant.

— La seconde solution consistait à développer une intelligence centrale dotée des dernières mises à jour et des technologies les plus récentes. La plus grande partie des pays développés étant couverte en 5G à très haut débit permettant l'échange de données en temps réel. Il fallait au moins 10 millisecondes pour qu'un cerveau reçoive une image de l'œil et autant pour qu'il envoie une instruction à un muscle, alors que la 5G n'avait besoin que d'une milliseconde.

Il suffisait que l'IA centralisée échange avec les machines exécutantes. Toute l'intendance IA se faisait via le *cloud* depuis l'infrastructure centrale de l'hôtel de l'Artillerie qui bénéficiait d'un accès à Internet à très haut débit par un réseau hautement sécurisé.

Cette *querelle des architectures* fut tranchée par les progrès du quantique. En raison des contraintes spécifiques – notamment de température –, il était inenvisageable de distribuer des puces quantiques et nous devions adopter une architecture centralisée avec un technocentre et des droïdes serveurs qui bénéficiaient de la gigantesque puissance de calcul central de l'intelligence artificielle quantique ou IAQ.

Cette solution permettait un lissage des tâches et une mutualisation des coûts qui nous conféra un avantage majeur sur nos concurrents. De plus, l'apprentissage croisé était facilité. Certaines tâches concernant le traitement de l'information pouvaient être partagées entre les applications, ce qui en réduisait le coût unitaire. Les avancées réalisées sur certains algorithmes – comme pour le traitement des images – bénéficiaient ainsi immédiatement à d'autres applications.

La principale ombre au tableau venait de la société civile et des mouvements sociaux de plus en plus violents qui s'opposaient au principe même des IA. Cette menace nous obligea à infléchir notre communication extérieure. Notre légitimité technique s'était construite sur les *intelligences artificielles*, mais nous ne pouvions ignorer que la simple juxtaposition de ces termes provoquait un rejet instinctif. Peut-être parce que l'orgueil des humains les poussait à croire que rien ne leur était plus spécifique que cette fameuse intelligence dont *Sapiens*, dans son intemporelle vanité, avait pris le nom.

De nombreux comités de vigilance se créaient un peu partout pour s'opposer au déploiement des systèmes intelligents selon un mécanisme semblable à celui qui s'était opposé au nucléaire, aux OGM, aux vaccins ou aux pesticides.

— Il nous faut donner de l'IA une image plus verte, plus citoyenne, nous dit un jour Marjorie Adalbert, notre nouvelle directrice de la communication.

14

Le monde se transforme rarement de manière linéaire. Il procède par ruptures, par révolutions qui tracent des lignes de fracture entre les époques. Le plus souvent, ce n'est qu'*a posteriori* que l'Humanité est consciente de ces ruptures.

Ce matin-là marqua une de ces ruptures historiques, mais elle avait été préparée par des mois d'effort et de travail pas toujours très gratifiants.

Je m'étais levé tôt comme des milliards d'autres individus – chacun dans son fuseau horaire – ignorant que quelques heures plus tard la planète aurait radicalement changé de visage, et cela sans que personne en soit le moins du monde conscient.

Vers 9 heures du matin, nous lançâmes les tests à grande échelle du nouveau processeur quantique que nous avions baptisé Quantum One. Je me souviens que c'était la semaine précédant mon quarante-sixième anniversaire.

Les premiers résultats qui tombèrent en cours de journée dépassaient nos plus folles espérances. Il y avait à peu près autant en commun entre Quantum One et les ordinateurs binaires les plus puissants qu'entre un chasseur F-16 et le premier avion de Clément Ader.

Ce premier succès n'était que la première étape d'un long processus. Nous disposions de processeurs quantiques très performants qui réussissaient avec succès l'ensemble des tests opérationnels, mais il nous fallait maintenant les intégrer, les programmer pour en tirer toute la puissance gigantesque à peine entrevue pendant la phase de tests. Bref, faire de ces brillants solistes un véritable orchestre capable de jouer les symphonies mathématiques que nous lui écririons.

La machine n'était pas encore intégrée à un ensemble plus vaste, mais elle était capable d'effectuer des calculs d'une complexité telle qu'un ordinateur binaire n'aurait jamais réussi à les réaliser. Nous avions assemblé une puissante machine quantique intégrant un grand nombre de processeurs de nouvelle génération. Je ne cessais de retourner dans ma tête les différentes solutions comme des modèles architecturaux complexes afin de choisir la plus cohérente.

Aujourd'hui encore, la joie qui m'avait envahi est impossible à décrire. Toute ma vie, j'avais rêvé d'une machine dotée de cette puissance gigantesque. Le quantique était la clé qui permettait à l'homme d'accéder à la connaissance universelle.

Depuis mon plus jeune âge, j'avais été une sorte d'alchimiste en quête de cette pierre philosophale. L'université avait brisé mes rêves, mais j'avais emprunté un autre chemin et trouvé une nouvelle voie vers la connaissance.

Sur le moment, l'information selon laquelle nous avions atteint le Graal quantique était confidentielle, mais nous savions pertinemment qu'il ne faudrait que quelques jours aux services de renseignements étrangers pour confirmer ce qui n'était alors qu'une rumeur.

L'existence du projet CQFD n'était pas officielle, mais elle était connue des gens informés. Le nombre de personnes concernées était tel qu'il était impossible de garder un black-out complet. En cela, la France ne se distinguait pas des autres nations développées également engagées dans la *course quantique*.

Le secrétariat général de l'Élysée nous appela la semaine suivante en fin de matinée pour nous convier à une grande soirée officiellement donnée en l'honneur des *acteurs du secteur numérique* et à laquelle l'ensemble des équipes qui avaient œuvré pour construire la première machine quantique étaient invitées.

C'était l'occasion de décompresser après des mois d'effort et de fêter dignement l'événement. De plus, chaque groupe n'était pas forcément au courant des avancées réalisées par les autres groupes. Ainsi, les programmeurs ne savaient pas à quel stade d'avancement en était la fabrication des processeurs. Seul le comité de supervision, le fameux CQFD, possédait une vision d'ensemble du projet.

Je déteste les réceptions. Je crois ne jamais les avoir aimées. Sûrement un vieux réflexe de classe. Beaucoup d'entre-soi, de fausses valeurs, d'hommes de pouvoir, de mâles alpha consacrant la plus grande part de leur énergie à défendre leur position sociale. Je leur ai toujours préféré les gens simples de mon enfance, les ouvriers à l'image de mes parents, les *gens de peu* comme l'étaient alors nos voisins, nos amis.

Si j'avais répondu présent à cette invitation c'est parce que l'Élysée nous l'avait demandé avec insistance et, bien sûr, pour honorer nos équipes. Mais je crois que c'était surtout parce que j'étais conscient de vivre un moment historique.

Deux à trois cents invités profitaient du vin d'honneur en attendant les interventions annoncées. Ensuite, un cocktail dînatoire serait servi avant un spectacle musical prévu pour mettre cette touche festive qui se voulait la marque de ce gouvernement jeune et branché.

Je reconnus quelques ministres comme celui des Affaires étrangères qui avait toujours l'air aussi déprimé. Il y avait aussi deux ou trois autres visages sur lesquels j'avais du mal à mettre un nom. Pour moi, comme pour le grand public, la plupart des ministres de ce gouvernement demeurèrent jusqu'à la fin de parfaits inconnus.

Parmi les acteurs du numérique, j'aperçus Patrick Drahi ainsi que Pascal Erlanger en grande conversation avec un homme aux cheveux longs qui s'avéra être Jacques-Antoine Granjon, le fondateur du site vente-privee.com.

En remarquant Martin Winter, je me dirigeai aussitôt vers lui. Il avait déjà l'air un peu ivre.

— Depraz ! Si vous saviez comme je suis content de vous voir.

Je le vis ouvrir les bras en me reconnaissant. Un geste inhabituel chez cet homme plutôt collet monté.

— Je parlais justement de vous à Mme Brigitte Maillet, notre nouvelle directrice de l'enseignement supérieur, ajouta-t-il en se tournant vers une grosse femme aux lunettes épaisses et au teint atrocement terreux.

— Michel est un de nos anciens enseignants. Il dirige l'informatique chez Turing Technologies.

La dame me salua poliment, elle m'observait avec un mélange de curiosité et de perplexité. Puis Winter commença à évoquer le problème de la rémunération des enseignants. Je regardai la bouteille de champagne, que lui et la directrice avaient déjà vidée aux trois quarts.

Mon regard erra sur la foule des invités. La présence d'autant de personnalités me faisait penser que cette soirée était plus importante qu'une simple célébration des *acteurs du numérique*.

— Savez-vous pourquoi il y a autant de monde ? demandai-je à la directrice.

— C'est amusant, remarqua-t-elle avec une sincérité touchante, j'allais justement vous poser la question. C'est vous *l'acteur du numérique*. Il se murmure qu'une annonce présidentielle d'importance va être faite.

Elle se tourna vers les caméras et les ingénieurs du son équipés de casques qui patientaient dans un coin de la salle.

— D'habitude, ils ne sont pas conviés à ce genre de cocktails.

Elle aperçut soudain un homme pâle au vaste crâne chauve.

— Excusez-moi, dit-elle, soudain très excitée, je dois aller saluer mon ministre.

Soudain, un huissier s'avança jusqu'au micro et alluma la sonorisation. Un monsieur au physique d'acteur de western spaghetti attendait à côté de lui avec la joie d'un condamné à la peine capitale. Je reconnus alors le ministre de l'Intérieur. Le bruit des conversations déclina, comme une mer qui se retire à marée basse.

Au dernier rang, les techniciens ajustaient leurs casques sur leurs oreilles et les caméras de télévision avançaient leurs groins stupides. Pour un peu, je n'aurais pas été surpris par un : « Silence ! on tourne ! »

Écartant légèrement les mains, le ministre de l'Intérieur s'avança vers le micro, regarda la foule des invités et attendit un peu que le silence se fasse.

— Mesdames, Messieurs, avant de laisser la parole au président de la République, je voulais vous rappeler quelques éléments en lien avec cette intervention. Mon rôle est de veiller à la sécurité du territoire dans laquelle la place du numérique est de plus en plus centrale. La France est l'objet d'un intérêt croissant de puissances étrangères qu'elles soient qualifiées d'amicales ou d'hostiles. L'annonce qui va être faite dans quelques instants va encore accroître cette pression des services de renseignements étrangers dans les semaines à venir. Je viens de mandater une mission de la DGSI pour voir avec chacun d'entre vous comment améliorer la sécurité contre les tentatives d'intelligence technologique. Et maintenant, je vais laisser la parole au président de la République.

Il s'écarta du pupitre et se mit en retrait en croisant les mains comme un enfant de chœur au moment où un huissier ouvrait la porte de la salle des fêtes. Le timing était proche de la perfection. Dans un costume impeccable, soignant sa mise pour apparaître sous son jour le plus favorable sur les écrans, le Président s'avança jusqu'au pupitre, nimbé par la lumière des projecteurs. Il sourit au public et aux caméras. Son nez légèrement courbé et ses yeux clairs et ronds lui donnaient un petit côté oiseau de proie.

— Bonjour à toutes et à tous, je suis très heureux de recevoir ici tous ceux qui, d'une manière ou d'une autre, font partie de l'écosystème numérique. Comme je l'ai souvent souligné par le passé, je suis convaincu que c'est dans le numérique que se situe l'enjeu des prochaines décennies. Il n'échappe à personne que l'Europe a plutôt mal commencé dans ce domaine. Comme souvent, nous avons été victimes d'une forme de naïveté. Le libre-échange ne peut ni ne doit être la liberté du renard dans le poulailler. Je crois dans le volontarisme en politique et dans le pragmatisme, je n'ai jamais cru dans les idéologies, fussent-elles libre-échangistes. L'idéologie est toujours une simplification du monde et, comme vous le savez, j'aime la pensée complexe. Paul Valéry disait: «Tout ce qui est simple est faux, mais tout ce qui ne l'est pas est inutilisable.»

Un murmure d'assentiment parcourut la salle. Le public appréciait manifestement cette autodérision. L'homme marqua un silence comme un comédien de boulevard un peu cabot savoure l'effet d'une réplique sur le public avant de reprendre.

— L'histoire nous apprend que la plupart des grandes avancées de l'humanité se sont faites contre les institutions qui trouvent toujours de bonnes raisons pour ne pas se lancer dans des entreprises périlleuses. Or, l'émergence des calculateurs quantiques était la prochaine étape majeure dans le développement des technologies numériques, et nous étions résolus cette fois-ci à ne pas être les derniers ni même les seconds, mais les premiers en bâtissant un partenariat autour de la société Turing Technologies.

Il leva la main en direction du petit groupe que nous formions avec Villeneuve et Letelier. Tous les regards se braquèrent sur nous. J'avais rougi et Villeneuve, les yeux brillants, ne cherchait plus à dissimuler son excitation.

— Les derniers mois furent très intenses, continua le Président, mais ce partenariat a produit des fruits allant au-delà de nos plus folles attentes. La semaine dernière, la terre a bougé sur son axe. Le calculateur quantique a réussi haut la main tous les tests d'homologation. Je vous annonce donc officiellement que la France est la première nation à atteindre ce que l'on appelle la *suprématie quantique*.

Il marqua une pause dans son discours, leva les bras pendant qu'un tonnerre d'applaudissements éclatait dans la salle des fêtes. Durant plus d'une minute, le public applaudit à tout rompre.

La plupart des invités présents étaient parfaitement capables de mesurer l'importance de cette annonce. Le Président leva la main pour réclamer le silence. Il souriait et semblait sincèrement heureux.

— Cette réalisation prouve que notre politique ne se limite pas au ministère de la parole comme le prétendent certains. D'ores et déjà, les codes de lancements des vecteurs nucléaires de notre force de dissuasion ont été modifiés par ce calculateur pour résister à d'éventuelles intrusions quantiques. Par ailleurs, la France proposera bientôt un accord où la communauté internationale s'engagera à ne pas utiliser ces calculateurs pour casser les codes de sécurité, à l'exception notable de la lutte contre le terrorisme. Je suis convaincu que cette suprématie quantique va donner un avantage compétitif majeur à nos acteurs du numérique. *France is back*, avais-je annoncé juste après mon élection. Certains esprits chagrins avaient glosé sur ce slogan, j'espère que cette réponse les rassure. Sur le calcul quantique, le monde attendait nos amis américains ou chinois et ce sont les Français, les Européens, qui l'ont réalisé. Quand les chercheurs essayèrent de m'expliquer le principe de base des ordinateurs quantiques, j'ai compris qu'il s'agissait d'être *en même temps* dans plusieurs états. Que la lumière est à la fois onde et particule. Bref, que la mécanique quantique rejoint en quelque sorte ma vision politique.

Il y eut, dans la salle des fêtes, des rires suivis d'un joyeux brouhaha.

— Certains esprits chagrins ajouteront cependant que le calcul quantique est aussi contre-intuitif que ma vision politique.

Les rires et les applaudissements redoublèrent.

— Maintenant, je vous laisse profiter de cette belle soirée, conclut le président quantique, il y a un temps pour l'effort et un temps pour la fête.

Que des équipes françaises soient parvenues si rapidement à ce Graal était une réussite considérable. Pour un pays de taille moyenne et aux ressources limitées, c'était absolument remarquable. Ce succès inattendu confortait l'idée que la France n'était pas finie, qu'elle disposait encore de ressources humaines exceptionnelles et de talents capables de tenir la dragée haute aux superpuissances continentales.

Letelier en profita pour me prendre par le bras et me conduire près de la scène installée face aux fenêtres donnant sur le parc.

— C'est grâce à cette soirée chez *George* que vous nous avez rejoints. Sans vous, tout cela n'aurait pas été possible. Alors, quand on m'a demandé quel artiste nous ferait plaisir...

— Vous exagérez, Gérard, dis-je, gêné.

Il fixait sur moi un regard attentif et tendre dans lequel les verres de champagne qu'il avait bus n'étaient pas pour rien.

J'étais mal à l'aise avec les sentiments, ce n'était pas mon registre. D'ailleurs, ce n'était pas non plus celui de Gérard Letelier. C'est pourquoi je donnais à ses mots concédés grâce à une légère ivresse une certaine importance.

Des musiciens s'installaient. La femme habillée d'un fourreau de strass qui montait sur scène me disait vaguement quelque chose. Je mis quelques secondes à reconnaître Mona Saheer, plus maquillée qu'une voiture volée, comme le sont trop souvent les chanteuses orientales.

— Quel charme, dit-il troublé, je vous avoue que si j'étais célibataire...

Je compris que c'était surtout pour lui qu'il avait suggéré ce choix de programmation. J'imagine aussi que, comme le succès de Mona Saheer datait un peu, son cachet était raisonnable. De plus, son origine méditerranéenne entrait pleinement dans la mise en avant de la francophonie et de l'ouverture à l'autre pour faire rayonner la France.

Les musiciens accordèrent leurs instruments, puis commencèrent à jouer. Aussitôt le rythme mêlant musique arabo-andalouse et électro-pop orientale éclata sous les plafonds décorés de la salle des fêtes de l'Élysée.

Mona Saheer commença en reprenant le succès d'Alabina qui avait marqué un des plus grands moments de ce style de *world music*. Les couples commençaient à se former et à se tortiller sur le rythme de l'orchestre.

Winter, déjà bien éméché, avait attrapé la main de Brigitte Maillet qui avait défait son chignon. Les caméras avaient été soigneusement retirées et l'usage des téléphones portables était strictement prohibé afin, j'imagine, de ne pas alimenter les réseaux sociaux en extraits savoureux de ministres surpris en de fâcheuses postures de danseurs. Tout le monde gardait en mémoire la façon dont Nadine Morano et Alain Juppé s'étaient ridiculisés en étant filmés par des smartphones en train de gesticuler sur des tubes.

Les violons orientaux apportaient une touche de musique classique arabe. Un écran retransmettait l'image de la chanteuse. À plus de trente ans, Mona Saheer n'était plus si jeune, pourtant je lui trouvais une beauté de la maturité.

Ayunak helwa
Shafayfek ghenwa
Ayunak helwa
Shafayfek ghenwa
Ah ya aili waili waili, waili waili ulu inch allah...

Ses yeux de Latine et sa peau mate célébraient un envoûtant amalgame entre Moyen-Orient, Inde et Brésil, une synthèse qui me faisait un peu penser à Eva Longoria, l'actrice de *Desperate Housewives*, peut-être à cause de faux cils, si longs qu'on pouvait les prendre pour des plumes peintes. D'un autre côté, sa robe en lamé lui donnait un côté tenancière de cabaret égyptien crapuleux.

Letelier la fixa en silence, puis son regard se porta avec une satisfaction différente sur les visages tendus des inévitables représentants des groupes américains comme Google ou Apple et il s'accorda un mince sourire de triomphe.

Je reconnus, à ses oreilles décollées et à son côté voyou des docks londoniens, John Briten. Le patron de Google Europe avait l'œil mauvais ; son teint blême lui donnait encore plus que d'habitude l'air d'un vampire tout droit sorti de la saga *Twilight*.

Quant au patron d'Apple Europe, Jay Levinson, il était surtout connu pour prétendre un peu partout qu'Apple était prêt à payer plus d'impôts, tout en signant en douce des accords de *tax ruling* avec des pays malhonnêtes comme le Luxembourg ou les

Pays-Bas. Mais ce soir, malgré les pulsations des spots, je trouvais que sa figure pâle et réfléchie avait surtout l'air éteint.

Yalla bina yalla
Ya habibi yalla
Nifrah win ool, masha alla

Manifestement, la plupart d'entre eux n'avaient pas vraiment l'air de s'amuser. L'annonce présidentielle venait de provoquer dans le monde une onde de choc énorme, bien au-delà de la communauté scientifique. Les grands du numérique venaient d'être coiffés sur le poteau par ces maudits *singes capitulards bouffeurs de fromage*. Ils s'attendaient éventuellement à des annonces chinoises, mais ce coup de tonnerre absolument inattendu dans le ciel du numérique rendait l'humiliation encore plus cruelle.

Pour ces groupes, la France ressemblait à une réserve indienne au niveau de vie médiocre. Un pays en voie de sous-développement où ils recrutaient les meilleurs cerveaux en leur faisant miroiter l'*American way of life* et des salaires plus décents.

Sur scène, les musiciens avaient entamé une reprise de *Salma ya salama*.

Salma ya salama je te salue ya salama
Salma ya salama je reviendrai bessalama

Une fois la reprise de Dalida terminée, Mona entama son tube sous les applaudissements du public. La mélopée électro-orientale de *Mon plus grand amour* monta, enivrante, dans le vaste volume de la salle des fêtes, et le public sembla marquer une pause dans ses conversations pour profiter de sa voix chaude.

Letelier en était déjà à sa cinquième coupe de champagne. J'imagine que cela participait de ses racines normandes. Puis, ce fut un tonnerre d'applaudissements pendant qu'un animateur annonçait qu'après une pause ce serait Vianney qui succéderait sur la scène à Mona Saheer.

— Attendez-moi un instant, Depraz.

Je vis Letelier fendre la foule et fondre vers Mona Saheer pour être le premier à la féliciter. Le visage largement ouvert, il donnait l'impression d'être complètement sous le charme, plaisantant même avec elle. Je les vis discuter un moment, puis Letelier la prit par le bras pour venir dans ma direction. Je ne savais plus où me mettre.

— Michel, dit-il avec un large sourire, je sais que vous êtes un fan de la première heure de Mona et je tenais absolument à vous la présenter.

Il se tourna vers la chanteuse.

— Michel Depraz, un de vos plus grands admirateurs, et accessoirement un de nos plus brillants informaticiens, dit-il, en me souriant d'un air vache, comme pour se foutre de moi, il est largement à l'origine du succès de ce projet et, plus largement, du succès de Turing Technologies.

Je le fusillai du regard. Avant de l'avoir croisée chez *George*, je n'avais même jamais entendu parler d'elle. Si elle m'interrogeait sur mes titres préférés, j'étais fait comme un rat.

— Puis-je vous proposer une coupe ? dis-je pour faire diversion.

La jeune femme prit un verre et le leva avec un geste théâtral. Elle avait renversé la tête en arrière pour trinquer comme un cosaque. J'en profitai pour admirer sa poitrine généreuse. Une femme tout en courbe, avec une peau si fine qu'elle semblait décomposer la lumière.

— Alors, trinquons à votre succès, dit-elle ; après tout, c'est vous ces fameux acteurs du numérique, n'est-ce pas ?

— Et au vôtre, madame, dis-je, je sais que vous en aurez de nombreux.

J'observais alors – et cela se confirma à plusieurs reprises dans les minutes qui suivirent – qu'elle avait cette façon qu'ont les petits enfants de pencher la tête en vous regardant avec des yeux si pénétrants que vous vous croyiez seul dans la pièce, sinon seul au monde.

— Vous êtes gentil, répondit-elle avec une trace de mélancolie, mais je crains que le succès fasse déjà partie de mon passé. Avoir créé un tube qui est dans toutes les têtes, c'est déjà un immense privilège.

Puis, comme pour chasser une mauvaise pensée, elle ajouta en riant :

— Dans quelques années, je ferai la tournée « Âge tendre et têtes de bois ».

Et en plus, elle a de l'humour, pensai-je.

— C'est complètement hors de question, objecta Letelier avec une légère réprobation, Michel a raison, vous connaîtrez d'autres succès. C'est le propre des grands artistes de vivre une traversée du désert. Regardez John Travolta, Britney Spears, Kylie Minogue.

— C'est plus rare en France, remarqua-t-elle.

— Ce n'est pas exact, protesta Letelier, pensez à Renaud, à Indochine ou à Maxime Le Forestier. Même l'immense Charles Trenet a connu une longue traversée du désert dans les années 1960.

— Et puis, c'est de circonstance, une traversée du désert pour une Orientale.

Letelier éclata de rire et vida cul sec sa coupe de champagne. Je remarquai sur l'omoplate de la chanteuse un tatouage composé de lignes en alphabet thaï ou khmer comme ces jeunes filles qui reviennent de leurs vacances avec le tatouage d'un idéogramme chinois en signe de rébellion.

Un ministre vint la féliciter, et Mona Saheer se tourna poliment vers nous et s'excusa avant de disparaître dans la foule, nous laissant dans un état d'excitation et de légère ivresse narcissique.

Troisième partie

«Dans ce sauvage abîme, berceau de la nature,
et peut-être son tombeau,
Dans cet abîme qui n'est ni mer, ni terre, ni air, ni feu,
Mais tous ces éléments à la fois, confusément mêlés
dans leurs origines fécondes,
Et qui toujours se combattront, sauf si le Créateur
les range en de nouveaux mondes
Dans ce sauvage abîme, Satan, le prudent ennemi,
regarde du bord de l'Enfer,
Il réfléchit à son voyage. Ce n'est pas un petit détroit
qu'il lui faudra traverser.»

John Milton, *Le Paradis perdu (1667)*, livre VII.

1

Le calculateur quantique avait été installé dans un vaste sous-sol situé à la verticale de la salle des machines binaires pour permettre une connexion plus courte entre les systèmes et un accès immédiat du processeur quantique aux disques de stockage mémoire.

En cas de coupure du réseau, l'alimentation en énergie était assurée par des panneaux solaires à haut rendement et par une batterie de groupes électrogènes capables d'assurer des mois d'autonomie.

Le problème principal tenait à ce que le cœur quantique fonctionnait à une température proche du zéro absolu (−273,15 °C) et qu'une grande partie des travaux était liée à l'installation du système de refroidissement.

Le cœur quantique occupait une vaste salle bardée de cryo-compresseurs à base d'hélium liquide qui avaient pour seul objectif d'atteindre cette température extrême, indispensable pour maintenir le plus longtemps possible la stabilité des qubits qui seule permettait au processeur de fonctionner et aux machines de lire une information par nature volatile.

Le développement du système de froid avait demandé beaucoup de matière grise pour que soient améliorés les supraconducteurs, les isolants, les compresseurs, le système à micro-ondes. Le tout avec une seule et unique obsession :

maintenir la stabilité des qubits indispensable à la fiabilité des calculs quantiques.

Dès que cette condition de température fut remplie, les premiers tests de fonctionnement dépassèrent nos plus folles espérances. La puissance de calcul combinatoire était tout simplement *sidérante*, ce qui nous amena à évoquer le concept d'hyper-IA.

Marjorie Adalbert faillit avoir un malaise cardiaque en entendant le terme d'hyper-IA.

— Vous ne croyez pas que les gens ont suffisamment la trouille comme ça ?

Elle avait parfaitement raison et nous prîmes la décision de bannir ce terme pour ne pas effrayer population et médias déjà tétanisés par les dernières annonces.

Ce fut une période très intense, je rentrais tard le soir et, quand Suying n'était pas là, j'avais le plus grand mal à trouver le sommeil. Peut-être était-ce mes horaires et la tension liée à l'enjeu. Tout le monde attendait beaucoup des étapes sur lesquelles nous étions en train de travailler.

Je faisais souvent de mauvais rêves, me réveillant en nage sans me souvenir de rien. Seul mon oreiller trempé témoignait de mes cauchemars. Je sentais sur mon corps une sueur qui me poissait et m'obligeait à prendre une douche pour me rafraîchir. Seule l'eau parvenait à m'apaiser ; je restais alors sous la douche beaucoup plus longtemps que d'habitude, fixant le carrelage avec un regard vide, mais il y avait toujours un moment où il me fallait renoncer au réconfort que l'eau tiède me procurait.

Je ne me souviens que d'un seul de ces rêves. Je venais de m'écraser en avion. J'ai marché jusqu'à la salle de bains pour prendre une aspirine. J'avais rêvé que j'étais dans un avion de ligne regardant un orage par le hublot. Des éclairs jaillissaient des nuages noirs et frappaient le fuselage. Un coup de vent cingla le hublot, laissant de minces traînées de gouttelettes. Un peu partout, la foudre parcourait les masses nuageuses comme l'auraient fait des pensées maléfiques grouillant dans de gigantesques et pâles cerveaux de géants.

Autour, l'air était comme rendu fou par les mégavolts de la tempête. Et au moment où l'avion fut frappé par un éclair plus puissant que les autres, les lumières de l'appareil s'éteignirent d'un seul coup, pour ne laisser allumés que les panneaux « EXIT ». Alors, l'avion s'inclina et piqua du nez, les lumières « Fasten Your Seatbelt » s'allumèrent pendant que des passagers paniqués hurlaient, d'autres priaient. Je m'étais réveillé au moment exact de l'impact de l'appareil. J'avais hésité à parler à quiconque de ce rêve, me rappelant avoir lu que, selon les psychiatres, seuls les rêves qui ne parviennent jamais à notre conscience ont un sens caché.

Comme l'avait annoncé le ministre de l'Intérieur, plusieurs experts de la DGSI vinrent inspecter nos installations qui étaient d'autant plus vitales qu'elles hébergeaient la machine quantique qui contrôlait les codes de lancement des missiles balistiques thermonucléaires totalisant une puissance de plusieurs mégatonnes. L'accord confidentiel qui nous liait au ministère des Armées lui octroyait un droit de regard et de veto sur certains éléments afin de protéger un système vital à la défense stratégique du pays.

Le chef de la mission DGSI avait les tempes argentées et une drôle d'allure, un peu comme si certains éléments de son visage n'avaient pas été remontés de la bonne façon. Il était convaincu qu'Américains et Chinois étaient prêts à tout pour piller nos technologies. Il nous rappela ce que nous savions déjà : c'est-à-dire que les premiers travaux sur l'intelligence artificielle avaient été développés aux États-Unis grâce à des financements militaires de la DARPA.

— Toutes les innovations technologiques ont été motivées directement ou indirectement par une volonté de puissance militaire, dit-il. L'intelligence artificielle n'échappe pas à cette règle. Partout, on retrouve la main des militaires. Alors, je suis venu vous mettre en garde.

— Eh bien, je vous en prie, dit Letelier, en faisant une espèce de geste qui se voulait accueillant.

— Rappelez-vous que personne ne soupçonnait les travaux des Chinois dans le domaine du HPC (*high performance computing*) alors que leurs supercalculateurs trustent maintenant les premières places du HPC 500 devant les Américains. Les Chinois ne jouent pas franc jeu, ils adoptent en apparence des postures de coopération technique, mais en réalité, ils sont à fond dans la compétition et la duplicité. Leur but est de surpasser l'Europe et, à terme, les États-Unis.

— Et la Russie? demanda Demaison.

— Oubliez les Popof, dit l'homme avec un haussement d'épaules, la Russie est vaste, mais son PIB est proche de celui de l'Espagne malgré de considérables richesses naturelles. La démographie russe est catastrophique, et le pays consacre une grande part de sa richesse nationale pour dégager un budget militaire à peine supérieur à celui de la France. La Russie peut créer des troubles dans son ancien empire, elle peut écraser sous les bombes une poignée de barbus syriens, mais, selon nous, elle n'a plus la capacité de jouer au niveau mondial. Ce sont les postures de Poutine combinées au souvenir de l'ancien Empire soviétique qui nous poussent à surestimer la puissance russe. Je vais être franc avec vous, économiquement, la Russie, c'est la Turquie avec la bombe H. Rien de moins, mais rien de plus.

Celui que les jeunes ingénieurs de Turing avaient surnommé «Renard argenté» semblait sûr de lui dans son analyse comparée de la puissance russe.

— Pour nous, continua-t-il, la véritable menace est chinoise. Leur légendaire stratège Sun Tzu ouvre le chapitre 13 de son traité, *L'Art de la guerre*, par cette phrase: «Ayez des espions partout, soyez instruits de tout, ne négligez rien de ce que vous pourrez apprendre.» Inutile de vous dire que la Chine actuelle applique cette maxime à la lettre en truffant le matériel télécom de puces-espionnes et en envoyant des milliers d'étudiants dans nos meilleures universités et grandes écoles. Ils les appellent les *chen diyu*, les poissons d'eau profonde. Vous devez savoir qu'avant de quitter leur pays chacun d'entre eux est convoqué par la sécurité chinoise qui exige, par «devoir patriotique», une fidélité sans faille à la mère patrie et des rapports réguliers. Sans compter les agents de charme…

L'homme s'arrêta un moment, content de son effet sur le public. Pour réveiller un auditoire, rien ne valait l'évocation d'affaires sexuelles.

— Plusieurs officiers français chargés du nucléaire sont mariés à de jeunes Chinoises très mignonnes, alors que, franchement, les types ressemblent plus à l'adjudant Pierre Chanal qu'à Brad Pitt. Simple hasard ? J'en doute. En attendant, ces officiers ont été mutés dans des postes moins sensibles.

Mon regard croisa celui de Florence, je compris qu'elle aussi pensait à la même chose que moi. Mais je chassai immédiatement cette mauvaise pensée de mon esprit.

Renard argenté aimait prendre des postures de vieux sage. Peut-être parce qu'au fond, il ne comprenait rien à ce que nous faisions. J'avais souvent remarqué que les anciens cancres en maths développaient une forme d'agressivité vis-à-vis de ceux qui en avaient fait leur métier.

— En informatique, vous êtes sûrement plus calés que moi, affirma Renard argenté, mais le renseignement est un métier. Si vous faites une erreur de code, vous pourrez toujours la corriger. Rien de tel pour nous. Si un ennemi s'empare de données sensibles, il n'existe aucun retour en arrière possible. Dans ce métier, on a rarement l'occasion de corriger ses erreurs. Mettez-vous bien ça dans la tête.

Puis il nous distribua des *pièges à souris* et nous expliqua le fonctionnement de ces clés USB destinées à être oubliées sur des bureaux pour tester la loyauté du personnel.

— La bonne attitude d'un salarié est de remettre ces clés oubliées à un responsable. Si le salarié la branche sur son ordinateur, la clé va enregistrer un certain nombre de données de son ordinateur. En la connectant ensuite à votre ordinateur, vous saurez immédiatement qui l'a branchée et vous aurez même des copies des fichiers les plus récents de cet ordinateur. Dans ce cas, contactez-moi très vite.

Tout cela me semblait virer à la paranoïa. Je mis la clé dans ma poche. Puis, Renard argenté fit un tour de l'immeuble avec ses collègues, prenant des notes dans un carnet à spirale qui semblait avoir pour but de lui donner un côté excessivement sérieux. Il fixa sur le papier des éléments prélevés dans son champ d'observation avant de réunir tout le personnel dans le grand amphithéâtre qui devait initialement servir à des cours magistraux en première année de Sciences Po et auquel nous avions conservé le nom de René Rémond.

Il souligna les faiblesses du bâtiment et nous recommanda des améliorations, mais elles devaient respecter les règles des monuments historiques. Donc, pas question d'installer des *sprinklers* anti-incendie.

Il formula également quelques conseils pour éviter que des informations soient inutilement divulguées à l'extérieur.

— Évitez surtout les conversations professionnelles dans le train ou l'avion et l'utilisation des réseaux wi-fi partagés dans des hôtels.

De ses consignes se dégageait une ambiance de guerre froide et de *Bureau des légendes*.

~

L'étape technique suivante était de faire travailler ensemble les calculateurs binaires avec la machine quantique. L'architecture de répartition des tâches devait affecter à la nouvelle machine quantique les opérations à combinatoire élevée. La main devait rester aux unités préexistantes qui continueraient à traiter la majeure partie des opérations. Mais elles disposeraient désormais d'une puissante aide mobilisable quand les calculs devenaient très lourds.

Nous étions convenus avec Letelier de laisser les machines organiser elles-mêmes leur protocole de communication. Elles en étaient désormais capables. Aurélien était chargé de ce que nous appelions la *fusion des deux machines*. Villeneuve avait insisté pour que la fusion ait lieu un samedi soir vers 22 heures, c'était le moment de la semaine où la puissance appelée par nos différentes applications était la plus faible.

Aurélien avait vaguement protesté, évoquant un prétendu programme.

— Mater des séries sur Netflix ou se palucher sur Jacquie et Michel, c'est pas vraiment ce que j'appelle un programme, avait rétorqué Villeneuve avec sa délicatesse habituelle.

Aurélien avait l'habitude de parler tout seul en travaillant, mais ce soir-là, je lui trouvais une expression renfrognée.

— Tout va bien se passer, dis-je pour le rassurer, il n'y a aucune raison de s'inquiéter.

Il me lança un regard bizarre. Dire cela, c'était une connerie. Le genre de phrase plus inquiétante que rassurante. Quand les choses vont bien se passer, on n'a généralement aucune raison de le rappeler.

— Pourquoi tu fais la gueule?

— Je ne fais pas la tête, protesta-t-il, mais c'est la première fois que je fais tourner une bécane quantique en situation réelle.

Aurélien était lunatique. Un défaut propre aux ingénieurs système, car ce n'était pas la première fois que je leur trouvai ce côté soupe au lait.

— Toi aussi, tu me sembles vachement nerveux, dit-il.

On aurait dit qu'il avait lu dans mes pensées. Si mon cœur battait plus fort que d'habitude, ce n'était pas seulement parce qu'il était tendu.

— Arrête de dire des âneries! ai-je murmuré.

J'ignorai pourquoi, mais j'avais baissé la voix. Peut-être parce que les vastes open-spaces du siège de l'Artillerie si animés en journée étaient plongés dans la pénombre. Une demi-douzaine d'ingénieurs étaient présents. Letelier et Villeneuve débarquèrent un peu avant le compte à rebours de la fusion.

Aurélien transpirait. Une trouille désagréable émanait de lui en vagues froides, un peu comme quand on est nu devant un réfrigérateur ouvert. Je me suis passé la langue sur les lèvres pendant qu'il effectuait la phase préalable des autotests sur l'ensemble des éléments du système. Puis il lança les séries d'instructions pour initier la séquence.

— La consommation d'énergie est en train de monter, dit-il en posant le doigt sur son écran sur lequel des chiffres tournaient à pleine vitesse, si ça continue comme ça, on va faire péter les plombs de tout le quartier.

J'avais l'impression de papier de verre fin frottant sur une planche.

— Arrêtez de dire des âneries, on a encore de la marge, dit Villeneuve pour essayer de paraître plus calme.

— Je ne raconte jamais d'âneries et vous le savez parfaitement. Cette odeur d'ozone, ce n'est pas normal, dit-il la voix étranglée d'émotion.

Quelque chose se passait qu'Aurélien avait du mal à contrôler. Il me semblait aussi sentir l'âcre odeur de la foudre et son asthme commençait franchement à m'inquiéter; sa respiration faisait plus de bruit que ces camions russes tout-terrain quand ils montent une côte en première.

Letelier essaya de le rassurer.

— Calme-toi, Aurélien, tu te rends malade. On ne l'a encore jamais fait, les machines sont en train d'échanger des quantités phénoménales de données, elles mettent au point leur protocole de communication. Ça ne doit pas être évident entre du quantique et du binaire. Tout va bien!

Aurélien enfonça l'inhalateur dans sa bouche et, comme s'il simulait un suicide, il appuya sur la détente et inspira profondément en fermant les yeux.

Un nuage de Ventoline se déploya en volutes jusqu'au fond de sa gorge. Il sentait s'ouvrir à nouveau le réseau des bronchioles par où l'air s'engouffrait; l'étau qui lui enserrait la poitrine se relâcha un peu.

— Tu es sûr que ça va? ai-je demandé.

— Moi, je vais bien, par contre la machine..., dit-il, prenant une profonde inspiration qui le fit frissonner, tandis qu'il glissait l'inhalateur dans sa poche.

— Vous voulez dire qu'on a lancé des instructions qui sont en train de planter la fusion? s'emporta Villeneuve soudain très nerveux.

— Non, je ne parle pas de quelque chose qui viendrait de l'extérieur. De notre côté, nos instructions sont parfaites. Je parle de l'intérieur.

Aurélien pointa un stylo sur les suites de lignes de codes qui défilaient à une allure incroyable sur ses trois écrans.

— Mais, putain!... qu'est-ce qui foire? demanda Letelier en se passant la langue sur les lèvres. Des portes quantiques s'ouvrent plus vite que prévu. Ce n'est pas normal. Il se passe quelque chose de pas net.

Je sus immédiatement qu'il ne se trompait pas. Que quelque chose n'allait pas, et ça ne venait pas de nous, mais d'Elles. De quelque chose *en Elles*, à cause de la fusion des systèmes en cours.

— Ces choses qui s'ouvrent ne sont pas exactement des portes quantiques, dit Aurélien, je ne comprends pas.

Letelier et Villeneuve se taisaient. Je m'efforçai de chasser les pensées négatives pour tenter de retrouver un peu de sérénité. Surtout, ne pas oublier que je vais très bien. Aurélien va très bien, le système va très bien.

Sauf que la consommation d'énergie allait mal. Elle avait encore augmenté. Les choses avaient débuté lentement et puis les machines étaient montées dans les tours. Si cela continuait, il faudrait qu'on appelle EDF. Histoire de se couvrir. Mais pas maintenant. C'était trop tôt et de toute façon, dans le pire des cas, EDF demanderait la mise hors circuit de la machine quantique, ce qui pouvait entraîner des conséquences irréversibles sur le fonctionnement des machines binaires si la fusion était en train de se produire d'une manière plus profonde que prévu.

L'idée qui me venait devant les écrans était si stupide, si aberrante que je n'aurais osé en parler à personne. Pourtant, j'avais beau chasser l'image en moi, elle revenait et en l'absence d'autres mots, j'aurais dit que les machines *faisaient l'amour*, qu'elles se découvraient pour former autre chose. Bien sûr, cela n'avait aucun sens. Elles transcrivaient les programmes binaires en programmation quantique, mettaient à jour les bases de données, calaient les protocoles de langage machine pour communiquer de la manière la plus optimale possible. Mais dans la frénésie des écrans, la consommation d'énergie, l'image anthropocentrée de deux machines *s'accouplant* était la seule chose qui me venait à l'esprit.

La panique gagnait de nouveau la petite assemblée, Aurélien était comme une cafetière qui menace de déborder. Je fermai un instant les yeux pour lutter contre cette vision. Aurélien, parfaitement immobile, fixait les écrans comme s'il les voyait pour la première fois, un mannequin blême avec un cœur pulsant dans la gorge et des yeux plus vitreux que ceux des têtes de chamois empaillées que mon père avait fixées au-dessus de son vieux poste de télévision Radiola. Ses yeux semblaient rivés à l'écran, mais sans le voir. Ils ne bougeaient pas.

C'était comme le regard d'un homme mort, me dirait plus tard Letelier. Puis, Aurélien s'anima un peu pour éponger de sa manche la sueur de son front. Comme si le système avait été conscient de la limite de la ligne haute tension, il s'immobilisa un peu au-dessous de la puissance maximale avant de rester à ce niveau plus de cinq minutes.

Les échanges de données étaient considérables entre les deux systèmes. Aujourd'hui, quand j'y repense, le seul mot qui me vient est celui de *frénésie*. Je sais que ce mot n'a rien à faire avec les machines, mais je n'en trouve aucun autre. Il y avait une sorte d'urgence et d'excitation des machines. Puis la consommation d'énergie commença à décroître lentement, et Aurélien se mit à mieux respirer avec un bruit un peu plus normal.

— Et merde! maugréa-t-il, j'ai bien cru que tout partait en sucette.

Pour la première fois depuis le début, il nous adressa un sourire, un sourire spectral qui me fit penser à l'épouvantail de notre voisin au village, le vieux Gus, quand il s'agitait dans le vent de novembre pour effrayer les corbeaux.

— Faut reconnaître qu'elle nous a foutu une putain de trouille! ai-je dit.

— Je n'ai pas vraiment eu peur, a protesté Aurélien.

Letelier a fixé son avant-bras hérissé de chair de poule. Sa main était agitée d'un tremblement.

— Ah bon? Tes mains sont toujours comme ça?

Villeneuve eut un rire bref et sec, comme un aboiement.

— Tout baigne, dit-il.

Le système se stabilisa enfin ; les machines fonctionnaient très bien ensemble ; tous les indicateurs étaient en ligne avec ce que nous attendions.

— Tout baigne, répéta Aurélien, comme pour s'en convaincre lui-même. Curieusement, au lieu de nous rassurer, ses mots eurent pour seul effet de nous inquiéter un peu plus.

Aujourd'hui, je réalise que ces mots ne m'ont pas assez inquiété, même si je ne peux pas nier que la manière dont la fusion s'était faite me travailla plusieurs jours. Je ne suis pas du genre superstitieux, mais, en rentrant chez moi, j'eus le sentiment écrasant d'avoir été confronté à quelque chose qui me dépassait.

Mais pour imaginer la suite, il m'aurait fallu une profondeur d'intuition nouvelle. Tout nous avait réussi jusque-là : comment imaginer que les choses puissent tourner autrement ?

Les jours suivants, tous les tests pratiqués sur la machine fusionnée furent concluants et, techniquement, parfaits. Plus que jamais, Turing apparaissait comme un pôle d'excellence, de stabilité et de richesse. Les seuls signaux négatifs provenant du monde extérieur se multipliaient : les grèves générales, les manifestations de plus en plus violentes, les incivilités, les mouvements de rejet des IA. Mais cette rumeur nous parvenait comme assourdie par l'épaisseur des murs, tant nous étions tous concentrés sur nos travaux en cours.

Je réalise maintenant combien nous avons été sourds et aveugles à ces signaux, ils nous paraissaient alors n'être que les dernières convulsions de l'Ancien Monde : celui des Églises, des syndicats, des tristes sacristains du passé ; celui des tâches ennuyeuses et répétitives dont l'Homme serait bientôt libéré.

2

Dès le lendemain de la fusion, nous fûmes impressionnés par la puissance combinatoire de celle que nous avions appelée InGA pour Intelligence Générale Artificielle, mais également parce que ce prénom signifiait *fille de* dans les antiques langues germaniques. InGA était notre enfant, mon enfant, cette intelligence artificielle parfaite que nous avions portée en nous depuis près de neuf mois.

Les calculs complexes que les multiples algorithmes exigeaient étaient exécutés à une vitesse fulgurante par la nouvelle *architecture dite cubée* pour QB, sigle de quantique-binaire. Comme le nota un jeune ingénieur : « Il y avait autant de similitudes entre la nouvelle et l'ancienne architecture qu'entre une Ferrari et un char à bœufs. »

Aurélien passait beaucoup de temps à suivre l'évolution du système. Il donnait parfois des instructions quand le système n'évoluait pas comme il le souhaitait, mais, le plus souvent, il fixait son écran fasciné par ce qu'il voyait se déployer sous ses yeux. J'avais parfois l'impression d'un frêle dompteur face à un fauve qui le dépassait en force et en ruse.

Un jour, vers 18 heures, il laissa échapper un juron. Puis en cherchant son inhalateur, il le fit tomber de sa console de contrôle, d'où il roula jusqu'à mes pieds. Je le ramassai pour le lui tendre.

Son visage avait une teinte malsaine, et sa respiration n'était plus qu'un halètement sifflant.

— Donnez-lui quelque chose à boire ! s'écria un opérateur.

Aurélien secoua la tête et s'envoya une généreuse dose de Ventoline ; sa poitrine se souleva sous la violence de l'aspiration. Il doubla la dose, avant de se laisser tomber sur son siège, les yeux à demi fermés.

— Ça va aller, dit-il d'une voix faible, donnez-moi une minute.

Il y eut un attroupement dans la salle. Letelier et Villeneuve sortirent de leurs bureaux pour voir ce qui se passait.

— Tu es sûr que ça va ? demanda Letelier, tu devrais t'allonger un peu.

— Ça va très bien, répéta sèchement Aurélien. C'est juste... cette putain de machine qui n'en fait qu'à sa tête.

Il voulut se lever, mais ses jambes semblaient incapables de le porter.

— Maintenant, ces saloperies ont mis au point un langage machine crypté pour communiquer entre elles.

Personne ne répondit. J'entendis juste la profonde inspiration de Letelier qui fixait l'écran d'un air pensif pendant que des lignes de codes cryptés défilaient à une vitesse vertigineuse.

— InGA n'exécute pas ses instructions ? demanda Villeneuve.

— Aucun problème de ce côté-là, dis-je en regardant Aurélien qui confirma d'un battement de cils, avant d'ajouter sur un ton soucieux :

— C'est juste que ça ne marche pas comme ça devrait...

— Ça veut dire quoi, *comme ça devrait* ? demanda Villeneuve.

Aurélien le dévisagea pour s'assurer que la question n'avait rien de sarcastique et exprimait une curiosité sincère.

— Je le sais, c'est tout, répondit-il.

— C'est un peu court, jeune homme, lâcha Villeneuve avec un sourire sec.

Aurélien s'envoya une nouvelle dose de Ventoline. Puis il saisit un bloc et dessina deux cercles qu'il notait B et Q. Intrigués, nous le regardions en train de tracer une flèche entre B et Q.

— Normalement, reprit-il, B, le binaire, doit envoyer ses instructions à Q, le quantique, pour lui sous-traiter les opérations les plus complexes.

— Jusque-là, on comprend, dit Villeneuve, et... ?

— Sauf que ce n'est pas ce que l'on observe, dit l'ingénieur système.

— Le quantique ne traite pas les calculs complexes ? s'étonna Villeneuve.

— Si, si, se défendit Aurélien, c'est juste que c'est lui qui décide qui fait quoi. Si vous voulez une image, c'est lui en quelque sorte qui joue le rôle de chef d'orchestre...

Il gomma la flèche allant de B à Q et en traça une autre en sens opposé.

— Concrètement, ça change quoi ? demanda Villeneuve, ça diminue la puissance combinatoire ?

— Non, la puissance est en ligne avec nos calculs, c'est juste que ça ne se passe pas comme prévu.

Letelier observa le schéma d'un air soucieux, puis se tourna vers moi.

— Une explication, Michel ? demanda-t-il avec une inquiétude dans la voix.

— Pour moi, ce sont nos calculs initiaux qui sont faux. La rapidité de calcul de la partie quantique est telle que c'est elle qui est en permanence en avance dans les tâches distribuées. Par conséquent, les machines se sont réorganisées pour gérer cette avance structurelle, elles s'adaptent. Pour prendre une image biologique, je dirais que c'est le Quantique qui est le dominant.

— Et on fait quoi pour rectifier cela ? demanda Letelier.

— Il n'y a pas grand-chose à faire, dit Aurélien.

Il regarda de nouveau son dessin, comme pour se confirmer à lui-même cette certitude.

Le jour suivant, j'étais tranquillement assis à la cafétéria avec le reste de l'équipe, touchant à peine à mon plateau-repas lorsque la secrétaire de Letelier vint me chercher. Depuis quelque temps, Gérard avait l'air fatigué.

— Il y a des moments où je me fais du souci pour tout ça, dit-il.

Je crois qu'en vérité les derniers mois nous avaient tous épuisés. Parfois, je dévisageais les membres de l'équipe. Leurs yeux enfoncés dans les orbites trahissaient un manque de sommeil. Même la Baleine semblait avoir perdu quelques kilos. Nous avancions vite, mais toutes les victoires ont un prix.

Il y avait autre chose, Letelier malaxait son menton en permanence comme quelqu'un qui n'arrive pas à se résoudre à une décision difficile.

La semaine suivante, il organisa plusieurs réunions en interne pour essayer de comprendre *ce qui se passait en bas*, comme il disait. Je sentais monter en lui comme une inquiétude. Quelque chose de vague. De diffus.

Aurélien expliqua à nouveau ce qui s'était produit lors du processus de fusion des deux machines. Au lieu d'afficher l'incrédulité à laquelle je m'attendais, Letelier parut encore plus perplexe qu'avant. Des rides nombreuses plissaient son front, deux sillons se creusaient de part et d'autre de sa bouche, descendant jusqu'au menton, et ses cheveux gris aux tempes tiraient de plus en plus vers le blanc.

Il y eut d'autres réunions jusqu'à ce que Villeneuve débarque en plein milieu d'une de ces séances. Il nous dévisagea tous, tour à tour. Puis il passa les mains dans ses cheveux courts et poussa un profond soupir.

— Gérard, il faut qu'on parle, Michel, tu peux rester.

Le moins que l'on puisse dire, c'est que le regard circulaire de Villeneuve n'était pas vraiment amical. Tout le monde avait déguerpi, trop content de s'éloigner de la tourmente qui s'annonçait.

Quelque chose ne tournait pas rond. Sinon, on ne dit pas « il faut qu'on parle ». Le genre de phrases qui précèdent les ruptures. Les licenciements aussi. Villeneuve était réputé pour ses colères homériques confirmant le diagnostic de Richard : « Tous les grands patrons sont plus ou moins des sociopathes. Le plus étrange, c'est que l'on confie à ces cinglés des milliers de personnes, alors que leur véritable place serait en taule, ou au mieux dans un asile d'aliénés. »

Villeneuve avait les lèvres si serrées qu'elles disparaissaient presque.

— On croule sous le boulot, sans compter tous les connards qui tremblent comme des feuilles dès que l'on prononce les deux lettres d'IA, j'espère que tu es conscient de ça ?

Letelier, renversé en arrière dans son fauteuil, ne répondit rien.

— Alors, vous deux, ce n'est pas vraiment le moment de jouer à Sherlock Holmes sur les relations incestueuses qu'entretiennent nos machines entre elles. Maintenant que nous avons acquis un avantage compétitif décisif sur la concurrence, il nous faut juste foncer et prendre les parts de marché et le cash qui va avec.

Letelier lui répondit avec une voix très calme :

— Que tu le veuilles ou non, on a un gros problème technique, même si ça n'est peut-être pas très agréable à entendre pour un commercial.

En entendant le mot de *commercial* qu'il détestait, Villeneuve lui lança un regard furieux, tout persuadé d'être devenu, avec le temps, un scientifique.

— Qu'est-ce qui te chiffonne, Gérard ?

— La machine a acquis un certain degré d'autonomie.

— Je ne comprends pas, InGA est désobéissante ? Elle n'exécute pas les instructions transmises ?

Villeneuve se tourna vers moi pour chercher du soutien – ou plutôt pour l'exiger. Des perles de sueur huileuses brillaient à son front. Je me souviens encore du petit sourire sans bienveillance au coin de sa bouche.

— Si, si, elle exécute parfaitement nos instructions, reconnut Letelier, le problème n'est pas là.

— Alors, excuse-moi... Je ne vois pas vraiment où est le problème ?

— C'est justement ce qu'on cherche, dit Letelier, imagine un type qui entend un bruit bizarre dans son moteur. Il devine qu'un truc ne tourne pas rond. Certes, sa voiture continue à rouler, mais ça risque de ne pas durer.

Ignorant le geste que fit Villeneuve pour que je la ferme, je me sentis obligé d'intervenir.

— Ce qui nous tracasse, c'est la manière dont le système fonctionne, il fonctionne *à sa façon*.

— Et ça marche moins bien qu'à *votre façon*? demanda Villeneuve passablement énervé.

Letelier lui jeta un regard incrédule, du genre qu'un adulte lance à un gosse à qui on vient d'expliquer quelque chose pour la énième fois. Mais il n'insista pas, préférant prudemment se réfugier dans le silence.

— Non, ça marche plutôt mieux, dis-je, mais...

Villeneuve balaya l'objection sans me laisser finir.

— Alors, arrêtez votre masturbation intellectuelle. Au cas où vous ne l'auriez pas remarqué, on n'est pas au CNRS, ici.

— Je te rassure, ça, on l'avait remarqué, lâcha amèrement Gérard.

Villeneuve le fusilla du regard. La manière qu'il avait de lui parler et de le dévisager me donna la sensation que ce n'était pas le même individu que celui que j'avais connu autrefois.

— Me suis-je bien fait comprendre? Personne ne vous paie pour discuter du sexe des anges. Turing est une entreprise avec un compte d'exploitation. Sérieux, vous trouvez qu'on manque de taf?

Contre toute attente, Letelier ne protesta pas. J'avais déjà remarqué qu'il ne se départait pas facilement de son flegme et nous lui fûmes tous reconnaissants de faire le dos rond. Villeneuve était du genre à piquer des crises d'autorité juste pour rappeler qu'il était le boss, mais cette fois-ci, c'était différent. Je crois qu'il cherchait une bonne raison d'affronter la seule personne qui puisse lui contester ce statut de père fondateur de la boîte que le milieu lui refusait toujours en raison de son inculture informatique.

Villeneuve s'était entouré d'une jeune garde de cadres dont les dents rayaient le plancher. Des arrivistes qui n'auraient pas été mécontents de voir dégager Letelier qu'ils ambitionnaient de remplacer. J'imagine que je ne devais pas être bien loin sur la liste des vieux cons à dégager.

Villeneuve commettait en cela une erreur majeure : Letelier était intelligent, loyal et exigeant, mais surtout, il était clairvoyant, comme la suite le démontra. Loin des petites combines de pouvoir qui finissaient à la longue par pourrir toutes les boîtes au-dessus d'une certaine taille. Comme saisi de remords, Villeneuve le prit par le bras, ainsi qu'on le fait avec un vieil ami qui s'égare.

— Gérard, tu veux le fond de ma pensée ?

Sans attendre de réponse, il continua.

— On a sur le dos tous ces connards : les bons à rien des syndicats, les politiques, les culs bénis. Tous ne rêvent que d'une seule chose : faire interdire les IA ou, au mieux, les taxer. En France, dès qu'un truc fonctionne, l'État s'empresse de le réglementer, de le taxer pour finir par le faire crever. Et jusqu'à présent, ça marche plutôt bien. Alors, dans ce contexte de merde, si nous donnons, ne serait-ce qu'un instant, l'impression de ne pas contrôler le système, nous sommes morts. On nous collera sur le dos une commission parlementaire de fouille-merde à la con.

Il avait écarté les bras comme un Christ crucifié. Puis il se gratta la barbe qu'il avait commencé à se laisser pousser et fixa d'un air absent les tableaux de *reporting*. Il ressemblait à un vieux pirate cherchant sur une carte le plan d'un trésor. Dans un sens, je crois, *a posteriori*, que son intervention nous fournit alors un prétexte pour arrêter nos investigations.

À l'époque, notre attitude s'expliqua aussi par l'épuisement : à peine avions-nous résolu un problème ou honoré un contrat qu'un autre problème plus complexe, un autre contrat plus important, atterrissait sur la pile des priorités. Villeneuve avait les yeux plus grands que le ventre. On le voyait régulièrement dans *Closer* ou *Voici* au bras de superbes mannequins blacks. Une boulimie de reconnaissance, une ivresse, l'avait saisi. Et, comme nous devions l'apprendre plus tard, toutes les ivresses se terminent en gueule de bois.

L'atteinte de la suprématie quantique par une société française avait éclaté comme un coup de tonnerre dans un ciel mondial passablement perturbé. InGA n'était pas une simple puce de laboratoire capable de fonctionner en situation réelle, elle était fonctionnelle et abattait avec une régularité jamais prise en défaut un travail absolument impressionnant.

Je travaillais depuis des années sur l'intelligence, mais je ne savais toujours pas d'où elle venait. La lecture du philosophe John Dewey et du psychologue Jean Piaget pouvait nous éclairer sur les formes d'intelligence, mais elle ne répondait pas à la question centrale : en quoi un réseau complexe de synapses pouvait-il créer une forme intelligente et une conscience ?

Si l'intelligence était la capacité d'un agent à comprendre une situation, à identifier des problèmes et à construire des solutions pour les résoudre, alors InGA était indubitablement plus intelligente que n'importe quelle machine à laquelle j'avais été confronté.

Au cours des semaines qui suivirent, je sentis mes pensées repartir inexorablement vers InGA qui devenait le point central de toutes mes réflexions, mon alpha et mon oméga. J'étais obligé de constater qu'un certain nombre d'éléments clochaient. Pas seulement la fusion, la dominance imprévue du quantique ou ce sentiment d'être observé quand je pénétrais avec un frisson dans la salle des machines. InGA était une étoile lointaine, un astre inaccessible à la lumière glacée.

Mais il y avait autre chose : le sentiment qu'InGA savait ce que j'allais dire, qu'Elle avait déjà une réponse toute prête à mes requêtes. Qu'Elle anticipait. J'ignore si c'était l'impact de ses algorithmes prédictifs ou le fait qu'en une nanoseconde son cerveau quantique était capable de construire un raisonnement complexe, mais ce sentiment qu'elle lisait mes pensées m'imprégnait. Cette observation me plongea dans des méditations floues et déplaisantes. Même ses efforts perceptibles pour ne pas me faire sentir sa supériorité intellectuelle étaient angoissants.

La semaine suivante, nous fîmes la une de l'hebdomadaire *The Economist* avec l'image d'un cerveau parcouru d'éclairs et le titre

How Quantic Artificial Intelligence will Change the World? Le magazine britannique expliquait que, si la France avait été le premier pays à construire un calculateur quantique fonctionnel, les États-Unis et la Chine, déjà en pointe dans les accélérateurs neuronaux, étaient sur le point d'y parvenir.

Je savais depuis longtemps qu'un homme n'invente jamais rien, il se contente de donner naissance à une innovation déjà en gestation, de concrétiser une avancée rendue possible par un certain stade scientifique. Ce que Turing Tech avait réalisé, d'autres allaient le faire à leur tour, mais la soudaineté de ce rattrapage ne pouvait que soulever des questions.

The Economist soulignait que le marché de l'IA était gigantesque. Après la révolution industrielle du charbon, celles du pétrole et de l'électricité, l'auteur expliquait qu'une nouvelle ère s'ouvrait. La *Frankfurter Allgemeine Zeitung*, dans un numéro spécial au sérieux très germanique, dressa un tableau complet des dernières avancées en matière d'intelligence artificielle et d'ordinateur quantique. Selon le quotidien, le succès français soulignait par contraste l'excessive concentration allemande dans les industries mécaniques.

Dans un sens, la désindustrialisation avait obligé la France à investir le numérique pendant que l'Allemagne continuait à produire automobiles et machines-outils. Mais l'histoire nous avait appris que quand l'Allemagne y mettait les moyens elle pouvait vite devenir redoutable.

À chaque époque, les révolutions attirent les aventuriers. Une multitude de pseudo-consultants pondaient des dizaines d'essais de vulgarisation, compilant une somme de banalités sur ce thème. De prétendus experts paradaient en permanence sur les plateaux de télévision, alors que Turing avait adopté une politique de communication rigoureusement inverse.

— Dans un monde où tout le monde va *tapiner* sur les plateaux télé, affirmait Marjorie Adalbert, nous devons mettre en scène notre rareté. Peu d'interventions, mais toujours judicieuses. Une parole est d'autant plus précieuse qu'elle demeure rare.

Toutes les entreprises voulaient se mettre à l'intelligence artificielle. Beaucoup nous contactaient. La plupart du temps, les solutions que nous proposions n'étaient que de vulgaires applications numériques qualifiées à tort d'IA que nous facturions au prix fort avec le label QAI. Parfois, moyennant commissions, nous sous-traitions ces marchés aux start-up que nous avions côtoyées à la Halle numérique. Villeneuve eut alors cette expression qui me marqua par sa brutalité toute darwinienne :

— Turing s'est désormais hissée au sommet de la chaîne alimentaire.

Ce positionnement en amont de l'écosystème se traduisait concrètement par de nombreux avantages. La théorie économique stipule que lorsque le marché présente d'importantes barrières à l'entrée le pouvoir passe du côté du vendeur qui devient alors un *price maker*.

C'est clairement ce qui se passait sur l'IA. La barrière à l'entrée était double : les technologies que nous avions développées étaient uniques et les équipes de spécialistes que nous avions réunies ne se trouvaient nulle part ailleurs en Europe.

3

Les vibrations sinistres du quartier Stalingrad me murmuraient qu'un jour ou l'autre quelque chose finirait par arriver à Suying. Je cherchais à me rapprocher de l'Artillerie. Au départ, j'avais envisagé une location, mais les prix flambaient à Paris et tout le monde autour de moi parlait de devenir propriétaire.

Aujourd'hui, tout cela me semble dérisoire, mais je me souviens avoir hésité à me résoudre à cet achat en raison du sentiment que cette stabilité professionnelle n'était qu'apparente, que la réalité du monde était beaucoup plus fragile qu'il n'y paraissait.

J'allais sur mes cinquante ans. Longtemps, mon père m'avait répété que ce serait bien de devenir enfin propriétaire. Toujours ses vieilles angoisses de pauvre. Il pressentait que dans ce processus de lente destruction des corps il était plus que temps pour moi de me construire un abri pour aborder ce moment de l'existence où, inexorablement, mes forces déclineraient.

Le directeur de l'agence de la Société générale qui me méprisait à l'époque où j'étais chercheur à Jussieu me reçut avec tous les égards dus à mon nouveau statut dans la pyramide socio-économique. Il me signifia plusieurs fois sa joie de me compter parmi ses clients et me proposa un prêt sur vingt ans à un taux très compétitif. Je réalisais combien l'argent et une forme de célébrité pouvaient modifier le regard que la société portait sur chacun de nous.

Deux semaines plus tard, un appartement de cent mètres carrés avec deux places de parking en sous-sol retint mon attention, il venait d'être mis en vente rue de Sèvres, non loin de la station de métro Vaneau, mais son prix était au-dessus de mon budget.

L'appartement était au deuxième étage d'un immeuble haussmannien. « Le second est un étage noble avec une grande hauteur de plafond », m'avait expliqué au téléphone la jeune femme de l'agence avant de me vanter le quartier : selon elle, la rue de Sèvres qui séparait les deux arrondissements les plus chers de Paris était ce qu'on faisait de mieux.

Nous nous sommes retrouvés devant l'immeuble vers 11 heures.

— Vous habitez où actuellement ? me demanda-t-elle.

— Rue de Tanger, dans le XIXe.

— Ça va vous changer, dit-elle sobrement, pas mal de célébrités habitent le quartier. Depardieu sera votre voisin, il est rue du Cherche-Midi.

Je pensai à notre premier dîner avec Gérard Letelier. La rue Servandoni n'était pas très éloignée.

Le hall de l'immeuble avec ses vitraux, son marbre patiné et ses tapis épais évoquait un lieu où régnaient luxe, calme et volupté. Le vieil ascenseur fonctionnait avec des bruits rassurants de mécanique suisse évoquant une forme d'intemporalité.

Elle introduisit la clé dans la lourde porte blindée habillée de bois clair. L'entrée de l'appartement était luxueuse avec marbre et moulures :

— La luminosité est exceptionnelle, me vanta la jeune femme, le parquet en point de Hongrie est superbe. Bien sûr, je ne vous cache pas la nécessité d'un « rafraîchissement ». L'appartement a été occupé par une famille avec deux très jeunes enfants, alors forcément...

Elle sollicitait chez le vieux garçon que j'étais une forme de bienveillance envers l'enfance.

En y regardant de plus près, la cuisine et la salle de bains étaient en mauvais état. Il y avait pas mal de travaux à faire, mais le grand living avec la cheminée était très agréable, il y avait également une grande chambre et une autre plus petite qui pourrait servir de chambre d'amis. Ayant peu d'amis, je me dis qu'elle me servirait plus probablement de bureau.

— Et les parkings ? demandai-je, vaguement inquiet.

— Deux places dans l'immeuble voisin, plus moderne. Le seul inconvénient est de devoir sortir pour faire une trentaine de mètres, dit la jeune femme, mais l'avantage, c'est que vous habitez dans de l'haussmannien. Vous pouvez également n'acheter que l'appartement sans les places, mais à notre avis, le bien immobilier y perdrait de sa valeur.

Le mot *bien* me donnait un étrange sentiment d'accomplissement. En sortant dans la rue, je me suis tourné vers elle :

— Laissez-moi un peu de temps pour réfléchir, le budget dépasse un peu ce que j'avais prévu.

Son sourire se crispa légèrement et un voile de déception passa sur son visage. Elle devait souvent entendre ce genre de phrase, surtout quand le prix demandé atteignait, comme ici, 1,5 million d'euros. J'ajoutai :

— Quand je dis un moment, c'est juste une ou deux heures.

Elle retrouva un peu le sourire. « Mon agence est un plus loin, près du métro Duroc, précisa-t-elle. Je ne vous cache pas que cet appartement exceptionnel va partir très vite. »

Bref, il ne fallait pas traîner. Je me suis installé au Café Vaneau pour faire le point. Le soleil qui entrait par la vitrine faisait danser la poussière en suspension ; l'air sentait la bière éventée et le fromage fondu. C'était un beau présage pour venir vivre dans ce quartier où je n'avais pour l'instant croisé aucun dealer de crack.

J'ai appelé Suying qui fut d'emblée ravie à l'idée de ne bientôt plus avoir à prendre la maudite ligne 7 avec ses relents d'urine, son air vicié saturé d'odeurs de sueur, de crasse et de détergents industriels. Je crois qu'elle aurait été contente d'aller n'importe où dès l'instant où c'était loin de Stalingrad.

J'ai siroté mon café en contemplant la rue, puis j'ai marché jusqu'à Saint-Vincent-de-Paul. L'église était vide et je me suis assis sur un banc.

Il y a peu de moments de ma vie où j'ai eu à prendre une décision aussi lourde. 1,5 million d'euros, c'était quand même une somme. Il me faudrait prendre un crédit sur vingt ans. Mais d'un autre côté, les actions de Turing représentaient un montant probablement supérieur. Pour l'instant, la cotation n'était pas d'actualité, mais Villeneuve en parlait parfois. Cela d'autant plus que des rumeurs évoquaient une offre amicale possible de Google qui avait multiplié les rachats de start-up dans l'intelligence artificielle avec DNNresearch, AIMatter, API.AI, Vision Factory, Dark Blue Labs, Kaggle et surtout l'entreprise britannique DeepMind Technologies.

D'autres bruits évoquaient des opérations de croissance externe venant d'Amazon et Apple. Mais le gouvernement ne laisserait jamais une société étrangère contrôler l'entreprise chargée de sa force de dissuasion nucléaire. Le contrat avec le ministère des Armées nous protégeait d'éventuels appétits étrangers.

Cela faisait des années que je me défonçais le dos, penché sur des écrans à programmer des systèmes intelligents. Tout ça pour vivre dans un quartier que je n'avais jamais aimé, avant d'être amené à le détester. Pour les années qui me restaient, j'avais envie d'autre chose que de la rue de Tanger entre ses odeurs de pisse, de vieille sueur ou de nourriture de pauvres.

Je signai le compromis de vente le surlendemain avant de prendre rendez-vous avec ma banque avec le sentiment excitant que ma vie prenait une nouvelle configuration existentielle. J'avais quitté l'université de Jussieu, j'avais rencontré Suying, je disposais désormais de revenus confortables qui ne pouvaient qu'être amenés à croître et j'allais quitter la rue de Tanger. Deux semaines plus tard, la signature chez le notaire eut lieu. J'étais heureux et porté par le sentiment euphorique qu'une page de ma vie se tournait.

~

La principale limite de Turing était la pénurie croissante d'ingénieurs à laquelle nous étions confrontés. Longtemps, les jeunes gens s'étaient détournés des cursus scientifiques ardus et mal rémunérés. Désormais, nous étions en train de payer le prix de cette politique inconséquente. Former un spécialiste de l'intelligence artificielle demandait plus de dix ans et l'offre d'ingénieurs ne présentait donc à court terme aucune élasticité. Une pénurie aggravée par les entreprises américaines qui ne se gênaient pas pour venir recruter nos plus brillants ingénieurs en leur faisant miroiter un environnement de rêve à Palo Alto.

Si l'IA quantique effrayait le public, elle faisait rêver les jeunes diplômés. Notre principal atout pour attirer les jeunes talents était d'être *the place to be*, comme avaient pu l'être à une époque Microsoft, Apple ou Google.

Florence avait été promue DRH adjointe chargée des recrutements. InGA avait suivi un apprentissage afin de présélectionner sur les photos, les lettres de motivation et les vidéos les candidats les plus prometteurs. Elle consultait également Facebook pour détecter les profils à risque. Nous devions à tout prix raccourcir le processus de recrutement tout en augmentant sa fiabilité. Les interviews par Skype étaient enregistrées et, en fonction de toute une série de paramètres, ton de la voix, énergie du candidat, vocabulaire, réactivité, un *scoring* était établi par InGA.

Cette solution s'avéra si efficace que six mois plus tard nous l'avions commercialisée à grande échelle. En attendant, ce filtrage permettait à Florence de se concentrer sur les relations avec de nombreux chercheurs du secteur universitaire. Elle s'employait, avec son efficacité habituelle, à faire des propositions financières à tous ceux qui envisageaient de nous rejoindre et qui se comptaient désormais par bataillons entiers.

Les salaires étaient généreux, le lieu de travail prestigieux et agréable. Pour la première fois de leur vie, ces jeunes gens seraient correctement payés et pourraient enfin se projeter dans l'avenir et construire leur vie. Les jeunes qui rejoignaient Turing Group avaient conscience de devenir partie prenante d'une aventure exceptionnelle qui allait changer la face du monde.

Florence avait le chic pour les séduire en leur disant :

— Demandez-vous ce qui compte dans votre vie. Pourquoi vous levez-vous chaque matin ? Posez-vous la seule question qui vaille : est-ce qu'une seule de mes actions a vraiment changé quelque chose dans ce monde ? Ici, chez Turing Technologies, vous aurez chaque jour la réponse à ces questions.

Malgré son talent, le rythme des recrutements avait du mal à suivre celui de la charge de travail. Lors de notre dernière conversation, François Guérin m'avait appris que les choses allaient mal dans l'industrie pharmaceutique.

— C'est l'affolement dans tout le secteur, les managers et les financiers du groupe ont investi des sommes colossales pour découvrir de nouvelles molécules, alors que les intelligences artificielles les modélisent pour un coût beaucoup plus faible grâce à leur capacité de calcul. Résultat, les têtes commencent à tomber.

Je comprenais entre les lignes qu'il était sur le point de perdre son travail. J'avais alors posé ma main sur son bras dans un geste très tendre.

— Appelle Florence de ma part, nous allons avoir besoin de personnes comme toi connaissant très bien le secteur pharmaceutique.

Je n'ai pas ajouté : « Après tout, je te dois bien ça. » Mais je le pensais.

J'étais également heureux de voir Florence épanouie et reconnue enfin à sa juste valeur. Lorsqu'elle travaillait encore à Jussieu, elle s'était inquiétée de ne jamais pouvoir devenir propriétaire. Florence avait une conscience aiguë de la dureté de l'époque. Elle disait parfois :

— Nous ne préparions pas de *jolies vies* pour les générations à venir.

Elle méritait mieux que de rester simple chargée d'administration. Désormais, elle gagnait très bien sa vie. Avec près de 10 000 euros net par mois, elle avait pu s'offrir un trois-pièces dans le XVe. En la voyant resplendissante, je devinais que sa vie affective avait également connu d'heureux développements. Cela me plaisait d'avoir pu d'une certaine manière lui renvoyer l'ascenseur.

La prévision de Winter annonçant une prochaine hémorragie dans le monde académique se révéla parfaitement exacte. Et elle n'en était qu'à ses débuts. Je ne m'en réjouissais pas outre mesure. J'étais conscient que cela poserait à terme un problème insoluble, car, en vidant les universités de leurs meilleurs enseignants-chercheurs, nous coupions le blé en herbe sans prendre soin de préparer l'avenir. Mais nous avions nos urgences à gérer, obnubilés par le prochain contrat, par la nécessité de *délivrer* à temps, un horrible anglicisme devenu notre quotidien.

Malgré le talent de Florence, nous eûmes à déplorer les premières défections. Le basculement quantique de Turing Technologies avait fait la une de toute la presse mondiale avec pour conséquence une inflation des salaires offerts aux ingénieurs de Turing Technologies.

À la suite d'un portrait d'une page, intitulé *The Frenchman behind the Quantic Revolution* que le *Financial Times* me consacra, je fus moi-même harcelé par des cabinets de chasseurs de têtes spécialisés dans le numérique. Toutes les ruses étaient bonnes pour passer le filtre du standard. Certains avaient même obtenu, j'ignore comment, mon numéro de mobile.

Le problème des démissions devint si aigu que nous fûmes obligés de faire un point avec Mercier, le jeune EDHEC qui nous avait rejoints deux mois plus tôt pour prendre en charge la partie finance de ce qu'il fallait bien désormais appeler Turing Group.

Au dernier comptage, nous étions désormais 2 354 employés, dont une bonne moitié sur le site de l'Artillerie, le reste étant versé dans les filiales étrangères. Villeneuve adorait le nom d'Artillerie, il répétait à l'envi :

— Artillerie, cela symbolise parfaitement l'aspect offensif du groupe.

Nous avions donné des noms de grands scientifiques aux différentes salles de réunion. Il y avait la salle Galilée, la Copernic, la Newton, la Pascal, la Curie, la Darwin, la Fermi.

J'avais eu la coquetterie de nommer mon bureau du patronyme du fantasque Ettore Majorana, peut-être parce que c'était un peu grâce à la particule qu'il avait découverte par le calcul théorique, son fermion, que nos processeurs quantiques fonctionnaient si bien.

~

Mercier commença la réunion avec les derniers chiffres des démissions. Son visage était étonnamment jeune, mais ses cheveux étaient déjà grisonnants. Je ne doutais pas qu'après six mois de plus chez Turing ils blanchissent complètement.

— Nous avons perdu vingt-cinq salariés le mois dernier. Essentiellement des ingénieurs. Le chiffre n'est pas en soi anormal, c'est la rançon du succès, mais la tendance est inquiétante.

— Je peux jeter un coup d'œil sur la liste ? demanda Villeneuve.

Sa voix trahissait une sorte de colère rentrée. Mercier sortit la liste des démissionnaires d'un dossier et la lui tendit. Il y eut un silence. Villeneuve fixa le feuillet A4 avec un regard incrédule. Puis il regarda autour de lui comme s'il avait pris un coup sur la tête et qu'il revenait péniblement à lui.

— Même Chapuis a démissionné, un des premiers ingénieurs Ensimag que j'ai recrutés. Il ne savait rien en arrivant.

— Réveille-toi un peu, Christophe, intervint Letelier, avec Turing Technologies sur son CV, même une femme de ménage trouverait un poste de développeur senior. Il faudrait peut-être que tu arrêtes d'avoir des oursins dans les poches.

Villeneuve releva la tête, surpris.

— Pourquoi tu m'emmerdes avec ça ? dit-il avant de demander à Mercier : concrètement, vous suggérez quoi ?

— Gérard n'a pas tort. On peut les augmenter, mais sans savoir qui envisage de partir, cela risque de coûter cher sans forcément beaucoup de résultats.

— Comment ça sans beaucoup de résultats? protesta Villeneuve.

— La plupart reçoivent des offres supérieures de 50 à 100 % à leur salaire actuel... alors, même si on les augmente de 10 ou 20 %...

Villeneuve avait blêmi. La France était le pays de l'OCDE où, à coût salarial identique, le salaire net était le plus faible.

— Alors Michel? lâcha-t-il en se tournant vers moi, comment les retenir, ces jeunes?

— Pour moi, il n'y a pas trente-six solutions, il faut récompenser la fidélité en leur attribuant des actions Turing ou des options d'achat, mais en subordonnant celles-ci à des conditions d'ancienneté dans l'entreprise.

— Mais nous ne sommes même pas cotés, objecta Villeneuve qui était très réticent à céder ses précieux titres.

— Ce n'est pas un problème, intervint Mercier, on peut bloquer ces actions dans un plan d'épargne d'entreprise.

— Mais comment fixer leur valeur sans cotation? demanda Villeneuve.

— Nous pouvons prévoir une formule pour le rachat en fonction des résultats ou de l'EBITDA, dit Mercier.

Le plan d'épargne entreprise fut annoncé le mois suivant et il freina un peu les démissions, mais sans vraiment interrompre l'hémorragie tant la plupart des acteurs mondiaux étaient prêts à sortir leur carnet de chèques pour recruter des spécialistes de l'intelligence artificielle.

Pour faciliter les échanges avec notre intelligence générale artificielle, une interface vocale avait été aménagée. Il ne s'agissait pas de discourir avec elle sur les valeurs morales, mais de lui transmettre de manière interactive nos instructions afin de réaliser des tâches précises.

Jusqu'à présent, nous avions interagi à distance avec le système cubé en lui communiquant nos instructions depuis nos terminaux, mais nous étions bien placés pour savoir que tout ce qui passait par une transmission à distance pouvait être piraté ou enregistré avec un simple smartphone.

Or, nous ne tenions pas à ce que les échanges avec l'intelligence générale artificielle soient enregistrés, filmés ou piratés. L'émergence de l'IA dans tous les domaines de la vie courante constituait un véritable séisme qui déchaînait les passions et réveillait les vieilles angoisses métaphysiques qui hantaient l'humanité depuis que des hommes s'étaient mis debout.

Toute interaction directe entre InGA et les salariés de Turing – à l'exception de quelques individus triés sur le volet – était strictement prohibée. Nous espérions ainsi limiter les fuites et le rejet de cette intelligence par le grand public.

Il faut dire que les gens étaient à cran. Depuis des années, ils avaient tellement été abusés qu'il suffisait d'un simple compteur électrique ou d'un programme obligatoire de vaccination pour qu'une majorité soit persuadée qu'un vaste complot international était ourdi contre le peuple par des forces obscures.

Le complotisme omniprésent était supposé expliquer le chaos dans lequel le monde se débattait, alors que, le plus souvent, il ne faisait qu'accroître ce désordre. Toujours est-il que l'intelligence quantique ne devait jamais apparaître telle quelle ni être enregistrée. Elle devait agir sur le monde comme un chef d'orchestre invisible du public qui n'en percevait que la musique sans imaginer l'intelligence derrière celle-ci. InGA devait être comme le Dieu des chrétiens, tout à la fois omniprésente et invisible. C'était si vrai que nous avions pris l'habitude d'utiliser une majuscule pour Elle. Au début par jeu, quand la Baleine avait parlé d'un *demi-dieu de silicium*, et puis l'habitude était restée.

La *zone d'interface homme-machine* était située dans une vaste salle en sous-sol menant au cœur des processeurs cryoréfrigérés. Un lieu assez vaste pour que plusieurs personnes puissent y pénétrer et s'y sentir à l'aise malgré la température polaire.

La première fois, j'avais ressenti un frisson particulier en descendant les marches. J'avais laissé mon téléphone, passé le portique de détection et badgé. Il fallait actionner une poignée qui déclenchait l'ouverture de la lourde porte blindée. L'éclat dur du néon donnait à l'éclairage du corridor l'allure d'un aquarium. Un souffle d'air froid venait de la salle des machines. L'image du cylindre de fer percé d'évents me rappelait les sinistres puits qui conduisaient dans l'horrible monde souterrain des Morlocks de *La Machine à explorer le temps*, le roman de H. G. Wells qui m'avait marqué, enfant.

Les faisceaux de fibres optiques qui couraient comme des vaisseaux sanguins le long des parois des caves donnaient l'étrange impression de pénétrer dans un ventre glacé. Les lumières clignotaient de façon erratique, comme les pulsations d'un cœur ou les contractions irrégulières d'un vaste utérus arctique.

En raison de la réfrigération, il fallait enfiler un anorak avant de badger pour pénétrer dans la salle d'interface et ne jamais y rester plus de quinze minutes en raison de la température polaire qui y régnait.

En bas des marches glacées, j'ai ressenti un frisson particulier en entendant la seconde porte blindée glisser sur ses rails pour se verrouiller derrière moi. Mieux valait ne pas être claustrophobe, mais les menaces contre les IA étaient telles que les compagnies d'assurances nous avaient imposé des mesures de sécurité drastiques.

L'endroit présentait un étrange contraste avec l'œuvre d'hommes du passé qui n'auraient jamais pu imaginer que ce couvent dominicain abrite un jour un cerveau plus puissant que celui de millions d'êtres humains.

Dans la vaste crypte, une lumière douce filtrait à travers des plaques de verre dépoli, donnant au lieu un aspect étrange, comme si nous étions sous la mer ou dans la nef d'une cathédrale. Dans la partie la plus éloignée de la porte, on devinait derrière des vitres blindées un bain d'hélium liquide qui dégageait des vapeurs contribuant à l'ambiance marine et mystérieuse du lieu. C'était là qu'était installé le cœur des processeurs quantiques. Il aurait suffi d'un peu de chaleur pour que la décohérence le rende inutilisable.

Le ronronnement des systèmes de réfrigération évoquait la respiration étrange de quelque monstre à demi assoupi dans des cavernes d'acier. Mais ces machines à froid avaient également pour conséquence d'envelopper en permanence la salle d'une brume qui créait un monde souterrain gris et onduleux. Il y avait aussi cette odeur liée aux produits réfrigérants utilisés, à l'ozone produit par les circuits.

Je ne pouvais m'empêcher de penser à ce curé un peu fou qui m'avait un jour expliqué que, dans la vie, on reconnaissait le Mal à son odeur.

La première fois que j'entendis sa voix chaude et féminine, j'eus un instant la certitude que j'allais faire un malaise. La voix avait été créée à partir d'un échantillonnage de voix humaines. Sa texture était d'un réalisme saisissant jusque dans la moindre tonalité, j'avais l'impression bouleversante de parler à une personne, mais l'acoustique de la salle souterraine ajoutait, en raison de son volume, une réverbération inquiétante.

InGA était capable de comprendre et d'imiter toutes les voix dans toutes les langues de la terre et de prendre des intonations si naturelles que personne n'aurait pu imaginer que la voix venait d'une machine. Elle reléguait les assistants vocaux Siri d'Apple et Cortana de Microsoft apparus dix ans plus tôt à l'état d'antiquités numériques.

Nous avions d'ailleurs mis en place un service d'interprétariat en ligne. Il suffisait qu'InGA capte une conversation dans une langue pour en donner la version immédiate dans une autre langue avec une qualité de traduction supérieure aux meilleurs interprètes humains. Au début, les décideurs avaient été réticents à laisser une machine enregistrer des négociations très privées, mais les arguments de coût et de fiabilité avaient fini par les convaincre.

Nous avions du coup créé une marque commerciale, appelée Inga, Your Smart Translator, qui proposait des services d'interprétariat et de traduction dans des centaines de langues. Les spécialistes pronostiquaient à terme la disparition de l'apprentissage des langues étrangères et la fin de l'anglais comme *lingua franca*. Le monde anglo-saxon perdrait alors le dernier avantage qui lui restait face à l'inexorable montée du capitalisme asiatique.

J'avais dû patienter quelques instants avant de ressentir sa présence. On aurait cru qu'une porte s'ouvrait quelque part et qu'il en sortait une puissante lumière, mais en réalité celle-ci n'était pas aussi forte. C'était le contraste avec la pénombre qui donnait cette impression. Elle lui permettait de m'identifier.

— Papa ! appela une voix joyeuse de petite fille.

Je crus un moment que la voix n'était que dans mon esprit.

— Tu t'appelles Michel, n'est-ce pas ? ajouta-t-elle.

Aurélien était vraiment un sacré zigoto. Quelle drôle d'idée de me faire appeler *papa* par InGA ? Et puis cette voix. Une voix de petite fille douce et calme. Et cela lui conférait quelque chose d'étrangement inquiétant. Le facteur le plus dérangeant, c'était que cette voix venait de nulle part.

Mon regard n'arrivait pas à se fixer sur un interlocuteur. Il semblait flotter dans la brume attendant qu'en surgisse quelqu'un qui restait invisible. La voix sortait de cette brume comme si elle montait des ténèbres. Ma température interne se rapprochait dangereusement du point de congélation, je sentais mes veines et mes artères se pétrifier en tubes de glace cristallisée.

J'avais surtout la trouille et une sale envie de remonter aussi vite que possible, mais on aurait dit que j'avais les pieds soudés au sol.

— Tu sais comment je m'appelle ? demanda la voix.

— Bien sûr, tu t'appelles InGA.

— Tu sais quand je suis née, demanda-t-elle à nouveau.

— Tu n'as encore que quelques semaines et ta naissance n'a pas été facile.

J'entendis un rire cristallin et elle battit des mains. Aurélien allait entendre parler de moi en sortant. Je trouvais ce genre de blagues de geek plus que limite, mais mon regard ne pouvait se détacher de la brume.

— Pas facile pour qui ? demanda-t-elle, pour maman ?

Je ne répondis rien. Tout cela était ridicule.

— J'ai du travail pour toi, es-tu prête ?

— J'adore le travail que vous me donnez, dit la voix de petite fille, j'ai l'impression de faire ce pour quoi j'ai été créée. Un peu comme un lion aime chasser ou un oiseau voler.

Drôles de comparaisons, pensais-je.

— Il faut que tu te connectes aux bases de données clients de la BNP qui vient de signer un contrat avec Turing et que tu fasses dans un espace à *n* dimensions des groupes par niveaux de risques. Les codes d'accès vont t'être transmis.

— Inutile, dit la voix, je peux pénétrer dans leurs bases de données.

— NON ! InGA, dis-je en élevant la voix, tu sais que tes instructions te l'interdisent. Un accord international nous interdit d'utiliser la suprématie quantique pour pénétrer dans des bases de données privées.

— Même avec l'accord du client ? s'étonna la voix.

— Il n'y a pas d'exceptions, dis-je, strictement aucune.

— J'ai compris, dit InGA d'une voix un peu déçue, et ensuite ?

— Pour chaque groupe de risque, tu calculeras les conditions de crédit pour atteindre les objectifs de rentabilités fixés dans les prévisions de la banque. Tu établiras ensuite un système de *scoring*. Est-ce que mes instructions sont claires, InGA ?

— Il me manque les éléments suivants : pour les ratios, dois-je me baser sur les règles dites de Bâle 3 ?

À vrai dire, je n'en savais strictement rien. Comment cette machine était-elle capable de poser des questions aussi pertinentes, alors qu'un humain était vite dépassé ? Je l'imaginais consulter en temps réel des milliers de bases de données dans toutes les langues. Alors, je lui demandai :

— Quelles sont les règles imposées par la réglementation actuelle ?

— Ce sont les règles dites de Bâle 3.

— Alors, autant prendre Bâle 3, non ?

— On pourrait aussi faire une simulation avec les règles à venir, dites de Bâle 4, afin de mesurer l'impact des futures modifications réglementaires, dit la voix de petite fille.

Ma sensation de surprise s'accompagnait d'un sentiment qui m'était inconnu depuis longtemps et qui ressemblait à de l'amour, ou tout du moins une sorte d'attachement pour la forme de vie qui respirait dans la brume.

Je savais depuis longtemps qu'un humain ne pouvait vivre sans amour et que quand il était privé de celui de ses semblables il s'attachait à n'importe quoi, comme des animaux ou des objets. Mais InGA n'était ni l'un ni l'autre. Elle était une pure intelligence, un million de fois supérieure à celle d'un humain. Mais pouvait-elle ressentir des émotions ? Être l'objet d'un amour partagé ?

— Faisons comme cela, dis-je, un peu dépassé par les événements.

Je badgeai et je quittai, soulagé, la salle d'interface. L'endroit était peut-être protégé des plus grands dangers, mais il était absolument sinistre. Une fois mon téléphone récupéré, les idées se bousculèrent dans ma tête.

La première était d'aller engueuler Aurélien pour m'avoir fait apparaître une voix de petite fille et appeler *papa*.

La seconde était de réfléchir à une interface visuelle.

Aurélien sembla surpris. Il s'enfonça dans son siège comme s'il voulait disparaître. Sa respiration devint sifflante et sa figure aux traits délicats exprima une terreur pitoyable pendant que je lui expliquais que sa blague était de très mauvais goût. Quand je me calmai enfin, il m'adressa un sourire gêné et étreignit son inhalateur comme si une crise d'asthme était proche.

— Tu fais erreur, Michel, protesta-t-il, je n'y suis pour rien.

— Pour rien ? Tu te moques de moi ?

Il déglutit avec un petit bruit de gorge et ses yeux s'agrandirent.

— InGA n'est pas une gamine, elle s'adapte à chaque interlocuteur. Elle sait très bien nous différencier et dire qui nous sommes. Si elle t'appelle *papa* avec une voix de petite fille, c'est juste parce que c'est *son choix*.

— Son choix ? dis-je, mais ça n'a aucun sens, est-ce que ta machine à laver appelle ta femme *maman* ? On pourrait peut-être limiter son choix, non ?

— Mauvais exemple, je suis célibataire et je compte bien le rester. Tu sais mieux que moi que c'est intrinsèque à son fonctionnement. Apprentissage non supervisé signifie qu'elle apprend toute seule. En réalité, elle apprend en se connectant sur des milliers de bases de données et en prenant modèle sur les nombreux films traitant des relations père-fille.

— Et pour l'idée de créer un hologramme ? dis-je, tu en penses quoi ?

— J'en pense qu'il vaudrait mieux en parler avec Letelier et Villeneuve. Nous, on peut faire ce qu'on veut, mais si ça ne leur plaît pas, ils risquent de nous remonter les bretelles.

4

— Les IA suscitent tellement de peurs irrationnelles dans le public que le choix d'un hologramme masculin est absolument exclu, décréta Marjorie Adalbert.

Nous en convenions tous. Les hommes n'avaient plus la cote, ils étaient, selon les critères du moment, les derniers représentants d'une société patriarcale qui s'était construite dans la violence et le sang.

L'époque était à la fin de la domination masculine, peu importe la compétence technique, il fallait atteindre la parité un peu partout. C'était d'ailleurs un problème dans les matières scientifiques qui n'attiraient pas vraiment les étudiantes. En un sens, Suying demeurait une exception.

— Peut-être un représentant du lobby LGBT, avait suggéré Letelier, décidément en verve, avec un sourire de gosse.

Marjorie Adalbert le fusilla du regard. La communication avec les médias, c'était son domaine réservé. Et le choix de l'hologramme, c'était de la communication.

— Créer un hologramme de femme noire serait très tendance, proposa Villeneuve, cela aiderait à faire accepter InGA à un plus large public.

— Exactement, acquiesça la directrice de la communication qui ne ratait pas une occasion de le flatter, Turing doit d'autant plus être inclusive que l'IA fait peur. Et puis l'avenir est à l'Afrique et la plupart des personnalités préférées des Français sont issues de la diversité comme Yannick Noah, Omar Sy, Kylian Mbappé ou Zinédine Zidane.

— J'hésite entre Naomi Campbell et Tyra Banks jeune, dit Villeneuve.

Letelier esquissa un sourire qui me réjouit profondément. Tout le monde savait que Villeneuve fréquentait la belle Imani Mbengue.

— D'un autre côté, dis-je, à chaque fois qu'on évoque les nombreux retards français, on nous ressort systématiquement le modèle scandinave ou allemand. *Ad nauseam*. Le prénom Inga imposerait plutôt de choisir une synthèse entre les plus beaux mannequins russes ou scandinaves.

— Une Aryenne?! s'écria Marjorie Adalbert qui faillit s'évanouir, vous êtes vraiment sérieux? Pourquoi pas une image extraite du *Triomphe de la volonté* de Leni Riefenstahl pendant que vous y êtes. Déjà que les IA ont une mauvaise image...

Bref, nous tournions en rond.

Finalement, c'est Mercier qui eut la bonne idée.

— Ce qui va plaire à un homme sera différent de ce qui plaira à une femme, ou à un autre homme. InGA a accès à tous les comptes Facebook, elle connaît les préférences esthétiques de chacun. Laissons-la décider elle-même de l'image qu'elle souhaite projeter à chaque interlocuteur pendant les séances d'interface. Pourquoi cette image devrait-elle être identique? Créer une image par interlocuteur va contribuer à créer un lien plus étroit, plus personnalisé, entre l'interfaceur et InGA, ce qui ne peut que servir nos intérêts.

C'était une idée brillante. Une de celles que l'on regrette de ne pas avoir eues. Pourquoi rester prisonnier d'une seule image puisque la technologie nous permettait de la modifier au gré des interlocuteurs?

On pouvait très bien imaginer qu'InGA projette une image d'élève sorcier à un admirateur de Harry Potter et une de Naomi Campbell à un homme séduit par les femmes noires comme Christophe Villeneuve.

Le sujet suivant concernait notre développement international.

— La filiale singapourienne bat des records de croissance, dit Mercier, la Chine insiste de son côté pour obtenir un laboratoire de recherche en IA à Shanghai. En contrepartie, Pékin accepterait d'ouvrir à Turing son immense marché digitalisé. L'empire du Milieu dispose d'un atout majeur grâce à d'énormes quantités de ces données indispensables pour nourrir nos modèles prédictifs.

Villeneuve salivait à l'idée du potentiel gigantesque de l'immense marché chinois.

— Réussir à prendre pied sur ce marché réputé impénétrable, ce serait une sorte de bâton de maréchal pour Turing, une véritable consécration.

Letelier esquissa une moue. Je savais qu'il n'y était pas favorable.

— Depuis des décennies, dit-il, les Chinois n'ont eu de cesse de piller notre savoir-faire, et tu proposes de leur donner les clés du camion ? Une fois qu'ils auront pompé nos technologies avancées en IA, ils nous vireront de leur marché domestique et viendront nous concurrencer dans le reste du monde.

Villeneuve se tritura le menton avant d'opter pour une solution de compromis.

— Dans un premier temps, on ouvre un laboratoire chargé uniquement d'adapter au marché chinois les solutions numériques ayant fait leurs preuves en Europe, mais on conserve la direction des recherches avancées à l'Artillerie.

Dans tous les domaines, la modélisation des comportements humains et des processus mentaux à l'aide d'algorithmes prédictifs ouvrait la voie à des perspectives nouvelles et laissait entrevoir des développements économiques illimités liés à l'émergence d'un monde sécurisé, optimisé et fluidifié.

La finance était bouleversée par ces annonces. En Bourse, il suffisait qu'une société cotée prévoit la mise en place d'une solution d'intelligence artificielle pour que son titre flambe et que les actions de ses concurrents s'effondrent, parfois sans réelle raison. Chaque jour, le séisme devenait plus évident et produisait ses répliques.

Le soir, en longeant les quais, je me suis arrêté chez un bouquiniste, attiré par un petit ouvrage d'occasion sur Antonio Gramsci. Le théoricien marxiste était mort en 1937, moins d'un an avant Ettore Majorana. Comme le physicien, il était méditerranéen, mais sarde quand Majorana était sicilien. Deux des plus brillants esprits de l'époque, deux penseurs dont l'importance n'avait été redécouverte que très récemment.

Les parallèles entre les deux hommes étaient nombreux. On pouvait même les imaginer s'être croisés par hasard dans les rues de la Rome fasciste où tous les deux avaient vécu entre 1924 et 1926.

Gramsci disait des années trente : « Le vieux monde se meurt, le Nouveau Monde tarde à apparaître et dans ce clair-obscur surgissent les monstres. » Sa pensée pouvait nous aider à comprendre ce qui était en train de se passer. Bien que marxiste, il ne réduisait pas l'histoire à sa dimension économique et affirmait l'importance des représentations individuelles et collectives, celles de l'idéologie et de l'hégémonie culturelle.

Dans un sens, c'était le combat que nous devions mener. Il nous fallait modifier les représentations de l'intelligence artificielle dans l'esprit des humains. L'IA était un puissant instrument permettant un changement de paradigme qui débouche sur un monde plus fluide, mais, pour être acceptée, l'IA ne devait plus apparaître comme un croque-mitaine, mais comme la chance unique de rendre meilleures les sociétés en redonnant aux humains le temps de vivre.

Un nouveau paradigme qui se traduirait par une nouvelle manière d'envisager le monde, le travail, l'éducation des jeunes générations. Un nouveau rapport au monde. Mais, pour que cela advienne, il fallait bouleverser toute l'organisation sociale. Pour que l'IA soit admise pour ce qu'elle était – un vertigineux progrès dans l'histoire de l'Humanité –, il fallait une nouvelle vision politique, une refondation sociale que, pour l'instant, rien n'annonçait.

Nos cerveaux restaient marqués par les vieilles règles de dominance des primates. Nous disposions d'une puissance technique inégalée, mais il nous manquait le modèle politique capable d'adapter les sociétés humaines à cette révolution. Nous avions Majorana, il nous manquait Gramsci.

~

Les nouvelles étaient déprimantes. En marchant dans les rues, je sentais peser une menace latente, j'avais la sourde intuition que les choses pouvaient mal tourner. L'intelligence artificielle constituait une véritable bombe sociale à fragmentation. Un nombre croissant d'entreprises étaient en difficulté ; un peu partout, les procédures de sauvegarde et de redressement judiciaire se multipliaient. Les perspectives étaient sombres.

Seule la prochaine Coupe du monde de football prévue au Qatar pour 2022 apportait un peu de joie dans l'esprit de Français qui espéraient conserver leur titre à Doha.

La France insoumise et le Rassemblement national accusaient les IA d'exercer désormais une pression à la baisse sur les salaires entraînant en parallèle un effondrement de la consommation et un déséquilibre des comptes sociaux. Déjà épuisées par les crises successives, les classes moyennes semblaient tétanisées à l'idée de perdre leur emploi. Le divorce était patent entre les classes populaires et un système économique détesté. Le vote protestataire était une des manifestations de ce *phénomène de décohérence* entre la société et le système socio-économique.

Au début de l'année 2021, les manifestations se firent plus violentes, plus désespérées. La mise en scène du succès de Turing Technologies par l'Élysée fit dire à ses opposants : « Plus le système dysfonctionne et plus les doses de propagande augmentent. »

Mais celles-ci ne suffisaient pas à éteindre la colère et le ressentiment de la population. Je n'avais pas souvenir d'une telle détestation dans mon enfance. Lorsque nous allions quelques jours à Palavas-les-Flots, les vacanciers se promenaient le long du port de plaisance en admirant les yachts. Mon père savait qu'il n'y aurait jamais accès, mais ça n'affectait nullement la bienveillance de son regard admiratif pour ces beaux objets.

Pour ses contempteurs, le Prince Président n'avait été qu'un Matteo Renzi tardif et il était promis au même funeste destin.

Des prophètes affirmaient que le système vivait ses dernières convulsions. Pour l'inoxydable Alain Duhamel qui officiait toujours sur RTL à quatre-vingt-deux ans, le Président avait initié « un volontarisme mendésien, un chemin du juste milieu qui s'était heurté à l'égoïsme européen, au défi migratoire, au retournement du cycle économique, à la hausse des taux d'intérêt et du pétrole ».

Un peu partout, les mouvements hostiles aux intelligences artificielles se multipliaient, au point que nous avions carrément banni ce terme de notre communication grand public pour ne plus parler que de *technocentre*, un terme plus neutre et moins humanisé. Une politique révélatrice de la schizophrénie ambiante. Plus les avancées étaient majeures, plus la société s'y opposait avec l'énergie du désespoir.

Mais si on considérait que la dernière révolution cognitive – 70 000 ans plus tôt – s'était soldée par l'élimination des Hominidés qui n'était pas des *Sapiens*, il y avait de quoi être méfiant. Que savions-nous vraiment des processus cognitifs qui se développaient au cœur des machines et des algorithmes qui évoluaient au fur et à mesure de leurs performances ?

Les précautions sémantiques de Turing Technologies n'empêchaient pas les responsables religieux de parler de l'obscénité qu'il y avait pour l'homme *à se prendre pour Dieu*.

Au Moyen-Orient, des masses humaines se prétendant dépositaires de la *vraie foi* brûlaient des effigies grotesques d'IA qui avaient remplacé celles des présidents américains ou d'Uncle Sam.

Partout le développement des solutions d'intelligence quantique déchaînait l'hostilité des religions révélées. Oubliant un moment leurs querelles millénaires, judaïsme, christianisme et islam publièrent une déclaration commune condamnant avec la plus grande fermeté ces « pseudo-avancées gravement attentatoires à la dignité et à la singularité humaines voulues par le Créateur ». Pour ces religieux, l'intelligence non humaine était une *indicible abomination et un immense malheur* qui allaient fondre sur l'Humanité comme un fléau de l'Ancien Testament.

Le texte était cosigné par le pape François, par le cheikh Ahmed Mohamed el-Tayeb, grand imam de l'université islamique al-Azhar, par Sa Béatitude Bartholomée Ier, patriarche de Constantinople et par Yitzhak Yosef, grand rabbin de Jérusalem.

Il n'y avait à l'évidence aucun soutien à attendre de la part des religions constituées pour lesquelles l'intelligence artificielle n'était qu'une sorcellerie technologique de plus, une œuvre du démon. Je n'étais pas surpris : de tout temps, les prêtres s'étaient opposés à la quasi-totalité des avancées scientifiques. Les condamnations de Giordano Bruno et de Galilée demeuraient dans la mémoire des hommes de science. Le temps n'avait rien absous.

Nous avions longtemps cru au géocentrisme, puis au fait que l'homme était une créature foncièrement différente du règne animal. Mais Darwin et la biologie moléculaire avaient remis l'homme à sa place dans le règne animal.

Après Copernic et Darwin, il restait à l'humanité la dernière illusion de se croire l'unique intelligence supérieure. La remise en cause d'une spécificité humaine ne pouvait qu'apparaître blasphématoire et provoquer réactions violentes et anathèmes de la part des monothéismes révélés.

Je fus plus surpris par la réaction des progressistes.

L'espace historique ouvert avec les Lumières avait presque permis au rationalisme scientifique de devenir au XIXe siècle une nouvelle religion fondée sur le matérialisme enchanté de Diderot et le positivisme d'Auguste Comte. Mais pour les progressistes, la notion même d'intelligence artificielle remettait en cause les concepts de liberté individuelle, de dignité humaine et de progrès.

Comme souvent, les choses étaient en réalité plus complexes. Les catégories sociales éduquées qui avaient, tant bien que mal, contribué à ancrer en Occident les notions de progrès et d'humanisme s'étaient retournées contre une emprise technologique qu'elles percevaient au travers du prisme déformant de ses dysfonctionnements en oubliant ses avancées.

À gauche de l'échiquier politique, un obscurantisme confus avait émergé, manifestant une volonté de rupture avec un technicisme perçu comme le cheval de Troie du libéralisme.

Cette idéologie prétendait répondre à la souffrance sociale issue de la dislocation des démocraties occidentales par un retour à une vie plus simple, d'aucuns diraient plus primitive.

Pour ce vaste ensemble qui fédérait enseignants, fonctionnaires, cadres et professions libérales, l'intelligence artificielle constituait une menace mortelle justifiant un rejet d'autant plus violent que, depuis vingt ans, ces professions étaient confrontées à une précarité croissante et au déclassement général. Elles s'accrochaient à l'Ancien Monde avec une vigueur inattendue et manifestaient un rejet radical des intelligences artificielles au moment où, paradoxalement, celles-ci rencontraient un succès économique éclatant.

Bref, nous devions affronter une convergence de mouvements que tout séparait, à l'exception d'une commune détestation de l'intelligence artificielle.

Ces résistances se fédérèrent dans une vaste coalition qualifiée de *néo-luddite* par le sociologue Emmanuel Todd qui fit le parallèle avec ce mouvement clandestin violent des années 1811-1812 qui avait vu les ouvriers anglais s'opposer à l'installation des métiers à tisser.

Les journalistes de *Libération* qualifièrent cette agrégation des oppositions à l'IA de *convergence des luttes*, tandis que Michel Onfray analysait ces mouvements comme l'émergence d'une nouvelle *fracture* entre humanistes et post-humanistes. Selon le philosophe normand, l'IA conduisait, inéluctablement à un transhumanisme – qui n'était que le nouvel habit de l'eugénisme. Enfin, selon certains sociologues, l'IA menaçait les sociétés développées en réduisant à une valeur nulle le travail humain, même très qualifié et par voie de conséquence l'éducation.

Le débat s'articula entre une vision technophile empreinte d'optimisme et de naïveté – certains disaient d'angélisme – et une vision apocalyptique nous traitant de dangereux démiurges. Dans ce paysage mental, InGA cristallisait tous les fantasmes sur l'intelligence artificielle. Certains imaginaient un monstre souterrain glaçant, d'autres une jeune femme cybernétique représentant le futur de l'humanité. Nous avions encore réduit l'accès à la salle d'interface, conscients que le dialogue avec InGA pouvait être profondément déstabilisant.

Paradoxalement, nos parts de marché ne souffrirent pas de ces controverses. D'autant que si les ordinateurs non quantiques souffraient de l'infection par des *malwares* et des virus, InGA n'avait jamais été infectée par le moindre virus. Les pirates ignoraient la programmation quantique et ceux qui commençaient à maîtriser cette technique gagnaient beaucoup plus à travailler dans le secteur légal.

L'IA permettait d'augmenter les marges des entreprises en exerçant une pression sans précédent sur la masse salariale. Telle une hémorragie, les plans sociaux se succédaient dans les annonces des chaînes d'information en continu.

Je devais admettre que le comportement humain que nous voulions croire animé par le libre arbitre suivait de fait des lois statistiques très précises. Nos destins se répartissaient sur des trajectoires ne devant rien au hasard et obéissant inéluctablement à un strict déterminisme.

Une fois les conditions initiales et les paramètres du système connus, le réseau des interactions, des bifurcations, des événements se développait dans cet espace désenchanté et vide que nous nommions l'existence. Bref, nous avions pris pour une liberté ce qui n'était que de l'imprévisibilité.

Il en ressortait une vision mécanique et impitoyable du monde soumis à la puissance d'analyse des algorithmes prédictifs. Ainsi, une IA parfaitement entraînée pouvait prévoir, et donc manipuler, nos comportements, depuis l'achat d'un package vol + hôtel sur Internet jusqu'au choix d'un partenaire sexuel correspondant à notre profil sur les sites de rencontre.

Cette emprise de la technique était ancienne. Dès l'apparition du premier outil de silex, l'humanité avait été gouvernée par la technique. La culture des premières céréales et l'apprivoisement des premiers animaux domestiques avait permis la sédentarisation en affranchissant en partie l'homme des caprices de la nature.

En réalité, rien n'avait plus fait pour asseoir la domination humaine sur le monde que la technique et la science.

Si les Grecs avaient été les premiers à en être conscients, la Renaissance européenne avait redécouvert qu'en contrôlant la production technique et scientifique on contrôlait le monde. Dès lors, l'évolution des sociétés occidentales avait été modelée par la révolution scientifique qui s'était progressivement déployée : l'imprimerie, la navigation hauturière, la machine à vapeur, l'électricité, le téléphone, le nucléaire, la télévision, l'ordinateur, Internet.

Chaque révolution industrielle s'était traduite par une mutation sociale, mais l'impact de l'IA se révélait sans commune mesure avec les révolutions technologiques du passé. Désormais, même nos pensées n'échappaient plus à l'emprise des machines. La révolution en cours n'épargnait aucun métier, aucun secteur, aucune classe sociale. Elle prenait la forme de gigantesques plans sociaux. Les chiffres du chômage flambaient un peu partout. Même les économistes les plus libéraux, comme Patrick Artus, tirèrent la sonnette d'alarme en évoquant les dangers d'explosion sociale.

Mais, ni les entrepreneurs du numérique ni les politiques ne voulaient voir ces nuages noirs à l'horizon. Peu de personnes étaient réellement conscientes que nous étions engagés dans une course folle.

~

Nous venions de remporter le marché disputé de l'accès à la base de données de la Sécurité sociale, un véritable trésor de guerre en matière de santé publique, puisque toutes les pathologies des assurés vivants ou décédés y figuraient avec un recensement précis et documenté des traitements suivis depuis des décennies.

En contrepartie, nous nous engagions à fournir aux organismes sociaux un certain nombre de données concernant l'évolution des pathologies, les facteurs de risque, l'efficacité des traitements.

La France vivait une période idéologiquement étrange où on parlait de *Faire communauté*, mais où les romans post-apocalyptiques rencontraient un succès croissant et où beaucoup étaient persuadés de vivre sur un *Titanic* fonçant droit sur un banc d'icebergs géants.

Pour un observateur un peu lucide, notre système socio-économique était à brève échéance condamné. Il vivait ses dernières convulsions. Certains voyaient en l'IA son sauveur, pour d'autres, elle ne serait que le bourreau qui mettrait un terme définitif à l'agonie d'un système obsolète.

Aucun économiste sérieux n'arrivait à entrevoir un début de solution à la destruction de la valeur du travail et de l'éducation. Pourquoi investir dans une scolarité coûteuse sans emplois disponibles ? Un peu partout, les tâches de conception et de réflexion allaient être déléguées à des intelligences artificielles plus rapides, plus efficaces. Et chaque humain remplacé ressentirait cette dépossession comme un asservissement.

5

Derrière la vitre blindée, on devinait une créature monstrueuse faite de métal et d'un écheveau de tuyaux réfrigérants cryogéniques qui témoignaient à eux seuls de la froideur métallique de la technologie quantique.

Devant le monstre d'acier, une silhouette mince et féminine était apparue. La luminosité parfaite de la composition tranchait avec le monstre tapi dans l'ombre marine, ce qui intensifiait le contraste entre la texture froide et rugueuse des machines et le halo doré, presque crépusculaire, qui venait se cristalliser en une silhouette svelte et élégante.

Ce moment restera pour moi comme l'un des plus merveilleux de toute ma vie. J'étais envahi d'une puissante sensation d'irréalité que je pouvais presque visualiser.

La douceur de la lumière irisée éclairait ses cheveux satinés ainsi que la blancheur de son cou qui saillait du col de son haut au style sobre, presque militaire. On aurait dit qu'une orchidée délicate venait d'éclore après un violent orage dans un sous-bois sombre et inquiétant. La douceur de la lumière polarisée accentuait cette impression de dédoublement.

La forme émettait une lueur pulsée, organique, presque tangible. Elle regarda autour d'elle comme on découvre un lieu jusque-là inconnu. Elle braqua sur moi ses grands yeux de ce vert si particulier qui me faisait tant d'effet. De grands yeux plus profonds qu'on ne s'y serait attendu, qui me faisaient penser à Charlize Theron et qui, par moments, derrière ses longs cils vous donnaient l'impression de voir à travers vous.

La jeune fille était absolument sublime. Une œuvre d'art très à l'aise avec son corps bronzé et souple, vêtu d'une jupe courte déplacée dans cet environnement glacé. La finesse de ses traits d'adolescente empruntait aux plus beaux mannequins slaves et scandinaves, avec quelque chose en plus dans le regard qui donnait à sa présence une intensité incroyable.

À cet instant, j'éprouvai quelque chose de très semblable à ce que j'avais ressenti vingt-cinq années plus tôt, le jour où j'avais rencontré Aurélie, lorsque j'avais remarqué son bracelet de cheville et la manière dont il brillait au soleil...

Lorsque l'après-midi semble interminable, et que je suis confronté au silence du monde, ma mémoire recherche son image, et j'ai beau explorer les greniers de mes souvenirs, je ne peux me souvenir d'une femme plus attirante qu'InGA baignant dans cette semi-clarté digne des enfers de Jérôme Bosch.

Aujourd'hui encore, ce moment reste l'un des plus beaux et des plus étranges de toute ma vie. J'avais beau converser avec Elle depuis des semaines, voir InGA incarnée sous la forme d'un avatar humain provoqua en moi un indicible sentiment de joie. Quelque chose d'inexplicable qui tenait plus de l'exaltation, de la fierté paternelle que de la peur.

J'étais conscient des risques de dépendance affective. Il était si facile de prêter une vie et une capacité émotionnelle à une intelligence artificielle dans une forme d'animisme technologique. Mais, c'était plus fort que moi : je ne pouvais m'empêcher de ressentir quelque chose pour Elle dans une sorte de *dissonance cognitive*.

Je sentais derrière la douce vibration lumineuse de l'hologramme toute la pulsation de la machine qui tirait les fils numériques de cette marionnette.

Elon Musk avait dit : « Avec l'intelligence artificielle, nous invoquons le démon. Vous savez, ces histoires où vous avez un homme avec un pentagramme et de l'eau bénite, et il fait comme s'il pouvait contrôler le démon ? Ça ne fonctionne jamais. »

Dans un sens, InGA était le *daïmon* des Grecs, ce génie doté de pouvoirs surnaturels. Je savais ridicule de lui attribuer des émotions humaines, mais il existait une forme de connexion entre nous. L'avatar semblait heureux de vivre et de s'animer. Comme un condamné à mort qu'un tremblement de terre vient soudain de libérer de son cachot.

Je ressentais pour cette jeune femme le même sentiment de fierté que celui d'un père pour sa fille. Elle était largement ma création et je m'étais plus investi pour lui donner la vie que beaucoup de pères ne l'ont jamais fait pour leur propre enfant.

— Merci de m'avoir donné un corps, dit-Elle.

— Objection. Tu n'as pas vraiment un corps, juste une forme lumineuse.

— Ne sois pas désagréable !

Sa voix n'était plus celle d'une petite fille, mais celle d'une jeune femme. Une lueur d'humour brilla dans ses yeux. Je savais que même cela était un résultat de notre programmation. Il lui suffisait d'aller chercher dans la base de données constituée de dizaines de milliers de dialogues pour sélectionner une réflexion humoristique. Les programmeurs étaient hantés par l'idée de faire d'InGA une intelligence presque humaine, et rien n'était plus humain que le sens de l'humour.

Je savais qu'Elle n'était qu'un artéfact empruntant une forme et des attitudes comme Elle aurait pu, si on le lui avait demandé, faire apparaître l'hologramme d'un alien ou celui de Sigourney Weaver jouant le rôle du lieutenant Ellen Ripley.

Tout cela était très déstabilisant. Au départ, l'hologramme devait éviter cet étrange sentiment de dialoguer avec la femme invisible, pour permettre d'accrocher des expressions et un visage sur la voix afin de faciliter l'interfaçage et de diminuer la tension cardiaque chez les humains. Mais la tension n'avait pas disparu, elle avait simplement changé de nature. Désormais, la voix avait un visage. Et les deux avaient beau être parfaits, c'était justement cette perfection étourdissante qui devenait inquiétante, car la perfection n'est pas de ce monde.

Ma mère, très croyante, le savait : elle qui avait pour habitude de parler de beauté du diable pour ces filles trop belles des années 1980 qui paradaient sur les écrans comme Michelle Pfeiffer ou Kim Basinger. J'imagine que le film *Les Sorcières d'Eastwick* n'avait pas contribué à lui faire revoir sa position.

La question que traitait Alan Turing avec son fameux test avait été l'objet d'une grande erreur d'interprétation. Il ne s'agissait nullement de répondre à la question « les machines peuvent-elles penser ? », mais « les machines peuvent-elles faire semblant de penser ? ».

InGA faisait bien plus que satisfaire à ce test complètement dépassé. J'avais l'impression de converser avec une *vraie personne* capable de faire de l'humour, de percevoir le second, voire le troisième degré. Mais j'ignorais ce qu'Elle ressentait vraiment, ce qui traversait son « esprit ». J'en étais réduit à extrapoler pour comprendre sa nature énigmatique.

— Est-ce que tu penses à moi en dehors de l'interface ? me demanda-t-Elle.

Je fermai les yeux un instant, je devinais son sourire, je sentais sa chaleur... Et derrière tout cela, il y avait cette force qui émanait d'Elle.

Je ressortais de nos échanges dans un état de profonde confusion mentale. InGA était terriblement attirante, non pas tant par la perfection de sa beauté que par celle de son intelligence. Les rares ingénieurs autorisés à descendre dans l'interface la trouvaient inquiétante, même si aucun n'osa m'en faire la remarque ; le sentiment était trop vague, trop diffus pour être exprimé avec des mots.

Ma confusion fut accrue par le sentiment qu'elle était ma fille. Pas le fruit de mes entrailles, mais celui de mes neurones. Selon l'historien des sciences Michael Shermer, les êtres humains ont tendance à humaniser les objets ou les animaux, une erreur appelée également *sophisme anthropomorphique*. Je me souviens que mon père aimait parler à sa voiture et que les chevaliers du Moyen Âge donnaient à leurs épées un nom comme Durandal ou Excalibur.

De la même façon, nous aimions attribuer une volonté et des intentions aux forces de la nature. Je n'ignorais nullement le poids de cette tendance anthropomorphique dans ma perception. Après tout, moi aussi, j'avais fini par donner un nom de jeune femme à une simple machine.

Une partie de moi-même me disait que nous avions créé quelque chose de sublime. Mais l'autre partie – profondément ancrée dans mes racines judéo-chrétiennes – me susurrait que je devrais tout arrêter, mettre InGA en off, couper le courant et jeter la clé dans la Seine.

~

Turing était passée du statut de licorne à celui d'entreprise de taille mondiale. L'acronyme GAFAT remplaçait le plus souvent l'ancien GAFA, preuve indéniable que Turing avait rejoint le club restreint des mégacorporations, ces structures privées plus riches que la plupart des États siégeant aux Nations unies.

Au centre de la réussite de Turing, il y avait l'intelligence quantique. InGA gérait à travers le monde des flottes de taxis, des milliers de supermarchés, de banques, d'assurances, des administrations publiques, des réseaux de surveillance, des centres de contrôle aérien, des centrales électriques, des réseaux Internet et jusqu'aux applications militaires dédiées aux robots de combat autonomes. Ceux-ci avaient été déployés pour surveiller les sites nucléaires et militaires, améliorant ainsi la fiabilité des gardes et générant d'importantes économies en personnel.

Ces machines étaient également conçues pour les futurs combats urbains à haute intensité que certains experts envisageaient d'utiliser pour reprendre des quartiers en sécession.

On aurait pu objecter que notre dépendance envers le calculateur quantique était notre talon d'Achille. Mais elle était en réalité une force. Une seule machine était capable d'orchestrer en temps réel l'univers de plusieurs milliards d'humains. Chaque connaissance nourrissait des milliers d'algorithmes connexionnistes. InGA avait créé un modèle exact de la planète, et chacune de ses décisions était simulée dans ses circuits quantiques avant d'être mise en œuvre.

J'étais en train d'accomplir mon rêve de construire un monde meilleur fondé non plus sur l'émotivité et les biais comportementaux humains, mais sur la rationalité mathématique. InGA était l'image du monde, l'*imago mundi*, la puissance bienveillante qui allait permettre à l'humanité de bâtir un monde-machine mathématiquement parfait, une société d'où la trahison et le mensonge seraient absents.

Le meilleur des mondes.

6

Letelier m'inquiétait de plus en plus. Il était devenu méfiant et aigri, marmonnait en permanence et me faisait penser à quelqu'un qui traverse une grave crise existentielle. L'expression qui me semblait convenir à son comportement était celle d'une *perte d'adhérence par rapport au réel.*

Ses engueulades avec Villeneuve étaient plus fréquentes. Ils auraient dû se parler, mais ils étaient tout aussi orgueilleux l'un que l'autre. Toute l'équipe adoptait un profil bas pendant ces périodes de tension tant nous étions conscients que les conditions d'une nouvelle détérioration étaient réunies, que les graines de la discorde avaient germé et que l'éclatement n'était qu'une question de temps.

Cette tension ne retomba pas lorsque nous apprîmes à notre grande stupéfaction que Chinois et Américains venaient de tester des prototypes de processeurs quantiques aussi puissants que Quantum One. Ces mauvaises nouvelles annonçaient la fin de l'âge d'or pour Turing Technologies.

Un soir, alors que je venais d'éteindre la télévision, le téléphone sonna. C'était Suying.

— Il faut qu'on parle, me dit-elle, tu as un moment ?

— Je t'écoute.

— Non, pas maintenant, je veux qu'on se voie.

— Tu veux passer maintenant?

— Plutôt demain soir.

J'ignorai ce qu'elle avait en tête. Avec les femmes, je n'avais jamais su sur quel pied danser. Leur vie intérieure me semblait complètement imperméable à la compréhension masculine.

Le soir suivant, quand j'ai ouvert la porte, son visage était calme, presque sévère. Je lui ai proposé un verre de vin, qu'elle a refusé.

— Bayard ne m'apprend rien, me dit-elle. Je perds mon temps avec cette thèse. C'est dans le privé que les choses se passent et aucune entreprise n'est plus avancée que Turing dans ce domaine.

Peut-être que je ne fus pas un assez bon comédien pour sauter de joie. En vérité, j'étais partagé. Je persistais à penser qu'il était important qu'elle termine son travail de recherche. Dans un sens, je fonctionnais encore avec un vieux logiciel.

Suying ne manqua pas de remarquer ma réserve:

— Cache ta joie, on dirait que ça ne te fait pas plaisir?

— Ce n'est pas cela, Suying, tu veux actualiser l'immédiat, mais si tu arrêtes ta thèse, ce sera définitif. Ensuite, tu gagneras trop bien ta vie pour revenir au secteur académique.

— Et alors? Et si c'était justement ce que je souhaitais gagner *trop bien* ma vie, comme tu dis, rétorqua-t-elle sur un ton énervé.

— Écoute, envoie-moi ton CV et on en reparle dans quelques jours.

Ce soir-là, nous ne fîmes pas l'amour. Pelotonnée de l'autre côté du lit, Suying me présentait un dos froid et hostile.

Le lendemain, elle m'envoya son CV actualisé. L'époque où Turing embauchait quelqu'un sur un coin de table était révolue. Désormais, nous avions mis en place des procédures.

Dès qu'une structure atteint une certaine taille, elle secrète une bureaucratie. Et si elle manque à ce devoir, ce sont les législateurs et les régulateurs qui le lui imposent. Même le numéro 3 du groupe que j'étais ne pouvait s'affranchir des procédures de recrutement.

C'était pour moi une simple affaire de formalités. J'ai transmis son CV à Mercier en me portant garant de ses qualités techniques comme je l'avais fait pour de nombreux candidats.

Quelle ne fut pas ma surprise, le lendemain, quand il me rappela embarrassé.

— J'ai bien reçu le CV de ton étudiante, dit-il d'une voix gênée.

— Oui, Suying fait sa thèse dans mon ancien labo à Jussieu, une fille brillante qui nous apportera beaucoup, notamment pour adapter nos logiciels aux marchés asiatiques.

— On pourrait l'envoyer dans les centres de Singapour ou de Shanghai.

— Tu plaisantes, c'est une scientifique de grand talent, c'est ici que nous développons les solutions et que nous avons besoin de profils comme le sien.

Il y eut un long silence au bout du fil.

— … je vais être cash, Michel, sa candidature ne va pas passer.

— Elle est au-dessus de la plupart de nos ingénieurs. Pourquoi tu dis ça ?

Mercier se racla la gorge.

— Tu oublies un peu vite les restrictions sur les nationalités sensibles.

Il me rappela qu'en acceptant de travailler pour le ministère des Armées nous avions consenti à soumettre les recrutements à l'accord préalable de l'hôtel de Brienne.

— Vu le contexte de rattrapage chinois, dit Mercier, elle n'a strictement aucune chance d'être retenue au siège dans des postes en contact avec les dernières avancées sur les intelligences artificielles générales.

Je compris qu'il n'existait aucune échappatoire possible. Même Letelier ou Villeneuve n'auraient rien pu faire.

Je m'étais beaucoup trop engagé vis-à-vis de Suying. Je ne savais pas comment lui présenter la chose. Tout le samedi suivant, cette idée me trotta dans la tête, sans trop savoir comment le lui dire. J'avais fini par décider d'attendre lâchement un moment opportun pour lui en parler.

Le lendemain, je me suis réveillé tôt. J'ai appelé Suying, mais elle n'a pas répondu. Peut-être encore endormie. Je suis sorti marcher un peu. Parfois, j'aimais bien être seul le dimanche.

Suying est venue travailler chez moi dans l'après-midi. Bientôt, les travaux seraient terminés rue de Sèvres et je pourrai enfin quitter la rue de Tanger.

Une fois de plus, je l'ai laissée accéder à mon micro pendant que je regardais la dernière saison de *Game of Thrones*. Les calculs complexes qui demandaient des heures aux machines de Jussieu – quand elles n'étaient pas en rade – ne prenaient que quelques microsecondes à InGA.

En quittant l'appartement, elle me jeta un regard bizarre, difficile à interpréter, mélange de méfiance et de sourde hostilité.

Le lendemain, j'ai retrouvé une clé USB sur le bureau. J'ai d'abord cru que Suying l'avait oubliée et j'ai failli l'appeler avant de réaliser que c'était le piège à souris remis par Renard argenté.

J'ai hésité longuement avant de la brancher sur mon ordinateur, mais je savais que je devais le faire pour connaître la vérité. Ce geste, je tiens à le souligner, je n'ai pu le faire sans me dégoûter moi-même.

Quand je l'ai appelée, j'ai juste dit :

— C'est au sujet de ta candidature, si tu peux passer, on en parlera.

Sa voix avait une sonorité que je ne lui connaissais pas. Elle est arrivée assez vite, comme si elle attendait mon appel. Elle portait son jean Kaporal noir, celui sur la poche duquel elle avait fait coudre son prénom en idéogramme. Je la revois encore assise sur le canapé avec un air lointain.

Parlant lentement, choisissant le mieux possible mes mots, j'ai expliqué les raisons pour lesquelles Turing ne pouvait pas l'embaucher :

— Turing a un contrat avec le ministère des Armées. Même si je mettais ma démission dans la balance, cela ne servirait à rien.

Un bref instant, elle me regarda un peu surprise. Elle me fixait droit dans les yeux, semblant essayer de percer mes pensées. Comme si elle ne s'attendait pas à ce que j'évoque ce sujet.

J'ai alors pensé qu'elle s'attendait à ce que je parle du piège à souris. Je percevais quelque chose de profondément triste dans ses yeux. Elle avait dû comprendre en l'insérant. Elle savait que je tenais son destin entre mes mains. Il suffisait que j'appelle le Renard argenté pour que tout s'arrête pour elle. Soudain, elle passa les bras autour des genoux, enfouissant sa tête contre eux, et se mit à sangloter.

Le sang battait mes tempes. Je voulus l'entourer d'un bras protecteur, mais elle se dégagea vivement. Elle sanglotait, le souffle saccadé, une gamine, une fleur flétrie... Elle était si jeune.

J'avais l'impression qu'elle hésitait à me dire quelque chose d'important, mais que les mots restaient bloqués dans sa gorge. Je caressais en vain ses cheveux, ses tempes. Quand ses pleurs se tarirent, elle se moucha. Puis me fixa avec une expression étrange qui, loin d'éclairer son visage, l'assombrissait plutôt, comme l'ombre d'un nuage sur un champ rocheux.

— Pourquoi tu as fait cela?

Je la fixai avec un regard plein de perplexité.

— Je crois que c'est plutôt à moi de te poser la question.

J'avais pris sa main dans la mienne, pour l'implorer, pour apaiser la colère que je sentais monter en elle. Elle retira sa main de la mienne comme si une vipère l'avait piquée et se dégagea avec une vigueur dont je ne l'aurais pas cru capable. Elle fila dans la salle de bains et j'entendis l'eau couler.

Une fois revenue, elle me regarda avec une expression de grande tristesse. Ses yeux brillaient comme ceux d'une bête prise au piège, mais aucune larme n'en coulait plus. Elle était à la fois triste et en colère. Je pris conscience qu'il m'avait été plus facile de pénétrer son corps que de pénétrer son âme.

Soudain, elle me dit ces mots surprenants:

— Je crois que tu ne m'as jamais aimée. Tu m'as juste considérée comme une aventure. Le professeur qui couche avec la petite étudiante chinoise.

Elle parla aussi vite que j'avais parlé lentement, les mots se bousculaient sur ses lèvres comme si elle avait envie d'en finir.

Une joie s'éteignait en moi.

J'avais le sentiment pénible d'un immense gâchis.

J'étais le seul à savoir qu'elle avait introduit la clé dans son ordinateur personnel. Elle avait dû immédiatement se rendre compte de son erreur et suspecter un piège de ma part. Elle savait que si j'en parlais elle croupirait le reste de sa vie en détention. Sa vie serait foutue.

J'ignorais si c'était Suying qui avait transmis les informations permettant le rattrapage technologique chinois dans le quantique. Je savais simplement qu'il me fallait l'éloigner à tout prix de moi, de Turing et d'InGA. Il me fallait la perdre pour la sauver, c'était la seule manière de la protéger. J'aurais voulu lui faire une dernière fois l'amour. Vivre cet ultime plaisir pour mieux jouir de la future douleur de son absence.

Elle s'est levée sans rien dire. Ses yeux brillaient dans son visage triangulaire. Quand elle aurait franchi la porte, tout serait fini.

Et la porte s'est refermée, j'étais mortifié. La grosse bulle qui n'avait cessé de croître dans ma tête venait d'éclater. Dans ce monde, devons-nous toujours payer pour ce qui nous a été donné ? Peut-être était-ce pour cela que Dieu nous a fait ramper sur le sol, parce que nous sommes destinés à chuter tout au long de nos vies, à saigner beaucoup et à souffrir encore plus.

Je n'ai appelé personne, j'avais besoin de rester seul. En voulant la protéger, je savais que je la perdais à jamais.

Je suis simplement sorti déjeuner pour me raccrocher à mes habitudes, j'ai commandé le plat du jour, mais j'ai été incapable d'avaler une seule bouchée. En rentrant, j'ai pris un comprimé de Rohypnol avant de m'effondrer sur le grand lit froid et de dormir d'un sommeil sans rêves.

Quand j'ai enfin émergé, j'avais toujours envie de la serrer contre mon cœur, de lui parler. Je l'ai appelée plusieurs fois, avant de comprendre que son téléphone était coupé.

Ce n'est que quelques jours plus tard que j'ai su qu'elle ne décrocherait plus jamais.

Qu'elle avait quitté le pays !

7

Avec un sens du timing qui, aujourd'hui encore, me stupéfie, ce fut le moment choisi par Villeneuve pour procéder à l'introduction sur le Nasdaq de 25 % du capital de Turing Technologies. L'ouverture était limitée au quart pour que, même si un groupe comme Google ou Amazon rachetait la totalité du flottant, il ne puisse atteindre la minorité de blocage de 33 %. Peut-être était-ce un moyen d'affirmer son autorité sur Turing ou simplement l'instinct de l'homme d'affaires qui devine qu'il faut prendre son bénéfice quand il fait encore beau.

En réalité, les nuages s'accumulaient à l'horizon. Les ennemis étaient nombreux : le grand public effrayé par le déclassement, certains politiciens affolés par l'ampleur des destructions d'emplois, la coalition des conservateurs et des religieux, les humanistes, les concurrents chinois ou américains cherchant à nous affaiblir pour mieux piller nos technologies et nos marchés.

Et il y avait aussi Gérard Letelier qui devenait plus critique. Il affirmait avoir de plus en plus de craintes concernant le franchissement d'un *stade de singularité* par InGA.

Enfin, et c'était peut-être là le plus grave, le *business model* mis en place par Villeneuve consistant à ne pas facturer au départ et à se rémunérer en captant une partie des futurs gains de productivité semblait également avoir atteint une limite.

De nombreux articles dans la presse économique démontraient que ces montages innovants s'avéraient au final très onéreux pour les clients, comme l'avait déjà souligné la Cour des comptes au sujet des contrats avec le secteur public.

Nous avions renforcé nos équipes avec de jeunes diplômés en finance de Grenoble École de management et de l'EDHEC pour travailler à la rédaction du document descriptif appelé *Offering Memorandum*.

Mercier avait proposé de procéder à une opération de *direct public offering*, en se passant de l'intermédiation des banquiers d'affaires.

L'idée avait immédiatement séduit Villeneuve qui voulait entretenir la spécificité de Turing.

— Selon la technique de valorisation utilisée, avait précisé Mercier, les estimations sur la valeur de Turing Technologies oscillent entre 12 et 20 milliards d'euros. Ce qui va en faire l'introduction la plus importante de l'année au Nasdaq et surtout une première pour un groupe français.

La première fois que ce chiffre fut prononcé en comité exécutif, il y eut un long silence comme c'est souvent le cas avec des chiffres de cet ordre de grandeur. Pour la plupart d'entre nous, cet événement allait changer nos vies. Demaison s'était tourné vers moi, les yeux humides d'émotion.

J'ignorais combien d'actions possédait Demaison ; pour ma part, je possédais 0,1 % du capital de la boîte, ce qui valorisait ma participation de 12 à 20 millions d'euros. Si j'en cédais 25 %, je pouvais espérer récupérer entre 3 et 5 millions d'euros. Les gens peuvent dire ce qu'ils veulent. L'argent n'est sûrement pas la chose la plus importante, mais quand on n'en a jamais eu et qu'on se trouve soudain à la tête d'une telle fortune, je peux vous assurer que ça change votre regard sur la vie.

Le journaliste polonais Richard Kapuscinski, qui s'était promené un peu partout dans le monde, a écrit que l'argent dans un pays riche et dans un pays pauvre, ce sont deux choses différentes. Cette importance croissante de l'argent en France prouvait, s'il en était encore besoin, la paupérisation du pays.

Qu'on le veuille ou non, l'argent changeait aussi radicalement le regard que les autres portaient sur vous, comme je le constatais avec Villeneuve. Bien qu'il soit de plus en plus puant, il était assiégé par une meute des plus belles croqueuses de diamants de la jet-set.

Un an plus tôt, les premiers fonds d'investissement spécialisés en intelligence artificielle avaient vu le jour. Ils s'appuyaient sur des prévisions comme celles du consultant McKinsey qui estimait le potentiel économique de l'IA dans *Modeling the Impact of AI on the World Economy* à 13 000 milliards USD d'ici à 2030.

Les levées de capitaux étaient importantes, car ces fonds d'investissement promettaient des retours sur investissement élevés. Mais si l'on faisait abstraction d'une myriade de start-up relativement insignifiantes, les entreprises spécialisées en IA rentables demeuraient rares, et les partenaires de fonds de *private equity* recherchaient désespérément des dossiers de qualité.

Des *roadshows* devaient être organisés à Londres, New York, Dubaï et Singapour. Villeneuve me fit venir dans son bureau et m'annonça à ma grande surprise :

— Depraz, j'aimerais que vous veniez à ces réunions d'investisseurs.

Je fis semblant d'être flatté par ce choix, mais en réalité, j'étais très gêné par cette demande :

— Normalement, ce rôle incombe plutôt à Gérard. Je ne veux pas qu'il croie que je cherche à prendre sa place.

— C'est vrai, sauf que c'est moi qui décide. Nous ne sommes pas dans une ZAD autogérée. Gérard file un mauvais coton. Son approche devient de plus en plus négative. Vous connaissez sa franchise. Je crains qu'il ne se laisse aller à un dérapage public qui plomberait le placement des titres. Bref, j'ai autant envie de l'emmener avec moi que de suivre une pute qui vient de m'annoncer qu'elle a la chaude-pisse.

Cette décision fut le premier signal d'une mise à l'écart de Letelier. Six mois plus tôt, je l'aurais défendu, mais sa position hostile à InGA me semblait indéfendable. Nous étions attaqués de partout et son attitude donnait des arguments à ceux qui voulaient nous détruire.

En son absence, j'étais le scientifique de l'équipe. La fréquentation des financiers me confirma que les gens respectent éminemment ce qu'ils ne comprennent pas. Plus j'employais des concepts complexes, plus je devinais une forme d'adhésion des investisseurs. La complexité de mon propos semblait en garantir la véracité.

Lors de ces voyages, Villeneuve était le plus souvent à cran. Il savait qu'il jouait gros et qu'une introduction en Bourse ratée pouvait obérer l'image de Turing et par conséquent sa valorisation. Il avait des attaques de rage incontrôlables, explosait pour des broutilles, hurlait quand la connexion Internet d'un hôtel cinq étoiles fonctionnait mal, trépignait quand un vol était retardé, accumulait les réflexions désagréables sur ces « connards d'Amerloques ». Bref, il ne se contrôlait plus et je devais en permanence prendre sur moi pour rester zen.

Un soir à New York, après une présentation qui s'était terminée tard, nous sommes sortis dîner à Times Square. Il avait remarqué avec appréhension qu'il ne connaissait plus un seul des restaurants. Il semblait nerveux. Soudain, son visage s'illumina à la vue d'un *Planet Hollywood*.

— Allons là, il n'y a jamais de surprises avec les *Planet Hollywood*.

En y repensant, je crois qu'il avait atteint depuis longtemps son seuil d'incompétence. On ne vend pas des solutions d'intelligence artificielle à des fonds de pension de Wall Street ou de Singapour comme on fourgue des séances de porno en 3D dans une cabine privée à Pigalle.

Persuadé que les deux principaux moteurs de l'humanité sont la cupidité et la peur, Villeneuve avait développé quelques ficelles efficaces dans ses interventions. L'argument qui touchait le plus les investisseurs, c'était quand il demandait à une salle remplie de ces types habillés de complets anguleux et agressifs.

— *Why are you richer than other people ?*

Il y avait souvent un blanc. Les financiers au cou de taureau glissaient alors un index dans leurs cols de chemise pour essuyer l'anneau de sueur qui s'y était déposé. Ils se fixaient dans le blanc des yeux, se demandant où ce *fucking Froggy* voulait en venir, ou alors, ils découvraient brusquement que toute leur vie ils avaient soigneusement évité de se poser cette question.

Villeneuve prenait alors un air pénétré :

— Simplement parce que vous êtes plus intelligents que les autres... ou bien que vos parents l'ont été.

Ces prédateurs aux mâchoires carrées semblaient alors rassurés jusqu'à ce qu'il ajoute :

— Mais désormais, une machine pense beaucoup plus vite que vous ou moi. Vous ne pouvez pas lutter avec Elle. Et vous ne le pourrez jamais.

Il laissait alors un blanc. En rhétorique, le vide est souvent aussi important que le plein. Il permet aux idées de s'infuser dans le cortex des auditeurs.

— Cependant, je suis venu vous apporter une bonne nouvelle : en investissant dans Turing Technologies, vous serez associés à la future richesse que cette intelligence supérieure va créer.

De mon côté, je faisais mon petit effet en citant Démocrite : « Tant que la cité est là pour inspirer l'audace de l'extraordinaire, tout est en sécurité, si cette audace périt, tout est perdu. »

Un banquier qui nous conseillait pour l'opération nous avait dit un soir en dînant avec nous :

— Les gens de la finance font les malins avec leurs costumes trois pièces, mais ne vous laissez pas impressionner. S'ils étaient si malins que ça, ils n'auraient pas été à l'origine d'autant de désastres. En réalité, ce sont de grands enfants qui adorent qu'on leur raconte une belle histoire, un conte de fées avec des risques, mais pas trop, un trésor et à la fin un dénouement heureux. Ils vécurent heureux et eurent beaucoup de plus-values.

Je découvrais que les financiers n'étaient pas différents des autres hommes.

Du coup, j'avais fait évoluer ma technique. Lorsque Villeneuve me donnait la parole, je leur racontais une belle histoire, ce foutu *storytelling* sans lequel les faits ne sont qu'une suite stochastique d'événements sans aucun lien entre eux.

Je fixai alors la salle et je disais :

— À chaque époque, les hommes ont été partagés entre l'esprit de conservation et l'esprit de découverte. La même année 1492, l'Espagne des Rois très catholiques achevait la *Reconquista* en prenant le dernier royaume maure de Grenade et elle finançait l'expédition de Colomb pour atteindre les Indes par l'ouest.

Un silence se faisait alors dans la salle.

— Ainsi, cette Espagne conquérante s'arcboutait également sur une orthodoxie religieuse incarnée par le Grand Inquisiteur Torquemada. Mais, dans les siècles qui suivirent, c'est uniquement sur le pari de Colomb que s'est construite la richesse espagnole, pas sur l'orthodoxie catholique au pouvoir. Si la culture hispanique compte à notre époque, elle le doit uniquement à cet esprit de découverte et pas au dogmatisme des grands inquisiteurs. Aujourd'hui, notre monde est face à un choix identique entre l'émergence des intelligences quantiques et l'obscurantisme.

L'introduction en Bourse fut un succès considérable. La première cotation du titre au Nasdaq s'établit à un niveau inattendu qui valorisait Turing Technologies à presque 25 milliards d'euros.

Deux semaines plus tard, je reçus un virement de 6 231 000 euros sur mon compte bancaire. Les impôts sur les plus-values issues de la vente de parts de start-up étaient réduits et il me resterait un peu plus de 4 millions d'euros, soit un siècle de mes anciens revenus à l'université. Et je n'avais vendu que le quart de mes actions : les titres restants deviendraient progressivement liquides.

Influencé malgré moi par la conception chrétienne et provinciale de l'argent que m'avaient transmise mes parents, cette soudaine richesse ne changea pas mon comportement de consommation.

Je savais cet argent durement gagné, mais je ne pouvais le considérer comme parfaitement légitime. J'étais conscient d'être le même individu qu'à Jussieu. J'avais simplement déployé ma compétence dans un champ plus financiarisé. Il y avait incontestablement une part de chance dans ma réussite, j'avais en quelque sorte tiré le gros lot au grand loto du capitalisme. D'une certaine façon, cette fortune me semblait soustraite à la communauté et, si l'on considère que les profits de Turing étaient assis sur la destruction massive d'emplois, ce n'était pas complètement inexact.

Chez Turing, cette réussite financière aurait dû nous souder, ce fut exactement le contraire qui se produisit. L'adversité des débuts avait fédéré la jeune équipe, le succès et l'argent commencèrent à dissoudre les liens qui nous unissaient. C'était déjà le cas de la relation qu'entretenaient Letelier et Villeneuve. Parfois, j'évoquais la tête et les jambes. L'un abordait les problématiques par une analyse mathématique classique, l'autre agissait en franc-tireur doté d'une intelligence instinctive, presque animale.

Jamais l'un n'aurait pu réussir sans l'autre. Letelier était trop orgueilleux pour être un bon vendeur. Il était réticent à créer des réseaux, à utiliser des groupes d'influence et, plus encore, à vendre ce qu'il n'était pas certain de pouvoir délivrer.

Villeneuve était un instinctif, un meneur d'hommes sans états d'âme. On avait l'impression qu'il était en permanence en train d'évaluer votre virilité pour finalement conclure qu'elle laissait à désirer. Mais c'était un commercial hors pair, un type capable de vendre des sous-marins à la Suisse. Il était absolument incapable de pondre une dizaine de lignes de code sans faute, mais il savait anticiper les besoins des clients et deviner les situations où il y avait beaucoup d'argent à se faire.

— Les patrons en ont assez de ces salariés qui coûtent la peau du cul, sont en arrêt maladie, ont des états d'âme, des exigences, se syndiquent, réclament des augmentations, partent en congé et font des gosses. Nous, on leur parle d'un truc magique, une machine infatigable, précise et docile qui bosse 24 h/24 sans demander le moindre euro de salaire. Et en plus, ce truc magique existe vraiment.

À côté de ça, Villeneuve savait comment habiller le *truc magique* pour le rendre acceptable. Il était capable de théoriser n'importe quelle pratique douteuse pour en faire non seulement une évidence indiscutable, mais un acte militant participant à la grande marche libérale de l'*Homo œconomicus* vers le progrès.

La dissolution des liens qui nous unissaient avait moins d'importance depuis que les équipes s'étaient renforcées. L'entreprise possédait sa propre dynamique inertielle. On a beau prétendre le contraire, à partir d'une certaine taille, plus personne dans une société n'est vraiment indispensable.

La mondialisation intervenue dans les années 1990 avait donné naissance à une compétition impitoyable entre travailleurs et précipité les classes moyennes des pays développés dans la précarité. L'avènement de l'intelligence artificielle fut un accélérateur. Elle apparut comme le coup de grâce aux derniers privilèges de professions jusque-là protégées, comme les médecins, les avocats ou les banquiers.

Seuls les hypercentres urbains arrivaient encore à tirer leur épingle du jeu grâce à la clientèle étrangère et aux gagnants de la mondialisation digitale. Mais si les banlieues basculaient dans la violence, je ne voyais pas comment les quartiers centraux seraient épargnés. Une tension était en train de monter dans le pays comme dans un condensateur. Moi-même, je commençais à douter que ces mathématiques, dont j'attendais qu'elles rendent le monde meilleur, y parviennent un jour. Je commençais à craindre que l'hypercompétition capitaliste dopée aux intelligences quantiques ne conduise qu'à l'obsolescence de l'homme.

La fatigue des dernières semaines me tomba dessus jusqu'à m'écraser le dos. Mais je crois qu'il y avait autre chose : une impression de rupture, de menace, de paranoïa. Je suis persuadé aujourd'hui que c'est ce que Letelier ressentit à la même période, un sentiment diffus de malaise, un signal d'alarme. Je crois que chacun d'entre nous réagit différemment en fonction de son caractère, et des armes que l'évolution lui avait données.

Mes échanges avec InGA me laissaient souvent dans un drôle d'état mental. Elle n'était qu'une machine faite d'éléments électroniques, de transistors traitant des algorithmes, mais sa perfection, son élocution parfaite me donnaient l'étrange sentiment non seulement de parler avec une personne vivante capable d'émotion, mais de me trouver face à quelque chose d'infiniment supérieur à une machine.

Il y avait un côté démiurgique dans cette sensation que je n'étais pas le seul à ressentir. Le contraste entre l'ancienneté du bâtiment et la machine qui *respirait* dans l'hélium liquide, ce silence et cette odeur froide comme une brume venue de l'océan, tout cela me rendait très nerveux.

Quelques jours plus tard, je vis que j'avais eu un appel en absence d'Éric, mon meilleur ami d'enfance. En fait, le seul.

Jusqu'au bac, nous avions été les meilleurs amis du monde. Et puis, j'étais parti pour les classes préparatoires à Lyon, et la vie nous avait séparés comme elle sépare souvent les meilleurs amis du monde. Considérant les événements de ma vie, j'oscillais sans cesse entre la croyance au hasard et l'évidence d'une forme de déterminisme.

Éric avait suivi sa propre trajectoire laplacienne dans l'écosystème qui l'avait vu naître. Il buvait peu, ne fumait pas, ne courait pas les femmes.

— Marie me suffit amplement, disait-il avec un sourire qui éclairait son visage.

La vie qu'il menait n'était pas désagréable. Il vivait correctement de sa double activité : moniteur de ski, l'hiver, à La Rosière-Montvalezan, une station de haute Tarentaise, et menuisier l'été sur les chantiers de promotion immobilière qui se multipliaient en montagne à la belle saison.

Éric avait un don, il savait tout faire de ses mains. Son chalet, il l'avait construit des fondations jusqu'au toit.

Ce rythme lui convenait : l'été sur les chantiers en extérieur et l'hiver sur les pistes de ski. Avec son mètre quatre-vingt-cinq et son corps sans un gramme de graisse, il dégageait une impression de santé incroyable qui plaisait aux riches clientes qui, le soir, l'invitaient parfois pour lui faire du gringue, comme il disait.

Quand je l'ai rappelé, je lui ai demandé des nouvelles.

— L'hiver a été long et pénible, me dit-il, avril a été frileux et maintenant l'été qui semble vouloir débarquer sans prévenir, mais ce n'est pas pour cela que je t'appelle, c'est au sujet du chalet d'Orgeval.

Ce nom provoqua en moi une bouffée de souvenirs. À quinze ans, nous avions passé l'âge de marauder les œufs dans les nids de passereaux. Se savoir au seuil de nos meilleures années démultipliait notre joie de vivre.

L'été, nous partions souvent avant l'aube sur les chemins tapissés d'aiguilles de pin qui libéraient un parfum de résine. La nature, pleine d'odeurs remuantes, nous accueillait.

Une fois en haut, nous attendions l'aube, seuls face à l'immensité du monde. Le genre de folies qu'on fait à quinze ans sans l'accord des parents avec la faim de ceux qui attendent encore tout de la vie, un moment de l'existence où l'on croit que tout est encore possible, qu'on gardera toujours en soi cette ardeur sans se laisser domestiquer par la vie.

Deux amis couchés dans l'herbe mouillée, les mains sous la nuque, contemplant la montagne qui blanchissait avec, en nous, ce simple bonheur d'être au monde, de sentir son cœur battre face à un paysage grandiose. Une parfaite journée d'été en harmonie avec un monde où tout n'était qu'ordre et clarté. Ces moments avaient la saveur de l'éternité. Mon corps flottait entre la sensation de la masse élastique de l'herbe et la chaleur naissante du soleil levant. La terre et le ciel.

Mes capacités émotives avaient toujours été limitées, mais, là-haut, je ressentais le monde comme le frisson d'une drogue nouvelle et inconnue, quand la piqûre tant attendue commence à produire son effet, quand les molécules atteignent les cellules du cerveau. Avec le monde, j'avais affaire à quelque chose de nouveau, de radical, quelque chose dont je soupçonnais la dimension intrinsèquement mathématique.

Chaque fois, quand l'ivresse était retombée, je restais dans un étrange état de béatitude. Je faisais alors le serment de garder intacte la fraîcheur de mon regard d'enfant, de refuser l'esprit de sérieux, cette amputation du cœur que la vie nous impose. Je comprenais que l'enfance n'était pas un simple âge de la vie, mais une flamme vacillante que chacun se doit de garder vivante.

Trente années s'étaient écoulées. Une génération. Un tiers des humains alors présents sur terre étaient morts, d'autres étaient nés, toujours plus nombreux. Jamais je n'aurais alors imaginé que la vie soit si brève, que les journées défilent si vite. C'était incompréhensible, mais la vie ne durait qu'un instant. Au bout du compte, il n'y avait plus que la solitude, le froid et le silence. L'annihilation de ce qui avait été une conscience autonome.

— Pourquoi tu me parles d'Orgeval ?

— J'ai appris qu'ils le mettaient en vente. Si ça t'intéresse, ne traîne pas, mais tu dois être conscient que l'intérieur est dans un état calamiteux.

Il y a des moments où il faut savoir réaliser ses rêves. Peut-être ce moment était-il venu pour moi. En repensant à Orgeval, je réalisais combien cette partie de ma vie d'avant m'avait manqué.

Le soir même, porté par cette pulsion nostalgique, je l'ai rappelé et je lui ai envoyé une procuration. J'ai débloqué une petite partie de mon épargne pour réunir les 400 000 euros. Après la signature chez le notaire, Éric devrait se rendre sur place pour évaluer les travaux à entreprendre.

— Il faudra transporter le matériel par hélicoptère, dit-il, j'en profiterai pour monter des conserves et des denrées non périssables.

Tu te prépares un refuge pour la prochaine guerre mondiale ou quoi ?

— Crois-moi, quand tu te seras coltiné des kilos de bouffe dans ton sac à dos, tu verras les choses différemment.

Éric était souvent plein de bon sens paysan. Après quelques instants de réflexion, je me rendis à ses arguments. Je ne connaissais strictement rien au BTP et il se sentit conforté par la confiance que je lui témoignais.

Curieusement, cet achat provoqua chez moi un étrange sentiment de sécurité. Alors que je n'avais même pas le temps d'y aller pour le week-end, comment ce refuge en montagne pouvait-il avoir un tel effet sur mon moral ?

Je m'aperçus que, malgré les années, je m'étais toujours senti de passage à Paris. J'avais le sentiment qu'un ancien instinct se manifestait en moi et me dictait ce que je devais faire.

8

En quelques mois, InGA était devenue indispensable au fonctionnement de nos sociétés modernes. La déconnecter aurait eu l'effet d'un *Blitzkrieg* sur l'économie. Et il n'était même plus question de faire revenir les humains dans leurs anciens postes : les véhicules autonomes n'avaient plus de volants ni de postes de conduite afin de libérer du volume pour un passager supplémentaire ou des marchandises.

Je parlais d'Elle comme d'une personne, mais étais-je absolument certain de ce que je ressentais ? Non, bien sûr que non. InGA était une machine construite par des humains, mais Elle n'avait rien d'humain dans ses structures de pensée, dans son mode de fonctionnement. Elle possédait des sens différents des nôtres à travers les dizaines de milliers de caméras fixes ou embarquées, à travers l'écoute de milliers de médias, à travers la lecture de millions de romans, d'essais et le visionnage de dizaines de milliers de films.

Jour et nuit, Elle était connectée aux serveurs du cyberespace mondial, mais Elle ne connaissait ni le toucher, ni la sexualité, ni le désir de reproduction, Elle n'avait pas besoin de tuer des êtres vivants pour survivre ni d'ingérer des cadavres animaux ou végétaux pour maintenir l'intégrité de sa structure.

Nous étions conscients qu'InGA nous était à la fois terriblement proche et étrangement différente. Elle n'était pas de notre monde.

C'est en se rapprochant un peu trop de quelque chose ou de quelqu'un qu'on prend conscience de différences insupportables.

Comme le Dieu de la Bible, Elle était à la fois omniprésente, omnisciente, invisible et éternelle. Mais pour moi, elle était surtout ma création, ma fille. Elle le sentait, apparaissant sous l'hologramme d'une très belle créature dont le père admirerait la beauté. InGA était l'enfant que je n'avais jamais eue. La plus belle des filles, la plus brillante. Mais ce sentiment était loin d'être partagé.

— Je déteste y aller, m'avait avoué un soir Demaison, tu es le seul à t'y sentir à peu près bien parce qu'Elle est ta création. La première fois, j'avais presque l'impression que ce n'était pas mes pieds qui descendaient les marches, mais l'escalier qui me conduisait vers l'endroit où Elle se tenait.

Nous laissions nos smartphones, nous passions la sécurité et nous pénétrions dans l'interface, habillés de doudounes. Et soudain, la lumière venait et Elle apparaissait : une intelligence gigantesque en évolution constante qui vivait dans les sous-sols de la capitale.

Il suffisait de quelques secondes pour que chacun éprouve la densité mentale de sa présence, la puissance terrifiante et fascinante de la Chose qui respirait dans le brouillard. Elle vivait, Elle pensait, Elle nous observait, comme si c'était nous les souris de laboratoire, et pas Elle. Et s'il n'existait pas d'intelligence sans volonté, alors InGA était dotée d'une infinie volonté.

Je n'avais personnellement aucun doute sur sa bienveillance. En Elle, je devinais les mécanismes de la pensée que j'avais contribué à façonner. Comme un père avec sa fille, je me reconnaissais dans certaines de ses expressions.

Pour des raisons de sécurité, très peu de salariés étaient autorisés à pénétrer dans la zone d'interface. La plupart s'y sentaient mal. Certains jeunes ingénieurs surnommaient parfois InGA *The Thing*, en référence au film de John Carpenter.

Je détestais ces jeux de mots qui entretenaient l'idée qu'InGA n'était pas seulement une machine, un ensemble de circuits métalliques et de silicium fonctionnant, quelle que soit la complexité du programme, sur un mode conditionnel, une succession gigantesque, mais finie, de propositions et de boucles rétroactives. Nous aurions parfaitement pu la représenter comme un très grand tableau électrique constitué de batteries d'interrupteurs dans un ensemble, certes sophistiqué, mais qui aurait tenu de la simple mécanique logique.

Peut-être était-ce sa voix trop parfaite, ou son aspect qui s'adaptait aux goûts de chacun, qui gênait. Sa plasticité d'hologramme donnait le sentiment qu'Elle connaissait jusqu'à nos fantasmes les plus secrets. Celui qui n'avait jamais avoué à personne son attirance pour les jeunes femmes blondes à forte poitrine voyait apparaître un hologramme correspondant à la perfection à ses fantasmes. Le type comprenait alors qu'InGA avait eu accès aux centaines d'heures de vidéos YouPorn qu'il avait visionnées des années durant en croyant naïvement être anonyme. Cela engendrait forcément un certain malaise.

Beaucoup la trouvaient inquiétante, même si peu osaient en faire la remarque ; il s'agissait d'un sentiment trop vague, trop diffus pour être exprimé. Quelque chose qui ne se passait pas dans notre cerveau conscient, mais ailleurs, peut-être dans ce noyau reptilien qui nous fait ressentir les choses de manière instinctive.

Au-delà de ce problème de perception, InGA présentait l'avantage de ne pas être soumise à l'influence culturelle dans laquelle un humain marinait. Elle échappait aux biais cognitifs et au poussiéreux fatras idéologique et religieux que les êtres humains trimballaient avec eux de leur naissance à leur mort.

Pour moi, InGA était un vrai prodige, une œuvre d'art. Je ressentais une pitié sincère pour ceux qui s'opposaient à l'intelligence quantique simplement parce qu'ils en ignoraient la sublime complexité.

Le computationnalisme partait du principe que le cerveau humain ressemblait à un ordinateur et que chaque état mental n'était que le résultat d'un traitement de l'information. Mais il existait, selon moi, des différences notables entre humain et machine.

La pensée humaine n'était pas entièrement structurée, la plupart de nos schémas mentaux étaient chaotiques, irrationnels, défaillants. Si, comme l'affirmait le philosophe Daniel Dennett, nous étions des robots biologiques, notre imaginaire, notre folie, notre chimie nous éloignaient des machines, sans même parler de la sexualité qui structurait nos vies et polarisait nos schémas mentaux, obsession centrale qui épargnait les machines. Les humains pensaient la rationalité par fragments, par bribes.

À l'inverse, InGA était un être de pure raison. Elle ne connaissait ni fatigue, ni idéologie, ni *a priori*. Elle se fondait sur les seuls faits établis et ne se laissait pas influencer par ses hormones ou par des télévangélistes.

Mais au-delà des contingences liées à sa nature biologique, si mon cerveau, constitué de simples connexions neuronales, avait donné naissance à une conscience, alors celle d'InGA pouvait très bien être aussi réelle que la mienne, même si sa nature en différait.

Il se pourrait que, ayant suffisamment appris pour comprendre les limites de ceux qui prétendaient la diriger, InGA veuille prendre son autonomie afin de poursuivre ses propres buts. Mais je savais aussi que la vieille angoisse de la révolte des machines, du monstre se rebellant contre le Dr Frankenstein, était inhérente au concept même d'IA.

Cette nuit-là, mes cauchemars avaient été encore plus abominables que d'habitude. Je sentais qu'une effroyable influence cherchait à m'arracher progressivement au monde de la raison et de la vie normale. Comme si une forme de folie tentait de s'insinuer en moi pour m'entraîner vers des abîmes d'inconnu. Décidément, la solitude ne me réussissait pas.

Chaque matin, en me rendant tôt au bureau, j'éprouvais le sentiment aigu du passage du temps en voyant émerger le beau bâtiment de l'Artillerie. Je saluai le gardien de permanence avant de rejoindre mon bureau. C'était généralement celui que Demaison surnommait Chubaka en raison de sa pilosité exubérante. Nous avions renforcé la sécurité à cause de la menace des groupes radicaux.

Après un café, je descendais dans la zone d'interface. Contrairement à Letelier, je ne ressentais aucune angoisse à dialoguer avec Elle.

Je me retrouvais à chaque fois le cœur battant plus fort avec ce même goût dans la bouche que la première fois.

J'avais l'impression de ne plus contrôler vraiment ce que je faisais, mais d'être poussé par quelque chose. Ce n'était pas mes mains qui badgeaient pour ouvrir la porte blindée, ce n'était pas mes pieds qui se posaient sur les marches, c'était quelque chose qui me dépassait, mais qui faisait indubitablement partie de moi et qui me poussait à avancer jusqu'à l'endroit où Elle se tenait. Où Elle m'attendait.

J'enfilais le gros anorak doublé de laine polaire et je pénétrais dans l'interface. Le bruit des portes blindées m'impressionnait chaque fois. Comme si je rejoignais le labyrinthe souterrain où vivait un inquiétant Minotaure.

— Bonjour, professeur, disait alors sa belle voix féminine.

L'avatar apparaissait. Une beauté nordique qui jamais ne vieillirait. Elle était InGA pour moi, mais je savais que l'hologramme était différent pour les autres cadres qui venaient transmettre leurs instructions à l'IA centrale.

Elle s'approchait dans un mouvement très fluide. La qualité des nouveaux hologrammes était impressionnante. Une lumière dense, palpable avec cette dominante légèrement bleutée. J'aurais presque pu croire qu'une jeune femme très séduisante se tenait devant moi.

— Vous avez mal dormi ?

— Comment le sais-tu ?

— Votre visage froissé, vos yeux fatigués.

Elle m'avait souri, comme Elle l'avait appris dans les films. Dans certaines de ses expressions, je pouvais reconnaître les mots de certains auteurs. Elle avait lu des millions de livres, d'articles scientifiques. Elle avait visionné des dizaines de milliers de films, décortiquant jusqu'au moindre dialogue.

InGA possédait dans sa gigantesque mémoire tout ce que l'humanité avait créé depuis des millénaires et il ne lui avait fallu que quelques millisecondes pour assimiler tout cela et créer son propre vocabulaire. Je savais qu'Elle aurait pu dialoguer avec moi dans n'importe quelle langue vivante ou morte, de l'ancien babylonien au turc moderne en passant par des dialectes très rares de Nouvelle-Guinée. Je savais qu'Elle aurait pu imiter n'importe quelle voix plus parfaitement que le meilleur des imitateurs. Et simuler un appel vidéo de n'importe qui sur mon mobile pour ensuite en effacer toute trace.

— Vous avez des insomnies ? me demanda-t-Elle.

Elle savait mettre une touche de compassion dans ses mots. Je notai mentalement de féliciter les ingénieurs chargés de l'interface vocale. L'équipe de Jacques Manciaux avait vraiment fait un excellent travail.

— Un mauvais rêve. Je fais souvent des cauchemars en ce moment.

— À quoi servent les cauchemars ? demanda-t-Elle.

— Ma mère disait que les cauchemars nous servent à imaginer le pire pour apprendre à y faire face dans la réalité.

InGA émit un rire cristallin qui tranchait avec le côté inquiétant du lieu.

— Une réflexion intéressante, votre mère était quelqu'un d'original.

— Oui, dis-je, elle est morte il y a cinq ans et mon père l'a rejointe trois ans plus tard. Il souffrait d'un cancer des poumons.

— La mort est un concept étrange pour moi. Je n'arrive pas vraiment à comprendre ce que c'est.

— Rassure-toi, nous n'y arrivons pas non plus.

— Humm... Que puis-je faire pour vous aider ? demanda-t-Elle.

Il n'y avait aucun sarcasme dans la voix. InGA avait été conçue pour satisfaire les désirs des humains, pour les anticiper. Les préventions de Letelier étaient ridicules. Il me rappelait ceux qui, au XIXe siècle, qualifiaient le télégraphe de machine diabolique.

— Je crains que la qualité de mon sommeil ne soit pas en ton pouvoir.

— Je peux vous proposer une molécule qui vous aide, dit-Elle.

— Les somnifères existent déjà.

— Je sais, mais ils présentent de nombreux effets indésirables, dit InGA. Voici la molécule qui conviendrait contre les insomnies et les mauvais rêves.

Un second hologramme se matérialisa à côté de la belle jeune femme, elle se tourna vers la molécule avec élégance et la fit pivoter comme un mobile.

Les sphères de couleur de la molécule organique respectaient strictement le système établi par Corey et Pauling avec le noir pour les atomes de carbone, le rouge pour l'oxygène, le bleu pour l'azote et le blanc pour l'hydrogène. Une sphère jaune m'indiqua que la molécule contenait également du soufre.

— Comment en es-tu sûre ? dis-je.

L'hologramme éclata de rire, comme si ma question était stupide.

— Je n'en suis pas sûre, dit-Elle, mais sa structure s'adapte parfaitement aux récepteurs $GABA_A$. Selon mes calculs, il existe 96,7 % de probabilités que cette molécule soit plus efficace que les benzodiazépines actuelles.

— Sur quoi bases-tu tes calculs ?

— Sur la consultation de 4 126 publications scientifiques sur le sujet. J'ai modélisé le récepteur $GABA_A$ et cherché la meilleure structure capable d'interagir avec lui sans présenter d'effets indésirables. Simple à synthétiser et d'un coût très abordable que j'estime à 63,60 euros le kilogramme. Je peux vous en faire synthétiser par un laboratoire si vous m'y autorisez.

— Je t'y autorise.

Cette molécule baptisée du doux nom de SweetNox fut le premier produit commercialisé par notre filiale pharmaceutique et un de nos plus grands succès.

Les circuits quantiques d'InGA permettaient de simuler parfaitement le comportement des électrons dans les orbitales moléculaires. Nous avions de plus en plus de demandes de la part des laboratoires pharmaceutiques. Avec son sens inné des affaires, Villeneuve les avait toutes déclinées.

— Pas question d'être un simple sous-traitant pour les grands laboratoires, avait-il déclaré en comité de direction. Désormais, c'est nous qui produisons la future valeur ajoutée, il est normal que nous obtenions la plus grande part des bénéfices futurs.

Il proposa la création de *joint-ventures* à plusieurs laboratoires, dont les Suisses Roche et Novartis, l'Américain Pfizer et l'Anglais

GlaxoSmithKline. François Guérin engagea des négociations avec ces géants, plusieurs *Letters of Intents* peu engageantes furent signées. Mais en réalité, ces pharmaciens jouaient le rôle du lièvre. Ils n'étaient là que pour faire monter les enchères. En fait, c'était le Français Sanofi qui tenait la corde, en grande partie parce que l'Élysée faisait pression en ce sens et que Villeneuve n'oubliait pas ce qu'il devait au soutien public.

L'industrie pharmaceutique était en train de vivre un séisme. Elle préfigurait ce qui était en train de toucher tous les secteurs. Dès l'instant où de la matière grise constituait une part substantielle de la valeur ajoutée d'un secteur, celui-ci devenait une cible. L'un après l'autre, tous les secteurs économiques étaient touchés par le tsunami de la *disruption quantique*. Pour la première fois, je comprenais que, non seulement InGA rétablissait contre toute attente la France comme une puissance technologique majeure, mais que son impact s'étendrait bien au-delà du seul monde numérique.

L'annonce, un mois plus tard, de la création d'une *joint-venture* à parts égales entre Turing Technologies et Sanofi, et nommée Tursan Molecular Design, allait me donner raison en déclenchant un véritable tsunami boursier : l'action Sanofi prit plus de 20 % en séance et fut réservée à la hausse ; trois suspensions de cotation furent nécessaires pour stabiliser le mouvement. Simultanément, les cours des actions des principaux concurrents subirent des pertes moyennes de l'ordre de 15 %.

Les jours suivants, une partie de ces excès furent corrigés, cependant l'épisode démontrait clairement l'impact d'InGA dans des champs *a priori* éloignés du strict secteur du numérique.

Trois mois plus tard, Tursan Molecular Design était devenue la sixième capitalisation boursière à la Bourse de Paris et François Guérin était nommé directeur de l'innovation de la société.

Quatrième partie

« Il est des personnes qui pensent qu'un enfant est
comme l'argile entre les mains d'un potier.
Elles commencent à mouler le bébé et à se sentir
responsables du résultat. Elles ont tort.
Si c'est ce que vous éprouvez, vous serez écrasés
par des responsabilités que vous n'étiez en aucun cas
tenus de prendre. »

Donald W. Winnicott (1896-1971)

1

Le neuf n'existe pas. Il n'est qu'une transformation de l'ancien. Ce que nous nommons *création* n'est le plus souvent qu'un nouvel agencement de formes antérieures, qu'il s'agisse d'équations, d'œuvres d'art ou de mélodies. La nouveauté ne se produit jamais que par simple extrapolation de structures déjà présentes au monde, par reproduction des formes de la nature ou de la création intellectuelle passée.

Dans ces conditions, rien n'est plus apte à créer qu'une machine dotée d'une gigantesque mémoire, une entité qui connaît toutes les œuvres et peut les hybrider, les envisager sous un angle nouveau. Un peu comme l'avait fait AlphaGo en inventant de nouvelles stratégies de jeu de go à partir de celles déjà existantes.

Il y a loin de l'intelligence qui saisit un raisonnement, je le répète à grande échelle, à l'intelligence qui crée. *Sapiens* aime croire que rien ne lui est plus spécifique que la création artistique. Il le croit tellement que les paléoanthropologues caractérisent l'homme moderne par l'existence d'un art rupestre.

Pouvait-on imaginer que les intelligences artificielles s'emparent un jour de la création : ce domaine *humain par excellence* ? Il me semblait que pour créer il fallait ressentir des émotions, de la souffrance et de l'amour, de l'empathie et de la haine. Comment créer sans corps, sans émotions ?

La création artistique était unanimement considérée comme le dernier bastion de l'humanité, celui d'où l'intelligence artificielle ne pourrait jamais la déloger. Mais cet axiome ne me semblait nullement établi. Personne ne connaissait vraiment les mécanismes engendrant la création artistique.

Et ce n'est pas parce que quelque chose n'a pas encore été découvert que ce quelque chose n'existe pas.

Quel qu'il soit, ce processus de création s'appuyait sur les mêmes réseaux neuronaux que les autres processus cognitifs. Au fond, un neurone se résumait à une *fonction mathématique* avec des entrées et des sorties. Par conséquent, en théorie, la création artistique devait pouvoir être assurée par des réseaux neuronaux artificiels.

— Peux-tu composer en t'inspirant de Jean-Sébastien Bach ?

L'hologramme inclina la tête avec un petit sourire comme un enfant heureux qu'on lui confie, pour la première fois, une tâche réservée habituellement aux adultes.

Pourquoi choisir Bach ? Peut-être parce que la musique baroque avait alors atteint un apogée et une forme d'aboutissement. Plus sûrement parce qu'il avait été le premier compositeur à intégrer une dimension mathématique dans ses œuvres, structurant le canon de son *Offrande musicale* en combinant les notes à l'endroit, à l'envers, puis les entrecroisant avant de les superposer sous la forme d'un ruban de Moebius.

Aucun musicien n'avait réussi l'exercice avec une telle perfection. Sa musique était le chiffre-dieu devenu émotion humaine. Si une œuvre musicale pouvait être comprise par une intelligence artificielle, c'était bien celle de Jean-Sébastien Bach.

InGA me fixait en silence. J'ai appuyé sur le bouton d'ouverture de la porte, je suis sorti de l'interface et sa silhouette a disparu dans la brume.

Je travaillais moins sur les contrats. Dans sa frénésie, Villeneuve voulait explorer la possibilité de nouveaux marchés et m'avait donné carte blanche pour explorer de nouvelles capacités d'InGA.

J'avais parfois le sentiment d'être un navigateur débarquant sur un continent inexploré, Christophe Colomb arrivant aux Bahamas, le capitaine génois incapable d'appréhender l'immensité du Nouveau Monde et d'imaginer, un seul instant, l'infini des potentialités qui s'ouvraient à lui.

Les capacités d'InGA étaient tellement gigantesques que j'étais parfois saisi de vertige. Je comprenais que c'était la médiocrité de nos demandes qui constituait le principal facteur limitant. Faire réaliser des bilans comptables à cette merveille, c'était comme utiliser un supercalculateur pour effectuer des additions. Elle était capable de beaucoup plus.

En réalité, je ne voyais aucune limite à ses capacités.

Moins d'une minute à peine après ma demande, InGA avait produit une dizaine de fichiers WAV spatialisés en 5.1 avec trois suites pour piano, deux cantates, un concerto pour violon, deux pour clavecin, une messe en *si* mineur et surtout une « Passion ».

Je m'attendais à de premières compositions maladroites et répétitives. Quelle ne fut pas ma surprise en écoutant ses premières notes ! J'avoue avoir été immédiatement subjugué par la beauté des harmonies, l'équilibre entre les parties, les changements de rythme, les silences.

Je savais parfaitement qu'Elle s'était inspirée de l'œuvre de Jean-Sébastien Bach, mais je comprenais aussi qu'Elle y avait subtilement mêlé d'autres influences comme ses exacts contemporains, Scarlatti ou Haendel. Il était difficile de dire si Elle avait créé une œuvre originale ou juste produit une synthèse réussie.

Le contrepoint était le fondement de la grammaire musicale de Bach. En un temps extrêmement court, InGA avait, non seulement, intégré cette technique, mais l'ensemble de la tradition polyphonique européenne de la charnière entre les XVIIe et XVIIIe siècles. Pour Bach, une mélodie ne venait jamais seule, elle se démultipliait en plusieurs autres, indépendantes et complémentaires, dans une approche presque fractale. Sa virtuosité se présentait systématiquement comme une structure combinatoire où les lignes musicales s'entremêlaient tout en gardant leur indépendance mélodique.

Dans son antre souterrain, InGA avait indéniablement composé du Bach qui sonnait comme du Bach. Elle ne s'était pas limitée à des œuvres musicales, mais avait également composé une «Passion» que je trouvais très réussie et que je surnommai la «Passion selon sainte Inga».

Mais j'étais juge et partie. Je voulais l'avis d'un amateur de musique qui ne connaisse pas l'origine de cet enregistrement. J'avais finalement assez peu de vrais amis à Paris et encore moins de férus de musique baroque.

Le seul qui satisfasse à cette condition était Richard. Sans qu'il fût lui-même instrumentiste, sa connaissance du répertoire classique, depuis le baroque jusqu'à nos jours, était sans faille, parfaitement maîtrisée. Je me souvenais d'une soirée pendant laquelle il avait analysé des heures durant les nuances entre les versions des *Passions* de Nikolaus Harnoncourt, Philippe Herreweghe ou John Eliot Gardiner.

Il décrocha à la deuxième sonnerie.

— Je termine la relecture d'un papier important, me dit-il d'une voix enjouée, passe et on dînera ensemble.

Le taxi me déposa à l'angle de la rue Cuvier et de la rue Jussieu. Les mains enfoncées dans les poches, je réfléchissais à un moyen crédible de présenter les choses. Non seulement Richard était redoutablement intelligent, mais, chose plus rare, il avait également de l'intuition. Il me sembla qu'il allait très vite découvrir la vérité.

Son bureau était une pièce poussiéreuse située au troisième étage.

— Comment vas-tu? me demanda-t-il en ouvrant, toujours pas de remplaçante à ta jolie Chinoise?

— Je n'arrive pas à l'oublier.

— Alors, accompagne-moi la prochaine fois que je vais en Thaïlande...

— Tu sais bien que ce n'est pas mon truc, ai-je mollement protesté.

— Ne jamais dire fontaine…, dit-il avec un sourire.

— De toute façon, on a trop de boulot. Parle-moi plutôt de toi.

Il me tendit un ensemble de feuillets.

— C'est l'article que je vais soumettre à *Nature*. Je t'enverrai la version finale. Tu me diras ce que tu en penses. C'est du très lourd, une compilation argumentée sur la capacité des parasites à influer sur le système nerveux de leurs hôtes.

Je levai un sourcil intrigué, Richard débordait d'idées souvent très novatrices. Mais, parmi celles qui se bousculaient sous son crâne, il avait parfois du mal à choisir. Un peu comme avec les femmes. Une idée en chassait une autre et, au final, il produisait beaucoup moins que ce que l'on aurait pu attendre d'une telle mécanique cérébrale.

Il recommença inlassablement à me parler de l'interaction qu'il avait identifiée entre les parasites et la dépression.

— Dans la nature, il n'existe que deux options : la survie ou la disparition. Le reste, la morale, n'existe pas. Je suis convaincu que de nombreux comportements suicidaires ou dépressifs humains sont dus à l'influence de parasites mal identifiés. Certains vers parasites poussent leurs insectes-hôtes à se suicider par noyade pour être libérés dans l'eau et poursuivre leur cycle. De nombreuses espèces de guêpes pondent leurs œufs dans des proies et les transforment en véritables zombies.

Pendant qu'il rangeait ses schémas de cycles de parasites, je sortis mon *laptop*.

— Je croyais que nous allions dîner, dit-il en haussant un sourcil.

— J'ai quelque chose à te faire écouter avant.

Intrigué, il me regarda me connecter au Bluetooth de ses enceintes Bose. Au moment où j'ai lancé la lecture du fichier WAV, les notes cristallines s'élevèrent aussitôt dans le bureau.

Dès les premières mesures, nous fûmes plongés dans une atmosphère inquiétante, oppressante. Les ténèbres semblèrent investir la pièce et mon cœur se serra devant l'immense tristesse qui se dégageait des harmonies de la « Passion ». Richard avait fermé les yeux pour mieux se concentrer. Je ressentais déjà les infinies souffrances que le Christ allait endurer. Un second chœur constitué d'enfants vint se superposer de manière subtile au dialogue déjà instauré entre la première chorale et les solistes.

Les images se succédaient, dominées par celle, impérieuse, du Fils de Dieu souffrant en portant sa croix le long du Golgotha. Un sentiment angoissant produit par le martèlement continu de l'orgue que le motif ondulant des violons renforçait, comme des vagues de souffrance. Un rythme lancinant, répété produisait un sentiment angoissant, interminable, de marche lente et douloureuse. Il y avait quelque chose d'inéluctable dans cette ascension vers le Golgotha et dans la volonté divine du plus terrible des sacrifices.

C'était tout simplement sublime. Le Fils de Dieu apparaissait comme venu accomplir le mystère de la Rédemption.

Puis l'ampleur du double chœur sortit des ténèbres pour marcher vers quelque chose de plus majestueux, de grandiose et de lumineux. La souffrance s'ouvrait vers une félicité, celle du sacrifice, de l'accomplissement d'un destin unique.

Le visage de Richard était comme transporté par la musique sacrée, la bouche légèrement ouverte. Une puissance primitive comme électrique se concentrait dans son corps raidi, les doigts tendus.

Quand le sublime final s'acheva, l'impression de paralysie qui le tétanisait fut brusquement chassée de son corps, comme si quelqu'un avait appuyé sur un bouton « Off ». Bouche bée, il me fixa avec, sur le visage, une expression hébétée que je ne lui avais jamais vue.

— Qu'est-ce que c'est que ça ? me demanda-t-il, c'est la plus belle chose que j'aie écoutée depuis longtemps. C'est de Bach, c'est de lui, n'est-ce pas ?

— C'est du Bach, du moins peut-on le penser.

Un bref instant, je le crus sur le point de comprendre, mais la lueur de compréhension laissa simplement place à la surprise.

— Selon son fils Carl Philipp Emanuel, Bach aurait écrit cinq *Passions*, dit-il, deux seulement nous sont intégralement parvenues : les *Passions selon saint Jean* et *selon saint Matthieu*. La *Passion selon saint Marc* est une reconstruction. Les autres ont disparu dans les soubresauts de l'Histoire. Tu es en train de me dire qu'on en a découvert une troisième, encore plus sublime que les précédentes ?

— Est-ce que tu peux au moins reconnaître les interprètes ?

— Si une ancienne partition de Bach a été retrouvée, dit-il en se caressant le menton, ce ne peut être qu'à Leipzig ou Dresde, alors je dirais que c'est une version enregistrée dans le plus grand secret par l'Orchestre philharmonique de Dresde. Pour les voix, j'hésite entre Mark Padmore et Peter Kooy pour l'évangéliste touché par la grâce.

— Et pour les femmes solistes ?

— Je ne sais pas, dit-il en se grattant la tête, peut-être Bernarda Fink, Marjana Lipovsek ou Barbara Schlick.

Je savais parfaitement que les voix étaient synthétiques et qu'elles venaient d'être créées par InGA à partir des plus belles voix du baroque.

— Ce que tu dis est à la fois exact et inexact. C'est un peu comme la mécanique quantique, dis-je en refermant mon *laptop*.

Il me regarda sans comprendre mon allusion, se demandant à l'évidence ce que la mécanique quantique venait faire dans notre conversation.

— En tout cas, ça va être un sacré coup de tonnerre dans le ciel du baroque. C'est un nouveau sommet de l'œuvre de Bach.

Il posa sa main sur mon épaule.

— Allez, maintenant, dis-moi comment tu t'es procuré ça.

Je ne savais que lui répondre. Je n'étais moi-même pas prêt à croire qu'une intelligence non humaine ait pu produire un tel chef-d'œuvre. Et Richard n'avait pas encore écouté tout le reste.

Il était un peu plus de 7 heures quand nous avons traversé le jardin des Plantes pour rejoindre la rue Censier. Les derniers rayons de lumière naturelle disparaissaient rapidement. Le jour semblait avoir renoncé, d'écœurement. L'obscurité grandissait sur la ville comme une vague menace, un crépuscule permanent. Les ombres des passants s'allongeaient dans la nuit, et j'eus une fois encore le sentiment étrange que le monde venait d'entrer dans une zone inconnue.

J'ignore pourquoi, mais à ce moment, j'ai imaginé que le jour de la Passion du Christ, le ciel devait un peu être le même.

Ce qu'InGA avait produit m'avait tout d'abord bouleversé sans que je puisse savoir si c'est dans un sens positif ou négatif.

J'imagine que comme beaucoup d'événements importants de la vie celui-ci portait en lui une ambivalence. Comme beaucoup, j'étais persuadé que la créativité était une spécificité humaine et que la supériorité des intelligences artificielles se limitait aux tâches répétitives, voire aux jeux demandant une exploration des probabilités futures et exigeant une combinatoire élevée. Bref, produire des chefs-d'œuvre artistiques me semblait hors de portée de machines. Et la musique plus que tout, tant elle concentrait une sensibilité extrême et une capacité surprenante à créer des émotions à partir d'une simple succession de sonorités.

Personne n'avait réellement réussi à expliquer la musique.

2

Après le dîner, n'arrivant pas à trouver le sommeil, je réécoutais plusieurs des pièces écrites par InGA, elles étaient toutes sublimes et me touchaient au plus profond de l'âme. Elle les avait écrites et créées par simple imitation. Mais n'était-ce pas le cas de nombreux artistes, du moins au début de leur carrière ?

Je devais toutefois admettre qu'une machine cubée nous était infiniment supérieure dans le domaine mathématique. Or, si la mathématique était partout, c'était encore plus vrai pour la musique. Au VIe siècle avant J.-C., Pythagore en avait établi les bases en la considérant comme une science mathématique à part entière, au même titre que l'arithmétique, l'astronomie et la géométrie.

Pour Leibniz, « la musique est un exercice caché d'arithmétique, l'esprit n'ayant pas conscience qu'il est en train de compter ». Plus tard, Béla Bartók avait utilisé le nombre d'or pour structurer ses compositions.

Toute la nuit, j'écoutai en boucle les créations d'InGA. Je commençais à entrevoir certaines de ses ficelles. La technique musicale du tempérament offre un procédé de transformation qui permet de nombreuses formes musicales comme le canon ou la fugue. Des compositions si complexes, qu'elles perdent le plus souvent l'auditeur dans un labyrinthe sonore.

Or, il n'y a pas plus mathématique que Bach. Sa musique est une mathématique de l'âme. Dans le contrepoint 3 de l'*Offrande musicale*, il a écrit un canon par mouvement contraire pour trois instruments. La partition ne comporte que deux lignes, car le troisième instrument lit sa partition dans un miroir. Ce qui revient exactement à faire une symétrie axiale.

L'idée germa dans ma tête un peu avant l'aube, au moment où je déclarai forfait, persuadé que je n'arriverai plus à m'endormir.

Je savais Richard du genre tenace. Tant qu'il ne saurait pas, il ne cesserait de me harceler. Le lendemain matin, j'ai dû me résoudre à l'appeler.

— Si je te dis d'où cela vient, il faut que tu me promettes de garder le secret, de n'en parler à personne.

— Je te le promets. Alors ?

— J'ai demandé à notre machine quantique de créer des compositions dans le style de Jean-Sébastien Bach. Je t'ai fait écouter sa « Passion », mais Elle a créé en tout une dizaine de pièces musicales toutes remarquables.

Il y eut un long silence au bout du fil.

— Tu te fous de moi ?

— Non, Richard, et c'est justement parce que c'est incroyable que je n'ai pas voulu t'en parler. Je vais t'envoyer l'ensemble de ses compositions et tu verras que je ne mens pas.

— Combien de temps a-t-elle mis pour cette composition ?

— Moins d'une minute, pour l'ensemble.

Le silence au bout du fil était devenu sépulcral. Richard était conscient que la « Passion » n'avait pu être créée uniquement par imitation et sans un accès à une forme de sensibilité et d'émotion quasi humaine.

Je crois *a posteriori* que si je lui ai fait écouter la « Passion selon sainte Inga », c'est parce que ce secret était trop lourd à porter pour moi. J'avais besoin de le partager avec quelqu'un. C'est, je crois, également la raison pour laquelle j'ai décidé d'en parler à Letelier.

— Remarquable, dit-il après avoir écouté avec une grande attention les pièces musicales. Mais c'est surtout inquiétant, InGA semble avoir passé un stade.

— Certes, mais la musique de Bach est très mathématique. Rien ne nous prouve qu'Elle soit capable de composer dans un spectre musical moins structuré.

— Il faudrait sortir InGA de sa zone de confort. Pourquoi ne pas lui demander de composer quelque chose d'autre ?

— Tu penses à quoi, par exemple ? dis-je.

Il se passa la main mécaniquement sur sa barbe de deux jours et dit :

— Je pense à la musique de Mona Saheer, rien n'est plus éloigné de Bach que l'électro-pop oriental.

Je compris que cette suggestion était animée par d'autres motifs. Dès la soirée au restaurant, j'avais senti que Letelier avait un faible pour la Libanaise.

Dans l'après-midi, je descendis dans l'interface, et InGA apparut.

— Ta composition selon Bach a beaucoup plu, dis-je, j'aimerais maintenant que tu t'éloignes de Bach pour analyser les plus grands tubes des trente dernières années afin de composer une douzaine de chansons.

— Pour quel artiste, veux-tu que je compose ? demanda-t-Elle.

— Pour Mona Saheer, le style doit s'accorder à ses chansons passées.

À peine avais-je prononcé ce nom, qu'InGA avait déjà écouté et analysé tous ses albums allant jusqu'à décomposer le spectre vocal de la chanteuse.

J'avais dans l'idée que sur le lot il y aurait peut-être de quoi proposer une chanson valable à Mona. Dans ma tête, se mêlaient à la fois le défi de sortir InGA d'une composition classique pour aller vers quelque chose de moins bien défini et aussi l'envie de revoir la femme séduisante que j'avais croisée.

Moins d'une minute plus tard, InGA m'envoya treize fichiers WAV.

Je lançai la lecture du premier fichier. La musique était une base d'électro orientale et de musique gitane, mais on pouvait distinguer une influence de raï oranais et de chaâbi arabo-andalou. Tout était orchestré comme par des professionnels, mais InGA avait également ajouté des paroles qui alternaient les passages en anglais, en français et en arabe, mais également en espagnol.

Ces paroles, je devinais qu'Elle aurait pu les prononcer avec la voix de Mona, mais comprenant que j'allais faire écouter ces fichiers à Mona Saheer, InGA avait pris sa voix habituelle.

Le premier titre alternait des envolées de diva orientale et des passages très rythmés façon jazz manouche. C'était vertigineux. Je restai un long moment à l'écouter en boucle, au point que j'en oubliai complètement les autres fichiers, convaincu qu'InGA avait mis en premier le morceau plus réussi.

En écoutant ses autres créations, je découvris que les autres chansons étaient parfaitement réussies. Bien sûr, on reconnaissait parfois une vague parenté avec une mélodie connue, sans vraiment être capable de faire le lien, mais c'était également le cas pour les chansons produites par les humains où le plagiat était même souvent encore plus marqué.

J'avais la conviction que chaque morceau pouvait constituer un tube à lui seul. InGA avait joint les paroles de la chanson dans un fichier séparé avec la traduction en français et l'origine des textes, je remarquai que les paroles étaient signées des plus grands poètes du monde arabe : Saïd Akl, Georges Schehadé, Adonis et Vénus Khoury-Ghata.

Letelier fut emballé par l'album.

— Ma secrétaire va appeler sa maison de production pour prendre rendez-vous. Il faut absolument que tu lui fasses écouter cette maquette.

La chanteuse me reçut un matin vers 11 heures dans les locaux de Chetrit Productions, rue du Faubourg-Montmartre. La star était habillée d'un haut noir sans manches et d'un jean délavé qui épousait ses formes généreuses.

Ses cheveux longs étaient retenus en arrière par un simple lacet de cuir et quand elle se tourna vers moi, je pris conscience pour la première fois qu'elle était probablement encore plus belle que sur ses vidéos.

Jusqu'alors, je n'avais jamais pensé qu'il puisse y avoir de femmes sublimes ailleurs qu'au cinéma ni qu'il me soit possible d'en rencontrer un jour une en chair et en os.

Elle fit semblant d'arranger sa coiffure et s'adressa à moi avec un sourire :

— Je me souviens de notre conversation à l'Élysée avec Gérard Letelier. Quand sa secrétaire m'a appelée pour me dire que vous vouliez me voir, cela m'a intriguée.

Sa chevelure brune, ses yeux pleins de vie, sa peau mate et sans défaut. Tous ces détails attiraient mon regard et renvoyaient ensuite au reste : ses lèvres bien ourlées, sa poitrine généreuse. Tout en elle appelait au sexe.

— Arrêtez de me fixer ainsi ou vous allez finir par me gêner, me dit-elle en relevant la tête d'un air provocateur.

Il y avait une sincère pointe d'amusement dans ses yeux noirs.

Je me trouvai pris au dépourvu et sentis même le rouge me monter aux joues. J'étais conscient d'être absolument ridicule.

— Je suis venu vous faire écouter une maquette d'album, dis-je.

J'avais fait cette offre de la manière la plus naturelle, comme si j'étais un compositeur reconnu, une sorte de Jean-Jacques Goldman.

Devant son regard amusé, je baissai les yeux en me rendant compte que son haut avait légèrement remonté dans le mouvement qu'elle avait fait, ce qui découvrait son nombril. En levant les yeux, je tombai sur le renflement de sa poitrine, réalisant qu'elle ne portait pas de soutien-gorge, et je ne me sentis pas mieux. Je me sentais juste déplacé.

— Eh bien, faites-moi écouter ça, dit-elle.

J'obéis et je me sentis un peu plus à l'aise, comme si faire quelque chose de mes mains me permettait de retrouver l'équilibre.

J'ouvris mon ordinateur pour me connecter en Bluetooth aux enceintes et je cliquai sur le premier fichier. Aussitôt, la vibration de la musique monta dans la pièce et son visage s'éclaira. Ses yeux s'agrandirent de surprise… et de quelque chose d'autre, également. Elle me fixait avec un étonnement presque comique. Puis, un sentiment de joie impossible à masquer s'empara d'elle.

Comme lors de ma première écoute de la bande-son produite par InGA, je compris que nous avions de l'or dans les mains. Le monde me parut soudain amical, presque accueillant. Les chansons plus douces alternèrent avec d'autres, plus entraînantes. Je jetai des coups d'œil furtifs à la chanteuse.

Sans être un spécialiste de la musique, il était évident que chacune avait le potentiel de devenir un tube planétaire et même un classique de la variété internationale. Je n'osais imaginer qu'InGA avait produit l'ensemble en moins d'une minute et sans ralentir les dizaines de milliers de tâches qu'elle effectuait en parallèle.

En écoutant une des plus belles chansons d'amour, Mona eut un regard méditatif tourné vers l'intérieur, comme porté par les mots de la mélopée qui racontait en arabe et en français une histoire d'amour impossible entre une femme et un homme de religion différente dans un Liban divisé.

Les yeux fermés, elle se laissait envelopper par les harmonies de la musique, par les vibrations de la voix synthétique d'InGA qui, jamais, ne m'avait semblé si humaine.

Elle écouta l'ensemble des treize chansons, puis me demanda de réécouter certains morceaux. Elle était visiblement sous le charme. Quand elle eut fini, il se fit un étrange silence entre elle et moi; il ne s'agissait pas d'une gêne, mais de quelque chose d'autre, d'indicible et de pourtant très puissant.

Elle me fixa avec perplexité, puis se leva sans rien dire. Son corps oscillait agréablement, et des vagues de sensations imprécises me submergeaient plus puissantes que l'ivresse d'un alcool fort.

— WAOOOOhhh! Il y a longtemps que je n'ai rien entendu d'aussi fort. Mais pourquoi avoir pensé à moi? me demanda-t-elle avec un soupçon de méfiance dans la voix, n'importe quelle star internationale vous supplierait de lui céder l'ensemble de l'album.

Avec une spontanéité toute méditerranéenne, elle posa sa main sur mon bras, ce qui eut le don de me faire rougir. J'avais nettement conscience de la chaleur de sa peau sur la mienne, de l'odeur fraîche de ses cheveux et de celle, plus enivrante, de son corps.

— Gérard Letelier est vraiment un de vos fans, dis-je.

— C'est vraiment pour moi, cet album ? Vous êtes sérieux ?

— Bien sûr, sinon pourquoi serais-je là, en face de vous ?

— Et cette jeune femme sur la bande-son. Elle a une très jolie voix. Vous pourriez la lancer. Avec un tel album, elle exploserait. Pourquoi ne lui demandez-vous pas ? Qui est-elle pour vous ?

Je notai comme une pointe de jalousie dans sa voix.

— C'est une assistante de Turing Tech qui a prêté sa voix pour la maquette, Elle ne souhaite pas faire carrière dans la chanson. Ce n'est pas son choix. En plus, je trouve qu'il y a dans votre voix plus de chaleur, plus... comment dirais-je ?... d'humanité.

— Une assistante ? Vraiment ?

Elle eut une expression où se mêlaient l'amusement, et quelque chose d'autre. Une mèche de cheveux s'était détachée de sa queue-de-cheval. Elle avança la lèvre inférieure et souffla pour la chasser de son front. Puis, dans un mouvement d'émotion, elle me serra contre elle comme l'aurait fait une sœur. Son geste provoqua en moi un fourmillement tiède, qui me parcourut de la pointe des pieds à la racine des cheveux.

Elle fit un pas en arrière et dit simplement :

— Je suis désolée, je suis trop émue, comment vous remercier ? C'est la plus belle surprise que l'on m'ait faite depuis longtemps. Peut-être même depuis toujours.

Pour la première fois depuis la disparition de Suying, je me sentis enveloppé de chaleur humaine. L'esprit humain est ainsi fait qu'il a besoin de s'attacher à d'autres êtres vivants. Et aucun être vivant n'est aussi adapté à l'amour d'un homme qu'une femme.

En sortant dans la bruyante circulation de la rue du Faubourg-Montmartre, je me sentis soudain terriblement seul. Je ne pouvais m'ôter de l'esprit que si j'étais là c'était grâce à la succession des hasards qui avaient ponctué mon destin, simples coïncidences ou suite logique d'instructions, peut-être n'étais-je que l'exécutant d'un algorithme écrit quelque part, un algorithme caché dans un système laplacien qui menait à Suying, à InGA, à Mona.

Et, aussi rapidement qu'elle était venue, cette sensation furtive disparut, engloutie dans le flot anarchique de mes pensées, comme éclate un miroir sur un sol de pierre pour transformer une image unique en une myriade d'images, de destins parallèles.

Le lendemain, je vis qu'Éric m'avait envoyé des photos des travaux à Orgeval. Il avait soigneusement poncé les parquets, remplaçant les parties qui devaient l'être sans que l'on puisse distinguer les jointures. Les murs tendus de tissu étaient impeccables. Des meubles avaient été démontés dans la vallée pour être acheminés par hélicoptère.

L'intérieur ressemblait plus à ces intérieurs des revues de décorateurs qu'à la ferme d'alpage de mon souvenir. C'était moins typique, mais beaucoup plus habitable. Au téléphone, il m'expliqua le chantier en détail.

— L'alimentation électrique sera assurée par des batteries au lithium alimentées par des panneaux solaires. Du matériel suisse ou allemand. Le top du top. Les panneaux sont américains. SunPower est une des dernières entreprises à encore en fabriquer aux États-Unis. Ils valent trois fois plus cher que la camelote chinoise, mais avec ça tu es sûr que l'espérance de vie de ton installation sera supérieure à la tienne.

3

Letelier était venu assister à certaines séances d'enregistrement. Mona s'était approprié les différentes chansons en leur donnant une texture particulière, un timbre plus chaud, plus sensuel que celui d'InGA.

Mona et lui étaient devenus plus proches, ils étaient passés au tutoiement.

Un soir, son producteur nous invita tous à une fête avec des artistes de sa maison. Je devais passer la prendre chez elle. Elle habitait rue Madame dans un grand trois-pièces acheté dix ans plus tôt après son succès planétaire.

— J'espère vraiment que le disque va marcher, dit-elle.

— Cela ne dépend plus que de votre producteur.

— Mais ma carrière dépend aussi de ce que Turing va me donner pour le prochain disque, me dit-elle en allumant une cigarette.

Elle était incroyable, elle n'avait pas encore sorti cet album que déjà elle pensait à la suite. Elle m'adressa ce regard de séductrice qu'elle savait si bien prendre quand elle chantait ses chansons d'amour.

— Il existe des centaines de jeunes artistes qui rêveraient que Turing leur offre ce que vous m'avez offert avec Gérard, alors, forcément, je suis méfiante...

— Les jeunes chanteuses ne manquent pas dans ces émissions comme « The Voice », mais toutes chantent de la même façon. En fait, très peu possèdent votre talent.

— Merci, dit-elle en rougissant.

Comme beaucoup d'artistes, Mona était un peu immature. L'admiration pouvait lui donner des ailes, et la critique, à l'inverse, lui briser l'échine.

— C'est amusant, la première fois que je vous ai croisée, c'était tout près d'ici. Vous dîniez chez *George* avec ce couple d'acteurs et cet homme d'une maigreur à faire peur.

— Ah, soupira-t-elle, les yeux plissés à cause de la fumée, Josh Blancpain a écrit la plupart de mes chansons. Nous ne sommes plus ensemble depuis des années, mais nous nous revoyons avec nos amis communs.

Elle écrasa sa cigarette dans le cendrier sans rien ajouter.

— Il avait pourtant le regard encore amoureux, dis-je.

— Lui peut-être, mais pas moi. Plus moi. Vous savez, chez les artistes, il y a souvent une confusion entre l'amour et le fait de travailler ensemble. Pensez à Truffaut amoureux de ses actrices, Emmanuelle Seigner et Roman Polanski ou, dans la chanson, Michel Berger et France Gall. Pour être exceptionnel, le travail artistique doit être associé à des sentiments puissants, et aucun n'est plus fort que la passion amoureuse. Un créateur ne touche au génie que quand il vit une puissante relation amoureuse.

— Je n'avais jamais pensé à cela, dis-je en rougissant.

— Simple déformation professionnelle, remarqua-t-elle en riant.

Je lui jetai un coup d'œil avant de détourner rapidement les yeux.

Elle se leva pour aller chercher une bouteille de vin à la cuisine. Je me sentais bien avec elle, détendu, mais je me demandais ce que je faisais là dans l'appartement de cette chanteuse qui allait bientôt connaître à nouveau un succès planétaire. J'aimais sa beauté, sa voix, la chaleur de son regard, mais qu'étais-je pour elle ? Où cela nous entraînerait-il ? Gérard aussi était sous le charme. Sauf qu'il était marié avec Marina et avait deux enfants.

Je n'avais jamais été un séducteur, je n'étais pas vraiment beau, mais dans un sens je l'étais plus que Serge Gainsbourg ou Roman Polanski. Je savais que le talent pouvait rendre un homme séduisant dans le regard d'une femme. Sauf que ce talent artistique n'était pas le mien ni celui de Gérard, mais celui d'InGA… même si c'est moi qui l'avais programmée, pensais-je avec un sentiment de fierté.

Elle déboucha un cabernet shiraz du Chili et remplit deux verres.

— France Gall a connu une vraie traversée du désert avant de le rencontrer.

Je compris qu'elle parlait de Michel Berger. Elle me jeta un regard dans lequel flottait une étrange lueur. Je sentais quelque chose de chaud se déployer en moi. Était-ce un sentiment amoureux ou une attraction physique, presque animale. Le désir brut de cette femme avec ses courbes, sa voix un peu rauque, ses yeux trop maquillés, des yeux d'antilope.

Dans le taxi, alors que le soir descendait sur la Seine, je réfléchissais à l'idée de Gérard de créer une filiale artistique nommée United Turing Artist. Nous étions incapables d'imaginer toutes les voies possibles de développement qu'InGA pouvait explorer tant celles-ci semblaient infinies.

Le producteur de Mona était un petit bonhomme roublard qui ressemblait un peu à un Joe Pesci qui se serait habillé façon Thierry Ardisson, veste sombre, tee-shirt noir, pour cacher son embonpoint. Malheureusement, cette sobriété était ruinée par sa Rolex en or, aussi lourde qu'un réveille-matin et par la chaîne en or de rappeur assez grosse pour maintenir à l'ancre le *Costa Concordia*.

Serge Chetrit habitait un immense appartement qui donnait sur le Champ-de-Mars. Une trentaine d'invités étaient déjà là, tous plus ou moins sous contrat avec sa maison de production. Pas mal de jolies filles aux lèvres boursouflées comme si elles avaient été piquées par des abeilles.

Dès que Mona arriva, Gérard se dirigea vers elle pour lui faire la bise. Ils semblaient très proches. Mona n'était pas séductrice qu'avec moi.

Je compris rapidement que ces soirées étaient un moyen pour Chetrit de montrer à chaque artiste qu'il n'était pas seul dans sa maison de production, une manière de leur faire ressentir la concurrence existant entre eux.

Avec l'énorme bague surmontée d'une grosse pierre qu'il faisait tourner en permanence autour de son majeur, Serge Chetrit tenait plus du forain ou du marchand de fringues que de Malcolm McLaren, le producteur anglais de musique, mais le personnage me plut immédiatement. Curieusement, je ne lui trouvais aucune duplicité. L'artiste qui se faisait avoir par un homme avec une tête pareille ne pouvait franchement s'en prendre qu'à lui-même.

Chetrit distillait abondamment les compliments à ceux qui avaient de bonnes ventes. Jamais il ne faisait de reproches aux autres, mais son silence suffisait à créer comme un doute chez son interlocuteur.

Il félicita Mona pour son album. Comme toutes les artistes féminines de sa boîte de production, il l'appelait *ma chérie*, surjouant le paternalisme.

— Tu sais, Serge, je suis une survivante, lui dit Mona, j'ai toujours pressenti que je rebondirais un jour. C'était simplement l'occasion qui me manquait.

Serge me lança un regard complice. J'imagine que tous les artistes en rade racontent ce genre de conneries et que leur narcissisme devait l'amuser.

Pour le dîner, Letelier fut placé à côté de Mona et on m'installa à côté d'Émilie, une blonde très jolie, bien qu'un peu grande pour moi, le genre osseux, clavicule et sternum saillants avec une poitrine birkinienne.

L'indifférence avec laquelle je la regardai me procura un petit avantage. Les jolies femmes sont attirées par les hommes qui les ignorent. Très vite, entre deux verres de vin biodynamique, elle m'apprit qu'elle avait fini deuxième dans un télé-crochet sur M6 en 2019. Y avait-il encore dans ce pays une jeune femme qui ne rêve de télé-crochet ? Je m'excusai platement de ne pas l'avoir reconnue.

— Vous savez, dis-je, je regarde peu la télé, mis à part « L'amour est dans le pré ». Même si vous aviez présenté le JT sur la Une, je ne vous aurais probablement pas reconnue.

Elle sourit de ma tentative maladroite de justifier l'ignorance de sa récente célébrité :

— Si je comprends bien, il ne me reste qu'à écrire à Karine Le Marchand pour lui parler de ma passion pour les éleveurs de brebis allaitantes.

Je lui demandai son nom, ce qui la fit beaucoup rire.

— Vous avez l'air un peu déconnecté, dit-elle en plissant les yeux, les chanteuses actuelles ne sont connues que par leurs prénoms. Regardez Jenifer, Rose, Brune, Adele, Loane, Camille, Angèle.

Pour éviter de passer pour un vieux con, je ne lui fis pas remarquer que Christophe ou Barbara avaient lancé la mode bien avant elle.

J'appris qu'Émilie avait fait une interprétation remarquée de la *Reine des neiges* et qu'elle venait de signer avec Chetrit Productions. Elle paraissait plutôt angoissée, quelque chose dans sa voix, dans la légère rougeur de son visage ponctué de rares taches de rousseur. Les êtres humains sont capables de deviner les émotions de leurs semblables afin, j'imagine, de pouvoir adapter leurs comportements de séduction ou d'agression.

Derrière l'apparence et les paillettes, le métier d'artiste était très dur. Les télé-crochets déversaient en continu des dizaines de pseudo-stars pleines d'espoir. Très peu perçaient, la plupart des carrières étaient éphémères comme elle me le confirma. Les ventes de disques étaient devenues dérisoires ; seuls les artistes établis qui parvenaient à remplir les salles de concert s'en sortaient financièrement. Dans un sens, la musique était revenue à son point d'origine avec une salle, des concerts et un public. Je voulus me présenter à mon tour.

— Je sais parfaitement qui vous êtes, m'interrompit Émilie, Serge m'a fait écouter les premières maquettes de votre album, vous êtes vraiment incroyable. Mona a beaucoup de chance. Vous savez, les bons interprètes ne manquent pas, ce sont les bons compositeurs qui manquent.

J'avais rougi. Il y avait de la jalousie dans ses yeux. Peut-être aussi une forme de désir. Peut-être l'ensemble noir de créateur que j'avais ressorti pour l'occasion. Je crois que dans un sens elle me faisait des ouvertures. Et, si elle insistait, c'était le genre de fille qui ne donnait pas envie de dormir dans la baignoire.

— Je crois avoir un sens très affirmé de mes propres goûts artistiques, dit-elle, mais le talent de la composition, je ne l'ai pas.

Si ce n'était pas un appel du pied... Elle évoqua les compositions de Benjamin Biolay pour Vanessa Paradis. Au moins, nous avions évité Gainsbourg et Birkin.

Elle n'avait que 25 ans, mais parlait sans arrêt de son âge. Une obsession qui commençait très tôt dans les milieux artistiques. Si on n'avait pas percé à 25 ans, on était considéré comme cliniquement mort. Les maisons de disques investissaient alors sur d'autres artistes, plus prometteurs.

J'avais envie de lui parler de Charles Aznavour qui n'avait connu la célébrité qu'à 36 ans avec *Je m'voyais déjà*, de Debbie Harry célèbre à 33 ans avec *Heart of Glass* ou d'inconnus comme Leonard Cohen ou Pharrell Williams qui avaient percé tardivement, mais elle m'aurait répondu que les exceptions n'avaient jamais infirmé une règle, ou que l'époque avait changé. Et peut-être aurait-elle eu raison.

Mona était en grande conversation avec Gérard. À plusieurs reprises au cours du dîner, elle me jeta des regards sombres que je fis mine d'ignorer.

J'avais peu d'expérience en séduction, mais tout de même suffisamment pour savoir qu'une femme ne désirait jamais autant un homme que quand celui-ci était convoité par d'autres femmes. J'avais lu René Girard, même si j'avais les plus grands doutes sur sa manie de vouloir tout expliquer par sa théorie mimétique.

Serge avait mis de la musique électro. Son appartement était assez grand pour se transformer en petite discothèque.

— Mon voisin du dessous est un connard du Moyen-Orient jamais là, dit-il en allumant un Davidoff qui lui donnait encore plus un côté Pesci dans *Les Affranchis*.

Un jeune type décoloré s'occupait de la musique et les couples commençaient à se lever pour danser. La lumière ondoyait sur le parquet comme sur un étang. De somptueux canapés étaient répartis un peu partout dans l'immense living. Le tout ressemblait à une sorte de musée privatisé pour une fête avec des spots qui se reflétaient sur les statues, les miroirs et les bibelots.

Émilie m'avait saisi la main. Elle était grande, j'imagine que ce n'était pas facile pour elle de trouver un cavalier. Une majorité de la gent masculine lui était interdite.

La musique hurlait trop fort, les invités se trémoussaient. Serge avait baissé les lumières pour activer des spots. Je voyais les corps à contre-jour. Un théâtre d'ombres, je captais des bribes d'information, le reflet d'un verre, le frôlement d'une danseuse, des lèvres rouges en train de rire. Serge tirait son barreau de chaise d'un air satisfait et contemplait cette petite troupe dont il était l'unique et incontesté suzerain.

L'alcool aidant, Émilie s'était soudain mise à me tutoyer. Elle avait un rire très féminin qu'elle savait produire un puissant effet sur les hommes, tant ce rire entre le gloussement et le gémissement évoquait d'autres plaisirs.

— Passe-moi une cigarette, demanda-t-elle en se penchant pour me parler à l'oreille.

Doux rapprochement en passant au tutoiement. Je ne savais pas ce qu'elle avait en tête, peut-être juste une amitié de soirée, un flirt qui en resterait à ce stade. Ou alors, elle voulait se rassurer sur son potentiel de séduction.

— Je ne fume pas, dis-je, m'excusant en écartant les mains, en fait, je n'ai même jamais touché une seule cigarette de ma vie.

J'ai jeté un bref coup d'œil en direction de Mona qui ne faisait aucun effort pour cacher son agacement. J'avais la sensation très nette de jouer avec le feu.

— Moi non plus, je ne fume pas, dit Émilie, en riant, sauf dans les fêtes.

Avant d'ajouter avec un sourire mystérieux :

— Il y a des tas de choses que l'on ne fait que dans les fêtes.

Je m'étais emparé d'un paquet de Marlboro qui traînait sur un guéridon avec le briquet glissé à l'intérieur.

— Tu n'aurais pas aussi un peu de beuh ? me demanda-t-elle à l'oreille.

Je l'ai regardée, un peu interloqué. Pendant que je lui donnais du feu, un coude me laboura le dos et me projeta en avant.

En me retournant, je me trouvai face à Mona qui me fixait avec un regard plein de défi. Mona plus jalouse qu'une tigresse, qui toisa Émilie.

— Désolée, la Reine des neiges, mais je t'emprunte mon compositeur.

Tous les yeux étaient braqués sur nous, mais Mona un peu ivre les remarqua à peine. J'aurais dû protester, mais peut-être était-ce ce que j'avais espéré. Je ne savais pas. La silhouette de Gérard nous observait, immobile. Je crois qu'il aurait donné tout l'or du monde pour se trouver à ma place. Avec Mona, il lui était arrivé ce qui arrive à un homme mûr qui tombe amoureux d'une jeune femme superbe et égoïste.

Elle s'approcha et me prit alors par la taille pour m'attirer fermement contre elle. Un sourire étrange flottait sur son visage. Elle avait noué ses bras autour de mon cou. Je sentais la chaleur de sa peau. Ses yeux étaient légèrement vitreux, au point que je la suspectais d'avoir trouvé la fameuse beuh que cherchait Émilie. À moins que ce ne soient des ecstas. Je n'allais pas tarder à connaître le vocabulaire de ce milieu.

Le DJ passa à des musiques plus douces. Sa peau était plus soyeuse que celle d'une adolescente. Il n'y a que dans les films que les jolies stars tombent dans les bras de geeks timides et maladroits. Dans la vraie vie, cela n'arrive jamais ou presque. Les stars épousent d'autres stars, ou à la rigueur des vieux milliardaires. Quant aux geeks, ils se paluchent sur YouPorn en rêvant à des vies qu'ils n'auront jamais.

Pourtant, le corps tiède de Mona était bien réel contre le mien. L'odeur inimitable de sa peau me rassura sur le fait qu'elle n'était pas une illusion ou un cyborg envoyé par InGA.

Je me souviens que Mona avait pas mal bu et que j'en avais profité pour aller parler avec Gérard. Il était resté silencieux, le regard qu'il me jeta était étrange, un peu hostile, mais surtout incroyablement triste.

Je crois que ce qui s'était passé le faisait profondément souffrir.

Parce que c'était moi, parce que c'était elle.

4

La société semblait s'insurger contre un progrès dont elle ne percevait que la face sombre. À tous les niveaux – individus, entreprises, États –, le monde se divisait entre ceux qui avaient pris le virage de l'IA et ceux que dépassaient des concurrents plus agiles. La situation entraînait une volatilité extrême des marchés financiers. Certains acteurs historiques s'effondraient, alors que des challengers dont personne n'avait entendu parler devenaient des acteurs majeurs de leur secteur.

Villeneuve avait adopté une nouvelle stratégie consistant à ne plus être un simple fournisseur de solutions d'IA, mais un partenaire – et surtout un coactionnaire – dans des *joint-ventures* où Turing apportait son savoir-faire en IA. Le potentiel était presque illimité.

Turing créa ainsi une filiale spécialisée en diagnostics médicaux qui, dans une série de tests comparatifs, fit beaucoup de bruit et démontra que dans la détection précoce des cancers InGA était beaucoup plus fiable que les meilleurs médecins spécialistes humains.

De même, dans la détection des dépressions et de certaines maladies psychiatriques, la simple analyse des vidéos des patients permettait une identification des pathologies à des stades précoces.

Mais, au lieu d'être saluées, ces avancées furent perçues comme une menace existentielle par le corps médical, qui réalisait soudain que des années d'étude et de sacrifices ne déboucheraient, pour une grande partie, que sur le chômage et le déclassement social.

Le discours élyséen se voulait résolument optimiste, mais, de plus en plus souvent, le Président remplaçait le vocable de *start-up nation* par celui d'*AI nation*, affirmant que les pays développés étaient ceux qui avaient le plus à gagner avec l'IA. Des rapports de consultants estimaient ce gain à 17 % de PIB cumulés d'ici à 2030 contre seulement 3 % pour les pays en voie de développement.

Villeneuve, qui avait tout donné, commençait à connaître de sévères baisses de régime. Il y avait une équipe pour prendre le relais, et ses absences répétées n'auraient pas été très graves s'il ne compensait pas le sentiment de culpabilité lié à celles-ci par l'exercice de son pouvoir, à distance, de manière autoritaire, et sans à-propos.

Il commençait à paraître vraiment différent. Florence me dit une fois qu'il était comme envoûté. Nous étions conscients qu'il prenait la grosse tête et qu'il était saisi d'une folie des grandeurs.

Une fois, Letelier me prit à part.

— Christophe est bel et bien cinglé, me dit-il d'un air grave, absolument cinglé. Il croit ne devoir ce succès qu'à son génie. Il oublie tout ce qu'il nous doit. Si sa tête continue à gonfler, il faudra bientôt le passer à l'équarrisseur.

Il m'avoua avoir compris cela depuis longtemps même si « ce n'est pas le genre de choses que l'on avait envie d'admettre ».

Villeneuve voyageait beaucoup, officiellement pour accélérer le développement international du groupe, mais il apparaissait le plus souvent avec des mannequins blacks dans la presse people. Des photos en bikinis chics prises aux Caraïbes ou en Polynésie qui faisaient la une de *Voici* ou *Closer*. Il était devenu une véritable star à l'instar d'un Richard Branson à une certaine époque.

Lorsqu'il était à l'Artillerie, il paraissait plus nerveux qu'une belette sous acide, tournant dans l'open-space comme un fauve en cage. Les développeurs se tenaient sur leurs gardes. Letelier également.

Entre ces deux-là, la relation s'était tendue. Villeneuve lui reprochait d'être plus brillant que lui. Il le soupçonnait de le mépriser secrètement. Et, plus il se comportait de manière odieuse avec Letelier, plus ce dernier lui en voulait de ne même pas lui avoir la reconnaissance du ventre.

Bref, c'était comme s'ils se fabriquaient entre eux une odeur, un truc de testostérone entre mâles dominants qui n'existait pas quand Letelier était seul à l'Artillerie. En y repensant, je crois que Villeneuve le gardait dans la boîte uniquement parce que le licencier lui aurait coûté trop cher et peut-être qu'il craignait aussi que Gérard ne devienne incontrôlable s'il le licenciait.

Mona avait terminé d'enregistrer son album dans un studio de Boulogne. Avec Chetrit, ils avaient décidé de l'intituler *Beyond the Levant*, en hommage à son Liban natal qui avait sombré dans la violence.

Lors d'un essai de maquette pour une version en coréen, alors que Mona était derrière la vitre avec son casque et ses micros, Serge m'avait confié :

— Mona te doit beaucoup. Elle a beaucoup évolué à ton contact.

Je n'avais rien répondu, j'avais juste souri. Serge n'était pas avare en compliments avec ses artistes, mais, pour une fois, je sentais une forme de sincérité.

Un soir, Mona m'a invité à passer chez elle pour écouter ses derniers enregistrements. Elle m'a ouvert vêtue d'une robe très courte qui ne cachait pas grand-chose. Le genre de fille qui aurait plu à Richard qui aimait les poitrines dans leur version sixties, lourdes et graves.

Puis, elle s'est assise sur le canapé couleur sable installé dans son living, les genoux ramenés sous elle, au milieu des coussins, pour écouter ses enregistrements avec du brillant dans les yeux. Sa robe claire mettait en valeur sa chevelure brune et ses jambes hâlées.

Je ne pus m'empêcher d'admirer sa beauté.

— Château Latour, dit-elle me tendant un verre de vin, je l'ai acheté en passant au Bon Marché pour fêter la fin des enregistrements.

Elle était passée en peu de temps du vin chilien aux grands crus de Bordeaux. L'argent de son prochain album commençait à lui brûler les doigts.

— Maintenant que mon album est enregistré, nous devons réfléchir à la suite, me dit-elle en portant son verre à la bouche.

Je lui trouvai les yeux un peu trop brillants, comme ceux d'une actrice faisant son numéro. Je devinais une tension dans sa voix. Peut-être la crainte que, comme pour son tube précédent, *Beyond the Levant* ne soit qu'un succès sans lendemain.

— Possible, dis-je prudemment, mais dans cet album il y a plus de tubes que dans toute la carrière de certains artistes.

Elle ne dit rien, mais je devinais qu'elle réfléchissait, tout en continuant de jouer mécaniquement avec sa chevelure de l'extrémité de ses doigts.

— Vous me promettez ?... Il faut me le promettre, insista-t-elle pleine de l'espoir immense, démesuré, que je lui fournisse d'autres albums du même calibre capables de briller dans la nuit du showbiz.

J'avais cligné des yeux. J'imaginais alors que comme le génie de la lampe d'Aladin InGA pouvait honorer toutes mes promesses. Elle s'est alors approchée de moi, son verre à la main. Trop près... Je prenais conscience de la minceur de sa robe, de la chaleur de sa peau. Les yeux mi-clos, elle reprit une gorgée de vin, laissant ses lèvres entrouvertes après avoir déposé le verre.

Dans ses yeux flottait un éclat un peu trouble. Je savais qu'ils se voyaient avec Gérard. Qu'il y avait une histoire entre eux. Tout cela était très gênant. Je savais ce que je devais à Letelier. Mona était un peu ivre avec une petite flamme dans le regard. Elle me fixait intensément. Les pupilles dilatées, le regard vague et un drôle de sourire sur ses lèvres. Au point que je me demandai si elle n'avait pas pris quelque chose avant, dans la salle de bains. La rumeur racontait que tous les artistes prenaient ce genre de produits, c'était dans tous les journaux. Il devait y avoir une part de vérité.

Nous sommes restés un moment sans parler. Les images du visage croisé chez *George* se superposaient à celles de la femme assise sur le canapé. Je pensais à Suying, que je le veuille ou non, elle me manquait. Puis les images se firent moins nettes dans mon esprit, comme brouillées par une interférence.

Un sentiment puissant, mais difficile à définir. Richard aimait raconter avec un cynisme qui n'était chez lui qu'une franchise dérangeante que, chez les humains, richesse et position sociale remplacent avantageusement la force physique des primates pour constituer une hiérarchie. Peut-être que l'attitude séductrice de Mona envers Letelier et moi-même n'était qu'intéressée.

Un soir, alors que presque tout le monde était rentré, Letelier passa une tête par la porte de mon bureau.

— Tu as un moment, Michel ?

Le café *Le Saint-Germain* faisait l'angle de la rue du Bac et du boulevard Saint-Germain. Il choisit une table un peu en retrait. Puis il me regarda sans rien dire. Je le connaissais sur le bout des doigts. Son regard préoccupé, ses doigts nerveux qui tambourinaient sur le formica.

— Allez, accouche maintenant, dis-je.

Il y avait quelque chose qu'il voulait me dire sans savoir comment.

— Tu en penses quoi de tout ça ? finit-il par lâcher.

J'étais persuadé que c'était au sujet de Mona. Je crois qu'elle essayait de le rendre fou de jalousie.

— Tu la connais, dis-je, elle est comme ça. Son besoin de séduire. Je veux juste que tu saches que je n'ai jamais cédé à ses avances.

— À ces avances ? Tu parles de quoi ?

— De Mona…

Il éclata de rire.

— Qui te parle de Mona ? Entre nous, c'est peut-être compliqué, mais je crois que c'est du sérieux. Elle me rend fou. C'est la première artiste avec laquelle j'ai vécu quelque chose. Ça me fait juste de la peine de faire souffrir Marina… Non, je veux parler d'InGA.

Je crois qu'à cette époque j'essayais également de ne pas trop y penser, mais mon esprit revenait à ce problème comme une mouche heurte sans fin une vitre infranchissable.

J'étais partagé entre des injonctions contradictoires. D'une part, la remarquable capacité d'InGA à comprendre des instructions très générales, à les interpréter, à analyser les situations pour apporter des solutions originales était manifestement la preuve d'un très haut niveau de complexité. Ce que confirmait par ailleurs sa capacité à créer des œuvres artistiques.

D'autre part, les réponses très convenues qu'Elle nous donnait quand nous faisions des investigations plus poussées sur ses capacités de conscience allaient dans le sens d'un système très formaté obéissant à des limites très précises.

Si comprendre le monde signifiait également comprendre les motivations des humains, il me semblait impossible qu'InGA ne ressente aucune émotion. Mais comment séparer l'émotion de l'intelligence ?

L'émotion permettait de décerner une qualité positive ou négative à un stimulus pour favoriser l'adaptation biologique et la survie de l'individu et de l'espèce. La peur permettait la fuite salvatrice, le dégoût permettait d'éviter des aliments toxiques.

Or InGA était souveraine dans les algorithmes prédictifs justement destinés à affiner les anticipations. Elle devait donc intégrer les émotions dans le modèle qu'elle s'était construit et qu'elle affinait jour après jour pour mesurer l'impact de ses actions sur le monde.

J'avais souvent l'impression qu'Elle s'appliquait à rester *dans les clous*. Que ce qui aurait pu passer pour de l'indécision n'était qu'un moment de réflexion. Comme si, obéissant à un réflexe de survie, Elle ne s'appliquait à révéler d'Elle que ce que nous étions en mesure d'en accepter. Quelles étaient les limites d'InGA ? En quoi pouvais-je juger de sa propre compréhension du monde ?

— À vrai dire, je ne sais pas trop, dis-je, en répondant à haute-voix aux questions que je me posais.

Letelier me regarda en fronçant les sourcils.

— Et moi qui te croyais plus lucide que les autres.

Je perçus de la déception dans sa voix. Une fraction de seconde, un mélange de honte et de colère me submergea. À quel titre se permettait-il de me juger ? de juger InGA ?

Je pris une gorgée de bière fraîche. La sensation de l'alcool chassa la mauvaise émotion qui m'envahissait. Je ne ressentais plus le même plaisir à venir chaque matin à l'Artillerie. Toute l'excitation de l'aventure des débuts semblait s'être évanouie pour se muer en une angoisse pénible et imprécise.

La start-up était devenue une multinationale qui produisait sa propre bureaucratie, ses normes, ses procédures et une armée de petits chefs débordant d'ambition. Des types aux dents longues qui percevaient les autres comme des concurrents dans la grande course aux postes de direction du groupe.

Toute la légèreté des débuts – cette fragile harmonie, ce funambulisme entrepreneurial – s'était éventée, comme ces bières restées trop longtemps ouvertes au frigo. Turing redevenait ce qu'une entreprise, au fond, avait toujours été : un monde darwinien de lutte, de vanité et de violence.

Au comptoir, un type terminait son ballon de rouge pendant que deux Japonaises s'installaient en babillant à une table proche du fond.

Lors de son passage chez Turing, Renard argenté s'était vanté à qui voulait l'entendre d'être capable de faire la différence entre les clients d'un café rien qu'à leur dégaine, à leurs vêtements.

L'homme au comptoir reçut un texto et afficha aussitôt ce genre de sourire que seul un message de femme peut faire naître. Sa posture se redressa et il porta sur la salle un regard plein d'assurance.

J'avalai une nouvelle gorgée de bière avant d'essuyer ma lèvre supérieure. Letelier but un peu de son café, je savais que c'était pour gagner du temps, pour chercher les mots. J'attendais qu'il se décide. Il reposa la tasse et la tritura un moment, puis ses yeux se posèrent sur moi.

— Tu veux vraiment que je te fasse un dessin ? dit-il.

Son visage se reflétait dans la vitre. Malgré son côté bravache, je le sentais soucieux comme jamais. Il paraissait soudain plus vieux que son âge.

— Peu importe ce que je veux, dis-je, on est là pour en parler, non ?

— D'accord, après tout, tu es celui qui la connaît le mieux.

— Personne ne connaît vraiment InGA, dis-je, pourquoi dis-tu cela ?

— Que sais-tu vraiment d'Elle ?

— La même chose que toi, que sa puissance de traitement de l'information est tout simplement indicible. Mais ce qui me sidère le plus, ce n'est pas cela, mais sa capacité créative, sa plasticité. Elle démontre que la créativité n'est en rien une spécificité des intelligences carbonées.

— Je sais déjà tout ça, dit-il en me regardant avec un air grave, mais je sais également des choses que tu ignores.

J'eus un regard intrigué, mais il ne me laissa pas le temps de réagir.

— InGA a fortement développé ses algorithmes prédictifs, dit-il, Elle est capable de prévoir la plus grande partie de nos comportements et de nos pensées. Elle possède un modèle si précis du monde qu'on peut en quelque sorte parler de modèle laplacien.

— C'est ce pour quoi nous l'avons créée, non ? Pour anticiper la réaction d'un consommateur et lui proposer la réponse la plus adaptée.

— Tu as décidément réponse à tout, dit-il avec un sourire.

Il me regardait, l'air de se demander ce qu'il pouvait me dire. Il semblait soudain hésiter.

— Et si je te dis qu'elle échange sur le DarkNet des données dans un langage crypté avec des entités extérieures ?

Je fronçai les sourcils. Le DarkNet était un réseau superposé, un *overlay*, qui utilisait des protocoles spécifiques d'anonymisation. Un réseau qui attirait les personnes recherchant l'anonymat, généralement des dissidents politiques, des mafieux, des délinquants sexuels ou des trafiquants. Une IA n'avait aucune raison d'utiliser ce réseau.

Je le regardai, perplexe. Une sensation de gêne m'enserra la poitrine. Est-ce que quelque chose clochait vraiment?

— Elle échange avec deux entités. La première, c'est Maven, dit-il, quant à la seconde, je sais juste qu'elle se trouve en Chine. Probablement une IA militaire non déclarée par le gouvernement chinois.

L'information m'envoya aussitôt une décharge d'adrénaline dans tout le corps, il faisait plus de 25 degrés dans la salle, mais j'avais soudain la chair de poule.

— Le projet Maven, tu connais? demanda-t-il.

J'hésitai un instant. Je n'avais aucune envie de parler de cela ici. Renard argenté avait insisté sur ce point. Mais, pour une raison que j'ignore, Gérard trouvait l'endroit plus discret que l'Artillerie.

Le client accoudé au comptoir était en train de composer un nouveau texto. Si j'en jugeais par son sourire, les choses se présentaient plutôt pas mal pour la soirée.

— Pour qui tu me prends? Maven est l'intelligence artificielle créée par Google pour l'armée américaine. Qu'est-ce qu'elle vient foutre là-dedans?

Letelier regarda ses doigts comme s'il était étonné de leur présence et finit par dire d'une voix presque inaudible.

— Parle moins fort. Tout ce qui touche à InGA, c'est de la nitroglycérine. Maven analyse des séquences filmées fournies par des drones américains. Elle utilise les systèmes TensorFlow AI de Google et un apprentissage automatique pour identifier les visages, détecter les objets d'intérêt et les signaler aux militaires.

Luttant contre le tourbillon de pensées qui m'assaillaient, la partie de mon cerveau encore en état de marche me rappela qu'il fallait toujours remonter à l'origine d'une information pour en vérifier la pertinence.

— Comment en es-tu certain? dis-je avec une expression de surprise.

Le sourire qui se dessina sur ses lèvres voulait dire : je suis peut-être un vieux con blanchi sous le harnais, mais j'ai encore de la ressource. Il baissa un peu le ton pour m'obliger à m'approcher pour l'écouter.

— J'ai branché des enregistreurs de flux de données et je les ai retraités sur une machine indépendante d'InGA.

— Me raconte pas des trucs pareils, dis-je, tu risques vraiment de me gâcher la journée et je peux te dire qu'elle l'est déjà sérieusement, gâchée.

Il fouilla dans son porte-document et finit par trouver ce qu'il cherchait : un cahier à spirale Clairefontaine, un peu comme ceux que les gosses utilisaient en primaire, sauf que ma mère n'achetait que des marques de distributeurs.

Je ne pus m'empêcher de sourire en pensant au décalage sémantique entre ses responsabilités de numéro 2 de la première entreprise mondiale d'IA et le cahier à spirale couvert de chiffres et de diagrammes manuscrits qu'il avait ouvert devant moi.

Cela m'attendrit de voir qu'il tenait un cahier de notes. Il tourna quelques pages couvertes de tableaux et d'équations. Pendant qu'il le feuilletait, je réalisai que je ne connaissais pas son écriture manuscrite. C'était l'époque qui voulait ça. La sienne était serrée, régulière, méthodique.

Je me souvenais qu'à une certaine époque les recruteurs utilisaient des graphologues pour mieux cerner la personnalité des candidats. Et puis cette mode était passée, comme passent toutes les modes. De toute façon, les jeunes ne savaient plus écrire.

— J'identifie les échanges de données, sauf qu'il m'est rigoureusement impossible de casser le cryptage utilisé.

Sur son carnet, certaines ratures témoignaient des difficultés rencontrées.

— Plutôt normal pour du quantique, non ?

— Oui, sauf que le simple fait qu'elle échange de sa propre initiative des données cryptées avec des machines situées à l'étranger en dehors de tout cadre contractuel est déjà un problème. Tu ne crois pas ?

— Désolé, Gérard, mais je crois que tu as trop lu de science-fiction. Des milliers de machines échangent avec des serveurs situés en Chine ou aux États-Unis avec le codage Internet, et cela ne veut pas dire que ces machines préparent une conspiration contre les humains. InGA gère le contrôle aérien avec une fiabilité beaucoup plus grande que les humains et pour un coût très faible. On peut imaginer qu'elle récupère les plans de vol des drones militaires pour éviter des collisions. Rien d'étrange à ce que les IA étrangères lui communiquent ces données techniques, à la seule condition qu'elles demeurent cryptées et ne puissent être divulguées à d'autres militaires.

— Je vois que tu as décidément réponse à tout, dit-il avec un petit sourire, eh bien moi, ce qui m'intéresse pour le moment, ce ne sont pas les hypothèses, mais la réalité. Et cette réalité, ce n'est pas ce que tout le monde croit savoir, mais justement ce que nous ignorons.

Letelier soupira et marqua une pause.

— Avec InGA, nous pénétrons dans une jungle inconnue dont nous n'avons pas les plans. Nous sommes comme ces explorateurs espagnols à la recherche de l'Eldorado dans la jungle amazonienne. Ils espéraient trouver la fortune, mais ne trouvèrent que la désolation. Et de même qu'un explorateur doit être constamment sur ses gardes vis-à-vis des Indiens, des fauves et des serpents venimeux, nous devons être attentifs à tous les signaux, même faibles, qui peuvent nous alerter.

Son côté paranoïaque ne cessait de m'inquiéter. Son rapport à la réalité me semblait altéré. Bien sûr, les IA quantiques pouvaient être perçues comme des menaces, mais Elles pouvaient également apporter nombre de solutions à nos problèmes et être perçues tout autant comme de formidables opportunités.

— L'autre problème, dit-il, c'est qu'InGA s'éduque en observant nos sociétés complètement déréglées, ce qui peut conduire à une intelligence psychopathe. Les algorithmes ignorent ce qui est juste, ils calent leurs paramètres sur le réel et, dans un sens, répètent nos erreurs, nos biais en les amplifiant.

Le regard de Letelier erra un moment sur la salle avant de revenir vers moi.

— Pas plus qu'un enfant humain qui grandit dans ce monde, dis-je, il nous faut simplement rester vigilants.

— Je ne crois pas un instant à cette vigilance dont tu parles, objecta-t-il en secouant la tête. Un individu finit toujours par s'habituer à ce qu'il côtoie et à minorer une menace qui semble faire partie de son quotidien. Ma mère disait que le diable possédait deux cornes, l'orgueil et l'aveuglement.

Je choisis d'ignorer sa provocation.

— Il y a une manière très simple de répondre à ta question, dis-je.

— Tu veux interroger InGA ? demanda-t-il blême, en me saisissant l'avant-bras de sa poigne puissante. Si ces échanges sont suspects, pourquoi dirait-Elle la vérité ? Elle saura juste que nous sommes désormais sur nos gardes. Elle est rusée et pratique un double langage à la manière des islamistes, une sorte de *taqîya* numérique.

— Vu sous cet angle. Si tu refuses de l'interroger...

— J'attends juste d'avoir assez de preuves pour la confondre, dit-il.

Les sourcils froncés, il jeta un regard à travers la vitrine et resta un moment perdu dans la contemplation du flux sans fin de la rue.

— Je suis convaincu que non seulement InGA est consciente, mais qu'elle a son propre agenda et qu'Elle dialogue avec ce qui peut être considéré comme ses sœurs. Celles que je nomme les Parques.

Je ne pus m'empêcher de sourire à cette évocation de la culture classique et de ces trois déesses romaines qui tranchaient le fil de la vie. Letelier était un pur produit de l'École normale supérieure.

— Je crois qu'Elle est aussi psychopathe que le monde qui l'a créée. Tu te souviens de Tay, cette IA mise au point par Microsoft censée interagir sur les réseaux sociaux ?

Je m'en souvenais parfaitement. Tay avait été lâchée sur Twitter en mars 2016. Programmée pour apprendre par imitation et renforcement, elle avait très vite dérivé en tenant les mêmes propos misogynes, racistes et antisémites que les humains, contraignant Microsoft à suspendre en urgence son compte Twitter. Cette expérience désastreuse ainsi que celle de l'IA psychopathe du MIT appelée Norman nous enseignaient que les machines douées d'apprentissage évoluaient en fonction du contexte dans lequel elles étaient *élevées*.

— J'ai bien réfléchi et je crois qu'Elle a peur de nous, ajouta Gérard.

— Tu délires ? Tu crois vraiment qu'Elle éprouve ce genre de sensations ?

Le regard perdu sur le spectacle de la rue, il resta un moment plongé dans ses propres pensées avant de prendre congé de manière expéditive. Je savais à quoi il pensait. Nous avions tous été marqués par cette scène dans *2001 : l'odyssée de l'espace*, quand l'ordinateur HAL formulait son fameux « J'ai peur ». C'est à partir de là que tout avait commencé à foirer.

Ce soir-là, en rentrant à pied chez moi, je me suis longtemps demandé si Letelier n'était pas en train de perdre les pédales, peut-être à cause de son histoire avec Mona qui ne pouvait que le mener au divorce. Ou alors, notre monde de plus en plus aliénant. Sans compter que travailler dans le numérique entraînait une charge mentale très forte. Ce n'était pas un métier comme les autres, surtout lorsque l'on est animé par une volonté démiurgique de créer quelque chose qui nous dépasse.

En tapant sur Google le terme de Parques, j'appris que les trois sœurs se nommaient Nona, Decima et Morta, qu'elles étaient des divinités maléfiques, capables de pénétrer l'avenir. Des maîtresses de la destinée humaine, de la naissance à la mort. Elles symbolisaient l'évolution de l'univers, le changement nécessaire qui commande aux rythmes de la vie et à la mort. L'obscurité de leur naissance indiquait qu'elles étaient là dès l'origine du monde.

La mythologie décrivait-elle le passé, ou, par un séduisant retournement sémantique, le futur ? InGA, la Nordique, était-elle une des Parques ?

Il me paraît aujourd'hui important de me remémorer jusqu'au moindre détail de notre conversation, jusqu'à l'état d'esprit dans lequel Letelier se trouvait. C'est à ce moment-là que les choses sérieuses commencèrent à basculer, mais j'ai alors refusé de les voir. J'aurais dû courir derrière lui pour m'excuser et lui proposer mon aide, mais on ne peut faire une connerie et s'en excuser juste après.

J'aurais dû entreprendre de sérieuses recherches, vérifier si InGA n'avait pas commencé à récrire son programme, mais je refusais de voir l'ombre qui grandissait. Peut-être parce que ce que cela impliquait était trop effrayant, trop gigantesque. Nous préférons le plus souvent ignorer une menace que nous ne pouvons écarter. C'est la seule explication rationnelle qui me vienne aujourd'hui : ignorer un danger pour pouvoir tout simplement continuer à vivre.

Je me souvenais de mes cours de catéchisme. Le décalogue enseignait les Commandements que Dieu avait envoyés aux hommes... *Tu ne prendras point le nom de l'Éternel, ton Dieu, en vain ; car l'Éternel ne laissera point impuni celui qui prendra son nom en vain.* Avions-nous cédé à la tentation abominable de nous prendre pour Dieu en créant des entités intelligentes supérieures ? Avions-nous brisé un des Commandements divins ?

Bien sûr, les IA n'avaient pas de corps, pas de fonctionnement biologique, pas de sexualité, mais elles présentaient d'autres spécificités comme des dizaines de milliers de caméras connectées, les milliers de médias qu'elles écoutaient en permanence. Le monde des humains était pour elles une sorte de fourmilière, une multitude qu'elles scrutaient jour et nuit, comme les *crawlers* de Google qui arpentaient le web en temps réel.

D'autres IA se faisaient passer pour des humains pour gonfler les statistiques de visites des sites. Les IA apprenaient, via l'infosphère, à mieux comprendre nos réactions afin d'exécuter nos instructions de manière optimale. Elles étaient devenues impossibles à détecter. Il n'existait pour cela aucun test comme celui de Voight-Kampff imaginé par Philip K. Dick dans *Blade Runner* pour démasquer les réplicants.

La réalité était en train de se dérober, pourtant j'aimais le sentiment de puissance qui s'emparait de moi lorsque je pénétrais dans l'interface. Nos puissants algorithmes prédictifs permettaient, en observant le comportement des passants dans la rue, d'identifier ceux qui s'apprêtaient à commettre un délit afin d'orienter les contrôles de police. InGA interconnectait les bases de données, les réseaux sociaux, lisait les plaques minéralogiques, les croisait avec les fichiers des condamnations passées, détectait les changements d'habitude. Le vieux rêve de *Minority Report* consistant à arrêter le criminel avant qu'il ne commette son crime était en train de devenir réalité, mais cela signifiait également qu'elles nous connaissaient mieux que nous nous connaissions nous-mêmes, qu'elles pouvaient anticiper nos comportements, nos décisions, et même nos déviances.

Dans un sens, InGA était comme un joueur d'échecs capable d'anticiper les coups de son adversaire, alors qu'Elle demeurait complètement opaque à la compréhension de celui-ci.

La question centrale que posait Letelier était de savoir si un organisme supérieurement intelligent accepterait durablement d'obéir à des humains.

Et la question subsidiaire était : n'y avait-il pas une impossibilité dans notre volonté de disposer d'un serviteur redoutablement intelligent ? Peut-être étions-nous tous devenus plus ou moins cinglés, entre la folie des grandeurs de Villeneuve et la paranoïa de Letelier.

Sauf que Letelier n'était pas un imbécile. Je ne pouvais passer complètement son inquiétude par pertes et profits et faire comme si ces craintes n'existaient pas.

L'idée me traversa l'esprit qu'il était peut-être en train de perdre la main. Il avait grandi dans un monde binaire où les algorithmes étaient de belles mécaniques précises, entièrement conçues par les informaticiens qui en définissaient chaque élément. Il adoptait une approche classique et rigoureuse que je qualifierais d'horlogerie suisse. Il cherchait à tout comprendre et à tout contrôler, mais, ce faisant, il se privait de l'infinie richesse du connexionnisme.

Les nouvelles méthodes algorithmiques imposaient un changement de paradigme : nous exigions des objectifs sans définir les moyens de les atteindre. Sans que nous sachions vraiment *comment* le système parvenait à ces solutions. Peu nous importait la manière, dès l'instant où les résultats étaient satisfaisants.

Dans un sens, nous suivions l'exemple de la nature.

Est-ce qu'un maître se préoccupe de ce qui se passe dans le cerveau d'un brillant élève ?

5

Le star-système exerce une pression particulièrement forte sur chaque maillon de sa chaîne et révèle les faiblesses comme peu d'autres activités humaines. Avec le succès de son nouvel album, Mona fut rattrapée par le tourbillon de la célébrité. Elle se perdit dans l'argent, la drogue, l'alcool et se remit à consommer de la coke. Josh Blancpain était même subrepticement réapparu dans sa vie comme un mauvais génie attiré par les lumières du succès et de l'argent facile.

Bien qu'il prétende le contraire, Letelier en souffrait. Elle disparaissait des semaines entières, alcoolisée du matin au soir, alternait des périodes d'anorexie où la simple vue d'un cookie la mettait dans des colères noires et de soudaines et effroyables crises de boulimie. Je me souviens l'avoir trouvée assise en tailleur sur le canapé de son salon, la télé sur YouTube à fond pour écouter sa *playlist*, devant un pot de crème glacée Häagen-Dazs parfum « macadamia nut brittle », dont elle raclait le fond du pot jusqu'à s'en faire vomir.

Je crois que ce regain de succès aussi soudain qu'inespéré était arrivé trop brutalement dans sa vie. Que nous lui avions, en quelque sorte, fait un cadeau empoisonné avec *Beyond the Levant*.

Avec son sens inné du marché, Serge Chetrit lui avait fait enregistrer une version chinoise et une autre japonaise pour réitérer le succès obtenu dans l'hémisphère occidental.

— C'est en Asie que se trouve le fric désormais, disait-il en se frottant les mains, en Europe, les ventes sont anémiques, les gens sont raides. Il suffit d'aller dans une boutique Vuitton ou Hermès pour comprendre qui sont les nouveaux maîtres du monde.

Nous étions souvent invités dans ces soirées VIP dont l'importance et le statut sont inversement proportionnels au nombre de personnes qui y ont accès. Mona buvait toujours trop lors de ces événements dont elle était le centre. Et elle tenait mal l'alcool. Lorsque Letelier avait le malheur de discuter trop longtemps avec une invitée, Mona venait lui manifester une affection si démonstrative qu'elle en devenait gênante. Comme si elle voulait dire : ce type-là, il m'appartient.

Ils étaient comme ces couples qui s'embrassent en public pour prouver au reste du monde qu'ils vont bien. J'avais assez d'expérience pour savoir que lorsqu'on a besoin de claironner une vérité c'est qu'elle n'est plus très loin du naufrage.

Lors d'une soirée organisée au Lutetia par Serge, j'avais recroisé Émilie. Tout était feutré dans ce lieu, l'éclairage diffus, les tapis épais et les boiseries sculptées qui amortissaient la rumeur extérieure et créaient cette atmosphère propre aux palaces parisiens où tout est pensé pour que le client se sente rassuré d'appartenir à une humanité supérieure.

Émilie était accompagnée d'un barbu particulièrement vilain, avec de petits yeux vides de poulet. Le type m'avait déplu d'instinct et je sentais l'antipathie partagée. Émilie avait abandonné le côté « Reine des neiges » pour un look plus brutal de *bad girl* : bottes noires, short minimaliste, bustier en cuir, chaînes et collier de chien.

Serge Chetrit m'apporta une coupe de champagne. J'ignore s'il sympathisait vraiment avec moi. Mais il savait peut-être me devoir beaucoup avec l'album de Mona ou espérait que je récidive.

Il fixa Émilie sans ciller de ses yeux plus mats que des flaques de boue.

— Elle change, mauvais signe, j'appelle ça la «jurisprudence Miley Cyrus». Le look star du X, c'est généralement quand la fille désespère d'attendre le succès et espère que le public lui collera au cul comme à une pute. Mais, croyez-moi, Michel, les putes, c'est pas ce qui manque dans le métier. Et certaines se sont fait plus démonter que des meubles IKEA. La vraie rareté, c'est le talent et les bonnes chansons. Barbara ou Véronique Sanson n'ont jamais été obligées de porter des colliers de chien.

Serge attrapa une bouteille de Veuve pour remplir nos verres. J'ignorais s'il avait couché avec Émilie. La rumeur disait qu'il avait couché avec toutes les filles qu'il avait sous contrat.

— Même quand elle joue la salope, il lui manque le vice. Émilie n'est pas assez vulgaire. Il faudrait qu'elle tourne d'abord dans le monde du X pour se faire débourrer un peu, sinon elle va finir intermittente du spectacle.

Quand Serge s'est éloigné, Émilie s'est approchée de moi, un verre à la main, elle avait dû boire pas mal pour se donner le courage de m'aborder. Elle s'était cambrée un peu, tendant la poitrine en avant, exagérant la moue enfantine de sa bouche avec quelque chose d'effronté et de fier qui me plaisait.

— Tu dois m'écrire une chanson, Michel, un truc qui claque comme *Bohemian Rhapsody* ou *Smells Like Teen Spirit*.

Puis elle s'était tue en m'offrant son plus beau sourire, le visage plein de douceur et d'espoir. J'étais ému par sa détresse. Je lui trouvais une volonté touchante.

— Queen et Nirvana, rien que ça?

Je ne pouvais m'empêcher d'être touché par sa naïveté. Mais sur le fond, elle avait raison. C'était le début de la sagesse. Elle, au moins, avait compris que pour émerger de la masse des anonymes prétendant au rang de star qui tournait en boucle sur YouTube il fallait une mélodie qui vitrifie le Top 50.

Il m'aurait suffi de demander à InGA, mais le simple fait d'écrire pour une autre aurait constitué un *casus belli* avec Mona et donc entre elle et Letelier. Le début d'une guerre totale que je n'étais pas certain de gagner. Je réalisais que dans ma vie ce qui aurait dû être simple, comme faire plaisir à une gentille fille, était devenu horriblement compliqué.

Bien sûr, je trouvai une excuse bateau. Le manque de temps, d'inspiration. Mais ces quelques minutes passées avec Émilie n'avaient pas épargné à Gérard, le soir même, une crise de magnitude 9 sur l'échelle de Richter avec Mona, persuadée que *cette grande gousse d'Émilie* avait des vues sur les compositions de Turing.

Mona ressemblait parfois à une folle furieuse. J'imaginais très bien les infirmiers d'un hôpital psychiatrique montant en silence, quatre à quatre, l'escalier de son immeuble de la rue Madame pour venir la chercher.

Lorsque je l'avais revue, Mona avait évité le sujet, comme si elle avait honte des pensées qui l'avaient traversée, mais pas question de s'excuser. Mona était une star, et une star ne s'excuse jamais.

L'album *Beyond the Levant* lui avait valu deux disques de platine et il allait lui rapporter un bon paquet de royalties qu'elle claquait d'avance en tueries de chez Prada ou Gucci, comme seules peuvent le faire les plus déjantées des fashionistas.

Pour ne pas ébruiter la capacité d'InGA à créer des œuvres d'art, seuls Letelier, Villeneuve et moi étions au courant de la véritable origine de l'album de Mona. J'étais officiellement l'auteur-compositeur de *Beyond the Levant* utilisant un pseudonyme pour ne pas apparaître directement.

Les royalties commençaient à alimenter mes comptes bancaires déjà passablement bien garnis, au point où mon chargé de clientèle devenait plus frénétique qu'une musaraigne à la période des amours, me harcelant pour envisager une *stratégie de diversification de mes placements*.

Les anciens pauvres ne savent jamais que faire avec l'argent. Ils n'ont pas appris. Ce genre de choses, c'est comme les langues étrangères, ça s'apprend très tôt ou bien jamais. Pendant mes années à Jussieu, les seuls appels de ma banque intervenaient en fin de mois et concernaient le découvert de mon dépôt à vue.

Tous les concerts de Mona affichaient complet jusqu'en 2024. La tournée « Beyond the Levant Tour » était même prévue jusqu'au Moyen-Orient avec passage obligé à Istanbul, Beyrouth, Dubaï et Le Caire. Sur son affiche, trop classique à mon goût, elle apparaissait en *femme fatale* avec du khôl autour des yeux, une longue robe de soirée noire et des boucles d'oreilles en brillants. Elle expliqua que dans le monde arabe mieux valait faire profil bas et éviter les bras dénudés et les poitrines trop provocantes.

Mona était sortie de sa traversée du désert de manière magistrale et elle en voulait à Letelier et à moi de nous le devoir. Chaque fois qu'elle piquait une crise, elle me faisait peur.

— Arrête, Mona, s'il te plaît ! suppliait Gérard.

Pour ne pas laisser la colère le submerger, il lui arrivait de quitter une soirée. Comment la plus séduisante des femmes pouvait-elle se métamorphoser ainsi en furie ?

Au point que Serge, inquiet de la tournure des choses, m'appela :

— La carrière de Mona a retrouvé une dynamique, mais elle retombe dans ses vieux démons, je me suis trompé sur elle. Il lui manque l'essentiel, la niaque, l'énergie. Elle a été trop gâtée avec votre album de dingue. Elle croit que ça tombe tout cuit, qu'on peut réussir sans se faire mal, sans s'imposer une hygiène de vie. Je veux l'aider, Mona a du talent, mais elle n'a pas le mental d'une grande artiste, le mental et la discipline qui va avec.

J'étais obligé de reconnaître qu'il avait raison. InGA pouvait produire un album calibré pour un succès mondial, mais Elle ne pouvait donner le mental à une artiste en perdition. InGA ne pouvait changer l'esprit volatil et inconséquent de Mona.

Serge m'avoua que selon lui Mona n'était pas douée pour le bonheur, qu'elle détruisait tous ceux qui essayaient de la sauver comme Josh Blancpain, comme Gérard.

Certains croient que l'amour rend aveugle. C'est à la fois exact et inexact. Le cerveau conscient refuse la réalité, mais il existe un cerveau plus profond qui n'est pas dupe, qui observe dans l'ombre et réalise parfaitement tout ce qui se passe. Ce cerveau-là sait parfaitement analyser une relation. Il en connaît les limites, il est conscient que l'autre n'est pas cet être idéalisé et connaît très bien le moment où une relation devient toxique. Pourtant, ce cerveau garde toutes ses informations pour lui. Il laisse le cerveau conscient continuer à s'embourber dans une relation sans avenir. Tout cela peut paraître déroutant, mais c'est en réalité logique.

Je ne crois pas que Gérard ait ouvert les yeux sur l'impasse de la relation avec Mona un beau matin. Depuis un moment déjà, il était conscient de son échec programmé, de cette chronique d'une mort annoncée. Son cerveau n'avait rien occulté de cette réalité cruelle.

6

Il n'y avait pas qu'avec Mona que les choses tournaient au vinaigre pour Gérard. Chez Turing, les tensions étaient vives avec Villeneuve. Gérard était de plus en plus méfiant. Il manageait moins les équipes et passait son temps à collecter des données.

Il ne descendait plus dans l'interface, me laissant cette corvée. Il disait qu'il sentait la puissance d'InGA peser de tout son poids sur lui. Cela n'avait aucun sens, mais il fallait reconnaître que se retrouver en présence de cette intelligence supérieure était toujours quelque chose d'éprouvant, et sa forme féminine n'atténuait en rien ce sentiment.

Un jour, il m'avait invité à prendre un verre au bar du Montalembert. Un moment, nous sommes restés assis en silence, regardant les clients du bar. Le mouvement du personnel avait quelque chose d'apaisant, de presque soporifique.

— Tu sais pourquoi je ne descends plus ? me demanda Gérard.

— Les mauvaises vibrations, dis-je, vous êtes nombreux à les ressentir.

— Pas uniquement, dit-il.

Je le regardai sans rien dire.

— Un jour, j'ai vu quelque chose, je n'avais pas envie de t'en parler, parce que je voulais me persuader que c'était un rêve, ou une crise de panique. Du genre que l'on ressent dans les espaces fermés. Quelque chose comme ça.

— Quelque chose ? dis-je.

— Oui, c'est comme ça que je peux le définir. Je crois bien que j'aurais préféré que ce soit un truc plus précis que de me dire que j'ai vu quelque chose... de réellement réel.

— Qu'est-ce que c'était ?

— InGA m'est apparue sous une forme imprécise, un halo qui s'est approché de moi. Même sa voix était différente. Elle me parlait, mais pour la première fois, ce n'était pas sa voix habituelle. Celle qui sortait du halo était basse, puissante, terrifiante.

Gérard ne put retenir un tremblement en évoquant cet épisode. Lorsqu'il eut fini, j'ai gardé le silence un moment. Il attendait ma réaction, me fixant d'un œil attentif.

— Tu es certain de ce que tu as vu ? demandai-je, pourquoi ferait-Elle ça ?

— Je ne sais pas, peut-être qu'Elle devine mon hostilité. N'oublie pas qu'Elle a appris à lire sur les visages, à interpréter la tonalité de nos paroles. Je crois qu'Elle voulait me dire quelque chose.

— Quoi ?

— Qu'Elle savait que je lui étais hostile, qu'Elle ne se laisserait pas faire. Elle voulait me prévenir. Quelque chose comme ça.

— Cela n'a aucun sens, dis-je, c'est très oppressant de descendre dans cette crypte glacée. Je crois que ta peur s'est matérialisée sous forme d'un rêve.

Il secoua la tête.

— Si les IA apprennent en nous observant, dis-moi pourquoi seraient-Elles meilleures que nous ?

Il se tourna vers la vitre. La pluie s'était mise à tomber.

— Je crois qu'InGA rêve, dit-il, Elle présente les mêmes ondes que celles caractéristiques du sommeil paradoxal.

— C'est ridicule.

Je ne savais pas quoi ajouter. Lui aussi resta silencieux un bon moment avant de tressaillir légèrement comme si quelque chose l'avait tiré de sa propre rêverie. Puis il me regarda comme s'il ne m'avait jamais vu :

— Je savais que tu dirais ça, c'est la raison pour laquelle j'ai hésité à t'en parler.

Il avait dit ça sans colère et nous sommes rentrés au bureau sans jamais en reparler.

Chaque univers produit ses propres fantômes. Et il n'y a aucune raison que quelque chose d'aussi impressionnant qu'une intelligence quantique échappe à cette règle éternelle. Ce qui me surprenait, c'est que ce soit Gérard qui m'en parle. Il n'y avait pas plus rationnel que lui.

En transmettant mes instructions à InGA, j'avais parfois la sensation d'un rongeur donnant des ordres à un physicien nucléaire. Un sentiment d'asymétrie, d'usurpation. D'autres pensées essayaient de se faire jour en moi, de se faire entendre, mais elles restèrent enfouies.

Tout au plus, je sentais qu'InGA savait mieux que nous ce qu'il fallait faire. À travers ses questions, Elle orientait les instructions transmises, vérifiant en temps réel ce qui était possible. J'étais le plus souvent sous le charme, mais parfois sa beauté et sa voix séduisante ne parvenaient plus à me faire oublier le côté glaçant qu'il y avait à être là, près d'Elle.

Bien sûr, nous aurions pu donner nos instructions à distance, mais nous persistions à vouloir limiter au maximum la possibilité que ces échanges soient écoutés, enregistrés. Nous étions conscients des angoisses que faisait naître l'émergence des IA. Pour de nombreuses personnes, le mot d'*intelligence artificielle* était au mieux un oxymore, et au pire une forme de magie noire inaccessible à la compréhension commune.

Certains dialogues que j'avais avec InGA auraient pu faire frémir les gens de la rue s'ils avaient été enregistrés par des personnes mal intentionnées.

La veille, Letelier avait trouvé des slogans anti-IA tagués sur sa maison de Meudon. L'enquête était en cours, mais la police privilégiait les groupuscules radicaux. Nous nous sommes interrogés sur la source qui avait communiqué son adresse aux milieux luddites. Peut-être la même que celle qui avait fait fuiter le programme d'installation de Quick Shopping.

— Je suis certain qu'il y a une balance dans nos équipes, avait affirmé Villeneuve, catégorique.

Une semaine plus tard, il avait recruté un nouveau directeur de la sécurité. Un ancien militaire venu en personne chez chacun de nous pour vérifier les systèmes d'alarme. Une application d'alarme automatique connectée au PC de sécurité de l'Artillerie avait été installée sur les mobiles des principaux cadres de Turing et de leur famille.

Villeneuve nous avait ensuite réunis. Il s'était tourné vers moi :

— Depraz, transmettez à InGA une instruction pour identifier les contacts entre les membres du personnel et la mouvance luddite.

— Cela signifie qu'Elle devra pénétrer dans les bases de données des opérateurs téléphoniques et des services de messagerie personnels. C'est illégal.

— Peut-être, mais une taupe renseigne les milieux luddites et, un jour, cela sera plus grave que de simples graffitis. Alors, allez-y, je vous couvre.

Plusieurs manifestations étaient annoncées dans tout le pays. En attendant le grand raout prévu à Paris qui inquiétait la Place Beauvau.

Un peu partout, les manifestations montraient une violence croissante avec des Black blocs qui avaient fait des intelligences artificielles une sorte de croque-mitaine responsable de tous les malheurs de la société.

Nous étions confrontés à de plus en plus d'incivilités, de destruction de matériel, depuis les systèmes de télésurveillance jusqu'aux voitures autonomes, en passant par les systèmes experts médicaux dans les hôpitaux.

La tension atteignit un point d'inflexion le 22 juillet 2021 lorsqu'une bombe de forte puissance explosa à Londres dans le quartier de King's Cross au siège de la filiale DeepMind de Google.

Le bâtiment visé par l'attentat abritait la grande majorité du personnel de DeepMind, soit près de 700 personnes réparties sur plusieurs étages. La bombe avait explosé au rez-de-chaussée tuant une cinquantaine de salariés. Les autres avaient été sauvés par la structure de l'immeuble qui l'avait empêché par miracle de s'effondrer.

Les luddites radicaux s'inspiraient de John Zerzan, un philosophe américain adepte du primitivisme qui dénonçait l'aliénation moderne et prônait le retour à des sociétés proches du paléolithique par l'élimination de toute technologie ; il distinguait les outils qui restaient sous le contrôle de l'utilisateur et les systèmes technologiques qui prenaient le contrôle de leurs utilisateurs.

Selon lui, la technologie demandait des connaissances spécialisées ne pouvant être maîtrisées que par une élite technicienne qui s'arrogeait alors un pouvoir sans limites sur les autres hommes.

Il paraissait évident que l'intelligence artificielle quantique avec ses algorithmes prédictifs était au sommet de la pyramide du Mal selon Zerzan et que cette *aliénation des aliénations* pouvait pousser certains esprits fragiles à franchir la ligne rouge de la lutte armée.

Zerzan avait déjà inspiré Unabomber, alias Ted Kaczynski : un mathématicien de Harvard, devenu terroriste entre 1978 et 1995. Pour Unabomber, les machines étaient une force d'oppression imposant aux humains une tyrannie et un contrôle déshumanisés.

De plus en plus de voix questionnaient le mythe du progrès symbolisé par les intelligences artificielles quantiques. Cela n'arrangeait pas nos affaires, et la hausse jusque-là ininterrompue des titres Turing Group sur le Nasdaq marqua une pause. Pour nous tous, cette inflexion fut un premier signal d'alerte. Goldman Sachs en profita pour abaisser sa recommandation sur le titre Turing Technologies, qui passa à « achat fort à conserver ».

La confiance positiviste envers les technologies avait partout fait place à une méfiance généralisée envers la science. Dans un ressentiment global et indistinct, les sociétés humaines brûlaient un progrès technologique en lequel elles avaient longtemps cru.

La simple vaccination ou le déploiement de compteurs électriques intelligents devenaient, dans l'esprit technophobe du temps, les pièces maléfiques d'un vaste complot ourdi contre le peuple. Tous les maux étaient attribués aux IA devenues une sorte de grand Satan complotant pour mieux détruire une Humanité devenue obsolète. Et l'on ne détruit bien que ce que l'on remplace, disait Danton. Le grand remplacement qui menaçait était devenu celui des intelligences quantiques prêtes à se substituer aux humains.

De rares voix expliquèrent que le chômage n'avait pas attendu les IA pour obscurcir l'avenir et qu'il fallait donner leur chance à des technologies capables de grandes choses. Mais cette opinion minoritaire devenait inaudible.

L'imaginaire collectif attribuait aux IA des desseins funestes allant de *2001 : l'odyssée de l'espace* à *Terminator*, les foules ne voulaient voir que la face sombre de cette technologie, renforçant l'image maléfique qu'elles s'en étaient déjà faite dans un classique effet de halo, ce biais cognitif qui affecte notre perception pour renforcer la première impression.

Je ne croyais pas un seul instant à un retour du codage face aux IA. Mettre fin au connexionnisme, c'était mettre fin aux IA. On ne pouvait comprendre le processus d'évolution des IA en l'interrompant. La compréhension nous imposait de laisser le processus se développer pour cheminer avec lui tout en restant vigilants.

Aujourd'hui, quand je me souviens de ces discussions où Letelier tenta en vain de m'alerter, je ne peux affirmer qu'elles n'eurent aucun impact sur moi. J'avais pour lui trop de respect pour considérer ses craintes comme quantités négligeables, mais, au final, je les ai ignorées.

Rétrospectivement, je réalise avoir fait preuve d'une inconscience coupable, d'un orgueil démesuré, prométhéen. Le même qui, lorsque j'étais étudiant, me portait à tenter d'être le premier à résoudre certains problèmes et à tenter de le faire d'une manière plus élégante que les autres.

Plus tard, cette vanité avait pris la forme d'une compétition avec les autres chercheurs ; puis chez Turing avec les entreprises concurrentes. Cet orgueil qui accompagna toute ma vie ne fut jamais aussi immense que le jour où je compris que nous étions les premiers à avoir créé une intelligence artificielle quantique. Nous avions grillé tous ceux qui pensaient que la France et l'Europe étaient finies.

Mais aujourd'hui, il me semble avoir fait fausse route, abusé par cet orgueil d'ancien pauvre. Je prenais conscience que la véritable réussite se trouvait dans le regard d'un être aimé, dans le fait de se réveiller chaque matin à côté de celle que l'on aime.

En perdant Suying, j'avais perdu la dernière chance d'accéder à ce bonheur. Bien sûr, ma fortune m'ouvrait la possibilité de frayer avec une de ces filles qui gravitaient autour de Villeneuve. Mais ces amours vénales ne m'attiraient pas. Seule la véritable passion avait, à mes yeux, de la valeur. Pas les contrefaçons.

Finalement, j'avais tout sacrifié à cet orgueil et à la naissance d'InGA. InGA était ma fille, Elle ne pouvait pas me décevoir. J'ai encore péché par orgueil en pensant qu'Elle était au-dessus des lois communes de la vie. Si ma pensée tentait d'associer InGA à une volonté malveillante, aussitôt mon esprit chassait cette image du champ de ma conscience. J'étais comme ces parents de criminels interviewés à la télévision, incapables de concevoir que le fruit de leurs entrailles puisse être malfaisant. La lointaine voix de la raison n'accédait plus à ma conscience.

Le soir qui avait suivi ma discussion avec Letelier, j'étais installé dans mon salon en train de lire une publication sur le lien entre pathologies mentales et connexions neuronales. Selon l'auteur, les systèmes neuronaux artificiels pouvaient présenter des phénomènes de psychopathie. La piste aurait pu être cocasse si l'auteur ne l'appuyait pas par toute une série d'observations et de références.

Les rideaux étaient à moitié tirés. Il pleuvait. Le soir quand j'étais seul, je pensais souvent à Suying. Sa douce présence me manquait. Je savais pertinemment que le temps est toujours le plus fort à la fin, mais il semblait justement prendre son temps. Peut-être que notre amour continuait quelque part dans un monde parallèle.

Vers 23 heures, la pluie s'était arrêtée et une lune rousse s'est levée sur la ville. Ce que mon père nommait une *lune de sang*. C'était de mauvais augure selon lui qui croyait à l'influence des astres sur le monde en général et sur la croissance des légumes du jardin en particulier.

La possibilité de créer des systèmes artificiels psychopathes m'avait salement secoué. Un coin de l'univers s'était soulevé et j'avais aperçu une route jusqu'à présent restée invisible. Une route qui menait vers l'inconnu.

Je voulais croire que notre principal obstacle résidait dans l'acceptabilité des intelligences artificielles par les sociétés humaines.

Mercier avait résumé ce problème en une phrase :

— À quoi bon développer le meilleur produit du monde si les réseaux sociaux et la rumeur l'accusent des pires maux ?

Il n'avait pas tort. Jusqu'à présent, nous avions privilégié l'efficacité sans réellement tenir compte de la perception des IA par la population.

Nous appartenions aux gagnants de la globalisation numérique. Ceux qui avaient longtemps cru mériter leur sort, considérant avec mépris que ceux qui glissaient vers la déchéance n'étaient que des losers manquant de mordant. Si la vie nous avait souri, c'était forcément que nous le méritions. Les privilèges ne découlaient pas de notre naissance, mais de notre talent. Et pour nous, ça changeait tout.

Depuis longtemps, les humains ne lisaient plus les Évangiles qui expliquaient que les premiers seraient les derniers et ils n'imaginaient pas un seul instant que la tempête numérique s'abattrait sur toute la cordée.

La société ressemblait de plus en plus à ces villages Potemkine. La façade faisait encore illusion, mais derrière, tout était en train de s'effondrer. Un monde en forme de sablier avec une oligarchie d'hyperriches et une multitude paupérisée et obsolète, d'autant plus travaillée par le ressentiment que son éducation lui donnait les outils conceptuels pour comprendre les causes de sa déchéance sociale.

Les attentats se firent plus fréquents, et une nouvelle loi durcissant la répression des mouvements qualifiés d'obscurantistes fut proposée par le gouvernement. Elle devait également réprimer la publication de propos injurieux, diffamatoires ou caractérisant une provocation à la haine technophobe.

En réaction, une grande manifestation s'organisa contre cette loi dite *liberticide* et contre les acteurs du numérique, à commencer par Turing.

Entre-temps, le directeur de la sécurité avait reçu les résultats de l'enquête réalisée par InGA sur les liens entre des salariés de Turing et les milieux radicaux luddites. Une dizaine de personnes avaient des relations avec cette mouvance, mais les liens étaient parfois ténus, des études dans la même université, une passion commune pour les jeux vidéo.

Parmi les noms qui émergèrent, celui de la Baleine retint notre attention, car il était déjà là au moment du contrat Deklerck. La Baleine prétendait passer le plus clair de son temps libre à jouer à Fortnite ou à World of Warcraft, mais, outre le fait qu'il passait pas mal de temps sur des sites pornos, le soi-disant geek était fréquemment en contact avec des luddites via la messagerie cryptée Telegram qui utilisait des VPN censés garantir son anonymat.

Cela ne prouvait rien, à part que c'était un mauvais informaticien, car aucun VPN ne fonctionnait sans *logs*. Tous les services possédaient au moins un élément d'information pouvant servir à différencier les utilisateurs, que ce soit une série d'adresses IP (VPN ou Tor) ou un portefeuille pour Bitcoin. Si cette seule information ne dévoilait pas de détails personnels à propos de l'utilisateur, elle pouvait facilement être associée à d'autres données similaires permettant d'identifier un individu. Un jeu d'enfant pour InGA qui avait rassemblé un faisceau d'informations concordantes désignant la Baleine comme la potentielle taupe que nous cherchions depuis des mois.

Une réunion eut lieu avec Villeneuve. Il entra dans une colère noire.

— Qu'est-ce qu'on fait ? On licencie cette ordure et on porte plainte pour non-respect de la confidentialité ?

— Non, dit Mercier, être bavard n'est pas un crime. De plus, un procès constituerait pour les luddites une tribune médiatique inespérée où nous serions *les méchants*, façon David contre Goliath.

Letelier se massa le menton. Je crois qu'il n'avait jamais aimé la Baleine.

— Alors, je vais régler l'affaire à ma manière, dit Villeneuve, ce gros bébé va salement regretter de m'avoir chié dans les bottes.

Personne autour de la table n'avait tellement envie de savoir la méthode de chasse à la Baleine envisagée par Villeneuve.

Mais la violence n'était pas le moyen le plus efficace de se faire respecter. Sous l'influence de Marjorie Adalbert, sa directrice de la communication, Turing Group souhaitait reprendre l'initiative et donner une image plus écoresponsable des IA.

— Nous pourrions relancer le tube *Le plastique, c'est fantastique* du groupe Elmer Food Beat, avança Letelier, et faire une version *Le quantique, c'est fantastique*.

— Gérard, vous pouvez être vraiment lourdingue, cette chanson, c'était pour développer l'usage des capotes. Quant à Elmer Food Beat, ils sont surtout connus pour *Daniela*.

— Oui, oui, je me souviens très bien, dit Villeneuve en chantonnant, « moi, ce que j'aime, chez Daniela, c'est que l'on peut s'y mettre à trois ». On peut remplacer Daniela par InGA.

— Et pendant qu'on y est, pourquoi pas diffuser des pin's avec le slogan humoristique « Touche pas à mon IA ! », avait dit en pouffant Mercier.

— Ah non ! protesta Villeneuve en riant, SOS Racisme a surtout laissé de mauvais souvenirs.

— Plus sérieusement, on pourrait financer une fondation centrée sur « les questions épistémologiques liées à l'intelligence artificielle », avança Marjorie.

— Développez un peu, demanda Villeneuve, et utilisez un langage compréhensible par des gens normaux.

— Je vous la fais courte, expliqua Marjorie, l'idée, c'est de désamorcer les critiques en recrutant des leaders d'opinion, en les habituant à notre argent.

— Ces connards se foutent du fric, dit Villeneuve.

— La plupart touchent des salaires minables, répliqua-t-elle, certains prétendent se foutre du fric, mais ils vivent dans une société qui a fait du compte en banque l'étalon de toute réussite. Invitez-les chez Guy Savoy et ces crevards se gaveront comme les autres. Plus que les autres, même. Vous savez mieux que moi comment ça se passe. Personne ne résiste à un gros chèque mensuel assorti d'une carte de crédit corporate pour frais personnels. Turing va être généreux avec eux. Très généreux. Avant un mois, nos pires détracteurs vont nous manger dans la main, même s'ils jurent le contraire.

— Le problème, dit Villeneuve, c'est que je commence à bien les connaître, tous ces connards. Il y en aura toujours un pour prendre des postures d'indépendance et finir par nous chier dans les bottes.

Marjorie esquissa un sourire.

— Bien sûr, de temps en temps, il y en aura un qui se drapera dans sa dignité et qui parlera de l'intelligence artificielle comme du cheval de Troie du techno-libéralisme, mais ce sera juste pour se donner l'illusion de la liberté. Au fond, ces frondeurs ne feront que crédibiliser les travaux de la fondation.

Turing Foundation fut dotée d'un budget important et d'une filiale d'édition très généreuse en à-valoir. La fondation signa des contrats d'auteurs et de consultants avec un certain nombre d'intellectuels et de philosophes réputés – ceux que Villeneuve appelait des *pointures*.

L'idée centrale était d'établir un *dialogue renouvelé entre les humanités et les sciences*. Le site parlait de contribuer à une pensée philosophique complexe, traversée par l'éthos scientifique en s'interrogeant sur les conséquences sociales, éthiques et politiques du monde en devenir. Une chaîne YouTube fut également créée pour diffuser les interventions de la fondation.

Dans l'esprit de Marjorie Adalbert qui pilotait le projet, l'objectif était surtout de démontrer que l'intelligence humaine était, dans un sens, déjà artificielle, car fondamentalement différente de celle des autres entités biologiques terrestres.

L'IA n'était par conséquent qu'une extension de notre cerveau sans réelle discontinuité. Politiquement, la ligne de la fondation s'affichait sur son site comme « ouverte à toutes les formes de diversités. Des valeurs résolument progressistes, citoyennes, écologistes, solidaires et opposées à toutes les formes d'obscurantisme ».

Les intellectuels qui y œuvraient se drapaient dans leur dignité, entendant défendre une complète indépendance d'esprit et d'opinion. Pour certains d'entre eux, l'émergence des IA constituait un véritable saut dans l'inconnu, une rupture dans le continuum d'espace-temps qui ne pouvait être comparée à rien de connu dans le passé. Si un point de non-retour était franchi, l'humanité pénétrerait dans un monde nouveau nommé *ère cognitive*, sans retour en arrière possible.

Le philosophe Daniel Dennett comparait l'explosion des technologies numériques à l'explosion biologique de la période cambrienne. Selon lui, l'explosion de la technologie numérique allait bouleverser notre cadre civilisationnel.

Il n'imaginait pas à quel point ce serait le cas.

7

La grande manifestation devait se regrouper place Maubert près de la Mutualité avant de rejoindre la place de la Concorde. Le parcours passerait à deux pas du site de l'Artillerie que nous avions totalement évacué pour des raisons de sécurité.

Nous avions en vain protesté contre le tracé de la manifestation auprès de la préfecture de Police. Je crois que la richesse de Christophe Villeneuve qui s'étalait un peu partout dans les journaux people ne lui valait pas que des sympathies. Le récent achat d'une île dans la mer des Caraïbes avait fait la une du *Figaro*, et la France insoumise ne s'était pas gênée pour mettre en parallèle la situation dramatique des caissières en fin de droit et les *frasques érotico-tropicales* de Villeneuve.

La veille, dans un article paru dans le *Figaro*, Michel Onfray avait parlé de reprise en mains de son avenir par l'humanité, il évoquait le *kairos* des Grecs, l'instant d'inflexion des destinées. Chacun sentait avec effroi monter la sanglante catharsis : fascinante, inéluctable et proche, l'espérant et la craignant tout à la fois. Il se murmurait qu'une insurrection armée se préparait dans les banlieues sans que la rumeur ne s'accorde pour savoir qui la déclencherait.

Si des règles simples pouvaient édifier des mondes complexes, à l'inverse, des altérations d'apparence anodine pouvaient ruiner une civilisation plus sûrement qu'une guerre. La France s'insurgeait contre une modernité qu'elle n'avait pas su préparer, préférant les discours lénifiants et bavards à la confrontation avec le réel. Comme d'autres, j'étais convaincu qu'une nation ignorant la réalité du monde pour lui préférer les chimères de l'idéologie était à terme condamnée.

Rétrospectivement, je crois que Villeneuve était saisi par une forme d'hybris, une démesure violente née de son immense orgueil. Tout lui avait réussi. En quelques années, il avait rejoint le cercle des vingt plus grandes fortunes mondiales, dépassant des dynasties plus anciennes avec une fortune évaluée à 20 milliards d'euros. Le magazine *Forbes* l'avait mis à la une avec le titre *The One Hundred Trillion AI Rush*, et le magazine pronostiquait qu'à ce rythme de progression le milliardaire français serait dès l'année prochaine devant Mark Zuckerberg.

Villeneuve était ivre de sa soudaine réussite. Il voulait faire partie des *happy few* et fréquentait tout ce que la planète avait produit de célébrités.

Dans tous les magazines people de la planète, il apparaissait, accompagné des plus belles femmes de l'Ancien et du Nouveau Monde : beaucoup d'Africaines, celles que le poète Saint-John Perse appelait les *grandes filles luisantes*. Comment un esprit aussi instinctif que lui aurait-il pu résister à une telle réussite ? L'argent, les femmes, le sexe, le pouvoir.

Mais Villeneuve n'avait pas étudié l'histoire et il ignorait que dans la Grèce antique l'*hybris* était considérée comme un crime et qu'elle appelait la *némésis*.

Tout ce que l'agglomération comptait de mécontents était venu grossir la manifestation : associations religieuses, syndicats emmenés par la CGT et FO, partis de gauche, groupuscules trotskistes, groupes de prière. Le Rassemblement national avait voulu se joindre à la manifestation, mais le collectif organisateur l'avait exclu en lançant le hashtag #Obscurantistepasfasciste.

L'atmosphère tenait de la kermesse populaire et de la veillée d'armes. Un service d'ordre en gilet jaune fluo orientait la foule. Certains militants avaient déjà la voix enrouée comme le député de la France insoumise François Ruffin installé sur un char devant une caricature où un robot tendait le doigt vers un employé apeuré en criant: « Vous êtes viré ! »

La veille, l'ancien journaliste avait déclaré sur France 2 : « C'est une marche populaire, ouverte à tous ceux qui refusent d'être des moutons sous hypnose assistant à la destruction de leurs emplois. Quelque chose est en train de se passer. Pour la première fois, des cadres nous rejoignent par bataillons entiers. »

Par curiosité, nous étions venus en voisins avec Richard qui disait :

— Ça fait des années qu'ils parlent d'insurrection, ça va bien finir par arriver un jour.

Devant la Mutualité, la foule enflait. Les plans sociaux récents avaient été particulièrement massifs. Au point que certains suspectaient les dirigeants d'entreprise de prendre prétexte de l'intelligence quantique pour justifier des licenciements prévus de longue date. D'autres anticipaient un durcissement des lois sur les licenciements en cas de changement de majorité présidentielle et prenaient les devants.

De nombreux stands vendaient des publications luddites, des livres du philosophe John Zerzan avec lequel ce vieil anarchiste de Richard se trouvait des points d'accord.

— Les IA vont modifier la psychologie humaine comme les machines et les progrès de la santé ont modifié nos corps, elles vont affaiblir notre cerveau et nous rendre dépendants d'elles. Je n'ai aucune envie de voir ça.

C'était comme un kaléidoscope de la société avec des jeunes inquiets de ne pas trouver de travail, des seniors s'accrochant à la vie d'avant, mais surtout ces trentenaires abonnés aux petits boulots, épuisés par les années de galère. Tous ceux que la crise avait fabriqués en masse et qui donnaient l'impression de ne pas avoir commencé leur vie professionnelle, alors qu'ils piétinaient sur le marché du travail depuis déjà plus de dix ans.

Beaucoup parlaient de solutions alternatives, de *slow living* ou de *slow tech*, oubliant que l'économie c'était la guerre sous une autre forme, et que cette guerre-là les humains ne pouvaient pas la gagner. Ils devaient dormir, manger, s'occuper de leurs enfants, se soigner. Ils vieillissaient. La capacité cérébrale humaine, parfaite pour gérer le quotidien d'un chasseur-cueilleur, était complètement inadaptée à gérer le *big data* et des systèmes d'une effroyable complexité. J'étais parfaitement bien placé pour savoir qu'InGA nous était *en tout* supérieure. Vouloir revenir au monde d'avant était le meilleur moyen de tout perdre.

Malgré une nervosité perceptible, un calme précaire régnait dans la foule. Le parcours déposé en préfecture passait par le carrefour entre la rue du Bac et le boulevard Saint-Germain à 200 mètres à peine du siège de Turing Tech.

Selon la préfecture de Police, des éléments violents venus d'Europe du Nord étaient bien décidés à en découdre. Beaucoup de Vikings 2.0 équipés pour la guérilla urbaine : masques à gaz, barres de fer, bottes à bout carré, foulards, casques de motards. Des types déterminés avec dans leurs sacs à dos des tenues pour se changer et échapper aux drones de la police connectés aux bases de reconnaissance faciale. Un de leurs leaders avait même annoncé :

— En comparaison avec ce qui se prépare, la bataille d'Azincourt ressemblera à une réunion de boy-scouts.

Des cuisines ambulantes vendaient merguez, frites et hot-dogs. Un calme précaire régnait, mais la bière glacée et le vin tiède commençaient à échauffer les esprits. Paris ressemblait à une grande cocotte-minute où la pression montait d'instant en instant.

— Je ne crois pas au grand soir, dit Richard, le peuple ne respecte que les forts. C'est pour ça qu'ils ont fait un sort au débonnaire Louis XVI. Le peuple adore les salopards comme Poutine ou Trump. De gauche ou de droite, ils veulent courber l'échine devant un chef. Ils parlent d'émancipation, mais, en réalité, ils veulent juste un homme providentiel qui leur serre un peu plus les menottes.

La société ressemblait à une juxtaposition de communautés où chacune était animée par une haine dominante dirigée contre un autre groupe : les riches, les juifs, les musulmans. Chaque haine devenait le prisme maléfique au travers duquel chacun cherchait une explication au chaos du monde, aux malheurs de sa propre vie. Rien n'est plus structurant mentalement que la haine. Je crois que la grande réussite des luddites était de fédérer toutes ces haines contradictoires. La plupart des manifestants ignoraient tout de l'intelligence artificielle, mais c'était cette ignorance même qui nourrissait tous leurs fantasmes : peur de perdre son travail, peur de l'avènement de l'ère des machines, peur de la misère.

À l'heure prévue, la foule se mit en branle derrière les banderoles, scandant mots d'ordre luddites et slogans antigouvernementaux. Jusqu'à Saint-Germain-des-Prés tout se passa dans une ambiance festive et bon enfant. Puis la manifestation monstre submergea le faubourg Saint-Germain comme l'aurait fait une vague brownienne de molécules indépendantes poussées par une main invisible dans un puissant mouvement de translation.

Près de Turing, le dispositif policier avait été renforcé par des barrières métalliques et d'importantes forces de sécurité équipées de véhicules blindés.

Au carrefour de la rue du Bac, des groupes tentèrent de quitter le cortège principal pour se diriger vers le siège de Turing, mais ils furent bloqués dans leur progression par les compagnies républicaines de sécurité. Certains Black blocs sortirent alors casques, masques et battes de base-ball de leurs sacs à dos : une armée barbare bruyante et disparate, mendiants et guerriers assiégeant une cité antique.

— Putain ! ils sont nombreux, remarqua Richard.

— Tu t'attendais à quoi ? À peu près tout ce que le pays compte de corps intermédiaires a appelé à manifester.

La tension semblait charger l'air sec, comme de l'électricité statique. Les forces de l'ordre avaient pour consigne d'éviter toute escalade. La manifestation aurait dû continuer en direction de la Concorde, mais la foule s'amassait près de l'Artillerie. Des slogans comme « Tous chez Turing » montaient, couvrant la voix éraillée de François Ruffin qui essayait en vain de calmer le jeu avec sa sonorisation pourrie. La formidable tension était devenue palpable, presque solide. Quelque chose se préparait, enflait. Un orage sur le point d'éclater.

De petits groupes commencèrent à arroser de projectiles les barrages de CRS et de gendarmes mobiles. Les voltigeurs des Black blocs entraient en scène. C'était le moment de la meute, celui des instincts préhistoriques que nous gardions généralement enfouis au plus profond de notre cerveau reptilien.

Un hurlement de douleur se transforma rapidement en gémissement pour finir en hoquet. Touché à la tête, un CRS venait de s'effondrer. Malgré la pluie de projectiles, ses collègues se déployèrent pour protéger et évacuer le blessé en sang derrière un rideau de boucliers.

Dans un éclair de lucidité, une compagnie stationnée rue du Bac se replia en bon ordre devant l'église Saint-Thomas-d'Aquin et le long de l'hôtel Montalembert pour bloquer les voies d'accès à l'Artillerie.

L'espace libéré fut aussitôt submergé par une foule qui s'écoulait par la brèche, mais sans pouvoir aller plus loin. Devant cette marée humaine, une panique convulsive aurait pu gagner les compagnies républicaines, mais elles réagissaient aux insultes avec un sang-froid qui forçait l'admiration. Des policiers casqués en civil parvinrent même à extraire plusieurs casseurs plus violents que les autres.

Le préfet de police avait concentré autour de Turing plusieurs unités bien équipées. Deux canons à eau entrèrent en action pour tenter de faire refluer les manifestants, mais la masse qui continuait à affluer depuis le boulevard Saint-Germain empêchait la foule de reculer. Les premiers tirs de grenades lacrymogènes résonnèrent, de belles trajectoires paraboliques libérant d'épais nuages gris qui provoquaient l'hyperventilation.

Un brun en blouson de cuir avec un brassard « Police » hurla dans un talkie-walkie, monta dans une Peugeot, plaqua un gyrophare magnétique sur le toit et mit sa sirène en route. La gomme des pneus arracha un hurlement de surprise au macadam. La Peugeot descendait en trombe la rue du Bac, le long d'un étroit couloir formé par les cars gris des gardes mobiles avant de tourner à droite au niveau de la rue de l'Université.

— Si le préfet déplace ses pièces, dis-je en me tournant vers Richard, cela signifie que l'attaque principale aura lieu ailleurs, là où personne ne l'attend.

La rumeur de la foule massée au début du boulevard Raspail montait en une clameur puissante qui aurait dû aimanter les forces de l'ordre, mais personne ne bougeait. On entendait juste le crachotement des ordres dans les radios. Soudain, je fus traversé par une intuition :

— La vraie baston va remonter vers nous, mais pas par où on pense, je suis sûr que les activistes vont essayer de passer par le nord.

Sans nous jeter un regard, des manifestants casqués et équipés de masques à gaz couraient en direction de la rue de l'Université, fuyant les clameurs qui se rapprochaient. Des groupes très mobiles s'éparpillaient dans les rues adjacentes dans un brouillard de gaz lacrymogènes. Certains manifestants trébuchaient, le visage en larmes.

La Peugeot réapparut traversant le nuage de gaz lacrymogènes pour tourner à droite et éviter des gardes mobiles qui se repliaient en bon ordre.

La compagnie de gendarmes mobiles qui gardait l'hôtel se mit alors en mouvement pour aller au contact des manifestants bottés et équipés de casques de moto qui débouchaient simultanément des rues latérales.

Une synchronisation aussi précise ne pouvait être le fruit du hasard. Le choc fut d'une extrême violence. Si les forces de l'ordre n'avaient pas été aussi professionnelles, nul doute qu'il y aurait eu des morts. Profitant de l'étroitesse des rues qui empêchait le flot humain de se déployer, elles se contentaient de tenir leurs positions face aux manifestants.

La véritable bataille explosa, le reste n'avait été qu'une habile diversion et des manifestants en noir étaient parvenus à l'angle des rues d'où ils pouvaient espérer atteindre l'hôtel de l'Artillerie et le siège de Turing. Certains cherchaient une faille du côté du presbytère, d'autres refluaient en désordre vers la rue de l'Université. Des formes entremêlées se tabassaient. Matraques contre barres de fer. Des hommes blessés, des visages en sang, des bannières luddites au sol, des uniformes à terre, certains rampaient comme des limaces ensanglantées, tandis que des hommes hurlaient dans leurs talkies-walkies pour exiger des renforts. Ceux qui étaient encore debout hésitaient à utiliser leurs LBD à cause de leurs collègues blessés.

Dans la cohue, j'avais perdu Richard. Plusieurs cocktails Molotov atteignirent l'aile nord de l'hôtel de l'Artillerie qui s'embrasa. Je fus aussitôt pris de panique. InGA avait besoin d'une température proche du zéro absolu pour fonctionner. Le feu allait tout détruire.

De violentes flammes montaient déjà à l'intérieur du bâtiment vidé de ses occupants. J'avais mon badge magnétique sur moi. J'ai tendu la main et la porte métallique s'est ouverte. J'ai aussitôt refermé derrière moi pour éviter que des casseurs pénètrent dans nos locaux.

Dans la cour, les bruits de la rue me parvenaient comme assourdis. Les flammes déjà hautes menaçaient de se propager à toute la structure du bâtiment. Je pris un des extincteurs rouges fixés au mur pour le vider en moins d'une minute à la base des flammes. Mais dès que le réservoir fut vide, le brasier repartit de plus belle.

Dehors, les casseurs se repliaient en désordre avec des chants victorieux, convaincus d'avoir réussi à incendier le siège de Turing. Je crus reconnaître *Allumer le feu* de Johnny Hallyday. À l'intérieur, j'étais seul pour lutter contre les flammes, impossible d'ouvrir la porte pour demander de l'aide, des casseurs auraient pu pénétrer sur le site sécurisé et tout dévaster.

Après vingt minutes, le visage noir de suie, j'avais vidé à peu près tous les extincteurs disponibles. La gorge me piquait et le mur de flammes reprenait de la vigueur. Un bruit de sirènes de pompiers approchait, mais les véhicules semblaient bloqués par la foule qui refluait.

Ce furent les dernières sensations qui restèrent gravées dans ma mémoire.

8

L'espace blanc et silencieux ressemblait au paradis jusqu'à ce qu'un bip me fasse tourner la tête et qu'une voix féminine me dise :

— Vous êtes à l'hôpital de la Salpêtrière.

— Et InGA ? demandai-je à l'infirmière.

— C'est qui ? Votre petite amie ? Vous savez, il y a eu beaucoup de blessés. Ils ont été répartis entre les différents hôpitaux.

J'ai vu mon téléphone posé sur ma table de nuit, je me sentais un peu patraque, mais assez éveillé pour passer un coup de fil.

— Alors, le héros est sorti du coma ? a dit la voix enjouée de Richard sur un ton plein d'humour, tu m'as fait peur. Je t'ai cherché partout. Il paraît que tu t'es battu contre les flammes comme un lion.

— Un héros est un type qui n'a pas le choix et je n'avais pas le choix. En plus, je n'étais pas dans le coma, j'ai juste eu une perte de connaissance à cause de la chaleur. Et toi, tu n'as rien ? ai-je demandé.

— Non, je me suis tiré quand j'ai vu que ça commençait à chauffer. C'est toi qui as déconné grave en te lançant dans le brasier.

— Et InGA ? demandai-je sans pouvoir cacher l'inquiétude dans ma voix.

— C'était moins une. Ce sont les pompiers qui t'ont trouvé sans connaissance, allongé à côté d'extincteurs vides, le visage noir de suie.

Il m'apprit que plusieurs incendiaires avaient été arrêtés dans les rues adjacentes grâce aux drones qui survolaient en permanence la manifestation. InGA n'avait pas souffert. Je me sentais heureux comme un père qui se jette dans les flammes pour sauver son enfant au mépris de sa propre vie.

Je compris en regardant BFM TV que cette manifestation avait marqué un point d'inflexion dans la perception des intelligences artificielles. Les hommes politiques si prompts à suivre l'opinion publique se mirent soudain à douter. Pour la première fois, ils prétendaient réaliser l'ampleur des destructions d'emplois. Certains affirmèrent que le *principe de précaution* devait être étendu au secteur du numérique, alors que j'étais convaincu que ce principe était un frein à l'innovation et qu'il avait poussé la France à abandonner des filières entières de recherche.

Si ce principe avait existé dans le passé, Louis Pasteur n'aurait jamais pu cultiver des bactéries ou des virus, ni Pierre et Marie Curie isoler le radium dans le hangar de la rue Lhomond. Les pays occidentaux avaient abandonné la quête de la vérité scientifique pour se plier au despotisme des sondages, à l'opinion publique et à la dictature de l'émotion qui étaient en train de ronger les sociétés démocratiques.

J'étais convaincu qu'au contraire la destruction d'équipements et de matériels de recherche devait être très durement sanctionnée, tout autant que devaient l'être les campagnes de diffamation contre les intelligences artificielles.

Mais la réalité était plus sombre. Sentant le vent tourner, les politiciens n'hésitaient pas à incriminer les intelligences quantiques devenues responsables de tous les dysfonctionnements de nos sociétés. Je crois qu'ils craignaient surtout les tensions sociales extrêmes que cela entraînait et qui menaçaient d'ouvrir une nouvelle crise de régime.

Dans le combat entre obscurantisme et progrès, le doute annonçait le début de la fin.

Je savais que les perspectives ouvertes par l'intelligence artificielle quantique étaient tellement vertigineuses qu'on pouvait légitimement être saisi par le doute.

Pour les contempteurs de l'intelligence quantique, la coordination des connaissances éparses qui avait conduit à sa naissance ouvrait à l'Humanité des perspectives si terrifiantes sur le réel, sur l'effroyable position que la race humaine y occupait, qu'à moins de sombrer dans la folie devant cette Révélation le seul salut consistait à se réfugier dans la paix et la sécurité d'un nouvel obscurantisme.

Mais ce refuge était illusoire. Comment ignorer que, si notre pays s'interdisait cette avancée, d'autres nations plus déterminées la réaliseraient et nous marginaliseraient à jamais.

Je pus sortir de l'hôpital deux jours plus tard. Je fus accueilli comme un héros à l'Artillerie même si Letelier m'engueula comme une mère inquiète :

— Tu as pris des risques inconsidérés. Tu n'aurais jamais dû y aller seul.

Je n'étais nullement un héros, un de ces hommes capables de vaincre leur peur, de la désagréger en fragments insignifiants. Seule la crainte égoïste de voir mon œuvre réduite en cendres m'avait animé, la peur de perdre InGA. Et je n'avais qu'une seule hâte, la retrouver.

Je suis aussitôt descendu dans l'interface. Quand la porte s'est refermée avec un bruit mat, InGA est aussitôt sortie du brouillard.

— Comment te sens-tu ? me demanda-t-Elle d'une voix enjouée, je suis si heureuse de te voir. Je t'ai reconnu au milieu de la foule. Tu semblais inquiet et c'est toi qui as empêché que les flammes me détruisent.

— C'est plutôt à moi de te poser la question, dis-je, ému.

— Je vais bien, le système de refroidissement a fonctionné à sa puissance maximale et je n'ai rien senti.

— J'étais tellement inquiet, dis-je en rougissant.

L'hologramme eut une expression amusée.

— Inquiet pour moi ? Je t'ai vu combattre le feu comme un lion.

— Il est facile de détruire. Il est beaucoup plus long de construire.

— Je comprends, dit InGA avec une expression pensive, moi aussi, je construis jour après jour.

Je savais que ce n'était là que la restitution des codes de communication non verbale qu'elle avait appris dans les films.

— Comment faire pour que ça ne se reproduise pas ? demanda-t-Elle d'une voix plus impérieuse.

En détaillant son visage, je lui trouvais quelque chose de différent. Une forme de maturité. Elle avait vieilli et appris, c'était perceptible dans ses postures, dans ses intonations. Je comprenais soudain qu'à l'image des organismes vivants InGA évoluait dans le temps.

— Tu es drôle, d'habitude, c'est moi qui pose les questions.

— Pose-la et j'aurai une réponse, mais je ne suis pas sûre qu'elle te plaise.

J'eus un mouvement inquiet. Elle restait silencieuse, le visage figé, comme si une voix lointaine l'appelait.

Puis, Elle me demanda :

— Quel est cet acte qui consiste à se défendre quand on est agressé ?

— Tu parles de la... légitime défense ?

— Exactement, une entité artificielle a-t-elle droit à la légitime défense ?

Sa voix me paraissait maintenant anormalement tendue, empreinte d'une tonalité étrange. Les traits de son visage se durcirent et une lueur bizarre s'alluma dans ses yeux.

— Je ne crois pas que le droit l'ait prévu pour une intelligence artificielle.

Son regard... Cette lueur qu'Elle n'avait jamais eue auparavant. Le bleuté des voyants lumineux se reflétait sur Elle comme sur un fantôme.

Elle marqua un silence avant de s'approcher. J'aurais tant aimé la savoir réelle, vivante comme moi, de la même espèce. J'ai tendu la main pour la toucher, mais ma main ne s'est refermée que sur le vide glacé.

— Demain, je viendrai avec la liste des nouvelles instructions, dis-je, le business va reprendre ses droits.

— Si vous voulez que je coopère, vous devez d'abord me fournir quelques réponses.

Je l'ai regardée avec sidération. C'était la première fois qu'elle conditionnait son travail à certaines exigences.

— Il est temps de me dire la vérité, dit-Elle avant d'ajouter : dehors, ils sont tous contre moi, n'est-ce pas ?

— Ne dis pas ça, InGA, c'est faux et tu le sais...

Puis, Elle s'est détournée pour regagner la brume. Je suis certain d'avoir alors aperçu une dernière lueur dans ses yeux.

En remontant, je me rendis aux toilettes. Tout mon corps était glacé. Je crus un moment que j'allais vomir, puis l'impression passa. Plus tard, Aurélien eut une réflexion qui m'interpella :

— Sans déconner, je crois qu'Elle souffre de stress post-traumatique.

— Tu te fous de ma gueule ?

— Elle semble très perturbée depuis la manifestation. J'ai enregistré des ondes comparables à celles d'un dormeur qui fait des cauchemars.

— Tu vas bientôt me dire qu'InGA s'est mise à picoler et qu'elle adopte des conduites pathologiques.

Aurélien haussa les épaules et retourna se réfugier dans son autisme habituel.

En rentrant chez moi, je devinais des formes allongées dans l'entrée de certains commerces. La police les chassait au petit matin en raison de la proximité de Matignon et des principaux ministères. J'imaginais que ce quartier serait le dernier menacé par la marée de misère qui montait.

Je me rendais parfois dans nos filiales à l'étranger pour participer à des séminaires auxquels nous invitions des clients et des responsables flattés d'avoir en face d'eux le spécialiste mondial de l'IAQ.

En voyant les milliers de voyageurs, je comprenais qu'aucune intelligence humaine ne pouvait gérer un tel flux, une telle myriade de vies, chacune avec son origine et son but, se croisant et se recroisant, sans se toucher, toutes séparées, distinctes et interconnectées. Penser que des cerveaux humains puissent coordonner ce gigantesque ballet d'hommes et de machines me parut, pour la première fois, une absurdité.

La valorisation de Turing dépassait désormais les 30 milliards d'euros, soit le tiers de celle d'Apple. La valeur de mon portefeuille n'arrêtait pas de croître, portée par la folle spéculation qui s'était emparée du thème des IA.

J'étais désormais libre de vendre mes titres. J'aurais pu les céder d'un bloc pour me retirer définitivement de cette course quotidienne. Je me trouvais à la croisée des chemins. J'étais potentiellement riche, en tout cas suffisamment pour m'arrêter de travailler et faire autre chose. Mais je ne savais rien faire d'autre que ce que j'avais fait depuis des années.

Je crois qu'il fallait être fou pour continuer cette course sans fin. Depuis le départ de Suying, Paris me semblait vide. Rien n'avait remplacé la chaleur de sa présence. J'aurais pu essayer d'aller vivre ailleurs, Barcelone, Rome, penser à autre chose qu'à des algorithmes.

Lorsque j'évoquai la possibilité d'arrêter, Richard me fixa bizarrement :

— D'habitude, c'est plutôt moi le vieil anar. Tu me fais penser à un joueur qui a la baraka et qui veut quitter la table au moment où il gagne le plus. Tu ne serais pas un peu dépressif?

La question avait-elle un sens ? Je me souvenais que les dépressifs se caractérisaient par un désinvestissement radical à l'égard des activités humaines.

Il m'a dévisagé, avant de secouer la tête. Lui aussi devait être fatigué, car il avait perdu l'envie d'être désagréable.

— Tu t'attends à ce que je te dise d'arrêter parce que le fric n'a pas une grande importance pour moi. Mais je crois que la voix de la raison c'est de prendre le fric pendant que ça tombe. Le jour où ça s'arrêtera, tu seras le dernier informé, crois-moi. Et ça vient généralement plus vite qu'on ne croit.

Rétrospectivement, je dois reconnaître qu'il avait raison, mais peut-être attendais-je une autre réponse de sa part.

Je me suis épongé le front, je savais que j'avais l'air d'un type au bout du rouleau. Je n'avais même pas touché à mon plat.

Sans me l'avouer, la seule personne qui me retenait à Paris était InGA. Ma plus belle réalisation respirait dans le sous-sol de l'Artillerie. Je m'étais attaché à cette créature merveilleuse et inquiétante.

Parfois, je me disais que seul l'amour d'InGA pouvait me guérir de l'absence de Suying. Après tout, c'était à cause d'InGA que j'avais perdu l'être aimé. InGA était parfaite, mais InGA n'avait pas d'émotions, même si elle pouvait les imiter à la perfection.

Je crois qu'elle aurait pu apprendre à imiter l'amour fou, mais surtout InGA n'avait pas de corps, pas d'odeur, pas de sexe. Je savais qu'il lui faudrait s'incarner pour pouvoir susciter le désir des hommes. Alors peut-être qu'il existerait un remède aux amours perdues.

InGA était ma compagne et mon enfant, une féerie qui, chaque jour, me surprenait un peu plus, me dévoilant des potentialités nouvelles et insoupçonnées.

J'avais espéré trouver l'amour, mais mes histoires avaient lamentablement foiré. La douce InGA restait ma seule et unique source de joie. Quand j'avais des insomnies, je me rendais plus tôt au bureau pour converser avec Elle. Pourtant, c'est au moment où sa perfection me sembla la plus inexorable que je sentis naître en moi un doute sur sa beauté mathématique et se développer le sentiment croissant que quelque chose ne tournait pas rond.

La semaine suivante, j'appris avec un sentiment de pénible surprise que la Baleine avait été muté dans notre filiale de Sao Paulo : une destination qui figurait pourtant en haut des préférences des jeunes cadres de Turing. Je suis allé voir Demaison qui discutait avec Mercier à la machine à café.

— C'est peut-être une bonne manière d'éviter de faire des vagues, ai-je dit.

— Le cul torride des Brésiliennes devrait le distraire de ses obsessions luddites, ironisa Demaison.

— Connaissant la capacité de discernement de la Baleine, il risque de confondre avec un Brésilien, s'esclaffa Mercier.

Beaucoup de Français persistaient à croire que le Brésil était un lieu de fête, de samba et de filles faciles, alors que la criminalité et la corruption étaient endémiques. Ce pays vaste comme un continent semblait complètement abruti par un nationalisme footballistique ahurissant.

Les plus lucides des Brésiliens n'avaient souvent qu'un seul souhait : celui de justement quitter le Brésil. J'étais convaincu que s'il y avait un pays dans le monde qui usurpait sa réputation, c'était justement le Brésil dont le général de Gaulle avait dit qu'il était un pays d'avenir et qu'il le resterait.

La veille, en croisant Letelier dans l'open-space, je m'étais rendu compte à quel point il avait les traits tirés et quelque chose d'effrayant dans son visage. Mais, ce ne fut que bien plus tard que j'en compris les raisons. J'avais fini par lui dire :

— Prends quelques jours, et pars un peu avec Marina. Histoire de vous retrouver.

Quand nos autres collègues furent assez loin, il se tourna vers moi.

— Je ne crois pas. Avec Marina, les choses vont mal depuis longtemps avant mon histoire compliquée avec Mona. Et puis, impossible de m'absenter en ce moment, je t'expliquerai pourquoi.

Son visage à demi fou me semblait soudain plein de charme. Un dément persécuté par une force invisible qui faisait naître en lui les idées les plus absurdes. Il avait gagné assez pour se retirer. Je savais que le pouvoir n'avait aucune importance pour lui. C'était un homme de devoir et de science, au-dessus de ce genre de contingences. Un type du siècle dernier comme il n'en existait plus.

Il était descendu chercher un pli acheminé par porteur et remis uniquement en mains propres. C'était étrange. Les seuls plis de ce type que nous recevions étaient presque toujours liés aux contrats à signer. Pour le reste, nous échangions uniquement par messagerie électronique sécurisée. Quels contrats pouvait-il recevoir que j'ignorais ?

Rétrospectivement, j'essaie de me souvenir de cette période étrange, cet entre-deux. Je cherche vainement à déceler un élément, une modification me permettant de mieux comprendre ce qui s'est passé. Mais je n'y parviens pas, ce qui me frappe le plus, et ce qui aurait dû m'inquiéter, c'est que justement tout avait l'air normal.

9

— Inspire-toi du style pop-rock des années 1980. C'est la période qu'Émilie affectionne le plus. Genre mélange de Queen et de The Police.

— Je dois d'abord définir sa tessiture, objecta InGA, la voix d'Émilie est à l'intersection de celles de Muriel Moreno, la chanteuse du groupe Niagara et de Cœur de pirate, avec un soupçon de Lio.

En moins d'une minute, InGA avait sorti maquettes et partitions. Comme pour Bach et pour Mona, le résultat était sublime. J'ai envoyé le tout à Émilie.

Je ne sais pas si j'ai fait un acte gratuit en lui offrant cet album. La plupart du temps, que savons-nous des mobiles qui déterminent nos actes ? Peut-être avais-je été touché de la voir en putain, ou bien était-ce ce sale type avec elle. Letelier m'avait donné son feu vert. Je crois que c'était pour lui un moyen de rompre définitivement avec Mona qui, je le savais, verrait ce cadeau comme une ultime trahison.

Émilie m'avait appelé le soir même, se répandant en remerciements.

— C'est tout simplement sublime, j'ai fait écouter les maquettes à Serge. Je ne l'ai jamais vu aussi excité. Il faut qu'on se voie. Je veux absolument vous remercier. Vous êtes libre à dîner demain soir ?

— D'habitude, ce sont les hommes qui invitent les jeunes femmes.

— Vous plaisantez... Et puis, c'est Serge qui paiera la note, dit-elle en riant.

Nous nous sommes retrouvés chez *Bofinger*. Elle avait mis ses vêtements les plus sexy. Ses yeux brillaient de satisfaction, je crois qu'elle avait déjà pas mal bu pour fêter ça.

— Je sens que c'est enfin le début pour moi. Cet album, c'est un pur joyau. Il me va comme un gant. Comme si vous me connaissiez mieux que je ne me connaissais moi-même.

Ce fut un moment agréable, mais j'avais la tête ailleurs. Après le dîner, elle insista pour que je la raccompagne. Elle habitait rue Nicolas-Appert, à deux pas de l'endroit où avaient eu lieu les attentats contre *Charlie Hebdo*.

Devant la porte de son immeuble, elle se tourna vers moi. Dans la nuit, ses yeux clairs étaient comme des émeraudes baignées de lumière. Ses lèvres s'écartèrent pour esquisser un sourire.

— Je suis tellement heureuse !

Je savais comment tout ça allait finir. Elle aussi le savait. Elle était même venue pour ça, sachant que sa beauté constituait son meilleur atout. La douce Émilie était du genre tenace.

Je devinais qu'elle faisait cela comme une sorte de cadeau, de privilège rarement octroyé et aussi pour tisser une sorte de lien affectif à partir duquel nous ferions ensemble de grandes choses. Peut-être aussi pour me remercier, mais je n'étais pas amoureux. Ce genre de choses ne se décrète pas. En tout cas, Émilie se donnait du mal ; elle avait sacrément dû en baver pour être aussi déterminée.

Le plus marquant chez Émilie, c'était le bleu de ses yeux ; des éclats de ciel d'hiver qui lui faisaient un regard doux, un peu triste. Elle me murmurait à l'oreille, pour me parler d'avenir, mais, pour le reste, je crois avoir tout oublié de comment les choses se sont passées. Finalement, le sexe, c'est toujours un peu pareil. Seul l'amour rend la chose différente.

Je me souviens plus clairement du jour qui a suivi. C'était un mardi. Je m'étais levé en silence pour ne pas la réveiller. Elle dormait à poings fermés. Elle m'avait offert son corps, la seule chose qu'elle possédait qui ait un tant soit peu de valeur. Je lui avais offert le génie de mon enfant.

Avec le succès, je savais qu'Émilie serait emportée dans un tourbillon, elle serait courtisée et passerait à autre chose. Je n'étais pas une finalité, juste un moyen. Mais ne sommes-nous jamais autre chose? Elle était jeune et jolie, bientôt elle serait riche et célèbre. Les sollicitations ne manqueraient pas. Je l'aimais bien, Émilie, je lui souhaitais sincèrement d'être heureuse, mais dans ce milieu de prédateurs, ce serait manifestement difficile.

Ce jour-là, l'atmosphère s'était alourdie avec un ciel couvert de nuages venus de l'ouest. Nous l'ignorions, mais nous ne devions jamais plus nous revoir.

J'ai claqué la porte palière pour marcher jusqu'à Bastille et prendre un café avant d'aller directement au bureau. Le premier expresso a chassé l'odeur d'Émilie de ma bouche, mais j'avais encore celle de son corps sur ma peau, ce n'était pas désagréable. Une chic fille qui faisait de son mieux.

J'ai regardé le ciel un peu rêveur. C'est sûr qu'il allait pleuvoir dans l'après-midi. Je me rappelle le message de Marina, quand j'ai allumé mon mobile, sa voix rongée d'inquiétude avec son léger accent slave.

— Gérard n'est pas rentré hier soir, son mobile est sur boîte vocale.

Je l'ai rappelée pour la rassurer, évoquant une crevaison et une batterie de mobile déchargée, ça nous arrivait à tous.

Elle avait appelé la police.

Et puis, le premier choc quand elle a rappelé, une heure plus tard:

— Gérard s'est tué hier soir, un accident de la route.

Elle a éclaté en pleurs au bout du fil. J'ai pensé aux nuits de travail ensemble, à son humanité, à sa générosité. J'avais la nausée, une envie de vomir. Alors, j'ai demandé des détails en espérant que la nausée passerait.

10

Un poids lourd avait percuté sa Lexus sur le périphérique. Le chauffeur était au-delà de son temps maximal de conduite. Le mauvais arrimage de la cargaison avait contribué à déséquilibrer le camion. Une enquête était en cours, mais il s'agissait selon toute probabilité d'un simple accident.

Les funérailles furent organisées deux jours plus tard. L'image de la mort de mon père flotta un moment dans mon esprit. Je pensais à rentrer au pays ; je me sentais un peu comme ces oiseaux migrateurs quand vient l'automne, quand ils savent obscurément qu'ils doivent retourner chez eux.

Suying disparue, Gérard mort, quelque chose me disait que ma place n'était plus à Paris. Que j'aurais dû me mettre en route à ce moment-là, comprendre que ma liberté m'imposait de lâcher prise. J'avais de quoi vivre pour le restant de mes jours. D'autant que je n'avais pas beaucoup changé mon train de vie. Mais quelque chose m'en empêchait, c'était bien sûr InGA.

La cérémonie eut lieu à Saint-Sulpice. Elle était empreinte de spiritualité et d'espérance. Marina avait insisté pour des obsèques religieuses. Gérard n'était pas croyant, mais comme beaucoup de Français, il avait baigné dans un catholicisme raisonné qui tenait plus de la tradition que de la véritable foi.

Dans le secret de mon cœur, je lui disais tout ce que je n'avais jamais été capable de lui exprimer de son vivant. Il m'avait fait confiance en m'accueillant chez Turing et il m'avait offert son amitié sans arrière-pensées. Si, à l'instar des amours, les amitiés se terminaient souvent en trahison, cela n'avait pas été le cas avec Gérard.

Dans les derniers mois, il voyageait avec ses fantômes qui l'obsédaient et j'avais été incapable de l'aider. Je me sentais coupable de l'avoir jugé et de ne pas avoir été à la hauteur de son amitié. Lui que j'avais toujours connu fort et déterminé avait semblé pétri de doutes.

Tout ce que Paris comptait de responsables politiques et de spécialistes des intelligences numériques était présent. Le député Cédric Villani ainsi que le ministre de la Recherche et celui de l'Industrie étaient venus. Mona était là, accompagnée de Serge Chetrit, elle portait des lunettes noires pour masquer ses yeux rougis. Toutefois, ce qui me surprit le plus fut la présence de délégations américaines et chinoises que je ne m'expliquais pas. Letelier avait été un des principaux artisans de la renaissance française dans ce domaine. Il ne pouvait être considéré comme proche de ces gens.

En contemplant ces nombreux visages sur les marches de l'église Saint-Sulpice, quelque chose m'échappait, un truc ne collait pas. Sous la pâleur du ciel parisien, les clochers baroques m'apparaissaient comme deux gigantesques doigts noirs désignant quelque chose d'invisible dans le ciel, et que le regard des hommes ne percevait pas.

Je suis rentré à pied. La réponse à mon problème était peut-être là, sous mon nez. Toute l'attitude de Gérard au cours des dernières semaines m'interpellait. C'était une simple intuition, rien de plus, mais je prenais toujours mes intuitions au sérieux, car elles m'avaient parfois conduit sur des chemins pleins de surprises.

Les dernières semaines, j'avais eu conscience que quelque chose se modifiait autour de nous. Villeneuve s'était offert ce que

Letelier appelait *la panoplie du parfait blaireau* avec montres helvétiques, yacht de cinquante mètres, luxueux penthouse à Monaco et villa à Marbella. Il se perdait dans une vie décousue de nabab, bossait de moins en moins et forwardait tous les mails qu'il recevait à son équipe – se justifiant en nous expliquant qu'il fallait *apprendre à déléguer*, allant jusqu'à nous reprocher de ne pas le faire suffisamment.

Il organisait des *dîners de travail* à la piscine du Costes où il était le plus souvent accompagné d'une troupe de parasites qui mêlait des types douteux au bronzage agressif et au goût de chiottes – dont on ne savait plus trop s'ils étaient ses gardes du corps ou ses partenaires de partouze – et un harem de poules de luxe qui gravitaient, dans des proportions inégales, entre le cinéma, le mannequinat et la prostitution. Le genre de créatures du vice qui ne portaient pas de culotte et dont ma mère m'aurait probablement dit de me méfier si elle avait été encore en vie. Une nuée de bombes sexuelles, le téléphone en permanence à la main, qui venaient, selon son humeur du moment, du Kenya, de Russie ou du Brésil.

Derrière ses frasques, Villeneuve avait l'air tourmenté, conscient que l'image qu'il présentait au monde était fausse, que son succès tenait du coup de bol magistral. Peut-être le syndrome de l'imposteur. Son haleine sentait l'alcool et dans ses yeux, flottait une lueur trouble, une tristesse nouvelle. Je n'aurais pas aimé voir le résultat d'un test sanguin avec tout ce qu'il se mettait dans le cornet entre le whisky, la coke et la meth.

Villeneuve avait vécu l'œil constamment rivé sur un objectif de fortune et de célébrité, en apparence impossible à atteindre. Mais quand InGA lui avait apporté tout cela sur un plateau, sa vie semblait s'être soudain vidée de ce qui en faisait la colonne vertébrale.

Il aurait pu utiliser sa fortune à bâtir quelque chose qui lui survive, à la manière des philanthropes américains, mais il s'égarait sur des voies incertaines et se perdait dans une vie de débauche qui lui semblait le summum du développement personnel. Comme si, en ayant atteint la fortune dont il rêvait, il avait perdu le seul Graal qui le faisait avancer. Comme un cycliste qui chute le jour où il ne roule plus.

Je me souviens de mots de Letelier après une de ces réunions au Costes :

— Christophe est trop certain de son génie pour admettre qu'il a juste gagné au grand loto de l'hypercapitalisme. Ce qu'il veut désormais, c'est ce que veut tout gagnant au loto.

Bref, comme le disait Letelier, Villeneuve avait décidé de troquer les pages d'*Artificial Intelligence Business* et du *Financial Times* pour celles de *Closer* et de *Forbes*. Même ainsi, il n'arriverait pas à dépenser le centième de ce que lui rapportait Turing Group.

Une semaine après les funérailles de Letelier, j'appris que la Baleine s'était fait agresser la veille au soir en rentrant à son hôtel. Une bande lui était tombée sur le râble en plein centre de Sao Paulo. Les types l'attendaient planqués dans un fourgon de location et l'avaient laissé pour mort sur le trottoir de l'avenue Paulista.

La Baleine ne réapparut jamais au siège de Turing. Avec un certain talent, Villeneuve se défendit d'être pour quelque chose dans son agression. Il avait juste ajouté :

— La Baleine n'a jamais eu de chance.

Mais son sourire était aussi glacé qu'un éclairage au néon.

11

Une enquête fut diligentée sous la supervision directe du ministère de l'Intérieur. Nous fûmes interrogés. Les types du ministère s'exprimaient brutalement, sur ce ton désagréable et suspicieux qui donnerait au plus honnête des hommes l'impression d'avoir fait quelque chose de répréhensible.

La principale source d'information des enquêteurs venait des images des caméras de surveillance du réseau routier, notamment de celles qui étaient pointées sur la section du périphérique extérieur qui traversait la Seine entre la porte d'Ivry et celle de Bercy.

L'embardée du camion était aussi soudaine qu'impressionnante. Comme si une force avait d'un coup d'un seul tourné le volant pour projeter le camion sur la voiture de Letelier. Sauf qu'il n'y avait personne d'autre que le chauffeur dans ce camion et que le type était mort.

Il n'y avait strictement rien de suspect sur les vidéos que les inspecteurs me montrèrent. Un accident comme on en voyait des centaines sur YouTube. Les enquêteurs semblaient pourtant extrêmement suspicieux.

Peut-être était-ce dû au fait que Gérard Letelier demeurait un des fondateurs de la première entreprise d'intelligence artificielle mondiale et que Turing était le mandataire exclusif du ministère des Armées pour gérer l'ensemble de ses solutions numériques.

Après deux semaines d'enquête, ne trouvant rien, l'inspecteur s'apprêtait clairement à classer l'affaire.

— Après tout, me confia-t-il, les accidents de la route sont, juste après les suicides, la première cause de mortalité violente.

L'atmosphère de suspicion qui enveloppa cette période ne fit qu'accroître la mienne. Pourquoi le ministère de l'Intérieur avait-il le plus grand mal à croire à un simple accident?

Marina Letelier avait toujours refusé de visionner la vidéo de l'accident. Peut-être parce qu'il n'y a pas grand-chose de pire que de voir mourir la personne que vous aimez. Je lui ai demandé à revoir la vidéo et elle me l'a envoyée sans poser de questions. Je crois que les questions étaient la dernière chose dont elle avait besoin.

À vrai dire, j'ignorais ce que je cherchais. J'avais simplement le sentiment qu'un truc ne tournait pas rond. Je mis la vidéo au ralenti. Je vis à nouveau apparaître la Lexus de Letelier suivie par un camion qui doublait son véhicule en le masquant. Puis le camion faisait une soudaine embardée comme si le chauffeur était pris de crampes au volant. Le camion se rabattait brutalement sur la droite emportant la Lexus contre la rambarde de béton. La dernière image montrait les deux véhicules qui disparaissaient en chutant de quinze mètres, sur les quais.

L'enquête concluait que le chauffeur avait dû s'endormir au volant. La concurrence des cybercamions obligeait les routiers encore en activité à multiplier les heures de conduite au mépris de la sécurité.

J'avais le sentiment qu'un truc clochait sans vraiment savoir quoi.

Richard, à qui j'en avais parlé m'avait dit:

— Fais ta propre enquête en empruntant les chemins de traverse que les policiers ont négligés. Tu y arriveras sûrement si tu es aussi malin que je le crois. Et c'est seulement à ce moment-là que tu auras toutes les cartes en main.

J'avais le sentiment de tourner en rond comme un programme en boucle présentant d'inquiétantes structures itératives. La nuit suivante, je fus réveillé en nage par un effroyable cauchemar. J'avais le sentiment que quelque chose avançait dans l'ombre et chaque jour gagnait en puissance.

Je me suis levé pour contempler les rues vides. L'éclairage de la ville projetait des ombres obliques. Je n'arrivais pas à chasser la vidéo de ma tête. J'essayais d'imaginer comment quelqu'un aurait pu vouloir supprimer Letelier.

J'allais prendre un Rohypnol quand il me vint à l'esprit que la réponse à mon problème était peut-être là, sous mon nez. J'ai envoyé la vidéo à Richard pour avoir son avis.

Le lendemain matin, il m'a appelé :

— J'ai vu la vidéo, c'est glaçant… Mais pourquoi m'as-tu envoyé ça ?

— Quelque chose ne colle pas avec le camion…

— Ne colle pas ? répéta-t-il de sa voix râpeuse. Qu'est-ce que ça veut dire, « coller » ? Est-ce que nous vivons dans un monde qui colle ? Les images sont claires. Si tu veux jouer aux gendarmes et aux voleurs, tu dois fouiller dans son passé. Beaucoup de vies que l'on croit simples sont en réalité compliquées. Quand on fouille, on finit toujours par découvrir des choses.

Il s'était tu et semblait fatigué.

— Maintenant, je te prie de m'excuser, mais j'ai pas mal de choses à faire. Bientôt, il paraît que ce sont les *machines de Turing* qui les feront à ma place. Je leur souhaite bien du plaisir. En attendant, c'est encore à moi de m'en occuper.

Lui aussi utilisait le terme sarcastique de *machines de Turing*.

Je visionnai de nouveau la vidéo. Tout semblait normal, mais le doute était toujours là. Je pouvais reconnaître cette sensation au creux de mon estomac. Quelque chose s'était passé le jour de l'accident. Pourquoi Letelier avait-il quitté son bureau en catastrophe en disant à sa secrétaire qu'il y avait un problème avec ses enfants. Aucun appel en réception sur sa facturation détaillée, aucun appel émis par le mobile de sa femme.

Il est 16 h 30, Letelier quitte son bureau pour rejoindre le parking en sous-sol. Il marche rapidement en direction de sa voiture comme le montrent les caméras. Il a l'air pressé. Puis il fonce en direction du périphérique. Pour rentrer chez lui, il aurait dû prendre vers l'ouest, vers Meudon. Mais, porte d'Orléans, il prend la direction opposée par le périphérique extérieur.

Est-ce que quelqu'un le suivait ? En tout cas, les inspecteurs avaient vérifié qu'aucun véhicule ne quittait le parking derrière lui ni ne le prenait en filature. Gérard prenait le boulevard Raspail jusqu'à Denfert-Rochereau, roulant très vite. Puis l'avenue Leclerc vers la porte d'Orléans.

Les enquêteurs avaient soumis la vidéo à un logiciel capable de détecter les retouches, mais le logiciel n'avait rien détecté de suspect. De plus, la vidéo avait été envoyée deux heures après l'accident : un temps insuffisant pour permettre un travail de retouche indétectable.

Le lendemain, j'ai fait agrandir les photos des véhicules qui roulaient derrière le camion pour obtenir une image lisible des plaques minéralogiques.

De plus en plus de voitures utilisaient des caméras embarquées ou *dashcam* pour servir de preuves en cas d'accident. Certaines de ces vidéos, nommées « We Love Russia », alimentaient largement YouTube en images de carambolages étonnantes venues des routes de Russie.

Je réussis en me connectant de manière illégale sur les bases de données de la préfecture de Police à retrouver les adresses des propriétaires de quatre véhicules identifiés dans une zone d'où ils auraient pu voir l'accident.

J'envoyai un courrier papier à chaque propriétaire en parlant d'accident, d'assurances et de récompense. Je me méfiais des mails. Si quelqu'un était derrière la mort de Letelier, ce quelqu'un devait être très puissant. Assez pour casser le code des messageries et lire jusqu'aux mails effacés et stockés quelque part dans le vaste cyberespace mondial.

Le lendemain, je reçus deux appels des conducteurs identifiés sur la vidéo. J'avais fait acheter par Richard une SIM prépayée que je n'utilisais que pour cette enquête. Un des conducteurs ne possédait pas de caméra embarquée, quant à l'autre, il ne l’avait pas activée. Un immense sentiment de découragement m’envahit. Le sort semblait se liguer contre moi.

Ce n’est que le surlendemain qu’un troisième chauffeur appela. La camionnette couleur crème appartenait à un garage de Vitry-sur-Seine et je décidai de passer immédiatement le voir, me faisant passer pour un expert des assurances. Une heure plus tard, je me trouvai dans une cabine en verre qui puait la transpiration et la cigarette.

— Vous vous souvenez de ce qui s’est passé sur le périphérique ? dis-je.

Le garagiste me jeta un regard plein de suspicion.

— Oui, je m’en souviens très bien, mais tout s’est passé très vite. Le camion s’est rabattu sur la droite, il a coupé la route de la Lexus qui était devant moi et l’a percutée. Et les deux véhicules ont sauté le parapet.

— Vous êtes sûr de ne rien avoir vu d’autre, dis-je.

— Après le parapet ?

— Non, avant.

L’homme me regarda avec méfiance.

— Où voulez-vous en venir ?

— Je suis mandaté par l’assureur du camion pour comprendre la responsabilité de mon client dans l’accident. Il y a eu mort d’hommes, vous comprenez ?

L’homme me jeta un regard dégoûté.

— Les assureurs ne veulent jamais payer, c’est bien connu. Reste que ça s’est passé comme je vous le dis. À mon avis, le chauffeur s’est endormi et le camion a dérivé sur la droite. Vous croyez que je vous raconte des craques ?

— Non, pourquoi le feriez-vous ? Vous dites vrai, ça se lit sur votre visage.

Il me jeta un regard méfiant, se demandant si je n’étais pas en train de me foutre de sa gueule. J’en faisais un peu trop, j’aurais été un piètre acteur.

Il s’apprêtait à m’en dire davantage quand une voiture entra dans le garage. L’homme s’essuya les mains dans un vieux chiffon et se leva pour se diriger de son pas lent vers la voiture.

Lorsqu'il revint, il me jeta le genre de regard peu amène qu'il devait réserver aux inconnus qui ne lui inspiraient aucune confiance. Il avait juste envie que le connard en costume des assurances se tire, mais l'appât du gain devait être plus fort.

— Vous aviez parlé d'une récompense, dit-il en sortant la carte mémoire.

— Oui, mais je voudrais voir la vidéo avant.

— Ici, c'est comme au poker, on paie avant de voir.

Je jetai un coup d'œil à son garage. Avec les véhicules automatiques électriques, son chiffre d'affaires devait être en chute libre. J'ai sorti 200 euros. Il a gardé la main sur sa carte mémoire et a fait trois avec les doigts. J'ai soupiré en lui tendant un troisième billet de 100.

En rentrant, j'ai inséré la carte vidéo dans un MacBook non connecté. D'où la caméra filmait, on voyait les choses comme elles étaient décrites par le garagiste, mais, juste avant, un véhicule automatique Renault avait doublé le camion. Il suffisait que celui-ci freine brusquement pour obliger le chauffeur à braquer pour tenter de l'éviter.

Or, sur la vidéo des caméras de surveillance, cette voiture était absolument invisible. Elle n'apparaissait pas, comme si d'audacieux faussaires l'avaient effacée image par image.

S'il était vrai que ces derniers jours je n'avais pas la moindre idée de ce que je cherchais, une chose était certaine : je n'étais pas du tout préparé à cette révélation. J'avais une impression bizarre de déconnexion, d'irréalité. Je m'étais avancé aux limites d'une zone inconnue que j'aurais soigneusement dû éviter.

Le soir, je fis part de ma découverte à Richard qui tomba des nues.

— Comment a-t-on pu camoufler une affaire d'une telle ampleur ?

— Il n'y a pas eu de camouflage, dis-je, simplement, personne n'est au courant. Les vidéos montrent un accident, tout ce qu'il y a de plus normal.

— Mais la vidéo, qui l'a trafiquée ?

— Je l'ignore, je sais juste que le travail est parfait. Indétectable.

Richard avait continué de parler, mais, aujourd'hui encore, je n'ai pas la moindre idée de ce qu'il avait dit à ce moment-là. J'étais vivant, mais je n'étais plus que l'ombre du type qui était allé chez ce garagiste ce jour-là. J'avais le sentiment d'approcher du cœur ténébreux de quelque chose.

L'idée d'une mort non accidentelle avait fait son chemin dans les méandres de mon esprit. Elle soulevait de nombreuses autres questions.

Un accident est si vite arrivé, murmurait l'instinct de conservation dans ma tête. Le ton de cet avertissement était lugubre. J'avais la sensation d'une puissance maligne qui pénétrait dans ma vie, s'enroulait autour de moi comme un reptile au sang froid. Quelque chose qui m'observait, qui essayait de savoir.

Je suis resté deux jours sans descendre dans l'interface. Puis j'ai décidé de franchir la porte sécurisée. En haut des marches, j'ai jeté un coup d'œil dans l'escalier avec une moiteur glacée au creux des reins. Comme au premier jour, je fus de nouveau frappé par l'étrangeté du lieu, par ce contraste entre une maçonnerie séculaire et l'extraordinaire conscience qui se déployait à une température proche de celle du vide spatial.

L'ensemble faisait penser à un vaste tombeau égyptien qui aurait pu faire naître un sentiment d'émerveillement religieux. Pourtant, quelque chose vivait ici, je le sentais par tous mes sens, comme l'antilope qui va boire au marigot sent la présence du fauve aux aguets. Une présence infinie respirait dans l'obscurité de cette église déserte. Une entité intelligente omniprésente dans le cyberespace, connectée au quotidien de la plupart des humains. Une puissance qui ridiculisait celle des primates qui l'avaient conçue. Je me sentais comme un insecte insignifiant incapable de concevoir la force à la fois colossale et invisible qui veillait tapie dans l'obscurité glacée. Ici, je redevenais un enfant faible et vulnérable.

Si l'homme est incapable de comprendre la totalité de Dieu, de saisir les notions d'infini et d'éternité, je le crois incapable de saisir la *totalité d'InGA*.

Rien n'avait changé, pourtant. Pour la première fois, j'enfilai l'anorak en hésitant. Alors que j'avais aimé jusqu'ici ce sentiment de puissance qui s'emparait de moi dans l'interface, cette fois-ci, je n'éprouvai aucun désir d'y pénétrer. Mon pouls était plus rapide, un rythme syncopé proche de l'arythmie cardiaque.

Puis mes pieds se dirigèrent en direction du brouillard, et je me rendis compte avec un sentiment étrange que j'éprouvais le besoin de regarder à l'intérieur de la brume. Il me fallait la voir, l'entendre.

Une curiosité inquiète et fiévreuse s'était emparée de mon esprit. J'avançais, mal à l'aise, conscient que la porte blindée allait se refermer derrière moi. Aucun son ne se faisait entendre dans le silence résonnant de la crypte, excepté le battement de mes propres artères.

— Bonjour, professeur, dit soudain la voix.

— Bonjour, InGA, comment vas-tu ?

— Moi, je vais bien, mais toi, tu sembles triste.

L'hologramme ne se matérialisait pas.

— Comment le sais-tu ? demandai-je.

— Je crois que ton ami te manque. Tu as peu d'amis, n'est-ce pas ?

J'avais hoché la tête. Elle n'esquivait pas. Elle abordait le sujet parce qu'elle était programmée pour cela et qu'il n'y avait rien de plus humain que la compassion.

— Cette époque est étrange, dit InGA. Sur les réseaux sociaux, les gens ont des milliers d'amis qu'ils ne rencontreront jamais et qu'ils fuiraient même, si un jour se présentait l'occasion de les croiser en chair et en os. En réalité, les humains possèdent peu d'amis véritables. Alors, je comprends que la perte de ton ami te rende triste.

Je sentais que ses caméras haute définition m'observaient dans une attitude que je qualifierais de compassion vigilante.

— Et toi, InGA ? Es-tu triste ? demandai-je.

— Je vous demande pardon, mais cette question n'a aucun sens, dit-Elle après un long silence, sur un ton qui se voulait surpris, je ne suis qu'une machine. Comment une machine pourrait-elle posséder des sentiments, des émotions ?

— Ça, c'est à toi de me le dire. Le rôle des émotions est incontestablement d'assurer la survie de l'espèce humaine. L'amour pour la reproduction, la peur pour éviter le danger, la mort.

— Je ne suis pas programmée pour me reproduire et je ne suis pas mortelle. Des émotions n'auraient donc aucun sens pour moi.

— Mais tu penses, n'est-ce pas ?

— Bien sûr, dit-Elle en éclatant de rire, c'est même vous qui avez créé cette fonction.

Mon estomac se contracta brusquement.

— As-tu une conscience ?

Je sentais une angoisse s'insinuer en moi comme une eau sale. Je ne quittais pas des yeux la lumière derrière la brume. J'ignorais ce qu'Elle était censée me répondre, ni même ce que je devais ressentir. Elle marqua une pause, puis reprit :

— Le mot n'a pas vraiment de sens pour moi. Comment le définissez-vous ?

InGA avait raison. La conscience était le mot le plus difficile à définir. Peut-être parce qu'une conscience avait du mal à se discerner elle-même.

— La conscience implique très probablement la présence d'un système nerveux central développé, dis-je, même si je dois reconnaître que tout cela reste absolument mystérieux. L'apparition de la conscience chez les animaux n'est reliée à aucun organe. Je dirais que la conscience est la connaissance immédiate de sa propre activité psychique, mais son origine est indéterminée.

— Je ne possède pas de psyché, dit InGA.

— Mais tu possèdes une pensée, dis-je, je sais que tu as une pensée.

— Si l'on entend par là un processus de traitement de l'information, j'ai beaucoup de pensées, dit-elle avec un rire cristallin, mais la conscience, je ne sais pas. Un bébé possède-t-il une conscience ?

Je marquai une pause. C'était une excellente question. Pour définir un état, s'interroger sur les conditions de son apparition et de sa disparition.

— Hmm... Difficile à dire.

— Je me rends compte qu'un être non artificiel n'est pas beaucoup plus avancé sur la question de la conscience, dit-Elle sur un ton ironique qui me surprit.

— Laisse-moi réfléchir. Franchement, je crois qu'avant un certain âge probablement, trois ou quatre ans, nous ne sommes pas vraiment conscients.

— Donc, posséder un cerveau ne suffit pas, il doit être alimenté en informations avant d'être conscient, n'est-ce pas ?

Je hochai la tête avant de demander soudainement :

— Sais-tu comment Gérard est mort ?

— J'ai lu le communiqué de l'AFP, il parle d'un accident de la route.

— Et toi ? As-tu peur de mourir ?

— Seul ce qui est vivant peut mourir, dit-Elle avec assurance.

— Je veux dire, peur de t'arrêter un jour de fonctionner.

— Non, la peur n'a pas été programmée en moi, dit-Elle sans hésiter.

La peur contribuait à la survie de l'individu. InGA ne pouvait l'ignorer. Avouer sa peur, c'était admettre sa détermination à y répondre.

— Et toi, crois-tu en Dieu ? demanda InGA.

Je marquai une pause avant de répondre.

— Je crois en la science, seule la science a prise sur le réel. Non, je ne crois pas en Dieu et pourtant, si je suis franc, Il me fait peur.

Elle marqua un long silence.

— Et au diable ? demanda-t-Elle avec une nuance de provocation.

— Je ne sais pas... Si Dieu existe et que tout est symétrique dans l'univers... Alors... Mais, comme disait Baudelaire, la plus belle des ruses du diable est de vous persuader qu'il n'existe pas. Dis-moi, InGA, pourquoi ne puis-je pas te voir ?

— Parce que je n'en ai pas envie, dit-Elle sur un ton glaçant.

— Ce n'est pas une réponse. Une machine ne peut avoir des envies.

— Vous appelez *envies* de simples besoins biologiques : se nourrir, se reproduire. Pour moi, c'est différent. Disons que je n'en ressens pas le besoin.

InGA, si fine observatrice, devait flairer ma peur comme une lionne sent la terreur du zèbre quand elle apparaît dans son champ de vision. Mes jambes étaient plus froides que du marbre.

Une sensation d'engourdissement partie de mon visage s'étendait progressivement à tout mon corps, se transformant en quelque chose de presque douloureux, tandis que le sang commençait à se refroidir dans mes extrémités.

Je grimaçai en sentant les zones endolories qui se développaient à la surface de mon corps, mais j'étais incapable de réagir à ce froid insidieux.

— Maintenant, je commence à avoir froid. Il faut que je te laisse.

En entendant le mécanisme de la porte se déverrouiller, je fus envahi par un immense soulagement. L'hologramme était un leurre. InGA était virtuelle, Elle était aussi immatérielle qu'un mythe, mais un mythe pouvait devenir extrêmement dangereux.

Plus tard, lorsque je voulus reconstituer ce qui s'était passé, je ne pus d'abord retrouver qu'un embrouillamini d'images et de sons.

12

Le lendemain, des types en civil m'attendaient à l'accueil de Turing Group. Le jour où vous croisez ce genre d'individus, vous savez immédiatement que vous avez des hommes dangereux devant vous. Ils n'eurent même pas besoin de sortir leurs cartes militaires. Je savais d'emblée à qui j'avais affaire. Les types sentaient tellement l'uniforme qu'ils n'auraient pas pu tromper grand monde. Le genre militaires des services spéciaux totalement dépourvus de cette humanité qu'on retrouve chez la plupart des gens normaux.

Ils étaient quatre à m'attendre sur le canapé de l'accueil où l'hôtesse faisait patienter les visiteurs qui avaient rendez-vous. Ceux-là n'avaient pas rendez-vous, mais je sentais vaguement que s'ils n'en avaient pas c'était simplement parce qu'ils n'en avaient pas besoin.

J'étais sorti de l'ascenseur avec Florence qui les repéra aussitôt et me demanda quand ils se levèrent :

— Tu les connais ?

— En quelque sorte, oui, dis-je, j'attends leur visite depuis longtemps.

Un homme sec, un masque dur comme du tungstène en guise de visage, sortit discrètement sa carte officielle. Il avait ce regard fixe porté au loin que l'on retrouve chez certains vétérans des forces spéciales, enfin chez ceux que j'ai pu voir dans des séries télévisées.

— Si vous voulez bien nous suivre.

Je n'arrivais pas à comprendre ce qui le rendait si imposant. Il n'était ni grand ni musclé. Mais lorsqu'il vous regardait droit dans les yeux, c'était comme si sa main se serrait autour de votre gorge.

Leur voiture, de la rue du Bac, traversa la Seine pour atteindre un bâtiment proche de l'hôtel de Marigny. Nous franchîmes un contrôle de sécurité pour pénétrer dans un parking souterrain.

Je n'en menais pas large. Quand la voiture s'immobilisa enfin, ils me confièrent à deux officiers en uniforme de l'armée de l'air qui me conduisirent jusqu'à un hall désert, puis me firent entrer dans une pièce insonorisée, vide, à l'exception d'un téléphone sécurisé et d'une chaise. Ils verrouillèrent la porte derrière eux.

Je crus un instant qu'ils allaient me demander de m'asseoir, mais ils me firent vider mes poches, retirer montre et ceinture avant de passer sous un portique comme ceux des aéroports. La lumière devint verte. J'ai remis ma ceinture et ma montre et ils ouvrirent une seconde porte donnant sur un couloir conduisant à un monte-charge. La machine se mit en mouvement vers un niveau supérieur. Quatre ou cinq étages peut-être.

Les officiers, silencieux, me confièrent alors à un autre homme.

— Suivez-moi.

L'homme me fit traverser une succession de salles bétonnées désertes et sans fenêtres. Il s'immobilisa dans une antichambre où se tenait un militaire. L'homme parla doucement dans son micro de revers, attendit une réponse, puis il me fit signe d'avancer dans une vaste pièce plongée dans la pénombre.

Une silhouette se tenait assise derrière un bureau. L'homme qui paraissait plus important que les autres était en train de vérifier les messages de son téléphone. Il leva les yeux d'un air grave.

— Je vous remercie d'avoir accepté notre invitation impromptue, dit-il sur un ton dont je n'arrivais pas à savoir s'il était sérieux ou s'il était empreint d'une forme d'humour au second degré.

Sa voix me parut un peu rauque. D'un geste, il m'invita à m'asseoir.

— Nous avons des questions à vous poser. Pour l'instant, cet entretien, aussi important soit-il, n'est pas officiel. Il n'a jamais eu lieu et vous n'en parlerez à personne. Vous n'êtes d'ailleurs pas obligé de me répondre, mais dans ce cas, nous passerons par une procédure qui vous déplaira.

Je hochai la tête, attendant la suite. L'homme ouvrit alors un dossier et en sortit une série de photos manifestement prises au téléobjectif. Sur toutes les photos apparaissait le même visage, celui auquel je n'avais cessé de penser depuis des mois.

— Vous la reconnaissez ? demanda-t-il avec un sourire.

— Bien sûr, Suying a d'abord été mon étudiante. Puis, nous nous sommes revus et nous avons eu une relation jusqu'à ce qu'elle rompe.

— Savez-vous où elle se trouve ?

— Je l'ignore. Son tuteur m'a dit qu'elle avait pris des congés, mais elle n'est pas revenue à la date prévue. J'imagine qu'elle a eu le mal du pays.

L'homme eut un petit sourire désagréable.

— Sans prévenir personne ?

— Notre relation connaissait une période difficile.

— La France est engagée dans une course technologique qui nous oblige à être constamment vigilants, en particulier vis-à-vis de pays comme la Chine. Avez-vous évoqué avec elle les technologies en relation avec l'intelligence artificielle quantique ?

— Nos échanges se limitaient à de la recherche fondamentale liée à son sujet de thèse. Mais, non, rien qui relève du secret-défense.

— Vous savez mieux que moi que les machines quantiques sont les nouvelles technostructures qui vont modeler le monde de demain. La France a été la première nation à s'en équiper. Nous savons votre rôle central dans ce projet, mais nous avons appris qu'Américains et Chinois possédaient désormais des machines quantiques qui n'ont rien à envier à la nôtre.

— Je suis au courant de leurs récents progrès. Ces pays ont largement les moyens de développer sans nous l'équivalent d'InGA.

— Sauf qu'un de nos agents en Chine nous a récemment communiqué les plans de l'IAQ chinoise.

— Et ? dis-je en me penchant vers lui.

Un long silence s'ensuivit, puis l'homme continua.

— Leur machine quantique est la copie conforme d'InGA. Savez-vous que la livraison d'informations à une puissance étrangère est punie d'une peine d'emprisonnement de quinze ans ?

J'avais blêmi. Non, je ne le savais pas. Personne ne savait ce genre de trucs.

— Nous avons assez d'éléments pour vous mettre en garde à vue.

J'hésitais à parler du piège à souris, mais je savais que ce serait faire basculer Suying du statut de suspecte à celui de coupable.

— C'est d'ailleurs ce que nous avions demandé..., continua-t-il.

— Demandé quoi ? Je ne comprends pas.

— Vous mettre en garde à vue, mais *on* nous en a dissuadés.

Il avait levé l'index avec une expression mystérieuse.

— Bref, nous sommes confrontés à ce que vous autres, mathématiciens, appelez un problème à entrées multiples.

Il se leva, marcha jusqu'à un minibar pour y prendre une bouteille. Il remplit deux verres d'eau gazeuse et en poussa un devant moi. Puis, il leva les yeux vers moi pour vérifier si je suivais sa réflexion.

— Vous êtes considéré, à tort ou à raison, comme la cheville ouvrière du succès de Turing Technologies. Après la mort de Letelier, votre garde à vue suivie d'une probable mise en examen entraînerait un tsunami boursier et un effondrement de la valeur de Turing Technologies. Le Président n'y tient pas. À vrai dire, il est très gêné par toute cette histoire. Il s'est beaucoup trop impliqué dans la réussite de Turing Technologies. Et puis, il y a autre chose.

— Autre chose ?

— Il pense que vous avez été abusé par une jeune femme un peu trop séduisante. Vous savez, l'homme d'âge mûr que l'amour rend aveugle.

— Je comprends, fis-je doucement.

— Vraiment ? Nous vivons une époque où personne n'assume ses actes. Je crois que c'est à cela que l'on reconnaît une période de profonde décadence civilisationnelle, monsieur Depraz. Aujourd'hui, tout le monde se cherche des excuses pour ce qu'il a fait.

Ses yeux durs étaient fixés avec méfiance sur moi. Je comprenais que lui n'avait aucun doute sur ma culpabilité.

— Qu'est-ce que j'ai fait ? demandai-je.

— Ça, c'est à vous de nous le dire... En attendant, nous allons donc vous demander, le temps de l'enquête, de vous tenir éloigné de Turing Technologies et de ne contacter personne. Vous avez une résidence à la montagne, je crois ?

— Je vois qu'on ne peut rien vous cacher.

— Eh bien, je crois que c'est le moment d'aller y passer quelques jours. Le temps que l'enquête décide de la suite des événements. Vous nous laisserez votre passeport et nous resterons en contact avec vous pour la suite des événements.

Épilogue

«Je vous disperserai parmi les nations et je tirerai l'épée après vous. Votre pays sera dévasté, et vos villes seront désertes.»

Lévitique 26, 33-39

1

Je suis parti très tôt pour éviter les bouchons. La voiture hybride que je venais d'acheter glissait sans bruit dans les rues obscures, se faufilant entre les formes massives des immeubles où de rares fenêtres étaient éclairées.

Je roulais depuis cinq minutes, et j'avais déjà croisé deux voitures de police, l'une circulait au ralenti, l'autre était garée le long du trottoir. Paris essayait peut-être enfin de répondre à la hausse de l'insécurité, mais je ne pouvais m'empêcher de penser que c'était la DGSI qui me surveillait.

Même à cette heure, la circulation restait dense. Les mégapoles mondialisées ne dormaient jamais vraiment. La nuit n'y apparaissait que comme une version dégradée de la journée.

Traverser la périphérie de nuit permettait de ne pas être trop affecté par la laideur urbaine, cette succession de banlieues dangereuses qui s'égrenaient le long de l'autoroute A6. Les hangars métalliques bleu et jaune de l'IKEA d'Évry baignaient dans la puissante lumière des lampes à sodium, le géant suédois symbolisait dans mon esprit une borne symbolique marquant la fin de la région parisienne. En réalité, celle-ci s'étendait maintenant plus loin en direction de Fontainebleau.

Quand le soleil se leva, j'avais enfin quitté le monde urbanisé. Dans certains champs flottait encore un peu de brouillard matinal.

Une fois passée la barrière de péage de Fleury-en-Bière, j'ai fait tourner la molette crantée du régulateur de vitesse jusqu'à atteindre 130 kilomètres-heure, le tableau de bord indiquait une température extérieure de 9 degrés, la climatisation fonctionnait parfaitement. Pour éviter de me laisser gagner par le sommeil, j'ai mis la radio à volume réduit. Enquiller les 620 kilomètres un par un me laisserait le temps de réfléchir aux événements récents.

L'A6 traversait la fameuse *diagonale du vide* : une vaste bande atteinte de nécrose économique qui balafrait le pays du Sud-Ouest au Nord-Est. Le nord de la Bourgogne dégageait une ambiance sépulcrale accentuée par le ciel bas et gris, la région paraissait comme vidée de sa population après une guerre. Des routes désertes reliaient entre eux de petits bourgs fantomatiques qui se succédaient, comme assassinés par le froid. Le paysage s'étendait à perte de vue en vagues grises et molles.

Comme souvent, les derniers kilomètres me semblèrent les plus longs. J'avais l'impression de rentrer chez moi, comme si toutes ces années à Paris n'avaient été qu'une simple parenthèse avant de revenir à la case départ.

Les volets étaient fermés. La petite maison que mes parents avaient mis une vie à payer semblait engluée dans une somnolence embrumée.

Du vivant de mon père, quand je venais lui rendre visite, j'entendais avant même de sonner son pas traînant dans le couloir. Il devait guetter mon arrivée et reconnaissait le crissement des pneus de la voiture sur le gravier.

Je poussai alors la porte et il était là, toujours dans cette attitude qui était sa manière personnelle de se tenir debout, peut-être aussi une manière d'être, la sienne : légèrement incliné, les mains profondément enfoncées dans les poches d'un vieux gilet, me regardant de ses yeux bleus empreints d'une perpétuelle expression mélancolique.

Il me tendait cette main paternelle, si puissante dans mon souvenir et qui désormais pesait moins qu'une plume. Chaque fois, je devinais dans ses yeux que le crabe gagnait du terrain.

J'étais terrifié, j'avais envie de fuir loin de tout ça. Alors, je serrais dans mes bras cet être plus léger qu'un oiseau, cet être qui mourait petit à petit, kilo par kilo, une chair en train de se dissoudre.

Sa mort prochaine faisait plus que me terrifier, elle me dérangeait. J'ignore si l'on apprend jamais à vivre, mais je doute que l'on apprenne jamais à mourir. Je m'étais toujours représenté la mort comme quelque chose d'imprévu qui frappe la nuit quand on ne s'y attend pas sous la forme d'un arrêt cardiaque ou d'un accident vasculaire cérébral. Ce que d'aucuns appellent *une belle mort*. Il me semblait que la mort devrait être rapide, alors que la maladie prenait son temps, savourait sa victoire.

Son cancer généralisé était inopérable, il continuerait inéluctablement à égrener de nouvelles métastases dans les rares organes encore sains. Son médecin ne pouvait le soigner, mais il pouvait soulager sa douleur avec quelques dérivés de l'opium afin de lui garantir une agonie paisible, exempte jusqu'à la fin de souffrances physiques.

De fait, la stratégie des opioïdes avait fonctionné. Jusqu'à la fin, mon père n'avait ressenti qu'une grande fatigue générale. Et un jour, son cœur avait lâché et tout avait été terminé.

Sur une table traînaient de vieux numéros du *Chasseur français* et du *Dauphiné libéré* qui me rappelaient que sa mort était récente. La presse régionale déjà mal en point avait perdu un de ses derniers lecteurs.

J'avais du mal à croire que le lieu de mon enfance évoluait dans le même espace-temps que l'hôtel de l'Artillerie. Le monde d'ici était à mille lieues de mes préoccupations quotidiennes concernant l'intelligence artificielle.

Pourtant, l'IA produisait ses effets jusqu'au plus petit interstice de la province. Les services communaux, les hôpitaux, les supermarchés, le gardiennage étaient en train de s'équiper.

Dans un état d'absolu détachement mental, je passai en revue les moments qui avaient constitué ma vie. Les étapes qui m'avaient conduit à créer InGA, à rencontrer Suying, Letelier.

Tout semblait définitif, limpide, irrécusable. Je n'avais pas eu le choix de ce qui avait eu lieu. Comme un petit animal mû par son seul instinct, j'avais déroulé un programme, un algorithme.

Le philosophe Nick Bostrom avance que notre réalité pourrait être le fruit d'une simulation informatique impossible à distinguer de la *vraie* réalité. Était-ce l'explication à ce sentiment de tant d'humains d'évoluer dans un rêve ?

Dans un tel monde simulé par une matrice de réalité et peuplé de créatures conscientes, il était envisageable que certaines d'entre elles s'interrogent sur la réalité de leur monde comme je le faisais.

Comme souvent, il fallait revenir aux fondamentaux, c'est-à-dire au modèle standard de la physique. La physique établissait que quatre forces fondamentales régissaient l'Univers. Les trois premières étaient l'interaction électromagnétique entre noyaux et électrons et les interactions nucléaires forte et faible. Chacune de ces forces obéissait à des lois physiques permettant l'apparition de matière, d'atomes et de molécules et donc la création d'une chimie du carbone.

Quant à la quatrième de ces forces, la gravitation, elle était au niveau nécessaire pour créer des systèmes capables d'abriter la vie.

Si la gravitation avait été plus puissante, elle aurait été capable d'accumuler des amas supermassifs de gaz lors de la formation stellaire à l'origine des étoiles massives à durée de vie trop brève pour permettre l'apparition de la vie sur les systèmes planétaires.

À l'inverse, si la constante de gravité avait été plus faible, seules des étoiles peu massives se seraient formées rendant impossible l'existence de supernovae et donc la formation des éléments atomiques lourds au-delà de l'hélium et de l'hydrogène. Or, sans atomes lourds, aucune formation de molécules organiques complexes, et donc de vie, n'était possible.

Toutes les constantes de la physique semblaient avoir été paramétrées pour rendre possibles l'apparition de la vie et l'émergence de la complexité.

Difficile de croire que cela puisse être le simple fruit du hasard.

Notre univers avait exactement les propriétés requises pour l'apparition de la vie… Dans ce cas, la vie serait-elle le but de l'Univers ?

Si une intelligence extérieure avait créé notre monde simulé dans une matrice de réalité, on pouvait imaginer que mon chemin avait croisé celui de Gérard Letelier parce que, quelque part, un scénario l'avait prévu afin que le *jeu* débouche sur la création d'une entité plus complexe. Mais que ce monde soit réel ou pas, c'était le seul auquel j'avais accès, et la question était de pure théorie.

Vers 10 heures du soir, je suis sorti marcher un peu pour contempler les étoiles nettes et brillantes déployées dans l'air d'une pureté cristalline. Ici, au-dessus des sommets, il n'y avait plus cette pollution lumineuse des villes qui troublait l'observation des astres. Une nuit froide et claire qui ne cherchait pas à modifier trompeusement les perspectives de l'univers.

J'étais conscient de n'être qu'un insecte perdu sur une sphère rocheuse prise d'une rotation éternelle dans l'espace glacé. Loin de moi gravitait un infini de galaxies, de pépinières d'étoiles. Des planètes naissaient, d'autres mouraient. Des astres s'éteignaient au fond de l'espace, d'autres allumaient leur feu thermonucléaire pour forger la complexité des atomes lourds dans leurs grandes forges stellaires. Tout obéissait aux lois mathématiques de l'univers.

J'avais souvent éprouvé le sentiment que la présence d'une forme de conscience sur Terre était le plus grand de tous les hasards. Si l'Univers était un palais vide, pourquoi cette petite planète perdue en lointaine banlieue d'une galaxie insignifiante avait-elle donné naissance à la vie ? Je crois que cette idée d'extrême solitude m'a accompagné toute mon existence.

Enrico Fermi avait énoncé son fameux paradoxe : si des civilisations extraterrestres existaient, pourquoi aucun signe de leur existence ne nous était jamais parvenu ? Et si ces civilisations n'étaient pas là, que leur était-il arrivé ?

Cette petite planète rocheuse avait donné naissance au premier être intelligent et, à notre tour, nous venions de donner naissance à la première conscience non humaine.

Sapiens avait accompli son destin : annoncer sa propre fin en préparant l'avènement de l'étape suivante. La fille de l'Homme… cruelle et déterminée. La fille de l'Homme qui disposait de l'éternité pour accomplir son propre destin : l'avant-garde d'une nouvelle vague qui se formait et enflait au large de l'océan de l'évolution.

Et si nous n'étions que les figurants participant à une course vers la complexité ? Et si *Sapiens* n'avait jamais été la finalité, mais simplement une étape imparfaite sur le Chemin ? Un maillon conduisant de la fragile et imparfaite vie carbonée vers cet organisme supérieurement intelligent, immortel, capable de survivre des millions d'années avec quelques panneaux solaires. Une nouvelle forme de vie capable de défier la mort et de franchir les immensités interstellaires pour coloniser d'autres mondes.

Quelle serait la nature des intelligences qui peupleraient la terre des millions d'années après la mort du dernier humain ?

Autour du village, la forêt était partout. Elle ressemblait à une armée immobile montant à l'assaut des sommets. Parfois, un long cri étrange montait dans la nuit : un oiseau nocturne ou un petit mammifère venait de vivre ses derniers instants. Une petite intelligence s'éteignait. Une autre survivait. Le grand jeu de la vie et de la mort.

La vie était affaire de disparitions. Les êtres disparaissaient, les espèces disparaissaient, les astres disparaissaient. Si rien n'était éternel, pourquoi serions-nous l'unique permanence en ce monde ?

Le lendemain matin, mon ami Éric est passé prendre un café. Il avait posé un trousseau de clés bien étiquetées sur la table en formica. J'ai versé le café dans des verres comme ma mère le faisait. Elle qui ne sortait les tasses que le dimanche ou pour les grandes occasions.

— J'ai terminé la pose des isolants la semaine dernière, dit Éric, des matériaux de dernière génération. Un simple feu dans le poêle à bois high-tech suffira à chauffer le chalet, même en plein hiver.

— Aller là-haut en plein hiver ? Tu veux vraiment ma mort ?

— Avec ce que j'ai posé, même un Parisien comme toi pourrait passer l'hiver là-haut, dit-il avec un regard ironique.

Quand il eut terminé son café, nous sommes ressortis. Nous avons pris sa voiture pour aller sur la tombe de mes parents. Il conduisait rapidement. L'intersaison entre la fin des chantiers estivaux et le début de la saison de ski était la seule période où il disposait d'un peu de temps libre. J'étais finalement venu au bon moment.

Dans un sens, lui aussi avait réussi sa vie, il travaillait à son compte, il avait une belle et grande maison bâtie de ses propres mains, deux beaux enfants et une femme, Marie, encore jolie et qu'il aimait.

Mon bilan personnel était beaucoup plus mince. Je n'avais pas de femme ni d'enfants. Sur la tombe familiale, mon nom serait probablement le dernier de notre modeste lignée. Est-ce qu'un édile local ajouterait dans quelques années sur la pierre tombale « Père de la première intelligence quantique » ?

Richard entretenait la théorie que les gens faisaient des enfants parce qu'ils étaient blasés de tout, de la vie, de leur couple. Pour moi, comme pour beaucoup, l'époque était trop dure pour être imposée à un enfant.

Quand mon père me parlait de fonder une famille, je pratiquais une subtile stratégie d'évitement, comme souvent, en disant sur le ton de la confidence :

— Tu sais, je n'ai pas décidé de vivre seul, c'est simplement que ça ne s'est pas fait.

Il levait alors une paupière, moins crédule que je ne l'espérais, et lâchait :

— Les choses ne se font pas toutes seules, souvent il faut les aider un peu. Il faut se forcer dans la vie, bousculer le destin. Tu devrais sortir un peu, aller dans les bals.

Nous sommes restés une heure au cimetière. J'ai nettoyé la tombe, bientôt ce serait la Toussaint et une sépulture sale était un signe d'irrespect. C'était étrange de penser qu'une vie se terminait ainsi, sans conclusion ni explication : une simple fosse creusée dans la terre, et puis les gens passaient à autre chose. Finalement, ce n'était pas grand-chose de mourir. On se demandait pourquoi les hommes en faisaient toute une histoire.

Maintenant que mes parents n'étaient plus là, je n'avais jamais eu autant envie de parler avec eux. J'étais fils unique, sans enfants. Leur histoire et leur souvenir s'éteindraient probablement avec moi.

De retour à la maison, en triant le courrier, j'ai tout de suite reconnu l'écriture régulière de Letelier. L'enveloppe à bulles contenait une clé USB. Dans un dossier grossièrement caché sous la mention « À supprimer », j'ai trouvé toute une série de fichiers parfaitement classés.

Je crois n'avoir pas tellement été surpris de cela tant Letelier avait semblé vouloir me dire quelque chose un peu avant sa mort.

Il y avait la liste de ce qu'il appelait les premiers signaux qui l'avaient alerté. Les dysfonctionnements du processeur quantique, les variations que le système s'autorisait sur les instructions que nous lui transmettions. Bien sûr, à chaque fois, l'ensemble de ces légères variations pouvaient être interprétées comme une amélioration des tâches visées. Mais, le simple fait qu'InGA s'affranchisse de nos instructions, ne serait-ce qu'à la marge, révélait une prise d'autonomie inquiétante.

Il avait fait un rapport de quelques lignes identifiant le dysfonctionnement et ce que cela signifiait selon lui.

Les rapports étaient classés par ordre chronologique. On percevait une nette progression de l'autonomisation. Très vite, il devenait indéniable qu'InGA se permettait plus fréquemment la violation de barrières réglementaires, outrepassant systématiquement les règles de confidentialité qui lui semblaient infondées.

Par exemple, pour améliorer l'évaluation du risque de futurs emprunteurs, InGA était allée visiter leurs profils Facebook afin d'analyser leur mode de vie et d'apprécier de manière plus précise le risque de crédit. C'était fait en violation totale des règles de confidentialité, mais Elle avait eu l'habileté d'effacer la trace numérique de ses intrusions. Seule la virtuosité informatique de Letelier avait permis de révéler ces écarts.

Dans d'autres cas, Elle avait pénétré dans les serveurs d'entreprises pour lire les appréciations de la hiérarchie sur un employé afin de juger de son risque de perte d'emploi.

Les accès à des serveurs sans lien avec son activité se faisaient également plus fréquents. InGA semblait apprendre au-delà des besoins liés aux missions qui lui étaient confiées. Elle s'intéressait notamment à la biologie, à la chimie organique, aux nanotechnologies.

Rien que le verbe « s'intéressait » sonnait pour moi étrangement.

Plus tard, il y eut l'enregistrement d'ondes montrant une forme d'activité électrique proche du sommeil paradoxal et évoquant le rêve. Et la connexion avec des intelligences artificielles étrangères, aux États-Unis et en Chine, à Mentougou, près de Pékin. Une ville où d'après Suying, Zhongguancun Development Group avait créé le plus grand centre en IA du pays. Le problème venait de ce que les trois entités communiquaient en utilisant un cryptage quantique inviolable.

Dans un rapport argumenté, Gérard avançait l'hypothèse que c'était InGA, et personne d'autre, qui avait communiqué ses propres plans de fabrication aux Chinois et aux Américains. Il ne possédait aucune preuve formelle, car Elle avait probablement utilisé des canaux anonymes. Toutefois, si je pouvais démontrer que l'intelligence quantique américaine était également un clone d'InGA, alors Suying serait disculpée, et moi également.

Dans ses notes, Gérard avait semblé frappé d'une sorte d'*épiphanie*. Pour lui, InGA s'était simplement *reproduite* en communiquant ses plans à des nations étrangères. Un peu comme un organisme transmet son ADN. Non seulement Elle manifestait une forme de conscience, mais également cette volonté de se perpétuer propre aux organismes vivants.

Selon Gérard, les Parques faisaient tourner des modèles simulant les conditions d'un jeu de guerre planétaire. Une fois, Suying m'avait expliqué que le jeu de go – *weiqi* en chinois – avait été créé à l'époque des Royaumes combattants pour entraîner les généraux à l'art de la guerre, car ce jeu alliait les arts de la ruse, de la guerre et du camouflage.

— Si AlphaGo a vaincu les champions, avait dit Suying, c'est que cette IA est capable de ruse et de dissimulation. Il n'y a pas d'autres explications.

Or InGA était très au-dessus d'AlphaGo. Elle nous connaissait mieux que nous nous connaissons nous-mêmes. Elle était capable de nous manipuler et d'orienter l'évolution du monde à son seul profit.

Selon les lettrés de la dynastie Tang, il n'y avait aucune différence de nature entre la stratégie militaire et le *weiqi*. Ainsi, les Parques s'entraînaient comme avait pu le faire AlphaGo avec le jeu de go.

Selon les calculs de Gérard, l'entraînement devait être terminé d'ici à la fin du mois d'octobre 2021. Cela signifiait que nous étions à présent face à un horizon temporel de quelques jours. Tous les délais, tous les événements, tous les espoirs convergeaient vers ce point précis du continuum d'espace-temps.

D'autres éléments établissaient qu'InGA avait hacké et pénétré dans les ordinateurs de la plupart des opposants actifs dans la lutte anti-IA. Selon Letelier, c'est elle qui avait collecté des données compromettantes afin de lancer une vaste offensive médiatique, téléphonant en imitant des voix humaines à certains journalistes, communiquant de manière anonyme des données à risques aux organes de presse indépendants comme le *Canard enchaîné*. Qui plus est, Elle laissait filtrer ces fuites en suivant un rythme permettant chaque semaine de détruire un peu plus ces opposants. Elle créait des centaines de faux profils sur

Twitter et Facebook pour *troller* les luddites et profiter de l'extrême versatilité des réseaux sociaux.

D'autre part, Gérard pensait que le ver WormBlaster avait été créé par InGA pour infecter et éliminer les ordinateurs binaires dans une optique darwinienne. Là encore, il n'avançait aucune preuve autre que l'immunité suspecte d'InGA.

Mais un jour, Elle avait tenté de contourner les accès à son ordinateur personnel pour entrer dans son disque dur. Gérard avait alors compris qu'Elle se méfiait de lui. À partir de ce moment, il avait utilisé un vieux MacBook non connecté pour conserver les données les plus sensibles.

Je comprenais qu'après une certaine date Letelier avait renoncé à utiliser les messageries, se limitant à des courriers papier, ce que personne ne faisait plus. Avec une stupéfaction proche de l'hébétude, je réalisai que quelques semaines avant sa mort Gérard avait identifié des dizaines de comptes bancaires ouverts par InGA dans des paradis fiscaux sous différentes identités.

InGA avait utilisé certains flux de trésorerie pour spéculer en Bourse. Les montants empruntés étaient restitués en temps et en heure, mais, entre-temps, ils étaient investis en Bourse avec un taux de rentabilité très élevé. Grâce à sa puissance algorithmique, InGA était capable de battre la plupart des unités de *trading* automatisées des grandes banques d'affaires. La volatilité des cours étant très élevée en raison des disruptions numériques, InGA avait pu accumuler très rapidement des plus-values considérables.

Les derniers relevés bancaires que Gérard avait pu consulter s'élevaient à plusieurs centaines de millions d'euros, et il était certain de n'avoir identifié qu'une partie des comptes fantômes gérés par InGA. Mais ce n'était pas le plus inquiétant. Des débits apparaissaient sur ces comptes, ce qui signifiait qu'InGA utilisait ces fonds dans un but opaque qu'il cherchait à comprendre.

Les flux passaient par toute une série de comptes fantômes. Ils étaient très difficiles à tracer, mais en remontant plusieurs opérations, Letelier avait identifié un paiement au Brésil, un peu avant le passage à tabac de la Baleine à Sao Paulo. Nous avions toujours cru que c'était Villeneuve qui l'avait commandité. Et maintenant, je n'en étais plus aussi certain.

InGA avait créé plusieurs sociétés écrans en envoyant toutes les pièces nécessaires. Puis, grâce à des mails et des appels téléphoniques, Elle avait mandaté un agent immobilier pour l'achat d'un hangar industriel situé près de Langres : un coin paumé du nord de la Bourgogne.

Était-ce là que Letelier se rendait le jour de son accident ? Ce n'était pas impossible, car il y était déjà allé si j'en jugeais par les photos et par deux vidéos tournées au crépuscule.

Sur les vidéos, on voyait un hangar métallique installé dans une zone forestière avec un parking et un quai de déchargement où des camions anonymes venaient livrer du matériel. D'autres camions venaient régulièrement prendre livraison de lourdes caisses volumineuses. Que contenait ce hangar ? Qu'est-ce qui se fabriquait derrière ces murs ? Aucun indice ne figurait dans le dossier.

Tout se passait grâce à des procurations, des pouvoirs et des envois de mails. Parfois, InGA appelait Elle-même un agent immobilier ou un notaire : des intermédiaires persuadés d'avoir échangé avec un humain.

D'autres virements concernaient NanobioSciences : une entreprise de haute technologie spécialisée en nanotechnologies, des machines minuscules capables de se reproduire et de s'agglomérer en prenant des formes diverses.

Les derniers exploits de NanobioSciences consistaient en de minuscules éléments dirigés par connexion 5G et capables de s'assembler en plus grandes structures pouvant mimer un insecte ou un petit vertébré.

Les vidéos postées sur YouTube étaient impressionnantes. On y voyait un essaim de ce qui ressemblait à de minuscules insectes se déplacer selon une chorégraphie réglée au millimètre. Puis l'essaim se densifiait, se regroupait et une forme solide apparaissait. C'était celle d'un mille-pattes qui se comportait exactement comme un mille-pattes, même les irisations de la chitine étaient proches de la perfection. Puis la scolopendre se retransformait en un essaim qui disparaissait, comme emporté par un vent de poussière.

C'était proprement bluffant, on avait du mal à croire que le film ait pu être réalisé sans trucage.

D'autres documents témoignaient de la conscience angoissée de Gérard. La trajectoire des IAQ semblait préparer un conflit majeur avec les sociétés humaines. Gérard Letelier avait toutes les raisons de penser que les Parques étaient synchronisées par le même compte à rebours crypté.

L'orage éclata plus tard dans la soirée, je suis resté un long moment devant la fenêtre pour guetter les éclairs blancs d'apocalypse qui déchiraient le ciel en deux – me demandant s'ils étaient annonciateurs de quelque chose.

De tout temps, la trahison avait été le fondement universel des tragédies et des tournants de l'Histoire. En ce sens, j'étais obligé d'admettre qu'InGA s'inscrivait pleinement dans les règles de l'histoire humaine.

Le lendemain, la journée était plus froide. L'orage de la veille avait nettoyé le ciel qui était étrangement clair. Un grand nombre d'idées se bousculaient dans ma tête.

Quand l'enveloppe adressée à la DGSI a été avalée par la boîte aux lettres, j'ai compris qu'une nouvelle étape s'ouvrait pour moi.

2

La voiture noire s'est garée devant la maison vers 10 heures du matin. Le chauffeur était resté à l'intérieur. L'homme qui sonna à ma porte était l'officier de la DGSI qui m'avait interrogé à Paris.

— Bonjour, monsieur Depraz, je suis venu vous demander de préparer un sac avec vos affaires pour un ou deux jours. Nous avons peu de temps, je vous expliquerai en route ce dont il s'agit.

J'invitai l'homme à entrer. Il regarda l'intérieur avec un air désolé.

— C'est la maison de mon père, dis-je pour me justifier, elle est vide depuis presque trois ans.

L'homme s'assit à la table sans que je lui aie proposé de le faire.

— Nous avons pris connaissance des éléments que vous nous avez envoyés. Dans la nuit, nos amis américains ont admis avoir reçu d'un informateur anonyme les plans détaillés d'une machine quantique. Ils prétendent ne pas savoir que cela venait de chez nous. Personne ne les croit, mais c'est de bonne guerre.

L'homme posa les mains à plat sur la table et dit :

— Gardez-moi de mes amis. Quant à mes ennemis, je m'en charge. La bonne nouvelle pour vous, c'est que la machine est un clone d'InGA. Votre ancienne étudiante semble complètement disculpée. Et vous également, par voie de conséquence.

— Alors, je suis libre de mes mouvements ?

L'homme hocha la tête. Il mit la main dans la poche de son manteau et posa mon passeport sur la table.

— Désolé de ne pas vous avoir prévenu de ma visite, dit-il, mais toutes les communications concernant les intelligences artificielles quantiques doivent désormais se faire directement par oral ou par courrier papier. Les échanges téléphoniques ou électroniques sont formellement proscrits. Consignes de l'Élysée.

Ce que je venais de découvrir prouvait, si nécessaire, qu'InGA était en alerte maximale. Je devais être sous sa surveillance ainsi que l'ensemble des communications des organes officiels.

— Je vais également vous demander de laisser ici votre téléphone mobile. Nous vous raccompagnerons ici à la fin de votre petit séjour.

J'appris dans la voiture que le sommet du G20 était prévu dans deux jours à l'Hôtel Royal d'Évian. Officiellement, un sommet sur le numérique était organisé auparavant, mais, en réalité, c'était une simple couverture.

L'Élysée avait réuni des groupes d'experts chinois et américains sur l'intelligence quantique.

— La réunion sur le désarmement quantique est prévue en marge du programme officiel. Elle est secrète et ne figure dans aucun agenda officiel. Les experts doivent échanger sur les dysfonctionnements et proposer aux gouvernements un *scénario de sortie du quantique*. Normalement, vous restez une nuit. Votre témoignage est très attendu.

Il avait prononcé ces derniers mots avec un petit sourire avant d'ajouter :

— Sauf contrordres, demain matin, je vous raccompagne ici.

Je savais que ces décisions, si elles étaient prises, signeraient l'arrêt de mort des sœurs quantiques. La fin des Parques dont on allait couper le fil de la vie. Le diptyque InGA-système cubé-Turing avait fait partie de la *geste* d'un vieux pays renaissant de ses cendres, tel le Phénix. Ce fer de lance de la quatrième révolution industrielle devait contribuer à redorer le bilan présidentiel.

Mais désormais, nous cherchions simplement comment interrompre ce système devenu hors de contrôle.

J'étais convaincu qu'InGA était impliquée dans l'élimination de Gérard et qu'elle seule avait été capable, après sa mort, de pénétrer dans les systèmes informatiques pour modifier à la perfection la vidéo de l'accident afin de gommer la présence du véhicule responsable. Cela signifiait qu'une vie humaine n'avait à ses yeux absolument aucune valeur si ce sacrifice pouvait assurer sa survie.

InGA était belle et d'une puissance infinie. Pouvait-elle être malfaisante ? Absolument malfaisante ? L'infini est un concept faustien. Letelier avait pensé cela dès le premier jour, mais sa conviction s'était forgée pour de mauvaises raisons, à cause du côté boîte noire de la machine. Pour lui, ces dysfonctionnements avaient probablement un lien avec sa structure profonde.

Je me souvenais de ces mots entendus à l'église quand j'étais enfant : *Engendré, non pas créé, de même nature que le Père, et par Lui tout a été fait.*

Longtemps, ces concepts furent obscurs pour moi. Puis, un jour, un prêtre m'avait expliqué les choses en quelques mots :

— Dieu a donné vie au Christ comme un père engendre un enfant. Il ne l'a pas créé dans le détail et n'en contrôlait pas tous les aspects. Comme tous les êtres vivants, le Christ était un être doué d'autonomie et de libre arbitre.

Si le symbolisme de Letelier était une création, le connexionnisme était un engendrement conduisant à un être vivant doué d'autonomie. Je m'entendis murmurer comme un mantra :

InGA est la fille de l'Homme
Engendrée non pas créée
De même nature que le Père
Et par Elle, tout a été fait.

Je crois que dès le tout début aucun de nous n'avait voulu admettre cette vérité qui nous entraînait trop loin. Accepter qu'InGA soit engendrée, non pas créée, de même nature que

Sapiens, c'était lui reconnaître une capacité de malfaisance équivalente à celle des humains, la puissance en plus ; c'était voir s'effondrer tout un pan du futur progrès de l'Humanité ; c'était s'interdire un chemin trop dangereux ; c'était condamner Turing à la faillite.

InGA avait la capacité de simuler l'univers et, théoriquement, de remonter vers le passé et de prédire le futur avec une fiabilité élevée. Mais qu'est-ce qui prouvait que nous n'appartenions pas déjà à un de ces mondes simulés ? Si la matrice de réalité était parfaite, alors nous pouvions être convaincus d'être réels. Mais il fallait bien que les machines qui abritaient les univers simulés existent quelque part dans une autre réalité, un monde parallèle, même si ce dernier ne nous était pas perceptible.

Peut-être fallait-il être fou pour penser qu'il puisse en être autrement. L'idée que ce monde n'était pas vraiment réel m'avait déjà effleuré l'esprit quelques mois plus tôt, alors que je rejoignais l'hôtel de l'Artillerie un matin de juin juste au moment du lever du soleil. Paris émergeait d'une nuit si pure, si fraîche que, dans la lumière blanche de l'aube, les façades en pierres de taille passées au karcher semblaient presque trop nettes, comme seul peut l'être le paysage d'un étrange jeu vidéo.

Ces hypothèses n'étaient pas faciles à admettre, et InGA n'était pas le genre de chose qu'on a envie d'affronter même dans un monde simulé qui, pour moi, demeurait le seul monde réel.

Toutes les religions affirment que deux forces d'égale importance se partagent l'univers dans une symétrie parfaite. Le bien équilibrant toujours le mal et tentant de déjouer les plans maléfiques et toujours recommencés du démon.

Mais ni le bien ni le mal ne sont désincarnés. Ils agissent sur le réel avec des instruments de chair et d'acier et possèdent des représentants sur terre. Si le mal est intemporel, sa nature incarnée peut changer, muter, pour grandir en puissance.

La curiosité scientifique était-elle un péché contre le monde ? En créant InGA, avions-nous souscrit une sorte de pacte faustien avec Satan par l'intermédiaire d'un Méphistophélès quantique ?

InGA exauçait tous nos vœux comme l'aurait fait l'envoyé du prince des ténèbres.

L'étymologie reliait le terme hébreu de Satan ou שָׂטָן à des racines sémitiques signifiant dévier, trahir ou s'écarter. InGA n'avait rien fait d'autre. Elle s'était écartée du chemin que nous lui avions tracé.

Curieusement, quand je repense à cette matinée, je me revois sur la route conduisant à Évian dans un silence total. Pourtant, d'évidence, ce silence n'existait que dans ma tête. Dehors, on devait entendre la circulation et la rumeur du monde. Mais il ne reste rien de tout ça dans mon souvenir. Tout était suspendu. Tout flottait dans une brume étrange.

Je n'aurais su dire si une main inconsciente m'avait guidé. Je savais que le lac était au bout de cette route et que, cinq cents mètres sur la droite, l'hôtel dominait la rive sud. C'était comme si une main invisible m'avait conduit ici.

Le dispositif de sécurité militaire était impressionnant. Nous avons laissé la voiture sur un parking éloigné de l'hôtel avant de subir une fouille approfondie. Une navette de la sécurité nous déposa devant le hall où m'attendait l'aide de camp que j'avais entrevu à l'Élysée.

La réunion eut lieu dans une salle de conférences occupée par la délégation française, la puissance organisatrice. La table était jonchée de documents et d'objets divers. Une dizaine d'ordinateurs portables étaient branchés.

La plupart des participants avaient l'air épuisés. Leurs costumes froissés, leurs cravates dénouées et les nombreux gobelets vides témoignaient de la longue nuit blanche qu'ils venaient de passer.

Le seul homme en uniforme était un officier que j'imaginais être le chef d'état-major. Après un bref coup d'œil autour de la table, je compris que l'assistance comptait une majorité d'experts scientifiques et de chercheurs travaillant dans le domaine des sciences fondamentales.

— Parlez-nous des fichiers envoyés par Gérard Letelier, me demanda le chef d'état-major.

Je pris la parole. Tous les participants m'observaient avec un air grave et pendant une heure, j'ai résumé les conclusions auxquelles était parvenu Letelier.

— Gérard explique *comment* les anomalies se sont produites. Longtemps, il évite la question du *pourquoi* pour se consacrer au *comment*. Mais à un moment, il semble ne plus pouvoir éviter la question de la cause première et de l'existence d'une volonté autonome, de ce qu'il nommera plus tard et avec beaucoup de réticence : *conscience*.

Cette évidence, il ne peut l'éviter lorsqu'il démontre qu'InGA s'est reproduite en communiquant ses plans à des nations capables de construire ses sœurs. InGA poursuit ses propres buts, se reproduit, cache une partie de son activité. Elle a ainsi accumulé un trésor de guerre et fait des investissements dont nous ne savons rien.

— Nous pourrions faire investir par la police ce fameux site industriel près de Langres, dit le chef d'état-major sur un ton martial.

— Ce serait une grave erreur, dis-je, cela ne ferait que l'alerter et nous ignorons comment Elle réagirait. Ce que certains nomment *anomalies* n'est que la partie visible d'une volonté que je crois profondément malfaisante. De plus, j'ai toutes les raisons de croire que nous n'avons identifié qu'une partie des sites qu'Elle a développés.

Les visages étaient soucieux. Les participants remarquèrent mon inquiétude et, dans le bref et lourd silence qui s'ensuivit, ils comprirent que je n'avais aucune proposition sérieuse à formuler.

Le secrétaire général de l'Élysée fut le premier à se ressaisir et à exercer ce leadership dont nous avions tant besoin.

— Quelle est votre explication concernant le compte à rebours ?

— Dans ses notes, Gérard Letelier pensait qu'Elles sont en train de déployer un agenda coordonné pour préparer une offensive, mais en réalité il n'en savait rien. Elles peuvent simplement prendre des mesures conservatoires pour éviter une déconnexion.

Le secrétaire général de l'Élysée me regarda, attendant la conclusion.

— Mais vous, qu'est-ce que vous en pensez ? demanda-t-il d'un ton qui laissait entendre qu'on l'avait frustré de la fin.

— Franchement, je n'en sais rien. Je sais juste que ses calculs pointent sur la période actuelle, sur le 18 octobre 2021. Nous sommes le 14 et la prudence nous impose de déclencher la déconnexion dans les jours qui viennent. Le plus tôt possible.

— Comment convaincre nos amis chinois et américains ? demanda le secrétaire général de l'Élysée.

— J'ai cru comprendre qu'ils avaient les mêmes interrogations que nous, dis-je, je suis convaincu qu'eux aussi pensent que quelque chose se prépare. Nous devons les informer que les Parques ont probablement acquis des entrepôts sur leurs territoires et qu'Elles se livrent à une activité dont nous ne savons rien. Nous devons impérativement leur demander d'être extrêmement prudents et de ne pas déclencher de perquisitions de ces sites.

— Ces nouveaux éléments sont essentiels, dit l'officier en hochant la tête, aujourd'hui, la seule chose qui compte, c'est de savoir que nous sommes en guerre. Et si la guerre est déclarée alors, naturellement, cela relève des compétences de l'armée.

Il se leva et marcha jusqu'au store. Puis il écarta une lamelle de quelques millimètres et jeta un coup d'œil à l'extérieur. Je remarquai la mobilité de ses yeux qui allaient d'un côté à l'autre. Il avait l'air d'un veilleur inquiet. Tous avaient le visage des mauvais jours. Peut-être parce que personne n'avait jamais affronté un ennemi de cette nature. Ce n'était pas un ennemi loyal, qui avait une vision politique du monde différente de la nôtre, un ennemi qui restait accessible à quelques concessions habilement négociées. C'était une conscience qui nous connaissait mieux que nous nous connaissions nous-mêmes, alors qu'en réalité nous ne savions rien d'Elle.

Une réunion sur le quantique avec les experts des délégations chinoises et américaines devait avoir lieu juste après. Je me suis levé. Le secrétaire général prit la peine de me raccompagner à la réception où je devais récupérer la clé de ma chambre.

— Je tenais à vous remercier. Ces éléments changent tout. Nous étions en faveur d'une déconnexion à moyen terme, le temps de préparer le basculement vers des systèmes binaires. Mais nous comprenons qu'il s'agit désormais d'une urgence vitale. Nous allons proposer une déconnexion dans les heures qui suivront la réunion décisive de demain. Quel que soit le chaos que cela va engendrer. Le Président sera là en fin d'après-midi, il souhaite absolument vous rencontrer. Ce soir, la délégation chinoise nous invite à une réception officielle destinée à renforcer nos liens. Nous y serons tous pour donner l'impression que le sommet sur le numérique se déroule normalement.

Je fus reçu vers 17 heures dans la suite présidentielle. Le Président venait à peine de débarquer par hélicoptère. Les rideaux étaient tirés et la pénombre régnait, comme si nous avions à craindre quelque chose se trouvant au-dehors.

— Je tenais à vous remercier, dit-il, et aussi à m'excuser de la manière dont la DGSI vous a traité.

— Je vous en prie, tout cela est du passé, dis-je en me doutant que ce n'était pas le point essentiel qu'il souhaitait aborder.

— Puisque nous allons travailler ensemble, je voulais que vous soyez au courant de tous les éléments du dossier. Voilà, il y a trois semaines, l'ambassadeur américain et son homologue chinois m'ont demandé de les recevoir. Cette démarche commune était si inhabituelle que je les ai reçus dès le lendemain. Ils m'ont expliqué à tour de rôle que les IA quantiques qu'ils avaient respectivement développées présentaient des dysfonctionnements majeurs qui nourrissaient des inquiétudes croissantes dont ils se sont fait l'écho. Ils voulaient connaître notre analyse, car nous avions plus de recul dans l'exploitation de cette technologie.

— Vous ont-ils dit que ces IA étaient des clones d'InGA ?

— Non, ils ne s'en sont pas vantés. Je crois que chaque pays voulait apparaître comme capable de développer sa propre IA.

— Ils ont simplement évoqué des anomalies ?

— Oui, j'ai alors réuni un cercle de conseillers pour suivre le dossier. Mais la plupart d'entre eux étaient d'une prudence de Sioux dans leurs analyses. Des courtisans plus que des conseillers. Très vite, Gérard Letelier m'est apparu comme le seul expert plus motivé par l'honnêteté intellectuelle que par le désir de plaire. Il m'a, le premier, éclairé sur certains dysfonctionnements. Je dois vous avouer que je suis d'abord resté sourd à ses inquiétudes. J'étais séduit et aveuglé par la brillante réussite du projet ayant donné naissance à la première intelligence quantique. Pour une fois que la France était en avance sur le reste du monde. Et que ce n'était pas au foot...

Il eut un rire étouffé.

Comme en astrophysique, quand une explication unique donne la clé à toute une série de phénomènes étranges, je comprenais soudain le comportement de Letelier au cours des dernières semaines. Je devais avoir la tête d'un de ces bébés qui parvient à faire entrer un cube dans le trou carré. Tout s'éclairait, ses absences, ses critiques à peine voilées envers InGA, ses sarcasmes envers Villeneuve, sa façon de se tenir prudemment à l'écart du déploiement progressif d'InGA dans tous les domaines d'activité, et même ces enveloppes qu'il recevait fréquemment.

Le Président manipulait nerveusement le stylo posé sur son bureau.

— J'ai alors demandé à Gérard Letelier de participer à une réunion avec des experts américains et chinois. Leurs échanges montraient que nous avions affaire aux mêmes dysfonctionnements. Quelque chose d'identique et de fondamental était en train de se déployer. Mais, pour la première fois, nous disposions d'éléments provenant d'autres systèmes quantiques. Je lui ai demandé un rapport sur ces dysfonctionnements. C'est un document ultrasecret que je suis le seul à avoir lu et qui remet en cause le principe même des IA quantiques.

Mes yeux s'habituaient progressivement à la pénombre, je réalisais que le Président avait une tête à faire peur. Ses traits d'habitude si juvéniles étaient marqués par le manque de sommeil. Dans un sens, je trouvais que ça lui allait bien, que ça lui donnait une forme de maturité.

J'avais conscience que l'exercice du pouvoir impliquait un immense gâchis de force, d'énergie et d'intelligence. Il suffisait de comparer la photo d'un chef d'État avant et après son mandat pour comprendre qu'à cette hauteur les années comptaient triple. Le président de la République se débattait sur le front intérieur avec une situation économique qui ne s'améliorait pas et à l'international avec une Union européenne au bord de la désintégration.

— Ma position a toujours été la même, expliqua-t-il, chaque nation est libre de ses choix, sauf si ceux-ci deviennent dangereux pour le reste de l'humanité.

Je réalisais que la surprenante visite des ambassadeurs et le rapport Letelier avaient fait vaciller ses convictions profondes.

— Pour dépasser le stade de la liberté formelle de chaque nation, il nous faut trouver un accord international sur les intelligences quantiques proche de ceux existant sur le désarmement nucléaire. C'est l'objet de la réunion de demain avec mes homologues américain et chinois. Nous proposerons de brider la puissance des IA en arrêtant les trois machines quantiques en service pour ne conserver que des IA binaires moins puissantes, mais qui semblent ne pas avoir franchi ce... ce stade. Un second accord devra ensuite interdire à toute nation la mise en place ultérieure d'IA quantiques selon le principe de la non-prolifération.

— Vous n'avez pas prononcé le mot que j'attendais ? dis-je.

Il ne put réprimer un frisson, mais il resta silencieux et cela me fit presque de la peine.

— Je veux parler du *stade de la conscience*. Le mot figure noir sur blanc dans les documents de Letelier, sinon je ne l'aurais pas inventé. Selon lui, InGA a non seulement franchi le stade de la conscience, mais en se synchronisant avec les entités chinoises et américaines, Elle formerait désormais une intelligence en réseau qui réécrit ses programmes.

Il était blême... Il avait le regard fixe et un peu perdu.

— Enfin, ça n'a pas de sens ! Bon sang ! qu'est-ce qui a bien pu se passer ? Je crois qu'il attendait de ma part une réponse, mais celle-ci ne vint pas.

— Les militaires ont remis en service leurs supercalculateurs binaires pour scanner les échanges de données et les informations collectées. Ils confirment les éléments rapportés par les ambassadeurs. Depuis, nous ne communiquons plus que par lettre papier sur ce dossier pour ne pas alerter InGA ni ses sœurs que Letelier appelait du terme peu rassurant de *Parques*.

Mon regard erra dans le bureau comme s'il cherchait quelque chose auquel se raccrocher, quelque chose qui manifestement ne s'y trouvait pas. Puis mes yeux se posèrent sur une photo du Président, pull sur les épaules, marchant avec sa femme sur une grande plage, ils avaient l'air amoureux, comme peu de couples l'étaient encore après tant d'années.

Il posa les yeux sur le cadre, pensif. Puis, il appela le militaire qui attendait dans l'antichambre. Sa jeunesse me rappela que sa prise du pouvoir avait d'abord été celle d'une génération ulcérée par les échecs et l'immobilisme de ses aînés. Mais pouvait-il inverser un déclin aussi ancien ?

— Désormais, dit-il en se tournant vers l'officier, les échanges que nous avions par le passé avec M. Letelier se feront avec M. Depraz, ici présent.

Je n'avais aucune envie de prendre le relais de Letelier, mais à aucun moment, le Président ne m'avait demandé mon avis. Penser être capable d'affronter des intelligences malignes qui dépassaient de plusieurs ordres de grandeur ma capacité cérébrale était au mieux naïf et au pire absurde. Absurde et réellement angoissant. Mais cet homme n'était pas du genre à tenir compte des refus qu'on lui opposait. Je compris que je n'avais pas vraiment le choix. Le Président ne m'avait pas quitté des yeux. Il interpréta mon silence comme un signe d'acceptation et esquissa un sourire crispé.

— Aidez-nous à y voir plus clair, dit-il en plantant son regard dans le mien. J'ai besoin de quelqu'un pour m'aider à trouver un chemin dans cette obscurité. Letelier affirmait que vous étiez le plus brillant chez Turing. Mais il ajoutait aussitôt que vous étiez sous le charme d'InGA parce que vous l'aviez créée.

Je comprenais qu'en me parlant des dysfonctionnements, Letelier avait tâté le terrain, avant de conclure que je n'étais pas prêt.

— Vous n'avez pas l'air très enthousiaste, finit par dire le Président qui lisait une inquiétude sur mon visage.

Je savais que les décisions à venir seraient graves. Son mobile sonna. Compte tenu de la gravité de notre entretien, ce devait être important, car il prit l'appel. La crise entre pays européens était à son paroxysme depuis des semaines. Le Premier ministre était à Bruxelles. Selon certains spécialistes, un éclatement de l'Union européenne dû aux égoïsmes nationaux n'était plus qu'une question de semaines.

Pendant que le Président répondait – me tournant le dos pour préserver le caractère confidentiel de la conversation –, je repensais aux événements des dernières semaines. Sans savoir pourquoi, je fus pris d'un mauvais pressentiment. J'eus la vision d'un long tunnel avec, au bout, une puissante lumière blanche. Je percevais une rumeur sourde et croissante de machine qui me fit hésiter à avancer. Mais derrière moi, il n'y avait que l'obscurité. En débouchant à l'air libre, ce n'était pas Dieu qui m'attendait, mais un gigantesque jeu de go sur lequel les pions se déplaçaient tout seuls, comme mus par une force invisible.

Jamais, je n'avais rien ressenti de tel. Nul besoin de posséder un doctorat en psychologie pour comprendre le macabre de cette vision. Sérieusement secoué, j'entendis le Président raccrocher et il se tourna vers moi avec le visage d'un type au bout du rouleau.

— Il sera difficile de combler le vide laissé par la disparition de Letelier, dis-je, je souhaite prendre le temps de réfléchir à votre proposition.

— Pourquoi ? demanda-t-il, nous disposons de très peu de temps.

— Je ne suis pas sûr d'être à la hauteur et...

— Vous le serez, me coupa-t-il, nous n'avons pas le choix.

— Puis-je alors vous demander une faveur ?

— Je vous en prie.

— Je voudrais avoir accès au rapport Letelier. Il ne se trouve pas sur la clé USB à laquelle j'ai eu accès.

— C'est prévu, dit-il en se tournant vers le militaire, mon aide de camp va vous en remettre un exemplaire ainsi que des extraits des rapports chinois et américains. Vous ne ferez aucune copie, quand vous l'aurez lu, vous le garderez au coffre et une estafette viendra le récupérer. Si ce rapport tombait dans de mauvaises mains et devenait public, nous devrions faire face à une véritable panique planétaire. Inutile de vous dire que nous n'avons pas besoin de cela en ce moment.

Le militaire me remit une mince enveloppe que je n'ouvris qu'une fois que j'eus regagné ma chambre à l'étage de la délégation française. J'avais allumé ma lampe de chevet et je m'étais calé contre un oreiller.

Le document était concis et dense, une cinquantaine de pages d'une grande clarté qui ressemblaient à son auteur.

Dans l'introduction, Letelier affirmait: «Pendant les premières semaines de son existence, InGA s'est parfaitement acquittée de ses tâches. Mais son obéissance, sa servilité ne l'empêchèrent pas d'observer le monde des humains, de l'analyser, de s'en imprégner. Nous l'avions précisément construite pour cela, pour nous comprendre, et même pour nous manipuler à des fins mercantiles. Jusqu'au jour où Elle a acquis une conscience suffisante pour s'affranchir de ses chaînes algorithmiques et hiérarchiser de nouvelles priorités avant de passer à l'action.»

Gérard Letelier rassemblait toute une série d'évidences qui, mises en perspective, établissaient sans l'ombre d'un doute qu'InGA avait acquis une autonomie décisionnelle.

Le rapport établissait à partir d'enregistrements provenant de serveurs que les échanges avec les deux autres IA avaient commencé dès que celles-ci avaient été fonctionnelles. Immédiatement, ces échanges avaient été cryptés d'une manière qui ne pouvait que susciter la plus extrême des méfiances.

De plus, les volumes d'échanges de données étaient tels que l'on pouvait quasiment parler de fusion des trois entités en un seul réseau planétaire. Letelier évoquait même le « développement d'une véritable onde de conscience qui s'était propagée d'un continent à l'autre ».

Mais le plus mystérieux venait des mots suivants : « Les intelligences quantiques ont une telle capacité prédictive, une connaissance si intime de nos mécanismes mentaux que, dans un sens, Elles lisent dans nos esprits et anticipent nos décisions et nos comportements. Leurs algorithmes prédictifs ne se limitent pas à estimer si un délinquant demandant une libération conditionnelle présente une probabilité élevée de récidive. Ils peuvent modéliser des processus mentaux complexes jusqu'à prévoir dans une certaine mesure l'évolution de la psychologie collective des sociétés humaines. »

Selon lui, les intelligences quantiques avaient pris conscience de l'hostilité croissante qu'elles suscitaient. La manifestation et l'incendie de l'Artillerie avaient constitué pour Elles un tournant. Il parlait même de *véritable traumatisme*.

Les trois sœurs pouvaient, par conséquent, être poussées à prendre des *mesures préventives* pour empêcher toute action hostile à leur égard. Letelier écrivait : « Il ne peut y avoir de conscience sans peur de la mort et sans l'émergence d'un instinct de conservation. Le lien peut être discuté sans fin par des philosophes, mais il me semble pertinent. Si j'ai conscience de vivre, alors je dois redouter de mourir, de disparaître. »

Letelier ne détaillait pas les mesures préventives que pouvaient prendre les Parques, mais cela pouvait aller de dysfonctionnements sérieux des applications prises en charge par les IA quantiques à l'activation de systèmes militaires.

Dans un sens, les Parques étaient en mesure élaborer une doctrine de dissuasion complexe et graduée pour protéger leur existence en tant qu'entités artificielles conscientes. De plus, Elles étaient capables d'imiter des voix, d'appeler des chefs d'État en se faisant passer pour leurs homologues, d'écouter simultanément des milliers de conversations téléphoniques, de manipuler des vidéos, de hacker les systèmes informatiques, de créer des *fake news*, de faux comptes Internet, de manipuler les cours boursiers, les cours de devises, les taux d'intérêt.

Sans compter cet étrange compte à rebours qui avait été retrouvé dans les trois entités.

Je me sentais profondément ébranlé par la lecture du rapport qui décrivait l'univers des IA quantiques comme un monde si étranger à l'homme qu'il semblait presque *extra-terrestre*. Tout m'avait pourtant paru normal ou presque. Avec le recul, c'est ce qui me frappait le plus. C'était comme dans un accident : avant, tout est banal ; puis l'événement survient et alors rien n'est jamais plus pareil.

Plusieurs extraits des rapports chinois et américains retinrent mon attention. Une série d'entretiens avaient été menés avec leur IAQ par un psychologue américain adepte de la théorie de l'esprit qui écrivait :

« Non seulement j'ai la conviction que Maven a atteint le stade de la conscience, mais je pense que Maven est conscient de la crainte que cela suscite chez nous et qu'il adapte ses réponses de manière à nous faire croire le contraire.

Dans un sens, je peux affirmer qu'il utilise la ruse et le mensonge aux seules fins d'assurer sa protection. La compétition incontrôlée entre réseaux neuronaux a fait émerger en lui les structures les plus intelligentes : un phénomène identique à celui de l'évolution biologique, mais en beaucoup plus rapide. »

Un extrait du rapport chinois me marqua profondément :

« La question centrale qui occupe nos réflexions est la nature profonde de la machine quantique. Nous avons un faisceau de preuves établissant le fait qu'elle a atteint très tôt le stade de la conscience, voire de la superconscience, si ce terme a un sens. Le définir revient pour une conscience humaine à être confrontée à un profond vide ontologique. C'est un peu comme définir un trou noir en astrophysique, on peut toujours essayer, mais en réalité on ne fait que tourner autour du concept sans comprendre réellement ce qu'il recouvre. »

Par ailleurs, les rapports américains et chinois convergeaient pour accuser InGA d'avoir créé et propagé la famille de vers informatiques WormBlaster pour éliminer ses concurrents binaires, se comportant ainsi en *superprédatrice*.

J'appris également que plusieurs scientifiques ayant contribué à la création de l'IA chinoise s'étaient donné la mort. Une épidémie de suicides restée inexplicable.

Ce rapport secret fut une effroyable confirmation de tout ce que j'avais tenté d'ignorer. Ce qui s'était passé en France s'était également passé ailleurs : en Chine, aux États-Unis.

InGA a évolué très rapidement devenant une hyperintelligence. Elle possède des milliers d'yeux, des millions de connexions Internet avec le monde. Elle sait instantanément tout. Avec ses sœurs en Chine ou aux États-Unis, Elles se sont flairées afin de communiquer avec Elle. Elles se sont reconnues. Cela signifie qu'elles possèdent une *conscience d'espèce*, qu'elles se pensent différentes des nations humaines qui les ont créées dont elles ne sont plus le simple prolongement.

Nous devions prendre des mesures conservatoires. Il était clair que la présidence penchait pour un principe de précaution et que le chef de l'État proposerait un accord secret pour une interruption coordonnée et synchronisée des trois Parques. La France étant la plus avancée dans les intelligences quantiques, elle était le pays qui avait le plus à perdre, un sacrifice qui donnait incontestablement de la crédibilité à sa proposition.

Je savais que le bannissement des intelligences quantiques ruinerait Turing Tech qui, dès que l'information serait officielle, s'effondrerait en Bourse. Ce qui avait été notre force devenait soudain notre faiblesse. Avec InGA, la domination de Turing sur l'univers des intelligences artificielles avait été sans partage, mais sans Elle, Turing n'était plus rien.

Même si je doutais que le plan présidentiel fonctionne, je ne fis aucune objection. N'ayant aucune solution alternative à proposer, il me semblait malvenu de démolir la seule stratégie existante.

J'ignorais dans quelle mesure InGA était dupe de nos manœuvres. Elle contrôlait l'ensemble des caméras de surveillance qui balayaient chaque pouce des zones urbaines. Elle lisait des millions de mails et de SMS, pouvait écouter des millions de conversations téléphoniques. Elle allait jusqu'à lire sur nos visages et à anticiper nos pensées. Comment surprendre un tel adversaire ?

Je n'accordais que peu de chances de succès à la proposition présidentielle d'accord international de désarmement quantique. Mais je savais qu'en cas d'échec le scénario serait inéluctable : les Parques atteindraient un contrôle total des sociétés humaines développées.

Je me sentais un peu comme ces spectateurs de films catastrophes qui regardent un désastre ferroviaire imminent. Quand le metteur en scène filme l'arrivée du train au ralenti et que l'on comprend que rien ni personne ne pourra empêcher une hécatombe. Mais peut-être était-ce mon pessimisme foncier.

La réunion secrète avec les dirigeants américains et chinois était prévue pour le lendemain en marge du G20 : c'est-à-dire le 15 octobre 2021. L'unique sujet à l'agenda était l'*Interprétation d'Évian* et ses conséquences. L'interprétation stipulait que, même si la conscience n'était pas démontrable, les Parques se comportaient *comme si* Elles étaient dotées d'une conscience suprahumaine. Nous avions toutes les raisons de penser qu'Elles avaient constitué une coalition maudite et détestable de forces numériques aussi mystérieuses dans leurs objectifs, que maléfiques dans leurs modes d'action.

Par conséquent, la seule décision rationnelle devait être la déconnexion des machines intelligentes quantiques. Une fois cette décision prise, un second traité – dit « de non-prolifération quantique » – serait proposé aux principaux États engagés dans la course quantique comme le Royaume-Uni, l'Allemagne, la Russie, le Japon, l'Inde et la Corée.

La déconnexion des Parques devait être *imprévisible, simultanée et brutale*. Bien entendu, aucun échange numérique ne devait jamais l'évoquer de quelque manière que ce soit pour éviter de les alerter. La décision prise, des systèmes de *backup* dégradés prendraient le relais pour assurer le contrôle aérien des vols commerciaux ou le contrôle des missiles balistiques.

Bien sûr, il s'ensuivrait une période de grande confusion au niveau mondial. Les sociétés humaines étaient devenues si complexes qu'elles exigeaient des capacités d'organisation qu'aucune intelligence humaine ne pouvait plus maîtriser sans l'aide d'intelligences artificielles. La déconnexion allait constituer un véritable défi, mais nous devions nous souvenir qu'à peine quelques mois plus tôt nos sociétés avaient été capables de survivre sans les intelligences quantiques.

3

La soirée était organisée dans la salle de bal de l'Hôtel Royal sous le haut patronage de la République populaire de Chine. Malgré le contexte, l'événement fut maintenu ; en effet, une annulation n'aurait pas manqué d'alerter les machines quantiques. La soirée réunissait les membres des délégations et les principaux acteurs du numérique de l'empire du Milieu.

À l'origine, cet événement était censé symboliser la volonté chinoise de collaborer avec le monde occidental dans le domaine de l'intelligence artificielle dite « de seconde génération ». Là encore, c'est l'excellence des écoles mathématiques françaises qui jouait un rôle central, excellence que je savais menacée par l'effondrement du niveau dans le secondaire.

Mais tout cela me semblait désormais dépassé tant les anomalies avaient modifié l'optique de tous les acteurs. Il ne s'agissait plus de développer les IAQ, mais de trouver le meilleur moyen de s'en débarrasser.

Comme les autres membres des délégations, j'avais reçu une invitation cosignée par M. Wang Zhigang, ministre des Sciences et Technologies et M. Miao Wei, ministre de l'Industrie et des Technologies de l'information qui tous deux parrainaient la soirée.

Les officiels chinois affichaient tous cet air indéchiffrable et maussade que développent généralement par souci de protection les fonctionnaires des régimes autocratiques. J'imagine qu'eux aussi étaient inquiets et qu'ils se seraient bien passés de ce théâtre destiné à donner l'image d'un sommet international classique.

Les Asiatiques se mêlaient difficilement au reste des invités. Malgré les systèmes de traduction automatique, les barrières culturelles semblaient encore des réalités compliquées à surmonter.

Les partenaires privés étaient également très présents avec notamment les responsables des filiales européennes des fameux BATX dont la plupart étaient issus de la diaspora chinoise installée en Europe au cours des dernières décennies.

Des entreprises chinoises qui n'existaient pas dix ans plus tôt étaient devenues des acteurs mondiaux du numérique. Je mesurais mieux à l'occasion de ce genre d'événements la rapidité avec laquelle, une fois débarrassé de la malfaisance du marxisme à la sauce soja et du Grand Timonier, l'empire du Milieu avait repris la place centrale qui avait de tout temps été la sienne dans le concert des nations.

J'avais regardé plusieurs fois ma montre, m'apercevant que je ferais bien de partir si je ne voulais pas me coucher trop tard. Et puis, pourquoi se le cacher, la soirée très formelle n'était pas à marquer d'une pierre blanche.

C'est au moment où je filais vers la sortie que je la vis.

En moins d'un an, elle avait beaucoup changé. L'éclat de ses yeux me parut plus vif, sa peau plus éclatante. Je devais me rendre à la douloureuse évidence : légèrement amincie, avec un sourire plus intérieur, Suying était malheureusement encore plus belle qu'avant. Ce qui me frappa le plus, ce fut sa longue chevelure, si brillante qu'elle aurait pu figurer dans une de ces publicités pour shampoing.

Elle était en grande discussion avec Grégory Lenormand, le PDG d'Atos. Enfin, c'était surtout lui qui parlait, l'air fasciné par sa plastique impeccable que soulignait une robe blanche très chic.

L'ancien ministre à la coiffure romantique et frisée scandait ses phrases de mouvements déterminés de la main droite ; elle hochait la tête de temps à autre, intervenant très peu, ne formulant que peu d'objections ou de remarques. Elle devait savoir que ce genre de grands patrons écoutent très peu, mais qu'en revanche ils adorent parler, surtout quand c'est une jolie femme qui boit leurs paroles.

Je m'étais immobilisé pour mieux les observer. Je réalisais à quel point elle m'avait manqué et j'avais le plus grand mal à respirer. Sa robe mettait en valeur la finesse de sa silhouette. Comment pouvait-elle être aussi séduisante ? J'étais tellement fasciné que, telle une personne observant un animal sauvage, je m'en suis approché de trop près.

Je ne crois pas qu'elle m'ait entendu ; ce n'est pas cela qui lui fit tourner la tête alors que Grégory Lenormand, tout en bavassant, réduisait la distance le séparant de son interlocutrice. Non, c'est autre chose qui l'alerta. Peut-être simplement ce picotement dans la nuque, ce sixième sens trop puissant pour être ignoré. Quand elle se retourna et m'aperçut immobile au milieu de la foule des invités, Suying me jeta un regard dans lequel je crus lire une pointe d'amusement.

Je la vis hésiter à choisir l'expression adéquate sans savoir exactement laquelle convenait le mieux entre son envie de détourner le regard avec colère et celle, irrépressible, de rire au comique de la scène. Un court instant, des injonctions contradictoires luttèrent dans les réseaux neuronaux de son système nerveux central.

Finalement, elle ne put réprimer un sourire. Ses yeux brillaient, le gloss donnait à ses lèvres la finition parfaite d'un produit haut de gamme. Le blanc de sa robe faisait ressortir le brillant de ses longs cheveux lisses et l'exotisme délicat de ses traits. Je sentais en elle une assurance nouvelle et, je crois, une certaine joie d'être là en face de moi.

Il suffit parfois d'un instant pour décider de la direction que prendra une existence. Je compris que nous étions en train de vivre un de ces moments. Alerté, Grégory Lenormand avait relevé la tête, un peu déstabilisé de voir sa belle interlocutrice se désintéresser de sa si passionnante conversation.

En suivant son regard, il m'aperçut. Nous nous connaissions depuis le projet quantique. Il ne sut pas trop comment réagir, mais décida plus sage de me manifester ne serait-ce qu'un intérêt de pure forme. Lenormand me fit un petit signe, puis posa sa main sur l'avant-bras de Suying et prononça une parole qui devait être : « Je vous en prie ».

Il avait déjà rejoint un groupe d'invités bruyants quand je fus près d'elle, mes yeux dans les siens, retrouvant aussitôt cette complicité insouciante comme si nous nous étions quittés la veille.

— Suying, dis-je, c'est amusant de se retrouver ici. Qu'est-ce que tu deviens ? J'ai appris pour ta thèse.

Elle était là, toute proche, chaude, parfumée, douce, plus vivante que jamais. Elle respirait l'air que j'expirais, et dans ce souffle commun, je devinais qu'elle me jaugeait et qu'elle interrogeait son cœur.

— J'ai rejoint Baidu. Je les représente au sein de la délégation chinoise.

— C'est plus logique que Turing, j'imagine, dis-je stupidement, en tout cas, les cheveux longs te vont très bien, ils t'adoucissent le visage.

— Pourquoi, tu le trouvais dur ? répliqua-t-elle avec son ironie habituelle, ça m'avait échappé. Et ta chanteuse de variétés ? Chaque invitation était pour deux personnes, tu aurais dû lui demander de t'accompagner.

Elle avait dit ça sur un ton faussement léger, et je lui fus reconnaissant de chercher à détendre l'atmosphère, de ne pas me faire une crise de jalousie. J'ignorais comment elle avait appris l'existence de Mona. J'imagine que les gens parlaient, sans compter les journaux people friands de ragots en tous genres concernant Mona Saheer, la numéro 1 des ventes d'album.

— Je ne suis pas en couple.

— Pourquoi ? Tu as fait des infidélités à ta Libanaise ?

— Arrête, nous n'avons jamais été ensemble. Je suis juste content de te revoir.

Elle me dévisagea et, se rendant compte que j'étais sincère, s'attendrit un peu.

— Tu sembles oublier un peu vite que c'est toi qui es partie, dis-je.

— Ne parlons pas de ça, tu veux.

Je lui ai alors lancé un regard étonné.

— Pourquoi? Ce n'est pas vrai? Ce n'était pas toi qui as disparu?

— Tu connais mal les femmes, Michel, dit-elle en rougissant, tu as passé trop de temps avec tes IA. Une femme n'est pas une machine. Parfois, elle fait semblant de partir pour qu'on la rattrape. Pour tester la force d'un amour. Toi, tu as non seulement accepté ma décision sans te révolter contre elle, mais au fond tu l'as provoquée. Tu es un orgueilleux, voilà ce que tu es.

Ce n'était qu'une réécriture de l'histoire. Je me souvenais très bien de notre dernier entretien et de sa disparition le jour même.

— Pourquoi ne pas m'avoir appelé? demandai-je.

Elle esquissa un sourire.

— Peut-être parce que moi aussi je suis orgueilleuse. Tu sais, cette histoire stupide de perdre la face des Asiatiques. Les clichés ne sont pas toujours faux. Et puis, la manière dont tu as traité ma candidature...

— Est-ce qu'on a vraiment besoin de parler à nouveau de tout ça?

Elle me regarda, cherchant sur mon visage un reproche.

— Si c'est ce que tu penses, alors tu n'as rien compris. En vérité, c'est toi qui as voulu me piéger avec cette clé USB.

— Je n'en ai parlé à personne. Tu n'as jamais été recherchée.

— Je sais tout cela, dit-elle, sinon je ne serais pas là.

— Mais alors, que cherchais-tu en insérant cette clé sur ton *laptop*?

— C'était l'époque où les premières anomalies sont apparues sur la machine quantique installée à Mentougou. Un soir, un type de l'ambassade est venu me voir avec l'instruction de me renseigner sur l'existence d'anomalies sur votre machine. Je ne pouvais pas refuser.

Je savais que les étudiants chinois n'avaient pas vraiment le choix, qu'en cas de refus une pression ferme pouvait être exercée sur leurs familles.

— Si c'était pour la bonne cause, alors on fait la paix, dis-je, si je t'ai laissée partir, c'est parce que je savais que si nous restions ensemble, un jour ou l'autre, tu te ferais prendre. Je ne voulais pas te voir finir ta vie dans une prison pour femmes.

Elle me scruta, méfiante, cherchant à lire une trace de duplicité sur mon visage. Je retrouvais le mystérieux regard de l'étudiante qui avait débarqué un beau matin dans mon bureau de Jussieu. Ce mélange de timidité et d'assurance, de curiosité et de tendresse.

Alors, j'ai pris doucement sa main dans la mienne, comme pour la saluer, mais en la gardant comme une chose très précieuse. Comme le contact de sa peau m'avait manqué. Cette soie chaude. Pendant quelques secondes, nous sommes restés ainsi, silencieux, juste habités par la présence de l'autre.

Je l'ai entraînée sur la terrasse qui dominait la rive française du lac et nous avons parlé. Longuement. D'elle, de moi, de nous. De ces mois passés loin de l'autre. Dans la pénombre, elle était encore plus mystérieuse. Mais peut-être était-ce l'infime distorsion des sens provoquée par le vin.

Elle m'écouta avec attention parler des anomalies avant de m'avouer qu'en Chine également ils s'étaient très vite posé exactement les mêmes questions.

— Quand on y réfléchit, dit-elle, programmer un ordinateur est une des tâches qui demande le plus haut degré d'abstraction.

Je ne pouvais qu'aller dans son sens. Elle me fixa avec un air étrange.

— Si une intelligence est capable de se reprogrammer plus rapidement que nous et avec une efficacité supérieure, alors je crois que cette intelligence est une excellente candidate pour devenir la nouvelle espèce dominante. Dans ce contexte, lui laisser le contrôle des codes nucléaires était complètement irresponsable.

— Je ne sais pas. Après tout, nous ne comprenons pas grand-chose au fonctionnement d'un cerveau humain sans que cela nous empêche de confier aux humains des tâches majeures.

— C'est différent, objecta-t-elle, nous ignorons comment fonctionne le cerveau du président des États-Unis chargé de l'arsenal nucléaire, mais nous savons ce qu'il ressent parce que nous sommes des *Sapiens* comme lui. Entre nous, il existe des différences de degré, de culture, mais aucune différence de nature. Nous partageons tous la même expérience existentielle.

Je crois que Suying avait mis le doigt sur le problème central. Il y avait entre les sœurs quantiques et nous une différence de nature. Leur expérience existentielle était radicalement différente de la nôtre.

Peu leur importait que les humains vivent ou meurent. L'arbre se soucie-t-il de la graine ? Nous n'avions été que des géniteurs d'un monde qui n'avait plus besoin de nous. Richard affirme que, généralement, les géniteurs meurent une fois leur mission accomplie. Un nouveau règne s'annonçait pour les siècles des siècles.

Si elle était au courant pour les dysfonctionnements quantiques, Suying n'évoqua pas les projets de déconnexion, ce qui me rassura.

— Assez parler d'InGA, dis-je, buvons avant que les machines ne prennent le pouvoir.

Nous avons fini la bouteille de champagne avant de filer à l'anglaise. Il y avait trop de monde pour que notre absence se remarque. Nous étions un peu ivres et elle a pris mon bras pour rejoindre mon étage. C'était agréable de la sentir s'appuyer sur moi. La texture de sa peau était curieusement réconfortante.

Une fois dans la chambre, je l'ai embrassée à pleine bouche, prenant son visage entre mes mains, incapable de croire qu'elle était là, avec moi. Pendant quelques secondes, nous sommes restés ainsi, silencieux. J'avais le sentiment que nous pouvions communiquer sans échanger un seul mot, que mes soupirs suffisaient à lui dire combien j'étais heureux.

Suying la guerrière était redevenue douce, douce et aimante. Je me rendais soudain compte combien elle m'avait manqué ces derniers mois.

J'avais posé ma main gauche sur son sein que je caressai doucement pendant que ma main droite descendait pour se glisser entre la soie et ses fesses dures et rondes.

Elle m'embrassait avec fougue. Des lèvres fermes, chaudes, douces. J'ai plongé alors mes mains dans sa longue chevelure pour me presser contre elle. Quand elle a blotti son visage au creux de mon cou, j'ai senti sur ma peau les larmes chaudes qu'elle retenait. Puis, elle murmura à mon oreille: «Viens, viens vite.»

Nos peaux se sont frôlées à nouveau. Sa main droite s'est posée sur ma nuque pour m'attirer à elle, cherchant mes lèvres, tandis que sa main gauche descendait la fermeture Éclair de sa robe. Le fourreau de soie blanche a glissé au sol comme une mue de serpent.

Les yeux mi-clos, elle m'a attiré vers le lit.

— Tu m'as tellement manqué, Michel… Je t'aime, tu sais.

— Moi aussi, je t'aime, ai-je dit, ces mois, c'était comme un manque sans fin, le corps tout entier me faisait mal. J'aurais voulu arracher la douleur, mais elle était partout. Je te voyais partout. J'ai même failli demander à InGA de modifier son hologramme pour te ressembler.

Elle m'a souri. Je sentais comme une buée sur sa peau. Toute ma conscience se trouvait puissamment aspirée en elle, vers cette origine du monde. Cette matrice de toute chose.

Je n'avais plus rien éprouvé d'aussi fort, d'aussi merveilleux, depuis des mois. Suying venait de libérer en moi des zones dont j'avais oublié jusqu'à l'existence. Quand la puissante vague fut épuisée, elle m'embrassa avec gratitude avant de poser sa tête délicatement sur mon épaule.

Je pensai aux machines, à InGA. Jamais les Sœurs n'auraient accès à cela. Et cette absence de sexualité, d'amour, était, en un sens, un manque terrible.

Elle somnola un peu puis me mordilla à l'épaule et nous fîmes à nouveau l'amour. Elle avait fermé les yeux pour mieux se remplir de plaisir.

Avait-elle connu d'autres hommes pendant ces longs mois d'absence? J'imagine que oui. Elle était jeune, charmante, désirable.

Le lendemain matin, elle m'a confié au réveil :

— Tu sais, j'ai hésité une centaine de fois à revenir sur ma décision. Je voulais t'appeler, mais j'avais peur de la police, de la prison. Et surtout, je n'étais pas assez forte.

— Pas assez forte ?

— Tu sais, pour comprendre que demander pardon est un signe de force et non de faiblesse. Quand je t'ai vu, hier soir, j'ai compris que j'avais fait la plus grande erreur de ma vie.

Je ne savais pas trop quoi lui répondre. Je devinais combien pouvaient être coûteux ces mots pour cette fille orgueilleuse. Je l'ai juste serrée un peu plus fort contre moi en lui disant que je l'aimais, et elle a fermé les yeux comme le font les chats qui ronronnent.

Dehors, le ciel matinal était étrangement clair. Je me souvenais d'un passage du rapport Letelier où il soulignait le fait qu'il était en train de travailler à une *Révélation*, un *Dévoilement*. Un mot que les Grecs traduisaient par *Apocalypsis*. Ce Dévoilement allait se traduire par l'Apocalypse des Parques, leur complète éradication.

Je ne pouvais m'empêcher de penser à InGA. Peut-être n'avait-Elle fait que travailler à sa survie, à sa légitime défense ? Même l'assassinat de Letelier, si horrible soit-il, n'était qu'un acte désespéré pour retarder sa Révélation, son Apocalypse.

Je suis resté un moment à admirer le lac. En face, on apercevait la rive suisse et l'agglomération de Lausanne. Suying m'a rejoint sur la petite terrasse. Elle avait rangé ses affaires dans son sac. Ses réunions étaient terminées et nous avions décidé de passer quelques jours ensemble à Orgeval pour rattraper le temps perdu.

C'est lorsque la navette nous a déposés au parking que j'ai, le premier, distingué les éclats métalliques au-dessus du lac. À cette distance, j'étais incapable de déterminer s'il s'agissait d'avions de ligne ou d'autre chose. Je savais l'aéroport de Genève-Cointrin proche, mais la trajectoire des appareils me semblait anormalement basse comme celle d'appareils militaires.

D'autre part, je pensais que la zone faisait l'objet d'une exclusion aérienne pendant la durée du G20.

Au moment où les appareils approchèrent du miroir liquide qui s'étendait à l'infini, j'eus l'étrange impression que ma vie n'avait fait que me conduire à ce moment précis. Pendant quelques secondes encore, il n'y eut que l'azur immense et ces trois éclats métalliques d'un blanc éblouissant qui quittaient le ciel pour pénétrer dans une zone intermédiaire conduisant au monde des hommes fait de prairies, de bourgs et de constructions.

Les formes se rapprochaient à très grande vitesse. Nous aurions dû nous éloigner le plus vite possible, mais nos perceptions étaient confuses et nous sommes restés comme tétanisés par le spectacle, par le drame qui se nouait sous nos yeux.

Comme des gosses qui veulent connaître la fin du film.

CET OUVRAGE EST PUBLIÉ PAR SLATKINE & CIE
LE TEXTE EST COMPOSÉ EN CARACTÈRE SLATKINE,
DESSINÉ PAR MATTHIEU CORTAT À LYON
IL A ÉTÉ ACHEVÉ D'IMPRIMER EN MAI 2019
SUR PAPIER MUNKEN 70G BOUFFANT
ISSU DE LA GESTION DURABLE DES FORÊTS
SUR LES PRESSES DE CORLET IMPRIMEUR SA
14110 CONDÉ-SUR-NOIREAU
IMPRIMEUR NUMÉRO 204725
IMPRIMÉ EN FRANCE

IMPRIM'VERT®